普通高等教育“十四五”系列教材

单片机原理与应用

——基于MSP430系列单片机

主编 ◎ 郭宏

華中科技大學出版社
http://press.hust.edu.cn
中国·武汉

内容简介

本书以TI公司的MSP430系列超低功耗单片机为核心，介绍了MSP430单片机的特点和选型，详细讲述了MSP430单片机的体系结构和指令系统，并对MSP430系列（特别是新推出的F5xx/6xx系列）所涉及的片内外围模块的功能、原理及应用做了详尽的描述。同时介绍了MSP430的集成开发环境，以及单片机低功耗设计、常用接口电路设计。最后通过两个实例介绍了MSP430单片机应用系统的设计方法。

本书可作为高等院校计算机、电子信息、自动化、仪器仪表等专业的单片机课程教材，也可作为广大从事单片机应用系统开发的工程技术人员的学习和参考用书。

为便于实践教学，本书配套TI公司推荐的MSP-EXP430F5529和MSP430F6638-FFTB实验教学系统，以及相应的实验指导书。

为了方便教学，本书还配有电子课件等教学资料，任课教师可以发邮件至hustpeiit@163.com索取。为便于实践教学，本书配套TI公司推荐的MSP-EXP430F5529和MSP430F6638-FFTB实验教学系统，以及相应的实验指导书。

图书在版编目(CIP)数据

单片机原理与应用：基于MSP430系列单片机/郭宏主编. —武汉：华中科技大学出版社，2020.7(2024.7重印)

ISBN 978-7-5680-6050-9

Ⅰ.①单… Ⅱ.①郭… Ⅲ.①单片微型计算机-高等学校-教材 Ⅳ.①TP368.1

中国版本图书馆CIP数据核字(2020)第132216号

单片机原理与应用——基于MSP430系列单片机
Danpianji Yuanli yu Yingyong——Jiyu MSP430 Xilie Danpianji

郭　宏　主编

策划编辑：康　序
责任编辑：狄宝珠
封面设计：孢　子
责任监印：朱　玢

出版发行：华中科技大学出版社(中国·武汉)　电话：(027)81321913
武汉市东湖新技术开发区华工科技园　邮编：430223

录　排：武汉三月禾文化传播有限公司
印　刷：武汉邮科印务有限公司
开　本：787mm×1092mm　1/16
印　张：21
字　数：538千字
版　次：2024年7月第1版第2次印刷
定　价：65.00元

前言

PREFACE

MSP430 单片机是 TI 生产的 16 位超低功耗单片机，其性能优良，在过程控制、便携仪表、无线通信、能量收集、消费类电子产品和公共事业计量等方面有着广泛的应用。MSP430F5xx/6xx 系列是 MSP430 单片机新推出的系列，本书以此系列为代表，全面介绍 MSP430 单片机的原理及应用。全书共有 12 章，具体内容如下。

第 1 章介绍超低功耗单片机的特点、MSP430 单片机的发展历史和应用以及 MSP430 单片机的应用选型。

第 2 章以 MSP430F5xx/6xx 系列单片机为例，详细介绍 MSP430 单片机的体系结构，重点介绍 MSP430 单片机的 CPU、存储器、中断及指令系统。

第 3 章介绍 MSP430 单片机集成开发环境，重点讲解 MSP430 单片机的软件开发集成环境的基本操作。

第 4 章介绍 MSP430 单片机的复位与电源管理模块的原理以及相关信号的产生机制。

第 5 章重点介绍 MSP430 单片机的时钟系统及其低功耗模式。

第 6 章重点介绍 MSP430 单片机通用 I/O 端口，LCD 驱动模块的结构、原理、功能及相关操作。

第 7 章介绍看门狗定时器与实时时钟模块的结构、工作原理及其相关编程操作。

第 8 章介绍模数转换器(ADC)及数模转换器(DAC)模块的结构、特点与相关操作。

第 9 章主要介绍比较器和硬件乘法器的内部结构、工作原理、功能及其相关操作。

第 10 章重点介绍 RAM 控制器、Flash 控制器和 DMA 控制器的结构、原理及功能，并针对各个控制器给出其相关的编程操作。

第 11 章详细介绍 USCI 通信模块和 USB 通信模块的结构、原理及功能，并给出了简单的数据通信的相关编程操作。

第 12 章介绍基于 MSP430 单片机的低功耗应用系统的一般设计原则，MSP430 单片机的键盘、数字显示和实时时钟等常用接口设计，并列举了使用 MSP430 单片机设计数字温度测试仪、可燃气体测试仪的实例，为读者使用 MSP430 单片机的应用系统开发提供参考。

本书由郭宏主编。在编写过程中，课程组的王朝辉教授就该书框架的确定和内容的编写提出了许多宝贵的意见，此外，计算机科学系主任胡威教授也给予了很大的支持和帮助，并提出了许多建设性的意见。在此，编者表示衷心的感谢，同时还要感谢TI大学计划部、教育部产学合作协同育人项目（项目编号：201801006040）及华中科技大学出版社对本书出版的大力支持。

为了方便理论教学，我们还开发了完整的教学配套资源，包括MOOC、PPT课件等，任课教师可以发邮件至hustpeiit@163.com索取。

由于时间仓促且作者水平有限，书中肯定存在不妥之处，敬请广大读者批评指正。

编者

2019年7月

目录

CONTENTS

第1章 超低功耗单片机

MPS430单片机是美国德州仪器公司(以下简称TI公司)于1996年开始推向市场的一种16位超低功耗的混合信号处理器。它将模拟电路、数字电路和微处理器集成在芯片的内部,只要配置少量的外围器件,就可满足一般应用的要求。为了使读者对MSP430单片机有一个初步的认识和了解,本章首先介绍超低功耗单片机的概念,然后叙述MSP430单片机的发展及其特点和优势,最后简要介绍MSP430单片机的应用选型。

1.1 超低功耗单片机

1.1.1 超低功耗单片机的概念

单片机是随着超大规模集成电路技术的发展而诞生的。单片机又称单片微控制器(single chip microcontroller),它是将计算机的基本部件,如中央处理器CPU(central processing unit)、随机存储器RAM(random access memory)、只读存储器ROM(read only memory)、定时器/计数器、中断控制、I/O接口、串行接口等微型化并集成到一块芯片上的微型计算机。有些单片机除了集成了以上部件外,还集成了其他功能模块,如A/D与D/A转换器、液晶驱动等。随着电子技术的发展,单片机片内集成的功能越来越强大,并朝着SOC(片上系统)方向发展。

近几年,电子产品的低功耗设计越来越受到人们的重视。低功耗成为单片机技术发展的一个显著特点,一些大的单片机厂商都推出了自己的低功耗产品。如Intel公司的80C31系列、Atmel公司的89C51系列、Motorola公司的MC68HC05/MC68HC11系列、Philips公司的51LPC系列、Microchip公司的PIC系列等。随着现代电子技术的发展,为了使系统的功耗进一步降低,有些厂商已经开始研究生产超低功耗单片机,如TI公司的MSP430系列16位单片机和EM公司的低功耗8位FLASH单片机EM6812等。

超低功耗单片机是相对于普通单片机和低功耗单片机而言的。普通单片机的工作电压一般是4.5~5 V,而低功耗单片机的电压工作范围拓展到3~6 V,工作电流也降到毫安级。低功耗单片机同时还具有等待和休眠方式,在休眠方式下,电流可以降到微安级,如MCS-51系列的80C51B/87C51在正常工作(5 V,12 MHz)时,工作电流为16 mA,同样条件等待方式下,工作电流为3.7 mA,而在休眠(2 V)时,工作电流仅有50 μA。PIC16C5X系列单片机是美国Microchip公司生产的8位CMOS单片机,它的工作电压为3.5~6 V,运行时工作电流小于2 mA,待机时功耗电流小于10 μA。超低功耗单片机是在低功耗单片机的基础上,面向超低功耗应用而设计的。

超低功耗单片机耗电非常小，不论工作电压还是工作电流，相比低功耗单片机都有了进一步的下降，并能在低电压下工作，采用多种节能工作模式，工作电流也从毫安级降到了微安级，一般在零点几微安到几百微安，而且可以在较低频率下工作。比如 EM 公司的 EM6812 系列单片机可以在 2～5 V 电压下工作，工作频率最低可以为 32 kHz，工作电流为 0.16～120 μA；而 TI 公司的 MSP430X44X 的工作电压可以降到 1.8 V，在 LPM3 方式下，振荡器处于 32 kHz，工作电流只有 0.1～280 μA。

1.1.2 超低功耗单片机的特点

超低功耗单片机除具有普通单片机的特点，如工作稳定、成本低、易于产品化、实现了控制电路的超小型化以及 RAM、ROM、I/O 接口、串行口、A/D 等资源齐全的显著优点外，还有电压低、功耗小以及可以低频率运行等一些优点，适用于机电一体化设备、智能化仪器仪表以及现代家用电器的控制核心，如电脑控制的洗衣机、录像机等。

超低功耗单片机的特点可以归纳如下。

1. 超低功耗设计

具有超低功耗是超低功耗单片机区别于普通单片机的一个显著特点，超低功耗单片机耗电非常小，一般每秒执行百万条指令，工作电压和工作电流均较低。

2. 高集成度的完全单片化设计

超低功耗单片机将很多外围模块集成到了 MCU 芯片中，增大了硬件冗余。内部以低功耗、低电压的原则设计，这样的系统不仅功能强、性能可靠、成本低，而且便于进一步微型化和便携化。

3. 内部电路可选择性工作

超低功耗单片机可以通过特殊功能寄存器，选择使用不同的功能电路，即依靠软件选择其中不同的外围功能模块，对于不使用的模块使其停止工作，以减少无效功耗。

4. 具有高速和低速两套时钟

系统运行频率越高，电源功耗就会相应增大。为了更好地降低功耗，超低功耗单片机可采用几套独立的时钟源，如高速的主时钟、低频时钟（如 32.768 kHz）和 DCO 片内时钟。其可在满足功能需要的情况下按一定比例降低 MCU 主时钟频率，以降低电源功耗。在不需要高速运行的情况下，可选用辅助时钟低速运行，进一步降低功耗。通过软件对相应功能寄存器进行设置，可改变 CPU 的时钟频率，或进行主时钟和辅助时钟切换。

5. 具有多种节能工作模式

超低功耗单片机具有多种节能模式，为其功耗管理提供了极好的性能保证。

1.1.3 超低功耗单片机的应用领域

超低功耗单片机以其卓越的性能和较高的性能价格比，使其在许多领域得到了越来越广泛的应用，如对便携式智能检测控制仪器的开发、各种数据采集系统的开发、各种智能控制仪表的开发、各种节能装置的开发等。超低功耗单片机也可应用于产品的内部，取代部分老式机械、电子零件或元器件，以使产品缩小体积，增强功能，实现不同程度的智能化。超低功耗单片机的应用从根本上改变了传统的控制系统设计思想和设计方法，其主要的应用有以下几个方面。

1. 工业控制方面

单片机的结构特点决定了它特别适用于各种控制系统，如数据采集系统、工业机器人控制系统、机电一体化产品等。

2. 智能仪器仪表方面

超低功耗单片机已经开始越来越多地应用于各种仪器仪表中，使仪器仪表的智能化程度得到了提高，硬件结构得到了简化，从而提高了仪器仪表的精度和准确度，减小了体积，提高了性能价格比。单片机在该领域的应用，不仅使仪器仪表发生了根本的变革，也给传统仪器仪表行业的改造带来了曙光。

3. 计算机网络及通信技术方面

超低功耗单片机中集成了通信接口，因而使其在计算机网络及通信设备中得到广泛应用。其不但可以用 BITBUS、CAN、以太网等构成分布式网络系统，还可以用于调制解调器、各种智能通信设备以及无线遥控系统等。

4. 日常生活方面

超低功耗单片机不但具有普通单片机的各种优良性能，而且功耗很低，能够省电节能，可采用电池供电，非常适合家用产品的开发，如水表、电表、暖气表、家用防盗系统等。

1.2 MSP430 系列单片机

MSP430 系列单片机是美国德州仪器(TI)1996 年开始推向市场的一种 16 位超低功耗的混合信号处理器。它的功耗小，具有精简指令集(RISC)的混合信号处理器(mixed signal processor)，之所以称之为混合信号处理器，是由于其针对实际应用需求，将多个不同功能的模拟电路、数字电路模块和微处理器集成在一个芯片上，以提供"单片机"解决方案。该系列单片机多应用于需要电池供电的便携式仪器仪表中。

1.2.1 MSP430 系列单片机的特点

1. 超低功耗

MSP430 单片机主要通过以下几个方面来保持其超低功耗的特性。

电源电压采用 1.8～3.6 V 低工作电压，在 RAM 数据不丢失的情况下耗电仅为 0.1 mA，活动模式下耗电为 290 mA，I/O 输入端口的最大漏电流仅为 50 nA。

MSP430 单片机具有灵活的时钟系统，在该时钟系统下，不仅可以通过软件设置时钟分频和倍频系数，为不同速度的设备提供不同速度的时钟，而且可以随时将某些暂时不工作模块的时钟关闭。这种灵活独特的时钟系统还可以实现系统不同深度的休眠，让整个系统以间歇方式工作，最大限度地降低功耗。

MSP430 单片机采用向量中断，支持十多个中断源，并可以任意嵌套。利用中断将 CPU 从休眠模式下唤醒只需 3.5 ms，平时让单片机处于低功耗状态，需要运行时通过中断唤醒 CPU，这样既能降低系统功耗，又可以对外部中断请求做出快速反应。

2. 强大的处理能力

MSP430 系列单片机是 16 位单片机，采用了目前流行的、颇受学术界好评的精简指令集(RISC)结构，一个时钟周期可以执行一条指令(传统的 MCS51 单片机 12 个时钟周期才可以执行一条指令)，使 MSP430 在 8 MHz 晶振工作时，指令速度可达 8MIPS(注意：同样 8MIPS 的指令速度，在运算性能上 16 位处理器比 8 位处理器高远不止两倍)。TI 不久还将推出 25～30MIPS 的产品。

同时，MSP430 系列单片机中的某些型号，采用了一般只有 DSP 中才有的 16 位多功能硬件乘法器、硬件乘-加(积之和)功能、DMA 等一系列先进的体系结构，大大增强了它的数据处理和运算能力，可以有效地实现一些数字信号处理的算法(如 FFT、DTMF 等)。这种结构在其他系列单片机中尚未使用。

3. 高性能模拟技术及丰富的片上外围模块

MSP430 单片机结合 TI 公司的高性能模拟技术，具有非常丰富的片上外设，主要包含以下功能模块：时钟模块(UCS)、Flash 控制器、RAM 控制器、DMA 控制器、通用 I/O 端口(GPIO)、CRC 校验模块、定时器(Timer)、实时时钟模块(RTC)、32 位硬件乘法控制器(MPY32)、LCD 段式液晶驱动模块、10 位/12 位模数转换器(ADC10/ADC12)、12 位数模转换器(DAC12)、比较器(COMP)、UART、SPI、I^2C、USB 模块等。不同型号的单片机，实际上即为不同片上外设的组合，丰富的片上外设不仅给系统设计带来了极大的方便，同时也降低了系统成本。

4. 系统工作稳定

MSP430 单片机内部集成了数字振荡器(DCO)。系统上电复位后，首先由 DCO 的时钟(DCO_CLK)启动 CPU，以保证程序从正确的位置开始执行，保证晶体振荡器有足够的起振及稳定时间。然后可通过设置适当的寄存器控制位来确定最终的系统运行时钟频率。如果晶体振荡器在用作 CPU 时钟 MCLK 时发生故障，DCO 会自动启动，以保证系统正常工作。另外，MSP430 单片机还集成了看门狗定时器，可以配置为看门狗模式，让单片机在出现死机时能够自动重启。

5. 方便高效的开发环境

MSP430 单片机有 OTP 型、Flash 型和 ROM 型 3 种类型的器件，现在大部分使用的是 Flash 型，可以多次编程。Flash 型 MSP430 单片机具有十分方便的开发调试环境，这是由于其内部集成了 JTAG 调试接口和 Flash 存储器，可以在线实现程序的下载和调试。开发人员只需一台计算机、一个具有 JTAG 接口的调试器和一个软件开发集成环境即可完成系统的软件开发。目前针对 MSP430 单片机，推荐使用 CCSv5 软件开发集成环境。CCSv5 为 CCS 软件的最新版本，功能更强大、性能更稳定、可用性更高，是 MSP430 软件开发的理想工具。

6. 多种时钟模块

MSP430 单片机有 3 种时钟源可供 ACLK、SMCLK、MCLK 选择。其中 LFXTI 提供给外围设备 32768 Hz 的时钟，LFXT2 可以提供高达 8 MHz 的时钟供单片机运行使用，DCO 为单片机内部提供，并具有锁相环，为系统提供一个内部时钟源，当 XTALT2 没有提供时，系统依靠 DCO 运行，整个时钟配置可以通过 DCOCTL、BCSCTLI、BCSCTL2 和 SR 等控制寄存器中相应的位来选择和控制，以满足用户对系统的要求。

1.2.2 MSP430单片机的发展和应用

1. 早期发展阶段

TI公司从1996年推出MSP430系列单片机开始到2000年初。推出了33x、32x、31x等几个系列。MSP430的33x、32x、31x等系列具有LCD驱动模块。对提高系统的集成度较有利。每一系列有ROM型(C)、OTP型(P)和EPROM型(E)等芯片。EPROM型的价格昂贵、运行环境温度范围窄,主要用于样机开发。用户可以用EPROM型开发样机,用OTP型进行小批量生产。而ROM型适合大批量生产的产品。MSP430的3xx系列在国内几乎没有使用。

随着Flash技术的迅速发展。TI公司也将这一技术引入MSP430系列单片机中。2000年推出了F11x/11x1系列。这个系列采用20脚封装。内存容量、片上功能和I/O引脚数比较少,但是价格比较低廉。在2000年7月推出了带ADC或硬件乘法器的F13x/F14x系列。2001年7月—2002年又相继推出了带LCD控制器的F41x、F43x、F44x等系列。

2. 持续发展阶段

TI公司在2003—2004年期间推出了F15x和F16x系列产品。在这一新的系列中,有了两个方面的发展。一是增加了RAM的容量。如F1611的RAM容量增加到了10KB。这样就可以引入实时操作系统(RTOS)或简单文件系统等。二是从外围模块来说,增加了I^2C、DMA、DAC12和SVS等模块。

另外,TI公司在2004年下半年推出了MSP430X2xx系列。该系列是对MSP430X1xx片内外设的进一步精简。其具有价格低廉、小型、快速、灵活等特点,是业界功耗最低的单片机。可以快速开发超低功耗医疗、工业与消费类嵌入式系统。和MSP430X1xx系列相比,MSP430X2xx的CPU时钟提高到16 MHz(MSP430X1xx系列是8 MHz)。待机电流却从2 μA降到1 μA,具有最小14引脚的封装产品。

2001年以来,TI公司针对某些特殊应用领域,利用MSP430的超低功耗特性,还推出了一些专用单片机。如专门用于电量计量的MSP430FE42x。用于水表、气表、热表等具有无磁传感模块的MSP430FW42x,以及用于人体医学监护(血糖、血压、脉搏等)的MSP430FG42X单片机。用这些单片机来设计相应的专用产品,不仅具有MSP430的超低功耗特性,还能大大简化系统设计。

3. 蓬勃发展阶段

2007年TI公司推出具有120KB闪存、8KB RAM存储器的MSP430FG461x系列超低功耗单片机。该系列产品设计可满足大型系统的内存要求,还为便携医疗设备与无线射频系统等嵌入式高级应用带来高集成度与超低功耗等特性。此外,MSP430FG461x全面支持采用模块化C程序库开发的并可向后完全兼容的尖端实时应用,可加速代码执行。

2008年TI公司推出性能更高、功能更强的MSP430F5xx系列,这一系列单片机运行速度可达25～30MIPS,拥有更大的Flash(128KB),以及诸如射频(RF)、USB、加密和LCD接口等更丰富的外设接口。与1xx、2xx及4xx等前代产品相比,F5xx系列的处理能力提升了50%以上;闪存与RAM容量也实现了双倍增长,从而使系统能以极小功耗运行的同时,还可执行复杂度极高的任务。

2011年底TI公司推出了具有LCD控制器的MSP430F6xx系列产品,该系列产品支持高达 25 MHz 的 CPU 时钟，且能够提供更多的内存选择，如 256KB 闪存和 18KB RAM，可在电能计量和能源监测应用中为开发人员提供更大的发挥空间。

MSP430 系列单片机不仅可以应用于许多传统的单片机应用领域，如仪器仪表、自动控制、消费品领域，更适合用于一些电池供电的低功耗产品，如能量表（水表、电表、气表等）、手持式设备、智能传感器等，以及需要较高运算性能的智能仪器设备。

1.3 MSP430 单片机应用选型

1.3.1 MSP430 单片机应用选型

MSP430 单片机拥有 400 多种超低功耗微处理器器件。在介绍产品选型之前，首先需要了解 MSP430 单片机的型号命名规则，如图 1-1 所示。

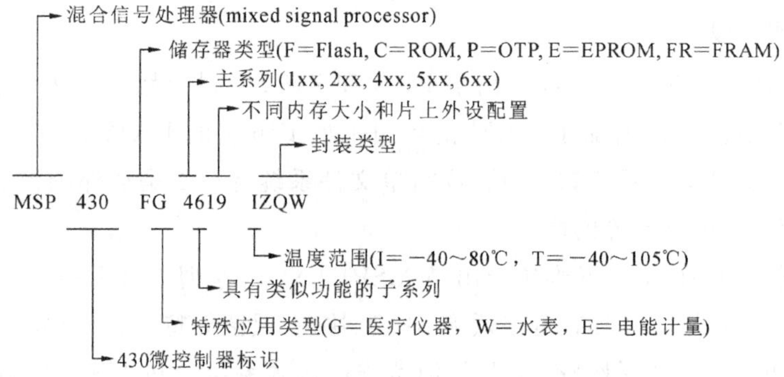

图 1-1 MSP430 单片机型号解码图

在 MSP430 单片机型号中，除“430”以外的数字，其含义如下：

第一位数字表示主系列，目前有以下几个主系列：MCLK 为 8 MHz 的 MSP430F1xx 系列、MCLK 为 16 MHz 的 MSP430F2xx 系列、MCLK 为 16 MHz 并具有 LCD 驱动器的 MSP430F4xx 系列、MCLK 为高达 25 MHz 的 MSP430F5xx 系列、MCLK 为高达 25 MHz 并具有 LCD 驱动器的 MSP430F6xx 系列。

在每个主系列中，又可分为若干个子系列，所以，第二位数字表示子系列。每个子系列含有的功能模块类似，即具有相似的功能。最后的两位数字表示不同的内存容量及片上外设的配置。

MSP430 单片机的各种类型存储器特性如表 1-1 所示。

表 1-1 各种存储器特性列表

存储器类型	名　称	特　性
F	Flash	闪存，具有 ROM 的非易失性和 EPROM 的可擦除性
C	ROM	只读存储器，适合大批量生产
P	OTP	单次可编程存储器，适合小批量生产
E	EPROM	可擦除只读存储器，适合开发样机
FR	FRAM	铁电随机存储器，将 SRAM 的速度、超低功耗、耐用性、灵活性与 Flash 的可靠性和稳定性结合在一起

MSP430 单片机中还有一些针对特殊应用而设计的专用单片机，如 MSP430FG4xx 系列单片机为医疗仪器专用单片机、MSP430FW4xx 系列单片机为水表专用单片机、

MSP430FE4xx 系列单片机为电能计量专用单片机等。

这些专用单片机都是在同系列通用单片机上增加专用模块而形成的。例如，MSP430FG4xx 系列在 F4xx 系列上增加了 OPAMP 可编程放大器；MSP430FW4xx 系列在 F4xx 系列上增加了 SCAN-IF 无磁流量检测模块；MSP430FE4xx 系列在 F4xx 系列上增加了 E-Meter 电能计量模块。

MSP430 单片机的常见封装类型如图 1-2 所示。

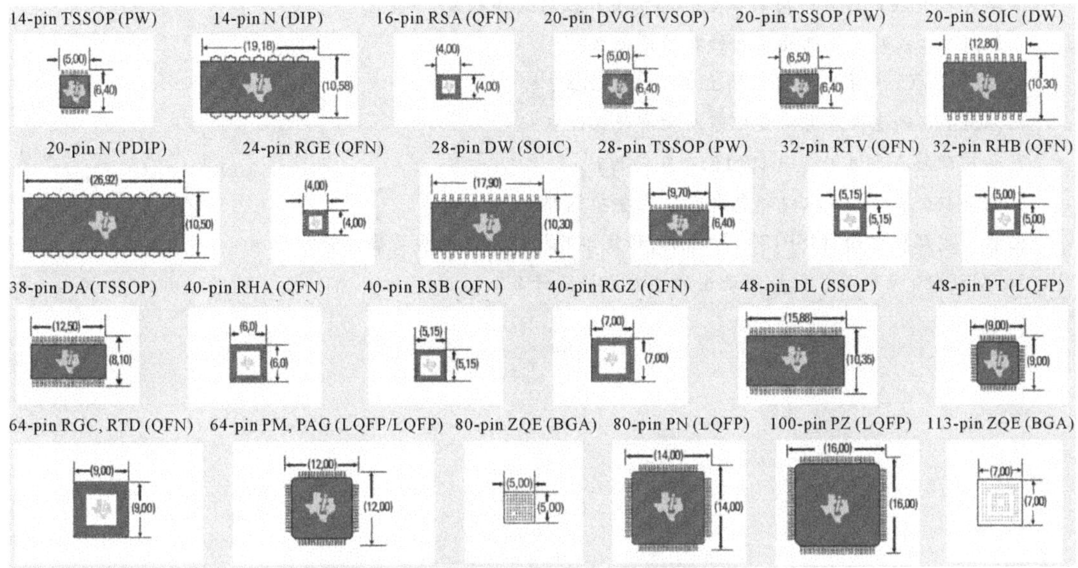

图 1-2 MSP430 单片机的常见封装类型示例

1.3.2 MSP430 单片机选型

MSP430 单片机具有非常多的种类，在构建应用系统之前，需慎重考虑单片机选型的问题。一般来说，在进行 MSP430 单片机选型时，可以考虑以下几个原则：

(1) 选择内部功能模块最接近系统需求的型号；

(2) 若系统开发任务重，且时间比较紧迫，可以首先考虑比较熟悉的型号；

(3) 考虑所选型号的存储器和 RAM 空间是否能够满足系统设计的要求；

(4) 最后还要考虑单片机的价格，尽量在满足系统设计要求的前提下，选用价格最低的 MSP430 单片机型号。

MSP430 单片机具体产品的型号、选型以及最新产品信息可通过访问 http://www.ti.com/msp430 网址获取。

本章小结

1996 年，TI 公司推出了一种基于 RISC 的 16 位混合信号处理器，即 MSP430 单片机。这款单片机专为满足超低功耗需求而精心设计。经过多年的发展，TI 公司已拥有超过 400 种 MSP430 单片机的芯片。这些芯片在很多领域取得了广泛的应用。本章讲述了 MSP430 单片机的发展历程、应用领域、特点及应用选型。通过本章的学习，读者对 MSP430 单片机具有了初步的了解和认识，从而为以后章节的学习打下良好的基础。

思考题

1. 超低功耗单片机的概念是什么?
2. 超低功耗常用领域有哪些?
3. 单片机和我们通常所用的微型计算机有什么区别和联系?
4. MSP430系列单片机最显著的特性是什么?
5. MSP430X5xx系列单片机的主要特征是什么?
6. MSP430单片机采用向量中断结构有什么优点?
7. 如何理解MSP430单片机的低功耗特性?
8. MSP430系列单片机内部包含哪些主要功能部件?
9. 在开发环境方面,MSP430单片机与传统单片机相比有哪些显著优势?
10. MSP430系列单片机应用选型的主要依据是什么?

第2章 MSP430单片机体系结构

MSP430单片机的CPU采用16位精简指令系统，集成了多个20位的寄存器(除状态寄存器为16位外，其余寄存器均为20位)和常数发生器，能够发挥代码的最高效率。MSP430单片机的存储空间采用冯·诺依曼结构，物理上完全分离的存储区域被安排在同一地址空间。这种存储器组织方式和CPU采用的精简指令系统相互配合，使得对片上外设的访问不需要单独的指令，为软件的开发和调试提供了便利。本章以MSP430F5xx/6xx系列单片机为例，首先简单介绍MSP430单片机的结构和特性，然后重点介绍MSP430单片机的CPU、中断系统和存储器，最后介绍MSP430单片机的寻址方式和指令系统。

2.1 MSP430单片机结构

2.1.1 MSP430F5xx/6xx系列单片机体系结构

MSP430单片机采用的是冯·诺依曼结构。冯·诺依曼结构是一种将程序存储器和数据存储器合并在一起且指令和数据共享同一总线的存储器结构。MSP430单片机的结构主要包含16位精简指令集CPU、存储器、片上外设、时钟系统、仿真系统以及连接它们的数据总线和地址总线，如图2-1所示。

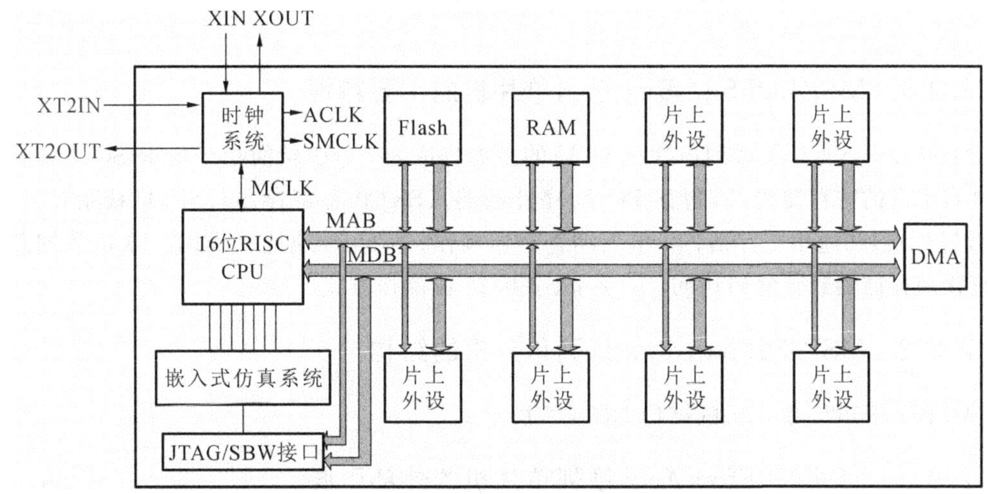

图2-1 MSP430F5xx/6xx系列单片机结构

2.1.2 MSP430F5xx/6xx 系列单片机的结构特征

(1) 16 位精简指令集 CPU 通过地址总线和数据总线直接与存储器和片上外设相连。
(2) 单片机内部包含嵌入式仿真系统，具有 JTAG/SBW 接口。
(3) 智能时钟系统支持多种时钟，能够最大限度地降低功耗。
(4) DMA 控制器可显著地提高程序执行效率。

2.1.3 MSP430F5xx/6xx 系列单片机的主要功能部件

MSP430F5xx/6xx 系列单片机的主要功能部件有 CPU、存储器和外围模块。

1. CPU

MSP430 系列单片机的 CPU 和通用微处理器基本相同，只是在设计上采用了面向控制的结构和指令系统。MSP430 的内核 CPU 结构是按照精简指令集和高透明的宗旨而设计的，使用的指令有硬件执行的内核指令和基于现有硬件结构的仿真指令。这样可以提高指令执行速度和效率，增强了 MSP430 的实时处理能力。

2. 存储器

存储器用来存储程序、数据以及外围模块的运行控制信息，有程序存储器和数据存储器。对程序存储器访问总是以字形式取得代码，而对数据存储器可以用字或字节方式访问。其中 MSP430 各系列单片机的程序存储器有 ROM、OTP、EPROM 和 Flash 型。

3. 外围模块

外围模块经过 MAB、MDB、中断服务及请求线与 CPU 相连。MSP430 不同系列产品所包含外围模块的种类及数目可能不同。它们分别是以下一些外围模块的组合：时钟模块、看门狗、定时器、比较器、串口、硬件乘法器、液晶驱动器、模数转换、数模转换、端口、基本定时器、DMA 控制器等。

2.2 MSP430 单片机特性、结构和外部引脚

2.2.1 MSP430F5xx/6xx 系列单片机的主要特性

MSP430F5xx/6xx 系列单片机 CPU 的主要特征如下：① 精简指令集 RISC 正交架构；② 具有丰富的寄存器资源，包括 PC(程序计数器)、SR(状态寄存器)、SP(堆栈指针)、CG2(常数发生器)和通用寄存器；③ 单周期寄存器操作；④ 20 位地址总线；⑤ 16 位数据总线；⑥ 直接的存储器到存储器访问；⑦ 字节、字和 20 位操作方式。

2.2.2 MSP430F5xx/6xx 系列单片机的结构

MSP430F5529 单片机的结构如图 2-2 所示。

2.2.3 MSP430F5xx/6xx 系列单片机的外部引脚

MSP430F5529 单片机具有 80 个引脚，采用 LQFP 封装，其引脚分布如图 2-3 所示。

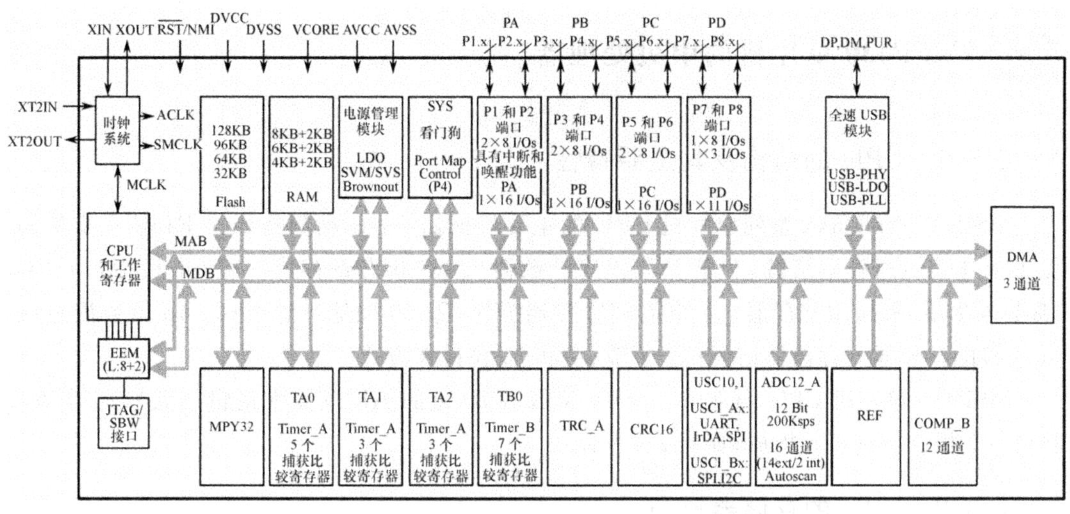

图 2-2 MSP430F5529 单片机结构框图

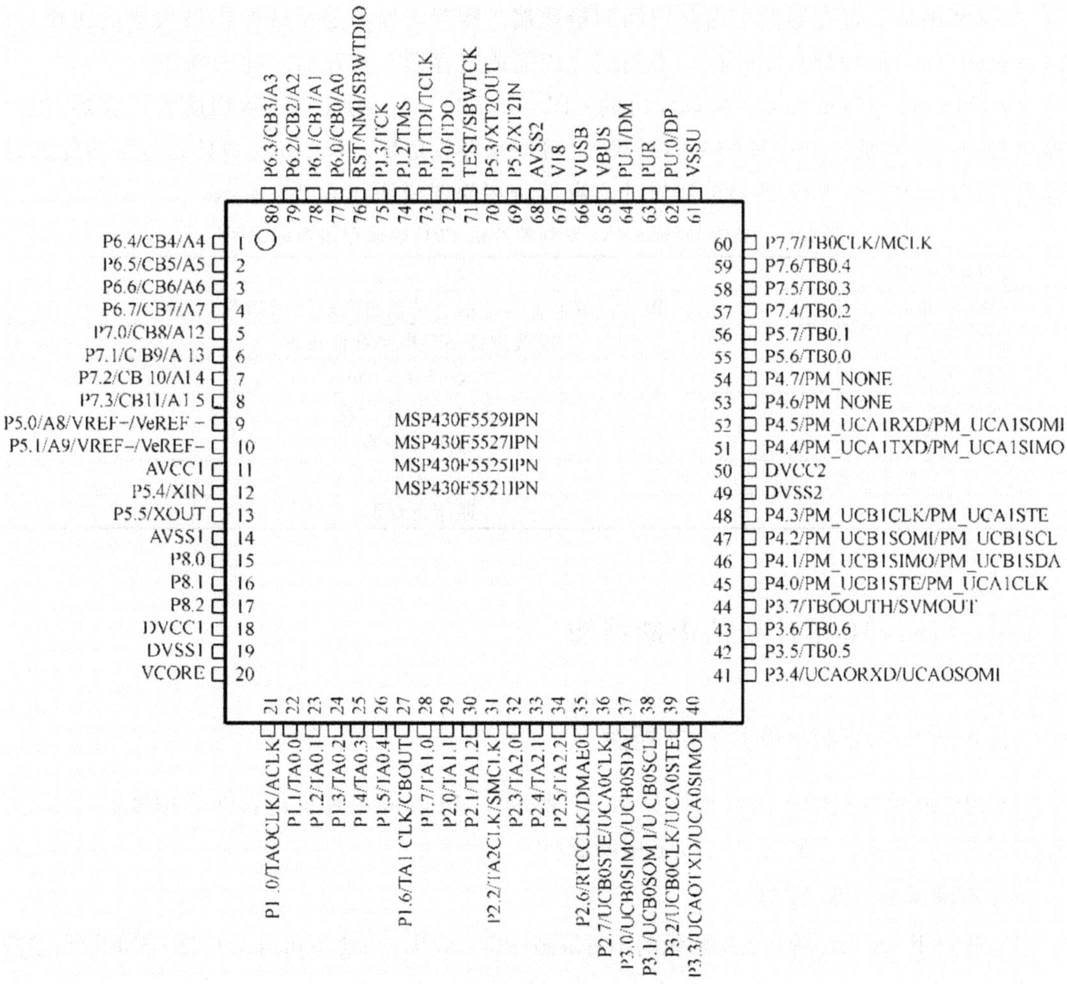

MSP430F5529IPN
MSP430F5527IPN
MSP430F5525IPN
MSP430F5521IPN

引脚	名称	引脚	名称
1	P6.4/CB4/A4	60	P7.7/TB0CLK/MCLK
2	P6.5/CB5/A5	59	P7.6/TB0.4
3	P6.6/CB6/A6	58	P7.5/TB0.3
4	P6.7/CB7/A7	57	P7.4/TB0.2
5	P7.0/CB8/A12	56	P5.7/TB0.1
6	P7.1/CB9/A13	55	P5.6/TB0.0
7	P7.2/CB10/A14	54	P4.7/PM_NONE
8	P7.3/CB11/A15	53	P4.6/PM_NONE
9	P5.0/A8/VREF+/VeREF+	52	P4.5/PM_UCA1RXD/PM_UCA1SOMI
10	P5.1/A9/VREF-/VeREF-	51	P4.4/PM_UCA1TXD/PM_UCA1SIMO
11	AVCC1	50	DVCC2
12	P5.4/XIN	49	DVSS2
13	P5.5/XOUT	48	P4.3/PM_UCB1CLK/PM_UCA1STE
14	AVSS1	47	P4.2/PM_UCB1SOMI/PM_UCB1SCL
15	P8.0	46	P4.1/PM_UCB1SIMO/PM_UCB1SDA
16	P8.1	45	P4.0/PM_UCB1STE/PM_UCA1CLK
17	P8.2	44	P3.7/TB0OUTH/SVMOUT
18	DVCC1	43	P3.6/TB0.6
19	DVSS1	42	P3.5/TB0.5
20	VCORE	41	P3.4/UCA0RXD/UCA0SOMI
21	P1.0/TA0CLK/ACLK	80	P6.3/CB3/A3
22	P1.1/TA0.0	79	P6.2/CB2/A2
23	P1.2/TA0.1	78	P6.1/CB1/A1
24	P1.3/TA0.2	77	P6.0/CB0/A0
25	P1.4/TA0.3	76	RST/NMI/SBWTDIO
26	P1.5/TA0.4	75	PJ.3/TCK
27	P1.6/TA1CLK/CBOUT	74	PJ.2/TMS
28	P1.7/TA1.0	73	PJ.1/TDI/TCLK
29	P2.0/TA1.1	72	PJ.0/TDO
30	P2.1/TA1.2	71	TEST/SBWTCK
31	P2.2/TA2CLK/SMCLK	70	P5.3/XT2OUT
32	P2.3/TA2.0	69	P5.2/XT2IN
33	P2.4/TA2.1	68	AVSS2
34	P2.5/TA2.2	67	V18
35	P2.6/RTCCLK/DMAE0	66	VUSB
36	P2.7/UCB0STE/UCA0CLK	65	VBUS
37	P3.0/UCB0SIMO/UCB0SDA	64	PU.1/DM
38	P3.1/UCB0SOMI/UCB0SCL	63	PUR
39	P3.2/UCB0CLK/UCA0STE	62	PU.0/DP
40	P3.3/UCA0TXD/UCA0SIMO	61	VSSU

图 2-3 MSP430F5529 单片机引脚图

2.3 MSP430单片机的中央处理器

2.3.1 CPU的结构及其主要特性

MSP430F5xx/6xx系列单片机CPU的主要特征如下：① 精简指令集RISC正交架构；② 具有丰富的寄存器资源，包括PC（程序计数器）、SR（状态寄存器）、SP（堆栈指针）、CG2（常数发生器）和通用寄存器；③ 单周期寄存器操作；④ 20位地址总线；⑤ 16位数据总线；⑥ 直接的存储器到存储器访问；⑦ 字节、字和20位操作方式。

MSP430单片机CPU内部由一个16位或者20位的ALU（算术逻辑单元）、16个寄存器和一个指令控制单元构成，如图2-4所示。

2.3.2 CPU的存储器资源

寄存器是CPU的重要组成部分，是有限存储容量的高速存储部件，它们可用来暂存指令、数据和地址。寄存器位于内存空间的最顶端。寄存器操作是系统操作最快速的途径，可以减短指令执行的时间，能够在一个周期之内完成寄存器与寄存器之间的操作。

在MSP430F5xx/6xx系列单片机的CPU中，R4～R15为具有通常用途的寄存器，用来保存参加运算的数据及运算的中间结果，也可用来存放地址。R0～R3为具有特殊功能的寄存器，MSP430F5xx/6xx系列单片机的寄存器资源简要说明如表2-1所示。

表2-1 MSP430F5xx/6xx系列单片机CPU的寄存器资源说明

寄存器简写	功　　能
R0(20位)	程序计数器PC，指示下一条将要执行的指令地址
R1(20位)	堆栈指针SP，指向堆栈栈顶
R2(16位)	状态寄存器SR
R3(20位)	常数发生器CG2
R4(20位)	通用寄存器
⋮	⋮
R15(20位)	通用寄存器

2.4 MSP430单片机的中断结构

2.4.1 MSP430单片机中断源

MSP430单片机的中断源结构如图2-5所示。MSP430单片机包含3类中断源：系统复位中断源、不可屏蔽中断源和可屏蔽中断源。

1. 不可屏蔽中断(NMI)

MSP430F5xx/6xx系列支持两级的不可屏蔽中断(NMI)、系统不可屏蔽中断(SNMI)和用户不可屏蔽中断(UNMI)。一般来说，不可屏蔽中断是不能被一般的中断使能位(GIE)所屏蔽的。用户NMI源只能通过独立的中断使能位(NMIIE、ACCVIE、OFIE)来使能。当一个用户NMI中断响应后，其他的和与它处于同一优先级的NMI被自动禁止，这样来防止同一优先级的NMI发生嵌套。程序执行的开始地址存储在不可屏蔽中断向量里。为了兼容早期 MSP430 系列所开发的软件代码，软件无须重新使能用户 NMI 源。NMI 中断源的方框示意图如图 2-6 所示。

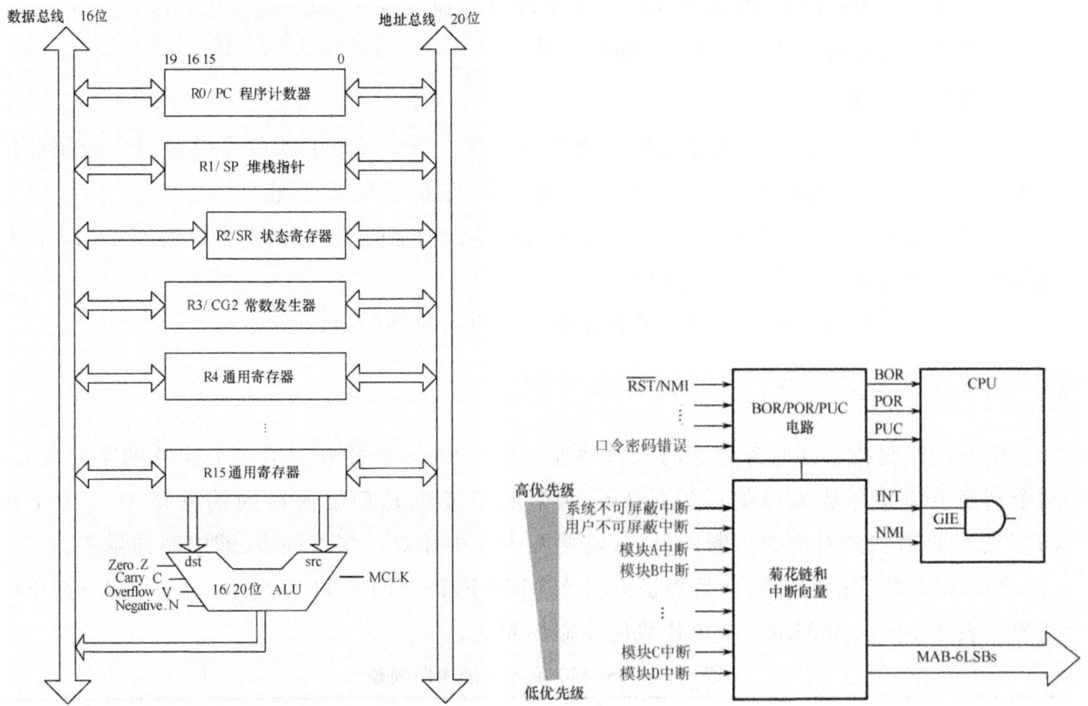

图 2-4　MSP430F5xx/6xx 系列单片机 CPU 结构图

图 2-5　MSP430 单片机中断源结构

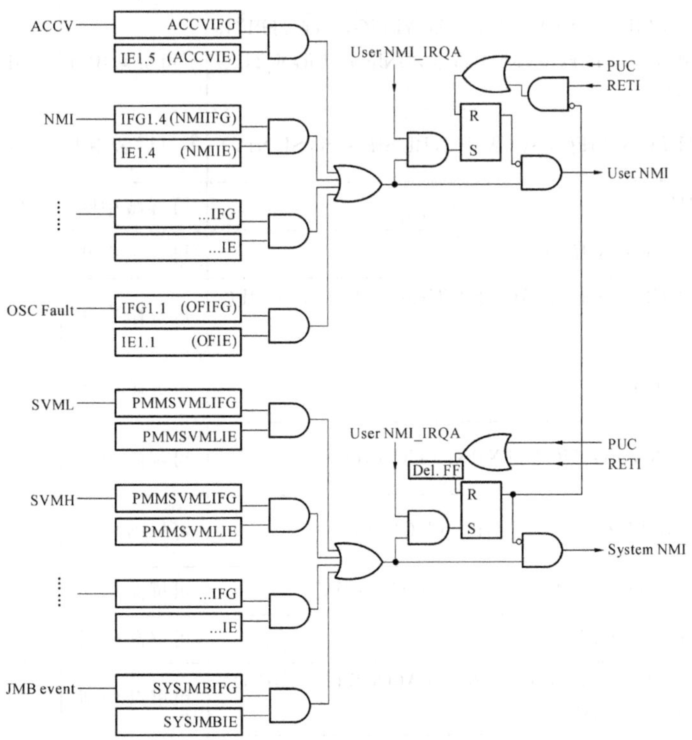

图 2-6　NMI 中断源的方框示意图

发生用户 NMI 中断的中断源如下：① 当 RST/NMI 配置成 NMI 模式时的一个边沿信号；② 发生晶体失效；③ 对 Flash 存储器的非法访问。

发生系统 NMI 中断的中断源如下：① 电源管理模块(PMM)供应电压故障；② PMM 超时；③ 对空白内存的访问；④ JTAG 邮箱事件。

2. 可屏蔽中断

可屏蔽中断由具有中断能力的外设所产生。每一个可屏蔽中断源可以通过中断使能位单独禁止，也可以通过状态寄存器(SR)中的总中断使能位(GIE)禁止。

引起可屏蔽中断的事件有：① 当看门狗定时器设为定时器模式，发生定时器溢出；② 其他具有中断能力的模式发生中断事件。

每个独立外设的中断将在各自的模块章节中进行具体的讨论。

2.4.2 中断向量

中断向量是指中断服务程序的入口地址，每个中断向量被分配给 4 个连续的字节单元，两个高字节单元存放入口的段地址 CS，两个低字节单元存放入口的偏移量 IP。为了让 CPU 方便地查找到对应的中断向量，就需要在内存中建立一张查询表，即中断向量表。

MSP430 单片机的中断向量表被安排在 0FFFFH～0FF80H 空间内，具有最大 64 个中断源。表 2-2 所示为 MSP430 单片机的中断向量表。

表 2-2 MSP430 单片机的中断向量表

中断源	中断标志位	中断类型	中断向量地址	优先级
系统复位	WDTIFG，KEYV (SYSRSTIV)	系统复位中断	0FFFEh	63(最高)
系统不可屏蔽中断	SVMLIFG，SVMHIFG，DLYLIFG，DLYHIFG，VLRLIFG，VLRHIFG，VMAIFG，JMBNIFG，JMBOUTIFG (SYSSNIV)	不可屏蔽中断	0FFFCh	62
用户不可屏蔽中断	NMIIFG，OFIFG，ACCVIFG，BUSIFG(SYSUNIV)	不可屏蔽中断	0FFFAh	61
比较器 B	CBIV	可屏蔽中断	0FFF8h	60
TB0	TB0CCR0 CCIFG0	可屏蔽中断	0FFF6h	59
TB0	TB0CCR1 CCIFG1 到 TB0CCR6 CCIFG6，TB0IFG (TB0IV)	可屏蔽中断	0FFF4h	58
看门狗定时器	WDTIFG	可屏蔽中断	0FFF2h	57
USCI A0 接收/发送	UCA0RXIFG，UCA0TXIFG (UCA0IV)	可屏蔽中断	0FFF0h	56
USCI B0 接收/发送	UCB0RXIFG，UCB0TXIFG (UCB0IV)	可屏蔽中断	0FFEEh	55
ADC12_A	ADC12IFG0 to ADC12IFG15 (ADC12IV)	可屏蔽中断	0FFECh	54
TA0	TA0CCR0 CCIFG0	可屏蔽中断	0FFEAh	53
TA0	TA0CCR1 CCIFG1 到 TA0CCR4 CCIFG4，TA0IFG (TA0IV)	可屏蔽中断	0FFE8h	52
USB_UBM	USBIV	可屏蔽中断	0FFE6h	51

续表

中 断 源	中断标志位	中 断 类 型	中断向量地址	优先级
DMA	DMA0IFG,DMA1IFG,DMA2IFG (DMAIV)	可屏蔽中断	0FFE4h	50
TA1	TA1CCR0 CCIFG0	可屏蔽中断	0FFE2h	49
TA1	TA1CCR1 CCIFG1 到 TA1CCR2 CCIFG2, TA1IFG (TA1IV)	可屏蔽中断	0FFE0h	48
P1 端口	P1IFG. 0 to P1IFG. 7 (P1IV)	可屏蔽中断	0FFDEh	47
USCI_A1 接收/发送	UCA1RXIFG,UCA1TXIFG (UCA1IV)	可屏蔽中断	0FFDCh	46
USCI_B1 接收/发送	UCB1RXIFG,UCB1TXIFG (UCB1IV)	可屏蔽中断	0FFDAh	45
TA2	TA2CCR0 CCIFG0	可屏蔽中断	0FFD8h	44
TA2	TA2CCR1 CCIFG1 到 TA2CCR2 CCIFG2, TA2IFG (TA2IV)	可屏蔽中断	0FFD6h	43
P2 端口	P2IFG. 0 到 P2IFG. 7 (P2IV)	可屏蔽中断	0FFD4h	42
RTC_A	RTCRDYIFG, RTCTEVIFG, RTCAIFG, RT0PSIFG, RT1PSIFG (RTCIV)	可屏蔽中断	0FFD2h	41
保留	保留		0FFD0h	40
			…	…
			0FF80h	0(最低)

2.4.3 中断优先级

MSP430 单片机的中断优先级是固定的,由硬件确定,用户不能更改。当多个中断同时发生中断请求时,CPU 按照中断优先级的高低顺序依次响应,如图 2-7 所示。

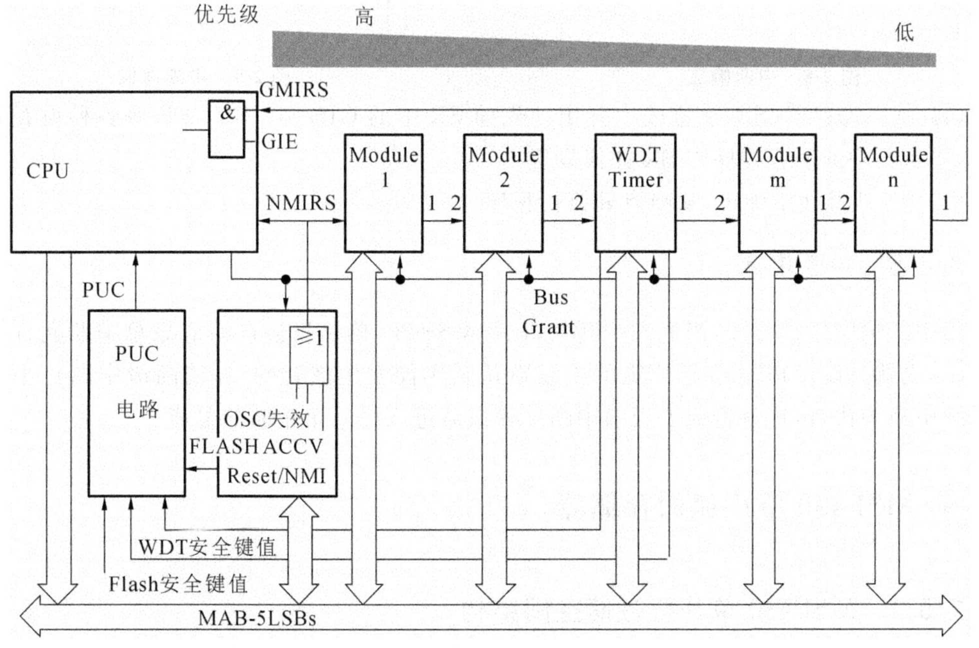

图 2-7 中断优先级结构

2.4.4 中断处理

当有一个外设中断请求发生后，并且外设中断使能位和 GIE 位都置位的情况下，中断服务将被调用。而不可屏蔽中断只需相应的使能位被置位就可以了。

1. 中断响应

从检测到中断请求到第一条中断服务子程序指令被执行需要延迟 6 个时钟周期，如图 2-8 所示。中断的逻辑执行过程如下。

(1) 完成当前正在执行的指令。

(2) 将指向下一条指令的 PC 指针压入堆栈。

(3) 程序状态寄存器(SR)压入堆栈。

(4) 当执行完最后一条指令时如果有多个中断被挂起等待响应时，则选择高优先级的中断。

(5) 单中断源中断标志位自动复位。多中断源的标志位将被保留，以备软件查询使用。

(6) 清除状态寄存器(SR)。终止任何形式的低功耗模式。因为 GIE 位被清除，其他的中断也被禁止。

(7) 中断向量里的值被载入 PC 里：从中断服务程序的入口地址开始执行。

2. 中断返回

中断处理子程序的终止指令：RETI(从一个中断服务程序中返回)。

中断返回执行下面的流程，其占用了 5 个周期，如图 2-9 所示。

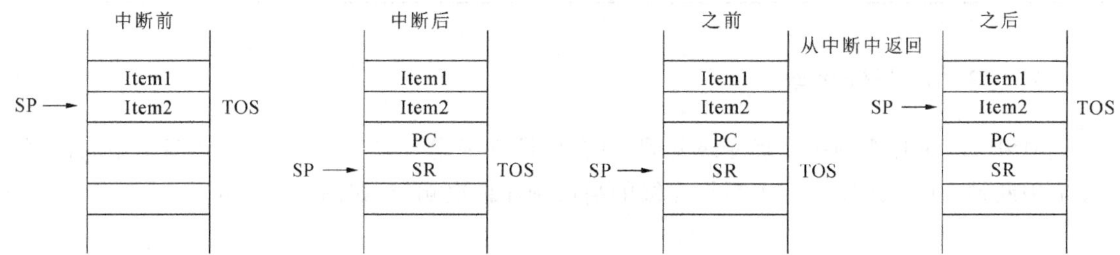

图 2-8 中断响应 **图 2-9 中断返回**

(1) 状态寄存器(SR)从堆栈中弹出。先前 SR 中的 GIE 和 CPUOFF 等各种设置开始生效，不管在中断服务程序中 SR 如何设置。

(2) PC 从堆栈中弹出，从断点处执行程序。

2.4.5 中断嵌套

由中断响应过程可知，当进入中断入口后，MSP430 单片机会自动清除总中断允许标志位 GIE，也就是说，MSP430 单片机的中断默认是不能发生嵌套的，即使高级中断也不能打断低级中断的执行，这就避免了当前中断未完成时进入另一个中断的可能。

2.5 MSP430 单片机的存储器

2.5.1 MSP430 单片机存储空间结构

本节以 MSP430F5529 单片机为例介绍 MSP430 单片机的存储空间结构。MSP430F5529

单片机具有 128KB 程序存储器、(8+2)KB RAM 存储器(当 USB 模块禁止时,获得额外的 2KB RAM)及相应的外围模块寄存器,其存储空间分配情况如图 2-10 所示。

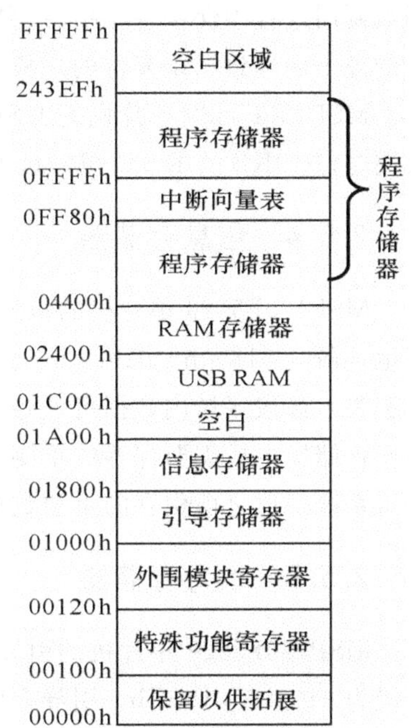

图 2-10　MSP430F5529 单片机存储空间分配情况

MSP430 不同系列单片机的存储空间的分布特点如下:

(1) 存储空间结构顺序相同,MSP430 不同系列单片机存储空间结构相同,其内部各个模块顺序也相同;

(2) 中断向量表具有相同的存储空间地址上限,为 0FFFFh;

(3) 当两段存储器存储地址不能相连时,中间为空白区域;

(4) 特殊功能寄存器永远在存储空间的底部,由于器件所属型号不同,存储空间的分布也存在一些差异;

(5) 不同型号器件的程序存储器、RAM、信息存储器等大小不同;

(6) 中断向量的具体内容因器件的不同而不同;

(7) 不同型号器件的外围模块地址范围内的具体内容不同;

(8) 较低型号的 MSP430 单片机特殊功能寄存器地址从 00000h 开始,较高型号的 MSP430 单片机存储器底层开辟出一段保留区,以供存储器拓展。

2.5.2　程序存储器

MSP430F5529 单片机的程序存储器具有 4 个存储体,每个 32 KB,共 128 KB,所在存储区间地址段为 04400h～243FFh。程序存储器可分为两种情况:中断向量表和用户程序代码段。

中断向量表的存储空间为 0FF80h～0FFFFh,中断向量表内含有相应中断服务程序的 16 位入口地址。当 MSP430 单片机片内模块的中断请求被响应时,MSP430 单片机首先保护断点,之后从中断向量表中查表得到相应中断服务程序的入口地址,然后执行相应的中断服务程序。

用户程序代码段一般用来存放程序、常数或表格。MSP430 单片机的存储结构允许存放大的数表,并且可以用所有的字和字节访问这些表。这一点为提高编程的灵活性和节省程序存储空间带来了好处。表处理可带来快速清晰的编程风格,特别对于传感器的应用,为了数据线性化和补偿,将传感器数据存入表中做表处理,是一种很好的方法。

2.5.3　RAM 存储器

MSP430F5529 单片机的 RAM 存储器具有 4 个扇区,每个 2 KB,共 8 KB,所在存储空间地址段为 02400h～0C3FFh。RAM 存储器一般用于堆栈和变量,如存放经常变化的数据:采集到的数据、输入的变量、运算的中间结果等。

堆栈是具有先进后出特殊操作的一段数据存储单元,可以在子程序调用、中断处理或者函数调用过程中保护程序指针、参数、寄存器等，但在程序执行的过程中，要防止产生由于堆栈的溢出而导致系统复位的现象，例如中断的不断嵌套而导致堆栈溢出等。

MSP430F5529 单片机的 USB 通信模块具有 2KB 的 RAM 缓冲区。当 USB 通信模块禁用时，这 2KB 的 RAM 缓冲区也可作为系统的 RAM 存储器使用。

2.5.4 信息存储器

MSP430F5529 单片机的信息存储器具有 4 段，每段 128 字节，共 512 字节，所在存储空间地址段为 01800h～019FFh。信息存储器类型为 Flash 类型，非 RAM 类型，掉电后数据不会丢失。该段区域内数据可通过 Flash 控制器进行擦除、写入或读取操作。信息存储器可用于存储掉电后需要保存的重要数据，等系统再次上电时，可通过读取信息存储器的内容以获得系统掉电之前保存的重要数据，使系统按照之前的状态继续运行。

2.5.5 引导存储器

MSP430F5529 单片机的引导存储器具有 4 段，每段 512 字节，共 2 KB，所在存储空间地址段为 01000～017FFh。引导存储器类型也为 Flash 类型，BSL 允许用户利用所定义的密码通过各种通信接口（USB 或 UART）访问内存空间，可以实现程序代码的读/写操作，利用引导存储器只需几根线就可以修改、运行内部的程序，为系统软件的升级提供了又一种方便的手段。

2.5.6 外围模块寄存器

MSP430F5529 单片机的外围模块寄存器所在存储空间地址段为 00120h～00FFFh，都可以通过软件进行访问和控制。MSP430 单片机可以像访问普通 RAM 单元一样对这些寄存器进行操作。这些寄存器也分为字节结构和字结构。不同系列 MSP430 单片机的外围模块寄存器数量不同，具体请参考具体芯片的数据手册。MSP430F5529 的外围模块寄存器地址分配如表 2-3 所示，各外围模块寄存器内容请参考后面介绍片内外设各章节的内容。

表 2-3 MSP430F5529 外围模块寄存器地址分配列表

地 址	说 明	地 址	说 明
0120h～013Fh	电源管理模块	0h～03FFh	TB0
0140h～014Fh	Flash 控制器	0400h～049Fh	TA2
0150h～0157h	CRC 16 模块	0h～04BFh	实时时钟模块
0158h～015Bh	RAM 控制器	0h～04FFh	32 位硬件乘法器
015Ch～015Fh	看门狗模块	0500h～050Fh	DMA 控制寄存器
0160h～017Fh	UCS 统一时钟模块	0510h～051Fh	DMA 通道 0
0180h～01AFh	SYS 系统模块	0520h～052Fh	DMA 通道 1
01B0h～01BFh	参考模块	0530h～05BFh	DMA 通道 2
0h～01DFh	端口映射控制寄存器	0h～05DFh	USCI_A0 模块
01E0h～01FFh	P4 映射端口	05E0h～05FFh	USCI_B0 模块
0200h～021Fh	端口 P1/P2	0600h～061Fh	USCI_A1 模块
0220h～023Fh	端口 P3/P4	0620h～06FFh	USCI_B1 模块
0240h～025Fh	端口 P5/P6	0700h～08BFh	ADC12 模块
0260h～031Fh	端口 P7/P8	0h～08FFh	比较器 B 模块

续表

地　址	说　明	地　址	说　明
0320h～033Fh	端口 PJ	0900h～091Fh	USB 配置寄存器
0340h～037Fh	TA0	0920h～093Fh	USB 控制寄存器
0380h～03BFh	TA1		

2.5.7 特殊功能寄存器

MSP430F5529 单片机的特殊功能寄存器所在的存储空间地址段为 00100h～00120h。不同系列的 MSP430 单片机特殊功能寄存器数量不同，MSP430F5529 单片机特殊功能寄存器如表 2-4 所示。

表 2-4　MSP430F5529 单片机特殊功能寄存器列表（基址为 00100h）

寄存器	缩　写	读/写类型	访问方式	偏移地址	初始状态
中断使能寄存器	SFRIE1	读/写	字	00h	0000h
	SFRIE1_L(IE1)	读/写	字节	00h	00h
	SFRIE1_H(IE2)	读/写	字节	01h	00h
中断标志寄存器	SFRIFG1	读/写	字	02h	0082h
	SFRIFG1_L	读/写	字节	02h	82h
	SFRIFG1_H	读/写	字节	03h	00h
复位引脚控制寄存器	SFRRPCR	读/写	字	04h	0000h
	SFRRPCR_L	读/写	字节	04h	00h
	SFRRPCR_H	读/写	字节	05h	00h

2.6 MSP430 单片机寻址方式

单片机执行程序的过程是不断地寻找操作数并进行操作的过程，寻址方式是指 CPU 寻找操作数或操作数地址的方法。寻址方式是计算机的重要性能指标之一，也是汇编程序设计中最基本的内容。寻址方式越多，单片机指令功能越强，灵活性越大。MSP430 共有 7 种寻址方式。其中，源操作数可用全部的 7 种方式寻址，目的操作数有 4 种寻址方式，它们可以访问整个地址空间，如表 2-5 所示。

表 2-5　寻址方式

As/Ad	寻址方式	语　法	说　明
00/0	寄存器寻址	Rn	寄存器内容为操作数
01/1	变址寻址	X(Rn)	(Rn+X)指向操作数，X 存于后续字中
01/1	符号寻址	ADDR	(PC+X)指向操作数，X 存于后续字中，使用了变址方式的 X(PC)
01/1	绝对寻址	&ADDR	指令后续字含绝对地址
10/—	间接寄存器寻址	@Rn	Rn 为指向操作数的指针
11/—	间接增量寻址	@Rn+	Rn 为指向操作数的指针，然后在字节指令中 Rn 增 1，在字指令中 Rn 增 2
11/—	立即寻址	#N	指令后续字含立即数 N，使用了间接增量模式的@PC+

2.6.1 寄存器寻址

操作数的地址由寄存器直接给出，寄存器的内容就是指令中的操作数，这种寻址方式称为寄存器寻址。寄存器寻址方式是将源操作数中的内容移到目的操作数，而源操作数内容不变，通常占 1 到 2 个字。源操作数和目的操作数都可以用于寄存器寻址。寄存器寻址一般用于对时间要求比较严的操作。

汇编源程序：MOV R10，R11；

设指令执行前：(R10)＝0A022H，(R11)＝0FA00H，(PC)＝PCold；

指令执行后：(R10)＝0A022H，(R11)＝0A022H，(PC)＝PCold＋2。

2.6.2 变址寻址

变址寻址方式的操作数在内存中，操作数的地址为寄存器内容加上前面的偏移量，一般占 2～3 个字，格式如表 2-6 所示。

表 2-6　变址寻址格式

汇编源程序	ROM 中的内容
MOV 2(R5)，6(R6)	MOV X(R5)，Y(R6) X＝2 Y＝6

变址寻址中源操作数或目的操作数中涉及的寄存器内容在执行前后不变。这种寻址方式对源操作数和目的操作数都有效，例如：

```
MOV R6,3(R8);
MOV 5(R6),R7;
```

2.6.3 符号寻址

这种寻址方式的操作数在内存中，操作数的地址在指令中直接给出，格式如表 2-7 所示。

表 2-7　符号寻址格式

汇编源程序	ROM 中的内容
MOV EDE，TONI	MOV X(PC)，Y(PC) X＝EDE－PC Y＝TONI－PC

其中，操作数的地址为 EDE 和 TONI。(EDE)＝PC＋X，(TONI)＝PC＋Y。X、Y 存在于指令的后续中，汇编程序能自动计算并插入偏移量 X 和 Y。

例如：MOV EDE，TONI；(EDE)＝0F016H，(TONI)＝01114H

解释：将地址 EDE 单元中的内容移到地址为 TONI 的单元中。

例如：

```
MOV TAB,R5;
…
TAB DW 13F2H,2213H,3ED4H;将符号 TAB 所表示的数据作为地址，再将该地址中的数据送达 R5
```

执行前：R5＝43F2H，TAB 标号所指示的地址处的数据为字 13F2H；

执行后：R5＝13F2H；

这种寻址模式既可用于源操作数，也可用于目的操作数。下面的语句都属于符号寻址模式：

```
MOV R6,LOOP;目的操作数符号寻址
MOV TAB,&0316H;源操作数符号寻址
MOV R5,TAB;目的操作数符号寻址
```

2.6.4 绝对寻址

这种寻址方式的操作数在内存中，操作数的地址在指令中直接给出，主要用于定位固定地址的硬件外围模块，对它们绝对寻址可保证软件的透明度。绝对寻址可以看作是当 PC＝0 时的符号寻址，格式如表 2-8 所示。

表 2-8 绝对寻址格式

汇编源程序	ROM 中的内容
MOV &EDE,&TONI	MOV X(0),Y(0) X＝EDE Y＝TONI

其中，EDE 和 TONI 为操作数地址。将地址 EDE 的内容移到地址 TON1 中，指令后续字中给出操作数的地址。

例如：MOV &EDE,&TONI;(EDE)＝0F016H,(TONI)＝01114H

执行后：(EDE)＝0F016H,(TONI)＝0F016H

例如：

```
Reset  MOV # 2345H,R6;
AAA  MOV R6,R7;
SUB  &AAA,&Reset;将地址 Reset 中的数据减去地址 AAA 中的数据，再将结果送达地址 Reset 中
```

执行前：Reset＝0E000H，(0E000H)＝4036H，AAA＝0E004H，(0E004H)＝4607H

执行后：(0E000H)＝4036H-4607H＝FA2FH

这种寻址模式既可用于源操作数，又可用于目的操作数。

下面的语句都属于绝对寻址模式：

```
MOV # 2345H,&Reset;目的操作数绝对寻址
MOV &Reset,R5;源操作数绝对寻址
MOV &AA,&234H;源操作数绝对寻址
MOV R9,&AA;目的操作数绝对寻址
```

2.6.5 间接寄存器寻址

这种寻址方式的操作数在内存中，操作数的地址在寄存器中，格式如表 2-9 所示。

表 2-9 间接寄存器寻址格式

汇编源程序	ROM 中的内容
MOV @R10,0(R11)	MOV @R10,0(R11)

解释：将R10中地址的内容移动到R11中地址所对应的单元中。R10和R11中的内容在执行前后不变。

间接寄存器寻址中源操作数或目的操作数涉及的寄存器内容在执行前后不变。这种寻址方式只适用于源操作数，对于目的操作数用变址寻址操作0(Rd)代替，例如：

```
MOV @ R5,R6;
MOV @ R6,4(R7);
```

2.6.6 间接增量寻址

这种寻址方式的操作数在内存中，操作数的地址在寄存器中，格式如表2-10所示。

表2-10 间接增量寻址格式

汇编源程序	ROM中的内容
MOV @R10+,0(R11)	MOV @R10+,0(R11)

解释：以R10里的内容为地址，将该地址单元中的内容送到以R11里的内容为地址的内存单元中。然后将R10中的内容加2，R11中的内容不变。

在间接增量寻址方式中，源寄存器的内容在执行后自动加2(字操作)或1(字节操作)，目的寄存器内容不变。

这种寻址方式适合于对表进行随机访问。间接增量寻址方式只对源操作数有效，此时目的寄存器内容需手动改变(INC/INCD)。

例如：

```
MOV @ R5+ ,R6;
MOV @ R6+ ,4(R7);
```

2.6.7 立即寻址

这种寻址方式的操作数在指令中由源操作数直接给出，操作数能够立即得到，在指令代码中紧跟操作码后，格式如表2-11所示。

表2-11 立即寻址格式

汇编源程序	ROM中的内容
MOV #45H,TONI	MOV @PC+,X(PC) 45 X=TONI−PC

下面的指令都使用了立即寻址模式：

```
MOV # 1212H,R6;
MOV # 1212H,2(R6);
MOV # 12H,&220H;
```

2.7 MSP430指令系统概述

MSP430指令集包含27条内核指令和24条仿真指令。

27条核心指令具有唯一的操作码供CPU译码，分成三种指令格式：① 双操作数指令

(12 条)；② 单操作数指令(7 条)；③ 跳转指令(8 条)。

24 条仿真指令为了便于阅读理解和书写而引入，没有自己对应的操作码，汇编时由汇编器自动转换成相应的核心指令。

2.7.1 内核指令的代码格式

MSP430 单片机指令系统的代码格式有双操作数指令(内核指令)代码格式、单操作数指令(内核指令)代码格式、条件和无条件转移指令代码格式，下面分别进行介绍。

1. 双操作数指令(内核指令)

双操作数指令由 4 个域组成，共 16 位代码。

15	14	13	12	11	10	9	8	7	6	5	4	3	2	1	0
操作码				源寄存器				Ad	B/W	As		目的寄存器			
操作码域															

(1) 操作码域，4 位[操作码]。

(2) 源域，6 位[源寄存器＋As]。

(3) 字节操作识别符，1 位[B/W]。

(4) 目的域，5 位[目的寄存器＋Ad]。

源域由 2 个寻址位和 4 位寄存器数(R0～R15) 组成；目的域由 1 个寻址位和 4 位寄存器数(R0～R15) 组成；B/W 表明指令是以一个字节(B/W＝1) 还是一个字(B/W＝0)的形式执行；As 表示寻址模式的寻址位，用于源操作数；Ad 表示寻址模式的寻址位，用于目的操作数。

2. 单操作数指令(内核指令)

单操作数指令是由 2 个主域组成的，共 16 位代码。

15	14	13	12	11	10	9	8	7	6	5	4	3	2	1	0
0	0	0	1	×	×	×	×	×	B/W	Ad		目的/源寄存器			
操作码域										目的域					

(1) 操作码域，9 位且高 4 位 MSB 为“0001”。

(2) 字节操作识别符，1 位[B/W]。

(3) 目的域，6 位[目的/源寄存器＋Ad]。该域由 2 个寻址位和 4 位寄存器数(R0～R15) 组成。目的域的位置与 2 个操作数指令的位置相同。

3. 条件和无条件转移指令(内核指令)

该类指令包括 2 个主域，共 16 位代码。

15	14	13	12	11	10	9	8	7	6	5	4	3	2	1	0
0	0	1	×	×	×	×	×	×	×	×	×	×	×	×	×
操作码			跳转码			符号	偏移								
操作码域						跳转/偏移域									

(1) 操作码域，6 位。

(2) 跳转/偏移域，10 位。

转移指令可跳转到相对于当前地址范围在－511～＋512 字之间的地址。汇编器计算出有符号的偏移，并把它们插入操作码。

转移类指令不影响状态位，当发生转移时，可通过偏移量改变 PC 值，公式为：

$$PCnew = PCold + 2 + 2 \times 偏移$$

2.7.2 无须 ROM 补偿的仿真指令

无须 ROM 补偿的仿真指令可用精简指令集仿真，汇编器接收仿真指令，并能够插入适当的内核指令。MSP430 指令系统中无须 ROM 补偿的仿真指令如表 2-12 所示。

表 2-12 无须 ROM 补偿的仿真指令

助记符	操作数	说明	VNZC	仿真
		算术运算指令		
ADD[.W]	dst	进位位加至目的操作数	* * * *	ADDC #0,dst
ADC.B	dst	进位位加至目的操作数	* * * *	ADDC.B #0,dst
DADC[.W]	dst	十进制进位位加至目的操作数	* * * *	DADD #0,dst
DADC.B	dst	十进制进位位加至目的操作数	* * * *	DADD.B #0,dst
DEC[.W]	dst	目的操作数减 1	* * * *	SUB #1,dst
DEC.B	dst	目的操作数减 1	* * * *	SUB.B #1,dst
DECD[.W]	dst	目的操作数减 2	* * * *	SUB #2,dst
DECD.B	dst	目的操作数减 2	* * * *	SUB.B #2,dst
INC[.W]	dst	目的操作数增 1	* * * *	ADD #1,dst
INC.B	dst	目的操作数增 1	* * * *	ADD.B #1,dst
INCD[.W]	dst	目的操作数增 2	* * * *	ADD #2,dst
INCD.B	dst	目的操作数增 2	* * * *	ADD.B #2,dst
SBC[.W]	dst	从目的操作数中减去进位位	* * * *	SUBC #0,dst
SBC.B	dst	从目的操作数中减去进位位	* * * *	SUBC.B #0,dst
		逻辑指令		
INV[.W]	dst	目的操作数求反	* * * *	XOR #0FFFFH,dst
INV.B	dst	目的操作数求反	* * * *	XOR.B #0FFFFH,dst
RLA[.W]	dst	算术循环左移	* * * *	ADD dst,dst
RLA.B	dst	算术循环左移	* * * *	ADD.B dst,dst
RLC[.W]	dst	带进位循环左移	* * * *	ADDC dst,dst
RLC.B	dst	带进位循环左移	* * * *	ADDC.B dst,dst
		数据指令(共用)		
CLR[.W]		清除目的操作数	----	MOV #0,dst
CLR.B		清除目的操作数	----	MOV.B #0,dst
CLRC		清除进位位	---0	BIC #1,SR
CLRN		清除负位	-0--	BIC #4,SR
CLRZ		清除零位	--0-	BIC #2,SR
POP	dst	项目从堆栈中弹出	----	MOV @SP+,dst
SETC		置位进位位	---1	BIS #1,SR
SETN		置位负位	-1--	BIS #4,SR
SETZ		置位零位	--1-	BIS #2,SR
TST[.W]	dst	测试目的操作数	0 * * 1	CMP #0,dst
TST.B	dst	测试目的操作数	0 * * 1	CMP.B #0,dst
		程序流程指令		
BR	dst	转移到……	----	MOV dst,PC
DINT		禁止中断	----	BIC #8,SR
EINT		使能中断	----	BIS #8,SR
NOP		空操作	----	MOV #0H,#0H
RET		子程序返回指令	----	MOV @SP+,PC

2.7.3 指令的时钟周期与指令长度

MSP430 的指令执行速度(指令所用的时钟周期数,这里时钟周期指 MCLK 的周期)和指令长度(所占用存储空间)与指令的格式和寻址模式密切相关。

在不同的寻址模式下,CPU 寻找操作数的路径不一样,当然要占用不同的时间与不同的存储空间。

表 2-13 和表 2-14 给出了 MSP430 指令的时钟周期数和指令长度,表 2-15 和表 2-16 给出了简单判定双操作数和单操作数的 CPU 指令周期方式。

表 2-13 双操作数指令的时钟周期数与指令长度

寻址模式		周期数	指令长度/字	实例
As	Ad			
Rn	Rm	1	1	MOV R5,R8
	PC	2	1	BR R9
	x(Rm)	4	2	ADD R5,4(R6)
	EDE	4	2	XOR R8,EDE
	&EDE	4	2	MOV R5,&EDE
@Rn	Rm	2	1	AND @R4,R5
	PC	2	1	BR @R8
	x(Rm)	5	2	XOR @R5,8(R6)
	EDE	5	2	MOV @R5,EDE
	&EDE	5	2	XOR @R5,&EDE
@Rn+	Rm	2	1	ADD @R5+,R6
	PC	3	1	BR @R9+
	x(Rm)	5	2	XOR @R5,8(R6)
	EDE	5	2	MOV @R9+,EDE
	&EDE	5	2	MOV @R9+,&EDE
#N	Rm	2	2	MOV #20,R9
	PC	3	2	BR #2AEh
	x(Rm)	5	3	MOV #0300h,0(SP)
	EDE	5	3	ADD #33,EDE
	&EDE	5	3	ADD #33,&EDE
x(Rn)	Rm	3	2	MOV 2(R5),R7
	PC	3	2	BR 2(R6)
	TONI	6	3	MOV 4(R7),TONI
	x(Rm)	6	3	ADD 4(R4),6(R9)
	&TONI	6	3	MOV 2(R4),&TONI
EDE	Rm	3	2	AND EDE,R6
	PC	3	2	BR EDE
	TONI	6	3	CMP EDE,TONI
	x(Rm)	6	3	MOV EDE,0(SP)
	&TONI	6	3	MOV EDE,&TONI
&EDE	Rm	3	2	MOV &EDE,R8
	PC	3	2	BRA &EDE
	TONI	6	3	MOV &EDE,TONI
	x(Rm)	6	3	MOV &EDE,0(SP)
	&TONI	6	3	MOV &EDE,&TONI

表 2-14 单操作数指令的时钟周期数与指令长度

寻址模式 As/Ad	周期数(MCLK)		指令长度/字	实 例
	RRA RRC SWPB SXT	PUSH/CALL		
00,Rn	1	3/4	1	SWPB R5
01,X(Rn)	4	5	2	CALL 2(R7)
01,EDE	4	5	2	PUSH EDE
01,&EDE	4	5	2	SXT &EDE
10,@Rn	3	4	1	RRC @R9
11,@Rn+	3	4/5	1	SWPB @R10+
11,#N	—	4/5	2	CALL #81H

表 2-15 双操作数指令执行周期

寻址模式	目的寻址模式	
	Rm	X(Rm) 符号寻址 绝对寻址(&)
Rn	1^{+}	4
@Rn,@Rn+,#N	2^{+}	5
X(Rn),符号寻址,绝对寻址(&)	3	6

例如:MOV @R2,3(R5) ;需要 5 个时钟周期。

表 2-16 单操作数指令执行周期

寻址模式	指 令		
	SWPB SXT RRA RRC	PUSH	CALL
Rn	1	3	4
@Rn	3	4	4
@Rn+,#N	3	4	5
X(Rn),符号寻址,绝对寻址(&)	4	5	5

例如:PUSH #500H;需要 4 个时钟周期。

对于跳转类指令,它们的时钟周期数与指令长度是固定的。条件跳转指令无论跳转与否都要占用 2 个时钟周期,指令长度为 1 个字长。RETI 要占用 5 个时钟周期,指令长度也是 1 个字长。

除了 CPU 的指令外,CPU 还有一些操作也将占用时间,但不占用存储空间(因为不是程序指令)。它们是以下一些操作:① 中断响应,占用 6 个时钟周期;② WDT 复位,占用 4 个时钟周期;③ 系统复位,占用 4 个时钟周期。

本章小结

本章主要介绍了 MSP430 的系统结构、CPU、中断、存储空间、寻址方式和指令系统。MSP430 系列单片机由 CPU、存储器和外围设备构成,这些部件通过内部地址总线、数据总线和控制总线相连,寻址模式非常灵活。其内核采用精简指令集,具有很高的指令执行效率。MSP430 的 CPU 是按照精简指令集和高透明指令的思想来设计的,使用的指令有硬件执行的内核指令和基于现有硬件结构的高效率的仿真指令。仿真指令使用内核指令及芯片额外配置的常数发生器 CG0 和 CG1。

思考题

1. 系统复位后，I/O 引脚初始化的状态是什么？
2. MSP430 系列单片机内部包含哪些主要功能部件？
3. MSP430 系列单片机包括哪几类中断？
4. RST/NMI 引脚在什么情况下产生中断？
5. MSP430 系列单片机 CPU 状态寄存器的作用是什么？各位的含义是什么？
6. MSP430 系列单片机 CPU 常数发生器的作用是什么？
7. MSP430 系列单片机存储器的组织方式是什么？
8. 为什么说 MSP430 系列单片机还有很大的系统外围模块扩展能力？
9. MSP430 系列单片机具有怎样的中断处理能力？
10. MSP430 单片机的堆栈有什么特点？堆栈的作用一般有哪些？
11. MSP430 单片机的程序存储器一般用来存储哪几类信息？各类信息的含义是什么？
12. MSP430 系列单片机数据存储器的最低地址是什么？程序存储器的最高地址是什么？
13. MSP430 有哪几种寻址方式？其中适用于源操作数和目的操作数的寻址方式有哪些？
14. 什么是内核指令和仿真指令？内核指令和仿真指令有什么区别？
15. 符号寻址和绝对寻址的区别是什么？
16 下述指令执行后，说出执行完指令后的结果。

(1) MOV #1234H,4(R7)；
MOV 4(R7),R8；

(2) MOV #20H,&234H；
MOV &234H,&200H

(3) MOV #7F45H,R5；
SXT R5；
INV R5；

(4) SETC；
MOV #25H,&222H；
MOV # 0AFF8H,&232H；
ADDC &222H,&232H；

第3章 MSP430集成开发环境

MSP430 单片机的 CPU 属于 RISC(精简指令集)处理器,RISC 处理器基本上是为高级语言所设计的,因为精简指令系统很大程度上降低了编译器的设计难度,有利于产生高效紧凑的代码。本章介绍 MSP430 单片机软件工程的开发基础,主要讲解 MSP430 单片机的 IAR EW 和 CCS 集成开发环境的基本操作。通过本章的讲解,旨在使读者对 MSP430 单片机的编程及工程开发有一定的了解。

3.1 IAR Embedded Workbench 嵌入式开发工具

瑞典 IAR System 公司推出的 IAR EW 软件是一种非常有效的嵌入式系统开发工具,它使用户能够充分有效地开发并管理嵌入式应用项目,其界面类似于 MS Visual C++,可以在 Windows 平台上运行,功能十分完善。该软件包含有源程序文件编辑器、项目管理器、源程序调试器等,并且为 C/C++编译器、汇编器、连接定位器等提供了单一而灵活的开发环境。源级浏览器功能可以快速浏览源文件;还提供了对第三方工具软件的接口,允许启动用户指定的应用程序。

IAR EW 适用于开发基于 8 位、16 位以及 32 位的处理器的嵌入式系统,其具有同一界面,用户可以针对多种不同的目标处理器,在相同的集成开发环境中进行基于不同 CPU 嵌入式系统应用程序的开发。另外 IAR 的链接定位器(XLINK)可以输出多种格式的目标文件,使用户可以采用第三方软件进行仿真调试。

针对 TI MSP430,IAR 也有相应的 IAR EW430 软件。其具有上面所说的所有 IAR 软件的共有功能,另外还有所有 MSP430 也包括 MSP430X 设备的配置文档,C-SPY 调试器支持 FET(TI's flash emulation tool)驱动,并支持实时操作系统相关信息的调试,还提供 MSP430 的项目例子以及相关的代码模板等。

3.1.1 IAR 软件的安装

IAR EW430 可以在 IAR 官网(www.iar.com)上下载。

IAR EW430 的安装步骤如下。

(1) 运行下载的安装程序,在此使用 EW530v5.10 版本,在 Name 以及 Company 文本框中填写任意信息,并在 License 文本框填写有效的 License Number,单击 Next 按钮进入 License key 输入界面,同时输入对应有效的 License key,单击 Next 按钮进入下一步。

(2) 完成 License 注册后,系统提示安装类型,此处选择 Complete 安装模式,保持默认配置，继续安装。

(3) 单击 Finish 按钮直至安装完成，完成整个安装过程后进入 IAR EW430 开始界面。其安装和启动界面如图 3-1 所示。

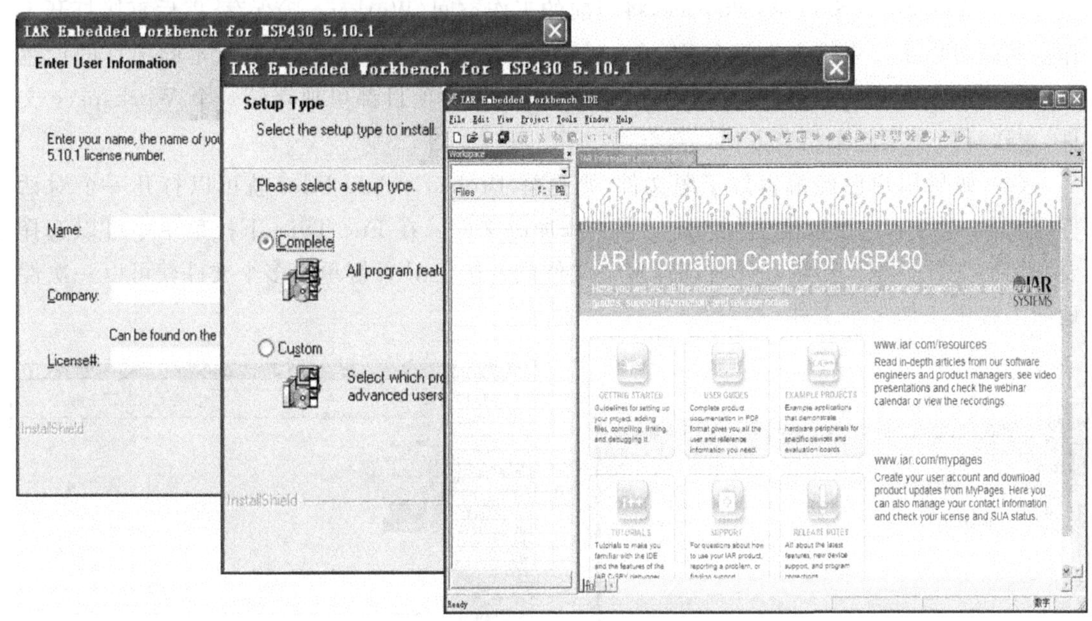

图 3-1　IAR EW430 安装和启动界面

3.1.2　IAR EW430 工程开发

1. 新建一个工程

(1) 创建一个新的工程，选择 Project>Create New Project，可以看到如图 3-2 所示的对话框。我们选择工程模板 Empty project 后，会出现另存为的对话框，如图 3-3 所示，选择文件的保存位置并在文件名一栏输入工程名字，单击确定就可以了。这样将建立一个空的不包含任何文件的工程。

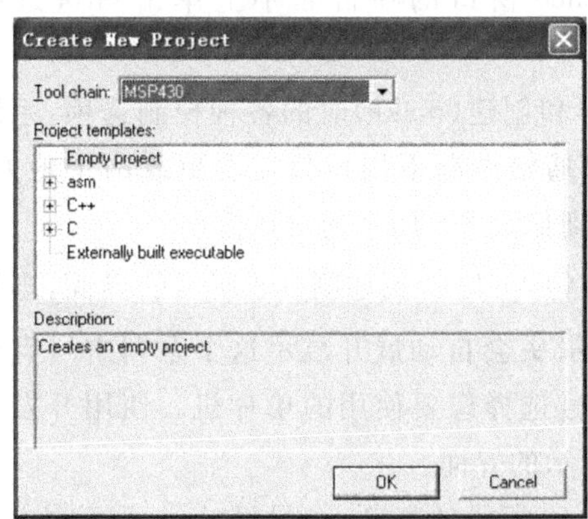

图 3-2　新建 IAR EW430 工程对话框

图 3-3　工程"另存为"对话框

(2) 我们可以看到当前工程会出现在 Workspace 窗口内，如图 3-4 所示。在 Workspace 下面是一个带下拉菜单的文本框，这里有系统的创建配置(build configurations)，默认时系统有两种创建(build)配置:Debug 和 Release。缺省配置是 Debug,在这种模式下,用户可以进行仿真和调试;在 Release 模式下,是不能进入调试状态的。所以建议在产品研发阶段一定不要修改这个创建配置,否则就不能进行调试了。

(3) 选择 File>Save Workspace,将当前的工作空间(Workspace)保存,以后直接打开工作空间就可以了。系统会为每个 Workspace 单独保存一套配置信息,所以不同项目的设置可以保留而不会相互冲突,因此建议用户每次建立一个项目都单独存储一个 Workspace 文件,这样日后使用起来相当方便。

(4) 如果用户已经编辑好了源文件,则选择 Project>Add Files 就可以打开一个对话框,如图 3-5 所示。通过这里可以向工程中添加源文件。在 File Type 下拉菜单中可以选择要添加的文件类型。用鼠标同时选择多个文件或者按住 Ctrl 键单击多个文件就可以一次性地向工程中添加多个文件。

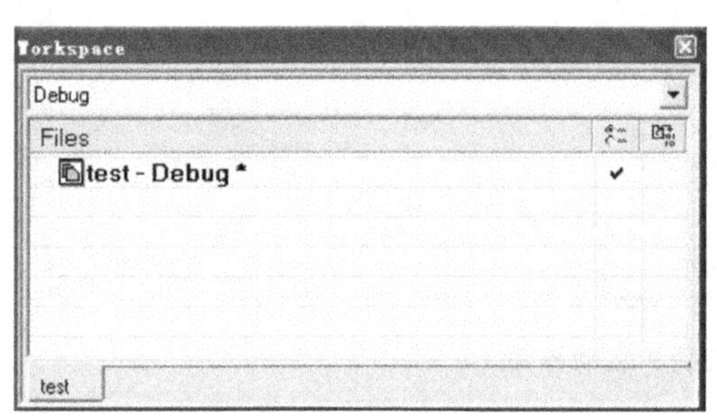

图 3-4 Workspace 窗口

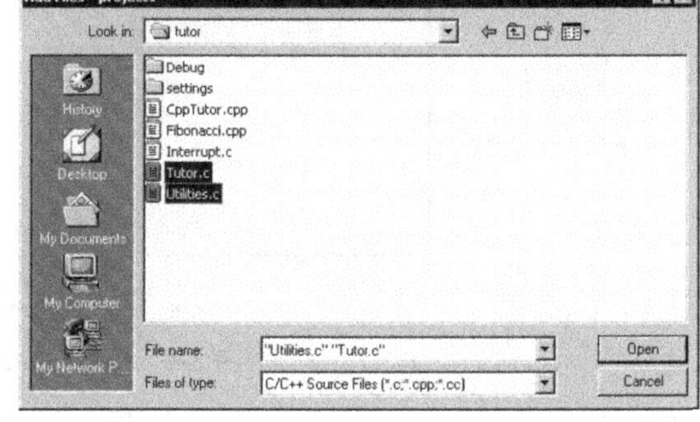

图 3-5 向工程中添加文件对话框

(5) 如果用户需要手动输入源文件,则选择 File>New>File 或者是点击工具栏左侧的图标按钮将新建一个文本文件,用户可在其中输入自己的源程序,然后选择 File>Save 保存输入的文件即可。

2. 配置一个工程

(1) 所有的源文件都输入完毕以后,需要设置工程选项(Project Options)。选择 Project >Options 或者将鼠标放在窗口左边的 Workspace 窗口的项目名字上单击右键选择 Options,可以看到一个对话框,如图 3-6 所示。

(2) 这里面是关于对本项目进行编译(compile)和创建(make)时的各种控制选项,系统的默认配置已经能够满足大多数应用的需求,所以通常情况下用户只需要更改两个地方。第一步,单击 Category 下面的 General Options,看到如图 3-7 所示的对话框。

(3) 单击 Device 下方文本框右侧的图标按钮,可以看到如图 3-8 所示的界面,当用户将鼠标移动到不同的行时,此行后面的黑色三角箭头会自动展开显示这个系列中所有的 MSP430 单片机型号,用户可以通过单击具体的型号选择您要使用的单片机。使用开发板时假设选择 MSP430F149,此时可以看到如图 3-9所示的界面。

(4) 单击 Category 下面的 Debugger,看到如图 3-10 所示的窗口。单击 Driver 下面文本框右侧的黑色下拉箭头,可以看到有两个选项:Simulator 和 FET Debugger。选择 Simulator 可以用软件模拟硬件时序,实现对程序运行的仿真观察;选择 FET Debugger 后,则需要通过仿真器将 PC 上的软件与开发板上的 MCU 进行连接,然后就可以进行硬件仿真了。

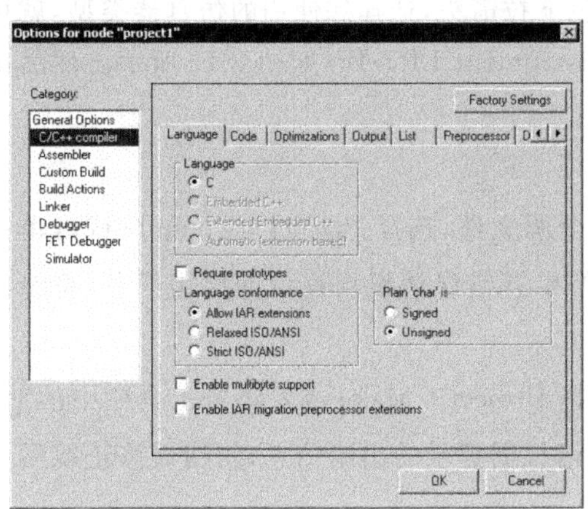

图 3-6　工程配置对话框 1

图 3-7　工程配置对话框 2

Generic ▸
MSP430x1xx Family ▸
MSP430x2xx Family ▸
MSP430x3xx Family ▸
MSP430x4xx Family ▸

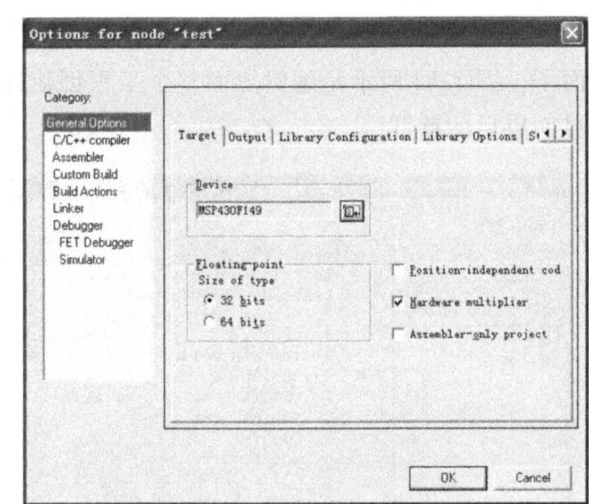

图 3-8　设备选型对话框 1　　　图 3-9　设备选型对话框 2

(5) 如果用户只想进行软件仿真，那么选择 Simulator 以后就可以单击右下角的 OK，完成设置了。如果用户需要进行硬件仿真，那么选择 FET Debugger 后，再单击 Category 下面的 Debugger 下面的 FET Debugger，可以看到如图 3-11 所示的窗口。

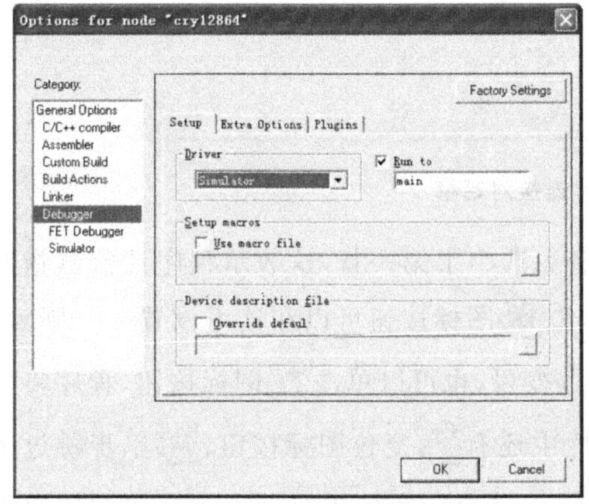

图 3-10　调试器配置对话框

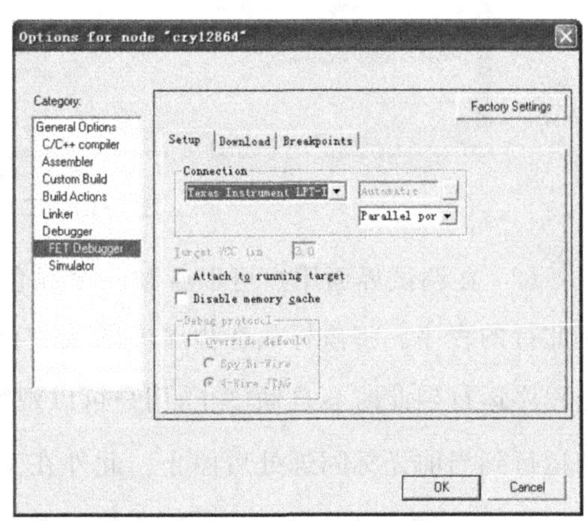

图 3-11　仿真器类型选择对话框

(6) 单击 Connection 下面文本框右侧的黑色下拉箭头，选择您使用的仿真器类型，就可以了。如果使用精简版仿真器，请选择 Texas Instrument LPT-IF，如图 3-11 所示。然后单击 OK 就完成设置了。

3. 工程的编译、连接

(1) 完成上面的设置以后，选中工程中的一个源文件，选择 Project>Compile 或者单击工具栏中的图标按钮，对源文件进行编译。如果有错误请根据提示的出错信息，将错误修正以后重新编译。

(2) 保证所有的源文件都编译通过以后，选择 Project>Make 或者单击工具栏中的图标按钮，对源文件进行创建连接。如果有错误请根据提示的出错信息，将错误修正以后重新创建连接。

4. 工程的调试

(1) 创建通过以后，就可以进入调试阶段了。单击工具栏中的图标按钮就可以进入调试界面了。图 3-12 所示是编辑界面整个工程创建连接成功以后的截图；图 3-13 所示是进入调试界面以后的截图。

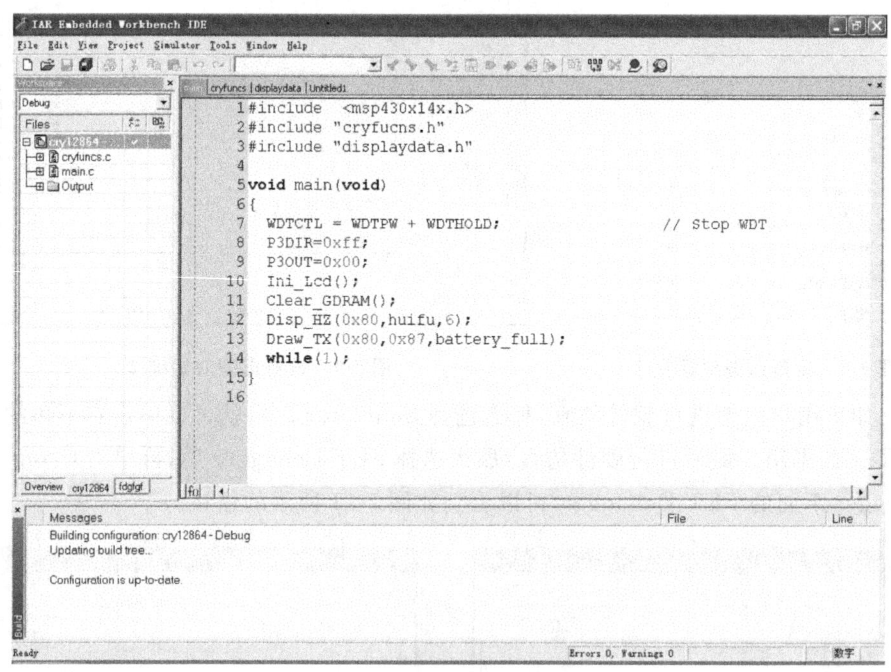

图 3-12 工程创建连接对话框

(2) 在调试界面用户可以看到一个绿色的箭头选中了第一行，这表示程序计数器指向了此行的程序。将鼠标放在程序中的某一行，单击图标按钮可以在这里设置一个断点，当程序运行到此时会自动停止，用户可以观察某些变量；也可以单击图标按钮，程序将自动运行到当前光标闪烁处后停止。此外在工具栏中还有复位图标按钮、单步跳过图标按钮、跳入图标按钮、跳出图标按钮、全速运行图标按钮等很多有用的快捷方式，有效地利用它们可以极大地提高调试效率。

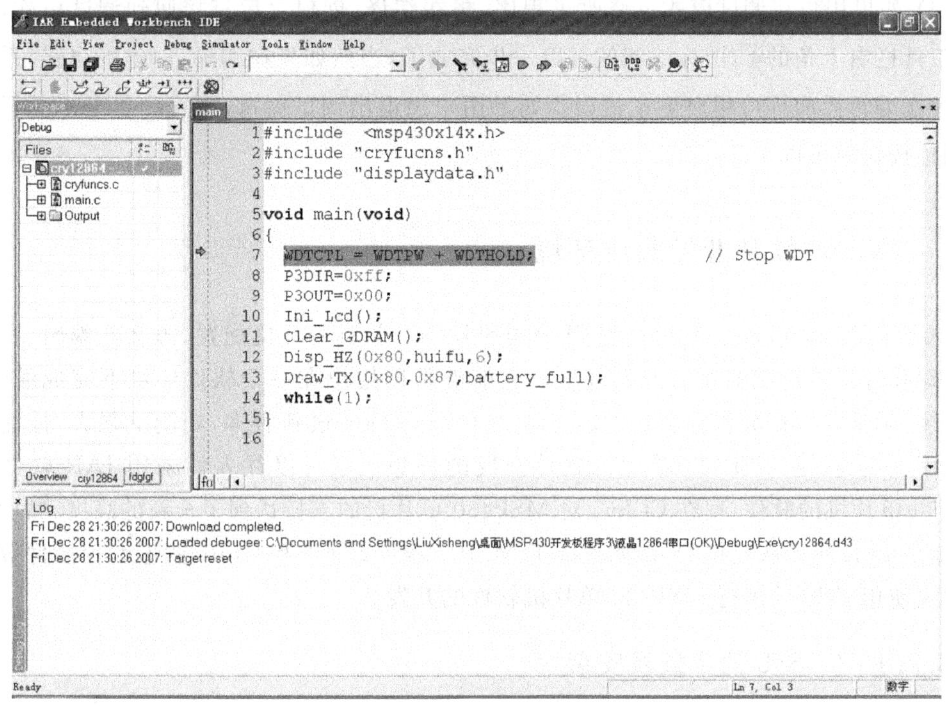

图 3-13 工程调试对话框

(3) 如果用户想查看 CPU 某个寄存器内的数值可以选择 View 菜单下的 Register 一项,就会弹出如图 3-14 所示的寄存器对话框,通过黑色下拉三角按钮可以选择不同的寄存器。如果用户想查看程序中某个变量的数字,可以选择 View 菜单下的 Watch 一项,会看到如图 3-15 所示的窗口,在虚线框中输入要查看的变量名即可。此外,在 View 菜单下还有很多其他的查看方式,用户可以查看帮助中的使用说明。

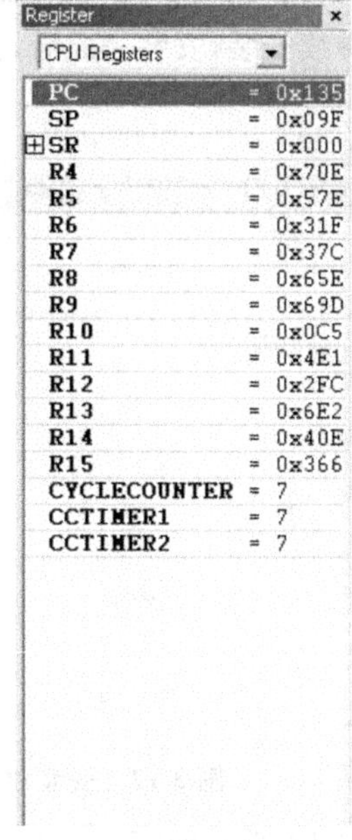

图 3-14 查看寄存器内容

图 3-15 查看变量值

(4) 如果用户在调试模式下修改了程序，想在编译、创建之后直接回到调试模式，那么单击工具栏右上角的图标按钮就可以一步完成了，当然如果在编译、创建中出错，系统会自动停在编辑界面等待用户更正错误。如果用户想退出调试窗口，则直接单击工具栏中的图标按钮就可以了。

3.2 CCSv5 软件开发集成环境

CCS(code composer studio)是 TI 公司研发的一款具有环境配置、源文件编辑、程序调试、跟踪和分析等功能的集成开发环境。它能够帮助用户在一个软件环境下完成编辑、编译、链接、调试和数据分析等工作。CCSv5 为 CCS 软件的最新版本，功能更强大、性能更稳定、可用性更高，是 MSP430 单片机软件开发的理想工具。以往人们采用 IAR 软件开发 MSP430 单片机的软件，现在 CCSv5 对 MSP430 单片机的支持达到了全新的高度，其中的许多功能是 IAR 所无法比拟的，例如集成了 MSP430Ware 插件和 Grace 图形编程插件等。因此，建议使用 CCSv5 进行 MSP430 单片机软件的开发。

3.2.1 CCSv5 的下载及安装

1. CCSv5 的下载途径

TI 公司的 CCSv5 开发集成环境为收费软件，但是，用户可以下载评估版本使用，下载网址为：http://processors.wiki.ti.com/index.php/GSG:CCSv5_Download。

2. CCSv5 的安装步骤

(1) 运行安装程序 ccs_setup_5.1.1.00031.exe，当运行到如图 3-16 所示处时，选择 Custom 选项，进入手动安装选择通道。

(2) 单击 Next 得到如图 3-17 所示的窗口，为了安装更加快捷，在此只选择支持 MSP430 Low Power MCUs 的选项。单击 Next，保持默认配置，继续安装，安装完成后，弹出如图 3-18 所示的窗口。

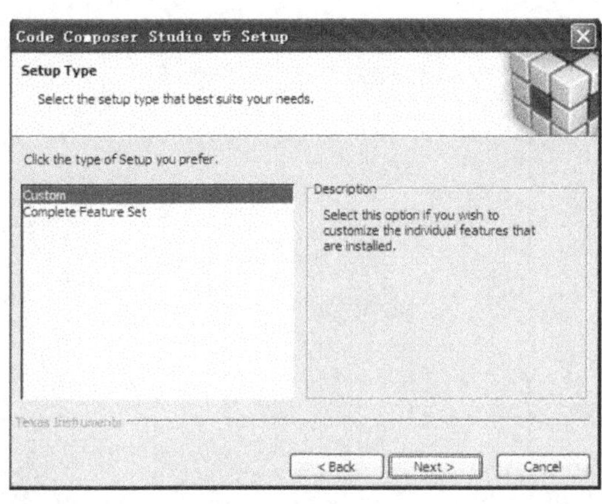

图 3-16 安装过程 1

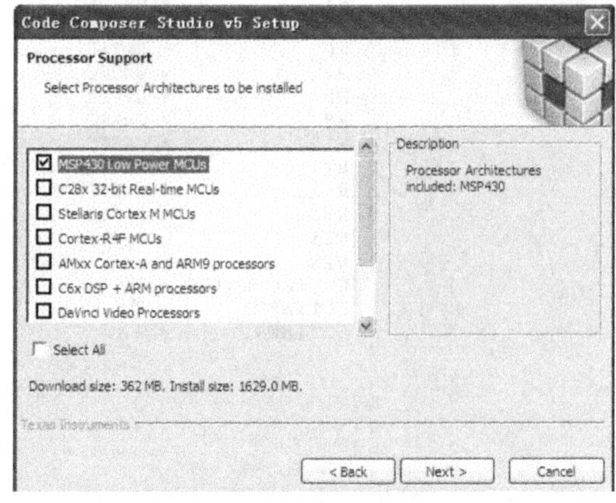

图 3-17 安装过程 2

(3) 单击"Finish"按钮，将运行 CCSv5，弹出如图 3-19 所示的窗口。打开"我的电脑"图标，在某一磁盘下，创建工作区间文件夹路径：F:\MSP-EXP430F5529\Workspace(注意，任意名称的文件夹均可，就是不能使用中文名)，单击“Browse”按钮，将工作区间链接到所建文件夹，不勾选“Use this as the default and do not ask again”选项。

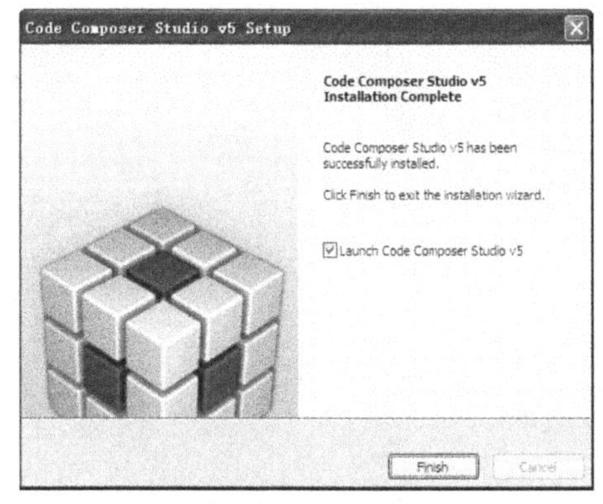

图 3-18　软件安装完成

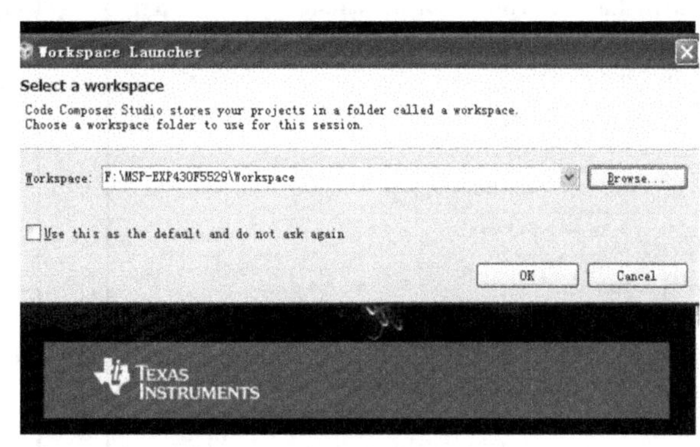

图 3-19　Workspace 选择窗口

(4) 单击“OK”按钮，第一次运行 CCSv5 需进行软件许可的选择，如图 3-20 所示。

在此，选择“CODE SIZE LIMITED(MSP430)”选项，在该选项下，对于 MSP430 单片机，CCSv5 免费开放 16KB 的程序空间；若读者有软件许可，可以选择第一个选项(ACTIVATE)进行软件许可的认证，单击“Finish”按钮即可进入 CCSv5 软件开发集成环境，如图 3-21 所示。

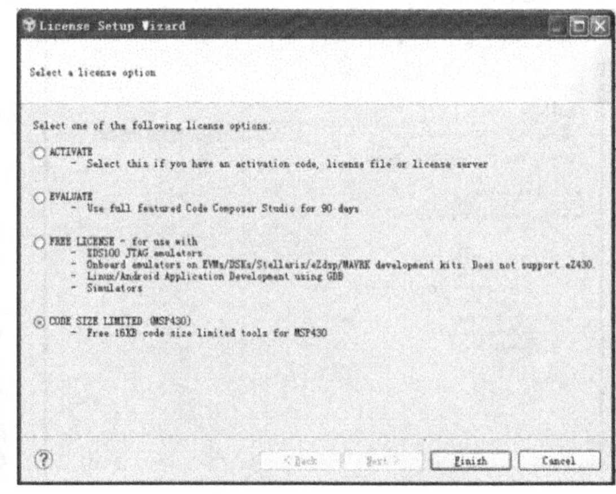

图 3-20　软件许可选择窗口

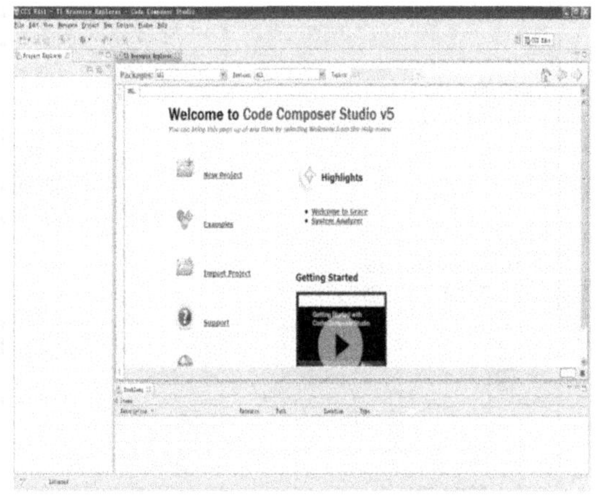

图 3-21　CCSv5 软件开发集成环境界面

3.2.2　利用 CCSv5 导入已有工程

(1) 首先打开 CCSv5，选择“File→Import”命令，弹出如图 3-22 所示对话框，单击展开“Code Composer Studio”选项，选择“Existing CCS/CCE Eclipse Projects”。

(2) 单击“Next”按钮，弹出如图 3-23 所示的对话框。

(3) 单击“Browse”按钮，选择需导入的工程所在目录，如图 3-24 所示。

(4) 单击“Finish”按钮，即可完成已有工程的导入。

3.2.3　利用 CCSv5 新建工程

(1) 首先打开 CCSv5 并确定工作区间，然后选择“File→New→CCS Project”命令，弹出如图 3-25 所示的对话框。

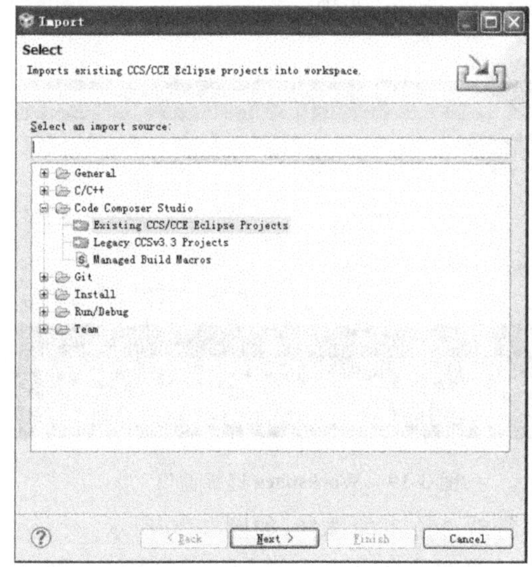

图 3-22　导入新的 CCSv5 工程文件

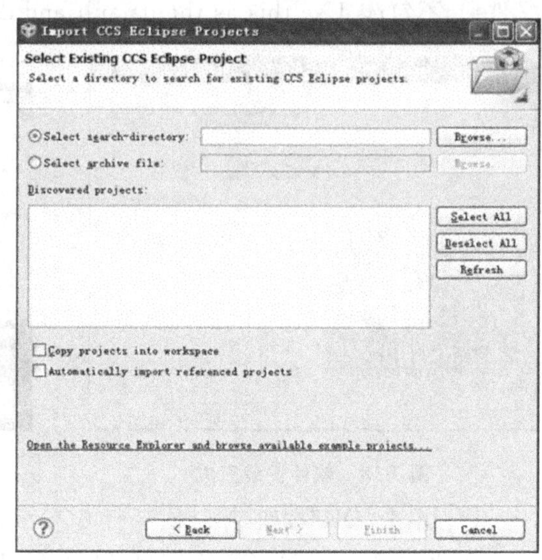

图 3-23　选择导入工程目录

图 3-24　选择导入工程

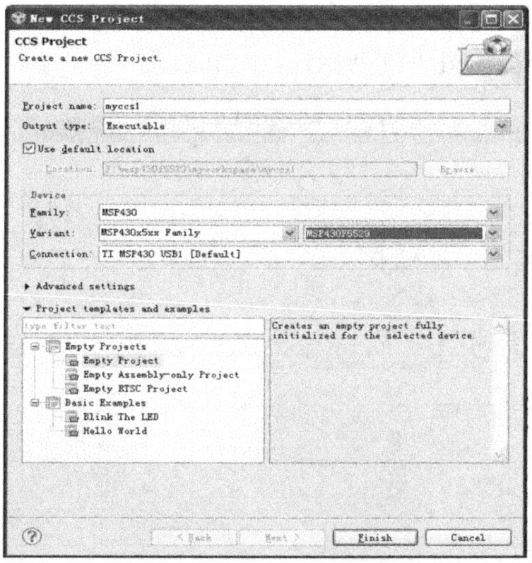

图 3-25　新建 CCS 工程对话框

(2) 在“Project name”中输入新建工程的名称，在此输入 myccs1。

(3) 在“Output type”中有两个选项：Executable 和 Static library。前者为构建一个完整的可执行程序，后者为静态库。在此保留 Executable。

(4) 在“Device”部分选择器件的型号：在“Family”中选择 MSP430；在“Variant”中选择 MSP430x5xx Family，芯片选择 MSP430F5529；“Connection”保持默认。

(5) 选择空工程，然后单击“Finish”按钮完成新工程的创建。

(6) 创建的工程将显示在“Project Explorer”对话框中，如图 3-26 所示。

特别提示：若要新建或导入已有.h 或.c 文件，步骤如下。

(1) 新建.h 文件：在工程名上右击，选择“New→Header File”命令，弹出如图 3-27 所示的对话框。在“Header file”中输入头文件的名称，注意必须以.h 结尾，在此输入 my01.h。

(2) 新建. c 文件:在工程名上右击,选择“New→Source File”命令,得到如图 3-28 所示的对话框。在“Source file”中输入 c 文件的名称,注意必须以. c 结尾,在此输入 my01. c。

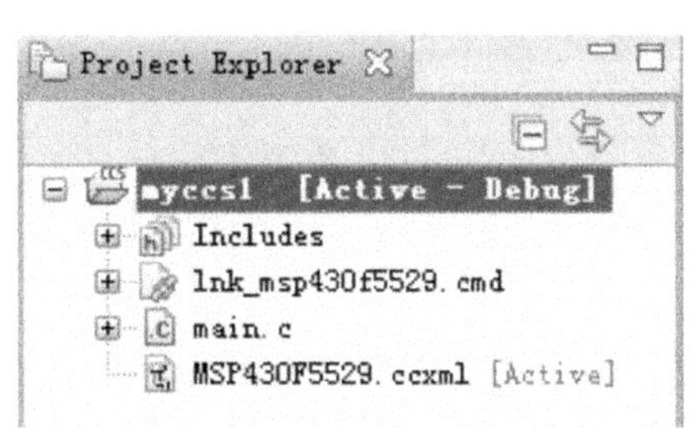

图 3-26 初步创建的新工程

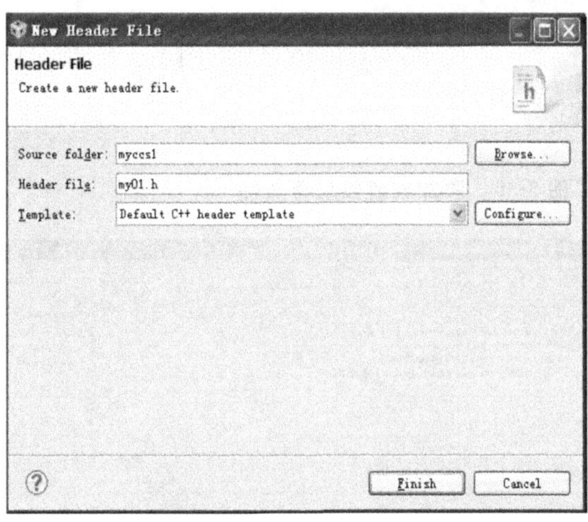

图 3-27 新建. h 文件对话框

(3) 导入已有. h 或. c 文件:在工程名上右击,选择“Add Files”命令,弹出如图 3-29 所示的对话框。

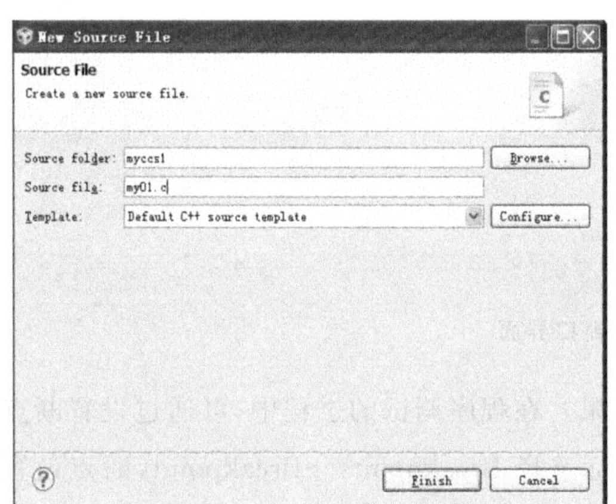

图 3-28 新建. c 文件对话框

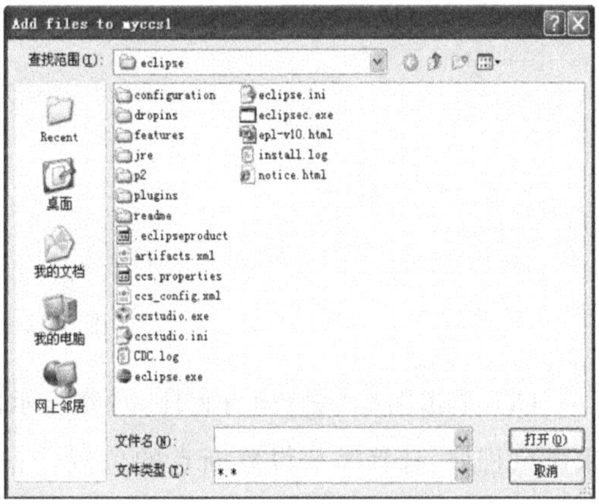

图 3-29 导入已有文件对话框

找到所需导入的文件位置并单击,弹出如图 3-30 所示的对话框。选中“Copy files”,单击“OK”按钮,即可将已有文件导入工程中。

3.2.4 利用 CCSv5 调试工程

(1) 首先将所需调试工程进行编译:选择“Project→Build Project”命令,编译目标工程。编译结果可通过图 3-31 所示窗口查看。若编译没有错误产生,可以进行下载调试;如果程序有错误,将会在 Problems 窗口显示。读者要针对显示的错误修改程序,并重新编译,直到无错误提示。

(2) 单击绿色的 Debug 按钮进行下载调试,得到如图 3-32 所示的界面。

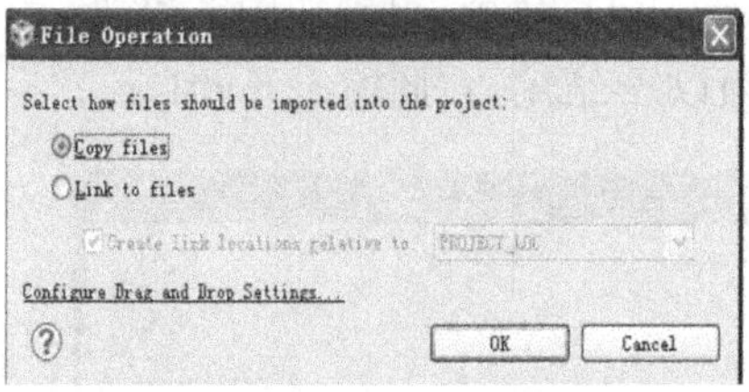

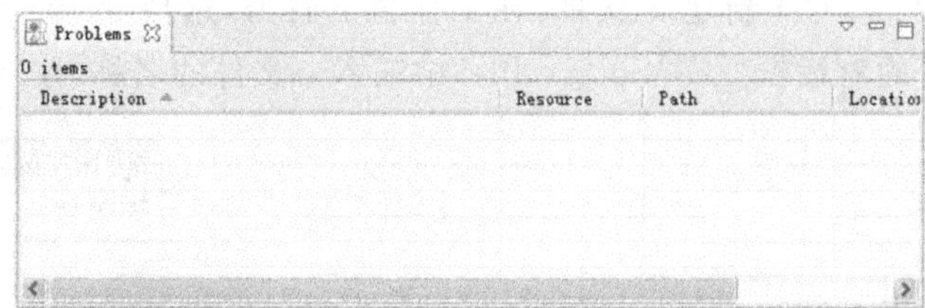

图 3-30　添加或链接现有文件

图 3-31　工程调试结果 Problems 窗口

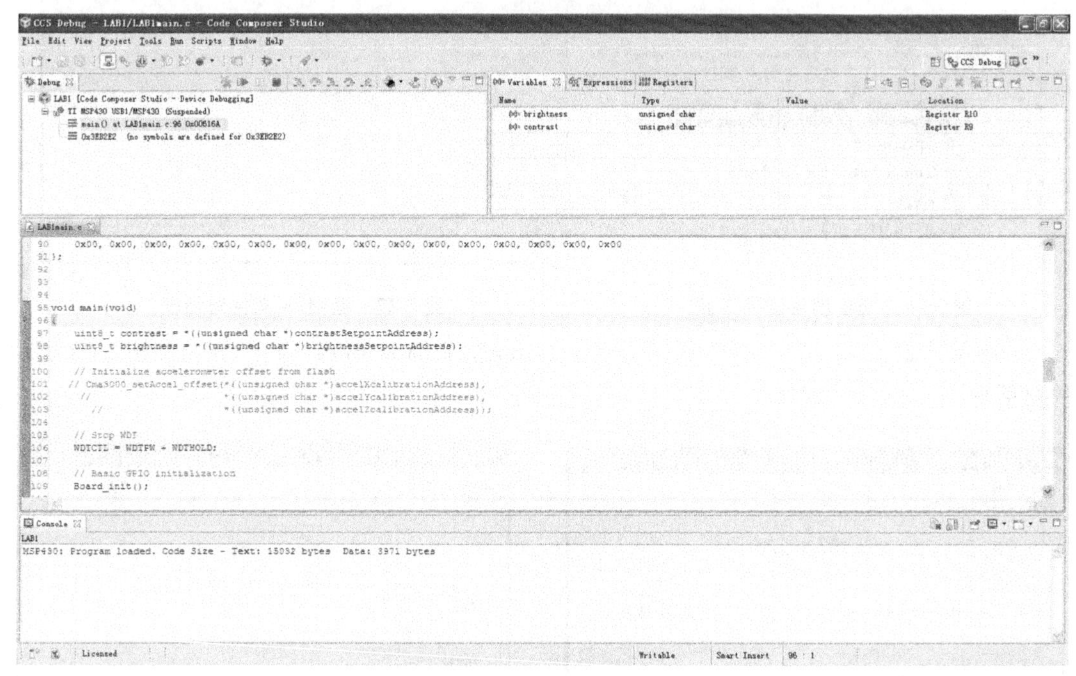

图 3-32　调试窗口界面

（3）单击图标运行程序，观察显示的结果。在程序调试的过程中，可通过设置断点来调试程序：选择需要设置断点的位置，右击鼠标选择 Breakpoints→Breakpoint，断点设置成功后将显示图标，可以通过双击该图标来取消该断点。程序运行的过程中可以通过单步调试按钮配合断点单步的调试程序，单击重新开始图标定位到 main()函数，单击复位按钮复位。可通过中止按钮返回到编辑界面。相关按钮的功能如图 3-33所示。

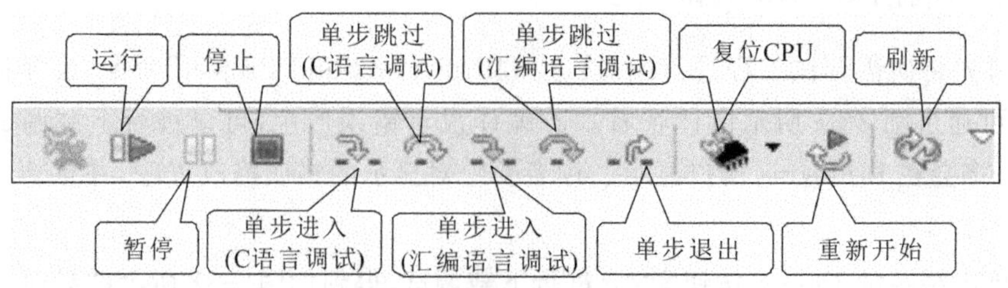

图 3-33　相关按钮的功能

本章小结

本章详细介绍了 MSP430 单片机的软件开发集成环境 IAR EW 和 CCSv5。其中 CCSv5 作为 TI 原生的软件开发环境，较 IAR 软件功能更强大、资源更丰富。读者应紧跟 MSP430 单片机技术的发展潮流，学习最新的 MSP430 单片机开发软件，其中有很多非常有用的功能，能够最大限度地缩短 MSP430 单片机系统开发的周期。本章介绍的是 IAR EW 和 CCSv5 的基本操作，其他很多有用的功能还需读者在以后的学习和实践中不断掌握。

思考题

1. 试说明 IAR EW 软件中 C-SPY 调试器的作用。
2. 如何利用 IAR EW 新建一个工程？说明其步骤。
3. 如何利用 IAR EW 导入一个已有工程？说明其步骤。
4. 如何利用 IAR EW 调试一个工程？说明其步骤。
5. 试说明 CCSv5 的功能，它与 IAR EW 相比具有哪些优点？
6. 如何利用 CCSv5 导入一个已有工程？说明其步骤。
7. 如何利用 CCSv5 新建一个工程？说明其步骤。
8. 如何利用 CCSv5 调试一个工程？说明其步骤。

第 4 章　复位与电源管理模块

MSP430 的复位与电源管理模块具有其独自的特点。复位系统可以产生两类复位信号，分别使 MSP430 处于不同的初始化状态；电源管理模块可提供一个较宽的电压范围，并可产生多个 CPU 核心电压、外围模块电压以及编程电压。本章主要讲述的 MSP430 复位与电源管理模块的原理以及相关信号的产生机制。

4.1　MSP430 系统复位

4.1.1　MSP430 的系统复位

MSP430 的系统复位电路如图 4-1 所示，它提供了两个内部复位信号：上电复位信号(POR)和上电清除信号(PUC)。各种不同的事件能触发产生这些复位信号，而根据不同的复位信号会产生不同的初始化状态。

4.1.2　系统复位的产生

上电复位信号 POR，在下面 3 种情况时产生。

(1) 芯片上电。

(2) /RST/NMI 设置成复位模式，在/RST/NMI 引脚上出现低电平信号。

(3) 在 PORON=1，SVS 为低电平的条件下(对个别有供电电压管理模块的器件有效)，POR 信号的发生总是会产生 PUC 信号，但是 PUC 信号的发生不会产生 POR 信号。

上电清除信号 PUC，在下面几种情况下触发。

(1) 发生 POR 信号。

(2) 处于看门狗模式下，看门狗定时器时间到。

(3) 在看门狗模式下，看门狗定时器溢出。

(4) Flash 存储器写入错误的安全键值。

(5) 看门狗定时控制器写入错误的安全键值。

POR 信号与 PUC 信号的关系如下。

若 POR 信号有效，则必然产生一个系统复位中断，PUC 信号的产生并不一定产生系统复位中断。

当 PUC 信号有效时，系统可能发生复位中断，也可能不发生复位中断，而产生一个较低优先级的中断，这取决于引起 PUC 的事件。

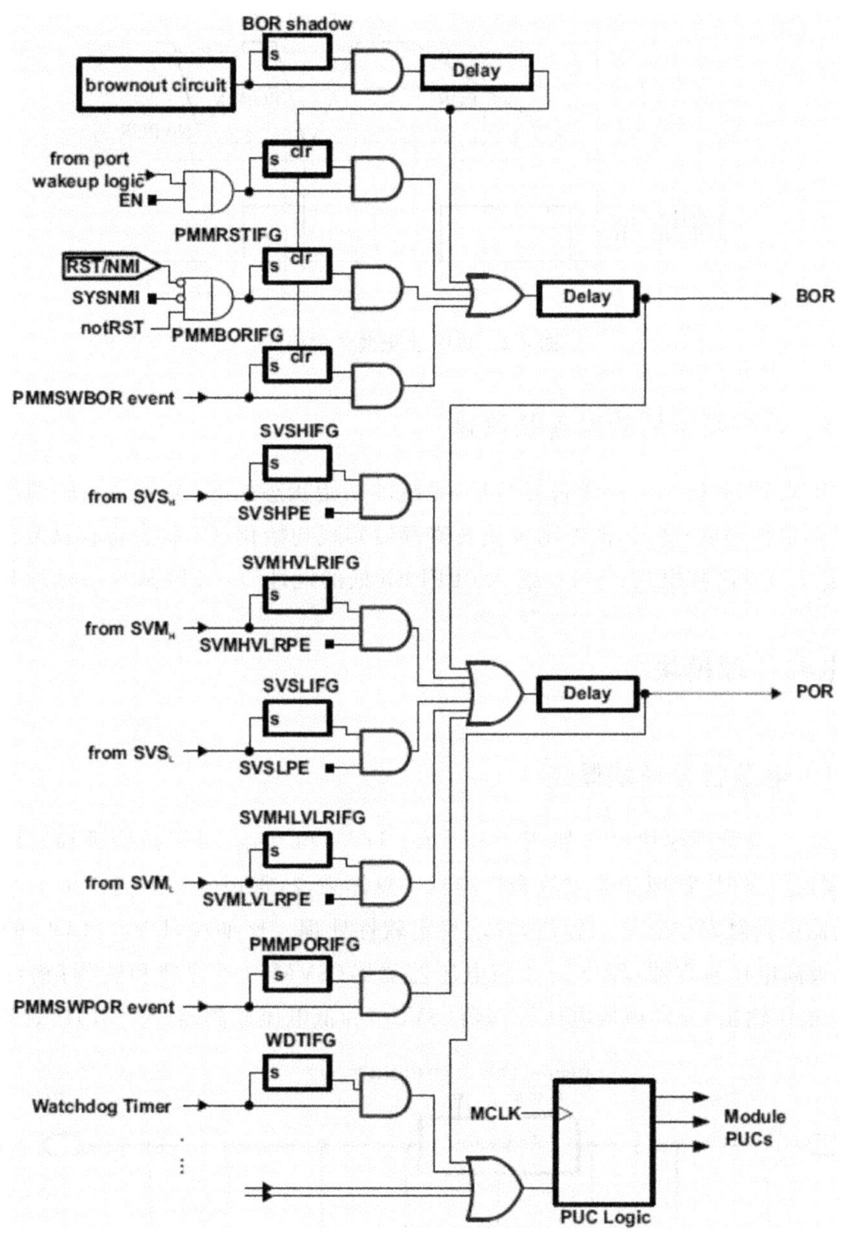

图4-1 MSP430的系统复位电路

每一型号的技术手册中都详细说明了产生中断的原因,这些产生中断的因素是恰当地处理全部中断请求时所要考虑的。

POR的上电复位时间:如果V_{CC}的加载上升时间较慢(如图4-2所示),则POR检测电路保持POR信号有效,直到V_{CC}上升超过POR电平。这样,同样也保证了正确的初始化。

如果供电V_{CC}加载的是快速上升时间,则POR信号会提供足够长的延时时间,以保证各部分的电路在上电后的正确初始化。当/RST/NMI设置成复位模式时,在/RST/NMI引脚上出现低电平信号。

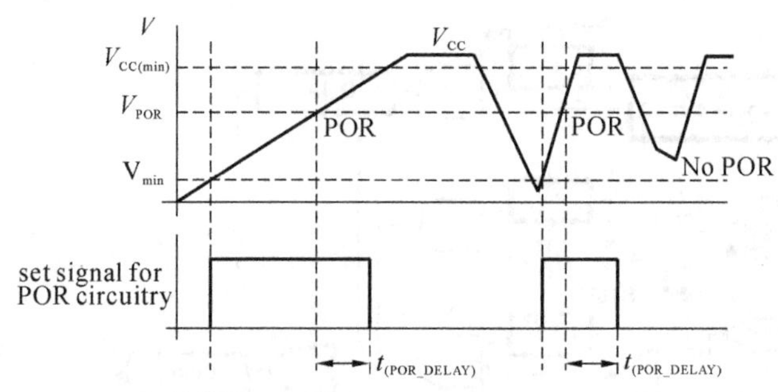

图 4-2　POR 上电复位时间

4.1.3　系统复位后的设备初始化

在 POR 或 PUC 信号引起设备复位后，系统的初始状态如下：① I/O 引脚切换成输入模式；② I/O 标识位清除；③ 其他外围模块及寄存器实现初始化；④ 状态寄存器复位；⑤ 看门狗定时器定义为看门狗模式；⑥ PC 装入 0FFFEh 处的地址值，CPU 从这一地址开始执行。

4.2　电源管理模块

4.2.1　电源管理模块概述

MSP430 电源管理模块结构如图 4-3 所示。DV_{CC}和 V_{CORE}可以被管理和监控。当电压降到特定阈值以下时，管理和监控就会检测到。总体来说，管理的结果是产生上电复位事件(POR)，而监控则触发中断标志置位，寻求特定软件处理。比如说，DV_{CC}(LDO 的高电压输入端)分别被高电压管理器(SVS_H)和高电压监测器(SVM_H)所管理和监测；相对的，V_{CORE}(LDO 的低电压输出)分别被低电压管理器(SVS_L)和低电压监测器(SVM_L)所管理和监测。

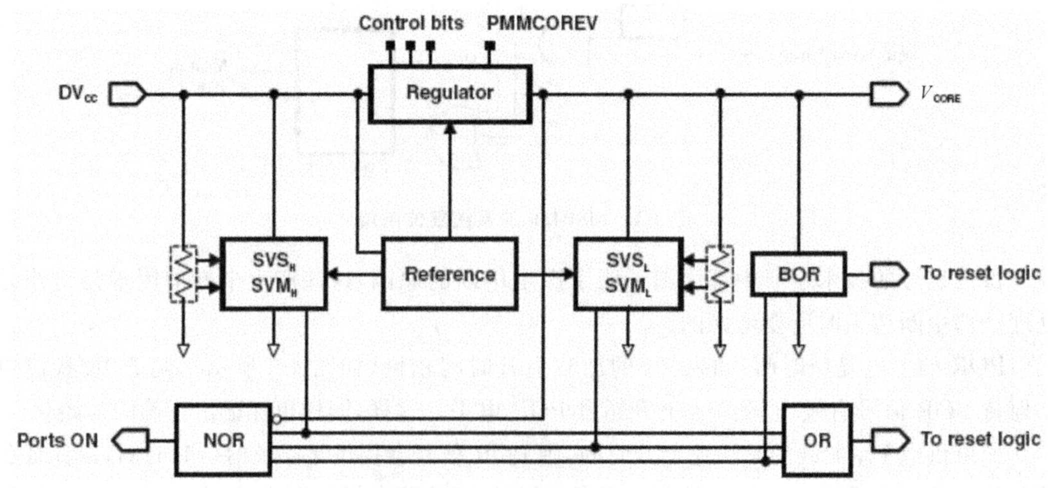

图 4-3　MSP430 电源管理模块结构

I/O 口和所有模拟模块，包括晶振在内都由 DV_{CC}供电。内存(Flash 和 RAM)和数字模块由核心电压 V_{CORE}供电。

MSP430 器件的主要数字逻辑需要一个低于 DV_{CC} 允许范围的电压。基于这个原因，电源管理模块内部集成了一个低压降的电压调整器(LDO)，LDO 可以产生一个二次核心电压 V_{CORE}。这个核心电压可通过四种阶梯选择来实现功耗的优化。核的最小允许电压依赖于选择的 MCLK 频率大小，如图 4-4 所示。

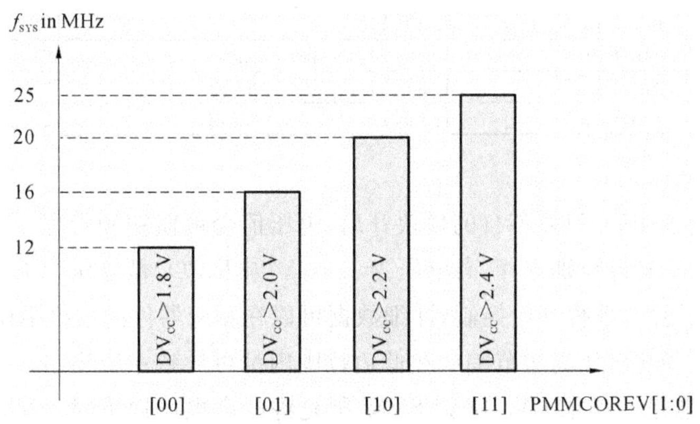

图 4-4　系统频率和提供的核心电压

MSP430 电源管理模块的基本特性如下：① 提供宽的电源电压范围为 1.8～3.6 V；② 产生的核心电压(V_{CORE})为 1.4 V、1.6 V、1.8 V 和 1.9 V(典型值)；③ 欠压复位(BOR)；④ 配有 DV_{CC} 和 V_{CORE} 的电源电压管理；⑤ DV_{CC} 和 V_{CORE} 的电源电压监测有 8 个可编程级别；⑥ 软件可访问掉电时的状态；⑦ 可在掉电条件下由软件选择上电复位；⑧ 上电失败时保护 I/O；⑨ 软件选择监督或者管理状态输出(可选)。

4.2.2　电源管理模块操作

电源管理模块可以配置四个等级的核心电压，与之相应的有 4 个级别的系统速度。对于给定的核心电压，就有一套相应独立的阈值设定方式。

电源管理模块的调整器支持两种不同的负载设置。系统耗电小于 $I(V_{CORE}) \leqslant 30\ \mu A$，(具体参见器件指定资料)时可应用低电流模式；高系统电流模式用于整体运行模式中，整体运行模式用在以下条件中：① 任何单元采用任一内部高频时钟(>32 kHz)时；② 执行中断时；③ JTAG 下载时；④ 活动模式、LPM0 或 LPM1 模式时。

电源管理模块通过调整核心电压来支持不同的四种系统速度。进入低功耗模式时，被选的核心电压是保持不变的。在系统启动 SVS_H 和 SVS_L 时其功能就已经使能。表 4-1 给出了 DV_{CC}(高边电压)范围的典型值，表 4-2 给出了 V_{CORE}(低边电压)的范围典型值，图 4-5 给出上电期间系统是如何动作的。如果高边电压和低边电压两端的管理电压遇到系统复位后将被释放。

表 4-1　高边提供电压监管等级

参　数	高边电压(DV_{CC})			
DV_{CC}(min)in V	>=1.8(1)	2.0	2.2	2.4
SVM_{H-V}(SVM_{H_IT+},typ) in V	1.74(1)	1.94	2.14	2.26
SVM_{H-V}(SVM_{H_IT-},typ) in V	1.74(1)	1.94	2.14	2.26
SVS_{H-V}(SVS_{H_IT+},max) in V	1.79(1)	1.99	2.19	2.31
SVS_{H-V}(SVS_{H_IT+},min) in V	1.69(1)	1.89	2.09	2.21
SVS_{H-V}(SVS_{H_IT-},max) in V	1.69(1)	1.89	2.09	2.21
SVSH-V(SVS_{H_IT-},min) in V	1.59(1)	1.79	1.99	2.11

表 4-2 低边提供电压监管等级

参　　数	低边电压(V_{CORE})			
核心电压管理	0(1)	1	2	3
V_{core}(typ)in V	1.40(1)	1.60	1.80	1.92
SVM_{H-V}(SVM_{H_IT+}, typ) in V	1.34(1)	1.54	1.74	1.84
SVM_{H-V}(SVM_{H_IT-}, typ) in V	1.34(1)	1.54	1.74	1.84
SVS_{H-V}(SVS_{H_IT+}, max) in V	1.39(1)	1.59	1.79	1.89
SVS_{H-V}(SVS_{H_IT+}, min) in V	1.29(1)	1.49	1.69	1.79
SVS_{H-V}(SVS_{H_IT-}, max) in V	1.32(1)	1.52	1.72	1.82
SVS_{H-V}(SVS_{H_IT-}, min) in V	1.22(1)	1.42	1.62	1.72

(1):复位后默认值。

一旦系统开始运作后，只要各自的模块开启，电压值会被监视和管理。在系统复位后电源管理模块提供的电压监督级别选择：高电压为 1.74 V(典型值)，低电压为 1.34 V(典型值)。一旦这两个级别电压超出，系统开始控制，详细数据可以在相应器件的数据手册中查询到。

电源电压的下降在电压高边范围或在低边范围内都可导致系统出错。电压的高电压和低电压都受 SVM 的监控。如果 DV_{CC}降到 SVM 所允许的高电压以下时，SVM 就使高电压中断标志位 SVMHIFG 置位；类似地，如果 V_{CORE}降到 SVM 所允许的低电压以下时，电压监控器就使低电压中断标志位 SVMHIFG 置位。当 DV_{CC}上升到超过电压监控器所允许的高电压时，中断标志位 SVMHVLRIFG 置位；类似地，V_{CORE}上升到超过电压监控器所允许的低电压时，中断标志位 SVMLVLRIFG 置位。当高电平和低电平电压同时被满足时，系统才可正常运行。

如使能电压监管，当出现电源电压低于电压监管器所设值时将会产生 POR 信号导致系统复位。当 SVSHIFG 置位，而 SVSHP 允许位又打开时会引起系统复位；类似地，当 SVSLIFG 置位，SVSLPE 允许位使能时也会引起系统复位。

电源电压监管器和监视器的中断标志位必须被 BOR 或软件清零，从而允许应用软件来判断最近的引起复位的条件是什么。图 4-6 给出了高边电压和低边电压出错时，在相应电源电压管理和监测的级别，产生各自中断标志位的状态。

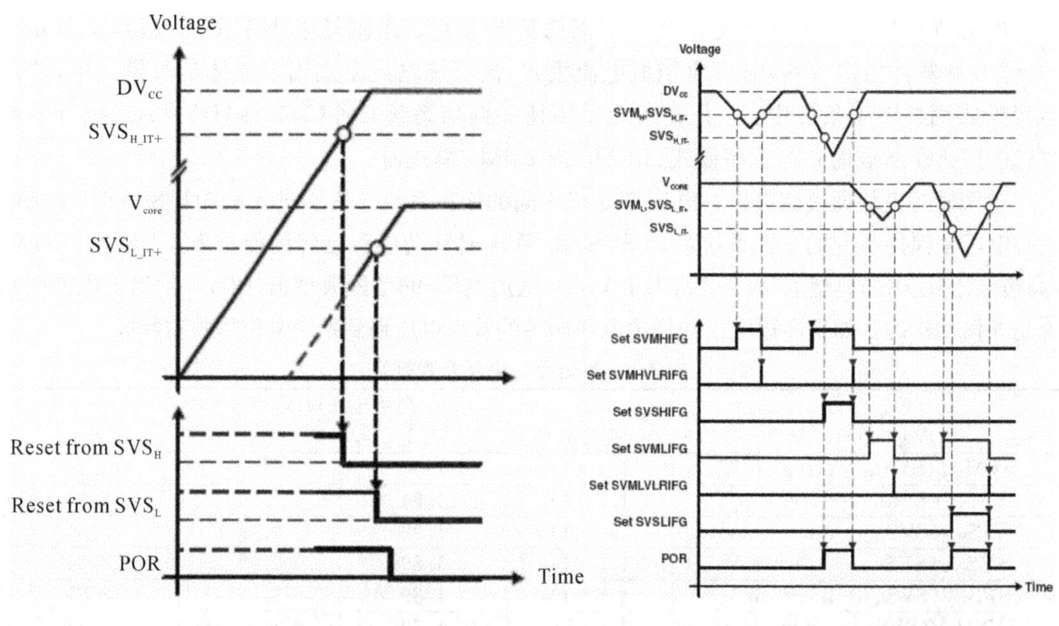

图 4-5 系统上电过程　　　　图 4-6 高边和低边电压错误

1. 电源电压监督和监测——高边

高边电源管理/监测模块在CPU处于活动模式和低功耗模式下都是运行的，可以调节控制运行速度来降低功耗(默认：SVMHFP=0，SVSHFP=0)。其模块结构如图4-7所示。

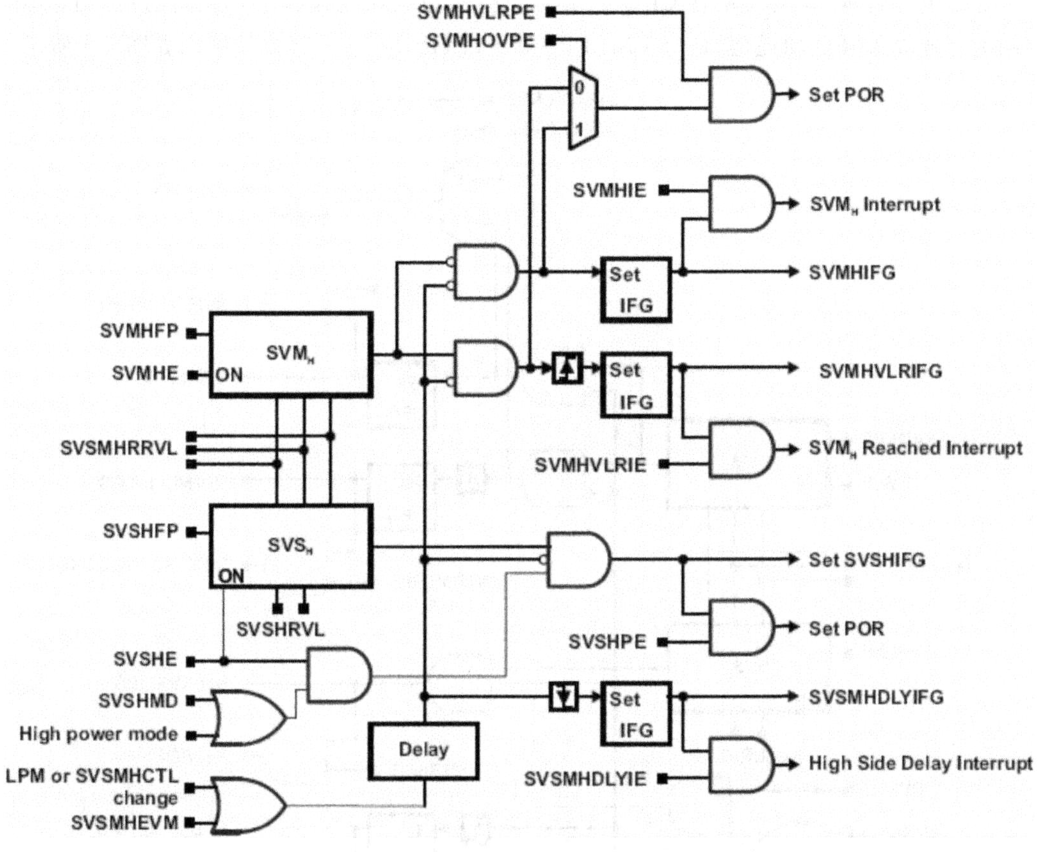

图4-7　高边电源管理/监测模块结构

置位SVMHE时，SVM_H模块使能，复位SVMHFP位可以减小它的功耗。电压复位后释放的电压等级由SVSMHRRVL定义。DV_{CC}在上升沿并大于SVM_H值时会使SVMHVLRIFG中断标志位置1，假如此时中断允许位SVMHVLRIE也置位的话就会触发中断；DV_{CC}处在下降沿并下降到SVM_H以下会使SVMHIFG标志位置位，SVMHIE等于1时，将触发中断产生。当DV_{CC}持续低于SVM_H且SVMHIFG被软件清零时，SVMHIFG会立即由硬件置位。如果需要的话，置位SVMHVLRPE、复位SVMHOVP仍可触发POR信号。SVM_H模块还有过压检测的功能。如果DV_{CC}超过器件的安全值，在SVMHOVPE=1和SVMHVLRPE=1时会产生POR信号。

通过置位SVSHE，SVS_H模式就被使能，复位SVSHFP位可以减小它的功耗。电压复位后释放的电压等级由SVSHRVL定义。DV_{CC}处于下降沿并降低到SVS_H值以下时会置位SVSHIFG中断标志，同时引发POR(如果SVSHPE=1)；当DV_{CC}一直在SVS_H值以下时，即使SVSHIFG位由软件清零，SVSHIFG也会立即由硬件置位。SVS_H在低功耗模式2,3,4中是被禁用的，除非SVSHMD迫使SVS_H电路工作。

如果是SVM_H或者SVS_H功耗模式，或者电压级别发生了改变，会导致中断源和POR源产生中断滞后，直到 SVM_H 和 SVS_H 电路建立并稳定。SVSMHDLYIFG 置位就说明延迟时间已经到了，如果此时中断允许位 SVSMHDLYIE 置位，就可以触发中断产生了。

2. 电源电压监督和监测——低边

低边电源管理/监测模块在 CPU 处于活动模式和低功耗模式下都是运行的，可以调节控制运行速度来降低功耗(默认:SVMLFP=0,SVSHFP=0)。其模块结构如图 4-8 所示。

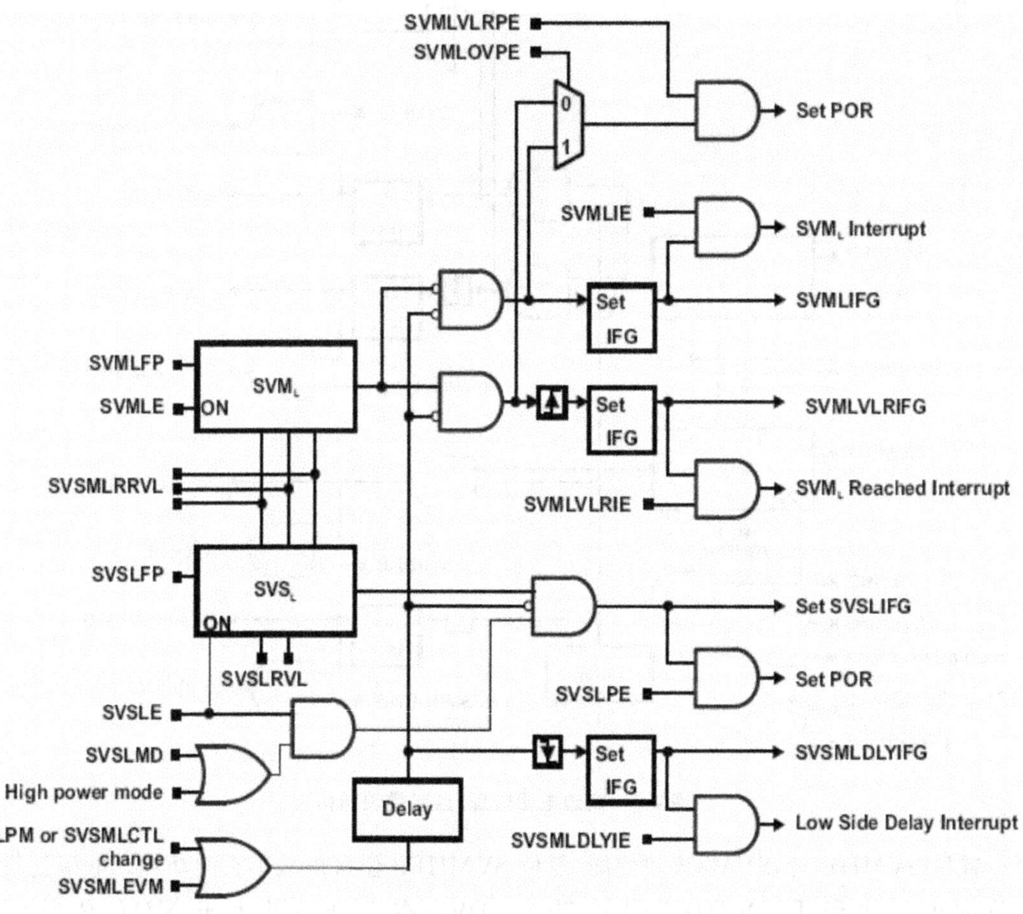

图 4-8 低边电源管理/监测模块结构

置位 SVMLE 位就使能了 SVM_L 模块。复位 SVMLFP 位可以降低其功耗。由 SVSMLRRVL 来定义电压复位后的电压等级。V_{CORE} 值升高到 SVM_L 值以上时，标志位 SVMLVLRIFG 就置位，SVMLVLRIE=1 时就会触发中断；V_{CORE} 值降到 SVM_L 值以下会使中断标志位 SVMLIFG 置位，SVMLIE=1 时也会触发中断；当 V_{CORE} 持续低于 SVM_L 且 SVMLIFG 被软件清零时，SVMLIFG 会立即由硬件置位。如果需要的话，置位 SVMLVLRPE=1、SVMLOVPE=0 就会触发 POR 信号。SVM_L 模块还包含过压检测功能，如果 V_{CORE} 超过安全电压，在 SVMLOVPE=1 和 SVMLVLRPE=1 时会产生 POR 信号。

置位 SVSLE 时就可以使能 SVS_L 模式，通过设置 SVSLFP=0 可以降低其功耗。由 SVSLRVL 来定义电压复位值的大小。V_{CORE} 值降到 SVS_L 值以下会使中断标志位 SVSLIFG 置位，同时引发 POR(如果 SVSLPE=1)。当 V_{CORE} 持续低于 SVS_L 且 SVSLIFG 被软件清零时，SVSLIFG 会立即由硬件置位，除非 SVSLMD 迫使 SVS_L 电路工作，SVS_L 在低功耗模式2,3,4中是被禁用的。

如果是SVM_L或者SVS_L功耗模式，或者电压级别发生了改变，会导致中断源和POR源产生中断滞后，直到SVM_L和SVS_L电路建立并稳定。SVSMLDLYIFG置位就说明延迟时间已经到了，如果此时中断允许位SVSMLDLYIE置位，就可以触发中断产生了。

3. 电源电压监测输出(SVMOUT，可选)

外部管脚SVMOUT可以用于检测SVMLIFG、SVMLVLRIFG、SVMHIFG和SVMLVLRIFG的状态。可以使能每一个中断标志位(SVMLOE、SVMLVLROE、SVMHOE、SVMLVLROE)来产生一个输出信号，输出极性则可以由SVMOUTPOL位来选择。在中断使能标志置位的条件下，如果SVMOUTPO置位则输出设为1。

4. 性能优化

CPU和数字模块由可控制的核心电压(V_{CORE})供电。如果CPU需要全速运行，V_{CORE}必须通过软件编程使之达到最高电压；如果CPU不需要全速运行，V_{CORE}可以降低到合适的级别，从而节省相当大的功耗。V_{CORE}在复位期间默认为最低电压1.4V(典型)。图4-7给出利用内置的电源电压监测器和监督器，如何安全地编程使核心电压从一级到另一级的操作。增加和减小V_{CORE}的操作步骤如下：

第一步，编程序SVM_L到一个新级别，然后等待SVSMLDLYIFG置位；

第二步，编程序使PMMCOREV等于一个新的V_{CORE}(核心电压)值；

第三步，等待电压达到一定的值，使SVMLVLRIFG中断；

第四步，编程序使SVS_L等于一个新的值；

第五步，降低系统速度到目标速度，编程序给SVS_L和SVM_L赋予目标值；

第六步，给V_{CORE}赋予新的值。

如果高边或低边SVS或SVM的配置寄存器被改变，或者功耗模式(活动模式，LPMx)被改变，那么图4-9给出的状态就会被触发。

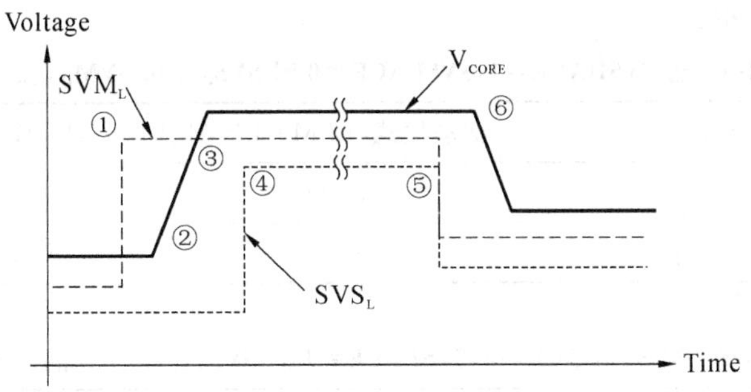

图4-9 改变V_{CORE}、SVM_L和SVS_L的值

5. 基准电压

基准电压给稳压器、电源电压监督器和监测器供电。在低功耗模式2、3、4中为了省电，基准被一个PWM(切换模式)信号锁定，在模式5中基准被关闭。其他模式中基准为静态模式。处于静态模式的基准比切换模式的更准确。置位PMMREFACC使得系统在切换模式下，其功耗和基准的精确度会大大降低。

6. 欠压复位(BOR)

BOR 电路产生一个欠压复位信号，此信号在上电时初始化整个系统，并开启电源电压监管器。欠压复位通常触发一个 POR 信号，随之而来的就是 PUC 信号。

7. 电源管理模块的控制

DV_{CC}和 V_{CORE}的核心电压及电源电压管理和监测均由用户选择，而硬件负责合理的操作。如果实际应用允许，用户可以手动转换或采用功能性降级来节省功耗。

1) 电压稳压器的控制

一般由硬件来选择可调电流模式(全速运行模式或低电流模式)。应用软件也可以人为地通过设置电压调整电流模式位 PMMCMD 来选择，如表 4-3 所示。

表 4-3　电源模式控制

PMMCMD		$I(V_{CORE})$	描　述
[1]	[0]		
0	0or1	0～25 mA	硬件控制性能模式
1	0	≥30 mA	手动设置低电流模式
1	1	≥25 mA	手动设置全速运行模式

2) 控制 $SVS_{H,L}$和 $SVM_{H,L}$的性能

电源电压管理器和监测器一直检测电源电压的变化情况。如果应用情况允许，$SVM_{H,L}$和 $SVS_{H,L}$的功耗可以通过降低反应速度(低功耗模式)来减小。分别清除各自的使能位可以使 $SVM_{H,L}$和 $SVS_{H,L}$分别被禁用。为了实现电源电压监管，通过设置电源电压管理器的 SVSHACE＝1(SVSLACE＝1) 高(低)电压边来实现预定义性能选择。如果 SVSHACE 位不置位，那么 $SVM_{H,L}$和 $SVS_{H,L}$的操作模式仅由 SVSHFP(SVSLFP)控制。如表 4-4 和表 4-5 所示。

表 4-4　当 SVSHACE＝1，SVSLACE＝0 时 $SVS_{H,L}$和 $SVM_{H,L}$的性能

控制位设置		活动模式，LPM0，LPM1	LPM2，LPM3，LPM4	LPM5
SVSHFP，SVMHFP，SVSLFP	0	Slow	Slow	Off
	1	Fast	Fast	Off

表 4-5　当 SVSHACE＝0，SVSLACE＝1 时 $SVS_{H,L}$和 $SVM_{H,L}$的性能

控制位设置		活动模式，LPM0，LPM1	LPM2，LPM3，LPM4	LPM5
SVSHFP，SVMHFP，SVSLFP	0	Slow	Slow	Off
	1	Fast	Slow	Off

3) 禁用稳压器

置位 PMMREGOFF 并进入 LPM4 模式时，稳压器被禁用，电流损耗被降低到 100 nA 以下。我们可以通过 RST/NMI 管脚或其他具有使能唤醒功能的 I/O 引脚来唤醒系统。

```
;用于输入 LPM5 的代码序列
MOV # PMMPW+ REGOFF,&PMMCTL0      ;设置 REGOFF
BIS # LPM4,SR                            ;进入 LPM4
```

进入 LPM4 的同时置位 REGOFF 位就会关闭稳压器。当前活动时钟如果还在运行就会阻止电压调整器关闭。一旦时钟要求放弃,器件就会关闭电压调节器并进入 LPM5 模式。如果在电压调节器被关闭之前中断请求清除 REGOFF 位,则器件会立即进入活动模式。

8. I/O 口控制

只要系统上电不全面或处在低压条件下,数字 I/O 口的输入通道就会由于最新逻辑电平被锁而禁用。数据输入寄存器的值将会保持,相应的数字输入口的中断不能被检测到。数字输出将停止驱动,弱上拉/下拉电阻也会被禁止。

9. 电源管理模块中断

电源管理模块产生复位信号和中断请求。复位信号和中断标志位在系统控制模块(SYS)中,并且与其余复位和中断源一起构成复位向量字和系统 NMI 向量字。对于这些向量字的优先级和具体介绍,请参看系统控制模块章节。

4.2.3 电源管理模块寄存器

电源管理模块的寄存器如表 4-6 所列,电源管理模块的基地址可以在器件相关资料中查到。电源管理模块每个寄存器的偏移地址在表 4-6 中给出。口令定义在 PMMCTL0 寄存器中,控制着对所有 PMM、SVS 和 SVM 寄存器的访问,通过写命令写入正确的口令,写入寄存器即表示写已经使能。写命令禁止通过字节的方式把错误的口令写入到 PMMCTL0 的高位字节中。以错误的口令通过字访问方式访问 PMMCTL0 寄存器将触发 PUC。写访问方式访问除 PMMCTL0 之外的寄存器而写访问被禁用时,也会触发 PUC。

表 4-6 电源管理模块的寄存器

寄 存 器	缩写形式	寄存器类型	初始化状态
PMM 控制寄存器 0	PMMCTL0	读/写	0000h
PMM 控制寄存器 1	PMMCTL1	读/写	0000h
SVS 和 SVM 高边控制寄存器	SVSMHCTL	读/写	4400h
SVS 和 SVM 低边控制寄存器	SVSMLCTL	读/写	4400h
SVSIN 和 SVMOUT 控制寄存器	SVSMIO	读/写	0020h
PMM 中断标志寄存器	PMMIFG	读/写	0000h
PMM 中断使能寄存器	PMMRIE	读/写	0000h

各寄存器的详细描述如下。

(1) PMMCTL0,PMM 管理模块控制寄存器 0:

15	14	13	12	11	10	9	8
PMMPW,读数据为 96h 写时必须为 A5h							
7	6	5	4	3	2	1	0
保留	保留		PMMREGOFF	PMMSWPOR	PMMSWBOR	PMMCOREV	

● PMMPW：Bits15～8，PMM 密钥。读时数据为 96h，写的时候必须是 A5h，否则会引发 PUC。

● PMMREGOFF：Bit4，关闭稳压器。

● PMMSWPOR：Bit3，软件上电复位。将此位设置为 1 会触发 POR。该位为自清除位。

● PMMSWBOR：Bit2，软件掉电复位。将此位设置为 1 会触发 BOR。该位为自清除位。

● PMMCOREV：Bits1～0，核心电压。

00　　V_{CORE} level 0；

01　　V_{CORE} level 1；

10　　V_{CORE} level 2；

11　　V_{CORE} level 3。

（2）PMMCTL1，PMM 管理模块控制寄存器 1：

15	14	13	12	11	10	9	8
保留							
7	6	5	4	3	2	1	0
保留	保留	PMMCMD		保留	保留	保留	PMMREFMD

● PMMCMD：Bits5～4，电压调整器（内部 LDO）电流模式选择。

00　　电压调整器输出电流范围由低功耗模式决定；

01　　电压调整器输出电流范围由高功耗模式决定。

● PMMREFMD：Bit0，PMM 基准模式。假如该位置位，那么该电压调整器就处于静态模式。

（3）SVSMHCTL，SVS 以及高边监测控制寄存器：

15	14	13	12	11	10	9	8
SVMHFP	SVMHE	保留	SVMHOVPE	SVSHFP	SVSHE	SVSHRVL	
7	6	5	4	3	2	1	0
SVSMHACE	SVSMHEVM	保留	SVSHMD	SVSMHDLYST	SVSMHRRL		

● SVMHFP：Bit15，SVM 高电压全状态模式。如果此位置位则 SVM_H 工作在全状态模式。

0　　正常模式；

1　　全状态模式。

● SVMHE：Bit14，SVM 高边电压使能。该位置位则 SVM_H 就使能。

● SVMHOVPE：Bit12，SVM 高边过电压使能。该位置位则 SVM_H 过电压监测就使能。假如 SVMHRVLPE 也是置位的，就会由此产生 POR。

● SVSHFP：Bit11，SVS 高边全状态模式。假如该位置位，SVM_H 就在全状态模式下工作。

● SVSHE：Bit10，SVS 高边使能。假如该位置位，SVS_H 使能。

● SVSHRVL：Bits9～8，SVS 高边复位电压级别。假如 DVcc 下跌到 SVS_H 电压水平，就会触发系统复位。

● SVSMHACE：Bit7，SVS_H和 SVM_H高边自动控制使能。如果此位被置位，那么 SVS_H和 SVM_H电路的低功耗模式由硬件控制。

● SVSMHEVM：Bit6，SVS_H和 SVM_H高边事件覆盖。如果此位被置位，那么 SVS_H和 SVM_H事件被覆盖。

0　没有事件被覆盖；

1　所有事件被覆盖。

● SVSHMD：Bit4，SVS_H 和 SVM_H 高边模式。如果此位置位，在 LPM2、LPM3 和 LPM4 模式下系统掉电，SVS_H置位中断标志位；如果此位不被置位，那么在 LPM2、LPM3 和 LPM4 模式下，中断标志位 SVS_H也不置位。

● SVSMHDLYST：Bit3，SVS 和 SVM 的高边延迟状态。如果此位被置位，SVS_H和 SVM_H事件在一段延迟事件内被覆盖，延迟时间决定着 SVS_H和 SVM_H的低功耗模式。如果 SVMHFP＝1、SVSHFP＝1，延迟时间大约为 2 ms，其他情况下大约为 150 ms。延迟的时间到了之后，此位被硬件清零。

● SVSMHRRL：Bits2～0，SVS 和 SVM 的高边复位释放电压级别，这几位用来定义复位释放电压 SVS_H的大小级别，也用于定义 SVS_H的电压可达到的大小级别，电压大小级别在器件数据资料中定义。

（4）SVSMLCTL，低端电压监控与监视控制寄存器：

15	14	13	12	11	10	9	8
SVMLFP	SVMLE	保留	SVMLOVPE	SVSLFP	SVSLE	SVSLRVL	
7	6	5	4	3	2	1	0
SVSMLACE	SVSMLEVM	保留	SVSLMD	SVSMLDLYST	SVSMLRRL		

● SVMLFP：Bit15，SVM 低电压全状态模式。如果此位被置 1，那么 SVM_L在全状态模式下运行。

0　正常模式；

1　全状态模式。

● SVMLE：Bit14，SVM 低边使能。此位置位，则 SVM_L使能。

● SVMLOVPE：Bit12，SVM 低边过电压使能。此位置位则 SVM_L为过压检测功能使能。

● SVSLFP：Bit11，SVS 低边全功能模式。此位置位，则 SVS_L工作在全状态模式下。

0　正常模式；

1　全状态模式。

● SVSLE：Bit10，SVS 低边使能。此位置位，则 SVM_L使能。

● SVSLRVL：Bits9～8，SVS 低边复位电压级别。如果 DV_{CC}降到 SVSLRVL 位所选的 SVS_L电压值以下，就会引发复位（在 SVS_L使能条件下）。

● SVSMLACE：Bit7，SVS_L和 SVM_L高边自动控制使能。如果此位被置位，那么 SVS_L和 SVM_L电路的低功耗模式由硬件控制。

● SVSMLEVM：Bit6，SVS_L 和 SVM_L 高边事件覆盖。如果此位被置位，那么 SVS_L 和 SVM_L事件被覆盖。

0　没有事件被覆盖；

1　　所有事件被覆盖。

● SVSLMD:Bit4,SVS$_L$和 SVM$_L$低边模式。如果此位置位,在 LPM2、LPM3 和 LPM4 模式下系统掉电,SVS$_H$置位中断标志位;如果此位不被置位,那么在 LPM2、LPM3 和 LPM4 模式下,中断标志位 SVS$_H$也不置位。

● SVSMLDLYST:Bit3,SVS$_L$ 和 SVM$_L$ 低边延迟状态。如果此位被置位,SVS$_L$和 SVM$_L$事件在一段延迟事件内被覆盖,延迟时间决定着 SVS$_L$和 SVM$_L$低功耗模式。如果在 SVMHFP=1、SVSHFP=1 的全状态模式下,这个时间会更短。延迟的时间达到了之后,此位被硬件清零。

● SVSMLRRL:Bits2～0,SVS$_L$和 SVM$_L$的低边复位释放电压级别,这几位用来定义复位释放电压 SVS$_H$的大小级别,也用于定义 SVS$_H$的电压可达到的大小级别。

(5) SVSMIO,SVSIN 和 SVMOUT 控制寄存器:

15	14	13	12	11	10	9	8
保留			SVMHVLROE	SVMHOE	保留		
7	6	5	4	3	2	1	0
保留		SVMOUTPOL	SVMLVLROE	SVMLOE	保留		

● SVMHVLROE:Bit12,SVM 高边电压达到输出使能端。如果此位置位,则 SVMLVLRIFG 位就成为器件的管脚 SVMOUT 的输出。器件特殊端口逻辑必须相应地被配置。

● SVMHOE:Bit11,SVM 高电平输出使能端。如果此位置 1,则 SVMHIFG 位就成为器件的管脚 SVMOUT 的输出。器件特殊端口逻辑必须相应地被配置。

● SVMOUTPOL:Bit5,SVMOUT 引脚极性。如果该位置 1,则 SVMOUT 为高电平有效。错误条件由 SVMOUT 引脚上的 1 指示。如果 SVMOUTPOL 被清零,则错误条件由 SVMOUT 引脚上的 0 指示。

● SVMLVLROE:Bit4,SVM 低电平达到输出使能端。如果此位置 1,则 SVMLVLRIFG 位就成为器件的管脚 SVMOUT 的输出。器件特殊端口逻辑必须相应地被配置。

● SVMLOE:Bit3,SVM 低电平输出使能端。如果此位置 1,则 SVMLIFG 位就成为器件的管脚 SVMOUT 的输出。器件特殊端口逻辑必须相应地被配置。

(6) PMMIFG,模块中断标志寄存器:

15	14	13	12	11	10	9	8
PMMLPM5IFG	保留	SVSLIFG	SVSHIFG	保留	PMMPORIFG	PMMRSTIFG	PMMBORIFG
7	6	5	4	3	2	1	0
保留	SVMHVLRIFG	SVMHIFG	SVSMHDLYIFG	保留	SVMLVLRIFG	SVMLIFG	SVSMLDLYIFG

● PMMLPM5IFG:Bit15,LPM5 标志位。系统进入低功耗模式 5 之前,需将此位置位;该位可通过软件或读复位字向量值被清零。DV$_{CC}$电压域掉电也可将此位清零。

0　　无中断等待;

1　　等待中断。

● SVSLIFG:Bit13,SVS 低边中断标志。此位可通过软件或读复位字向量值清零。

0　　无中断等待；

1　　等待中断。

● SVSHIFG：Bit12，SVS 高边中断标志。此位可通过软件或读复位字向量值被清零。

0　　无中断等待；

1　　等待中断。

● PMMPORIFG：Bit10，电源管理模块软件 POR 中断标志位。如软件触发 POR 时，此中断标志位置位。此位可通过软件或读复位向量字值被清零。

● PMMRSTIFG：Bit9，电源管理模块 RST 管脚中断标志位。如果/RST/NMI 管脚接复位信号此位就置位。此位可通过软件或读复位向量字值被清零。

● PMMBORIFG：Bit8，电源管理模块软件 BOR 中断标志位。假如软件 BOR 触发时，此中断标志位置位。此位可通过软件或读复位向量值被清零。

● SVMHVLRIFG：Bit6，SVM 高边电压级别的值达到中断标志位。此位由软件清零或读复位向量字(SVSHPE=1) 或读中断向量字(SVSHPE=0)清零。

0　　无中断请求；

1　　中断请求。

● SVMHIFG：Bit5，SVM 高边中断标志位。此位由软件清零。

0　　无中断请求；

1　　中断请求。

● SVSMHDLYIFG：Bit4，SVS 和 SVM 高电平延迟中断标志位。此中断标志位需要延迟一段时间被置位，由软件或读中断向量字来清零。

0　　无中断请求；

1　　中断请求。

● SVMLVLRIFG：Bit2，SVM 低边电压级别可达中断标志位。此位由软件清零或读复位向量字(SVSLPE=1) 或读中断向量字(SVSLPE=0)清零。

0　　无中断请求；

1　　中断请求。

● SVMLIFG：Bit1，SVM 低边电压级别中断标志位。此位由软件清零。

0 无中断请求；

1 中断请求。

● SVSMLDLYIFG：Bit0，SVS 和 SVM 低边级别延迟中断标志位。此中断标志位需要延迟一段时间被置位，由软件或读中断向量字来清零。

0　　无中断请求；

1　　中断请求。

(7) PMMRIE，电源管理单元复位和中断使能寄存器：

15	14	13	12	11	10	9	8
保留		SVMHVLRPE	SVSHPE	保留		SVMLVLRPE	SVSLPE
7	6	5	4	3	2	1	0
保留	SVMH VLRIE	SVMHIE	SVSMH DLYIE	保留	SVML VLRIE	SVMLIE	SVSM LDLYIE

● SVMHVLRPE：Bit13，达到 SVM 高边电压时 POR 使能。如果此位置位，高于 SVM_H 电压级别将引起 POR。

● SVSHPE：Bit12，SVS 高边电压复位使能。假如该位置位，当电压跌落到 SVS_H 以下时就触发 POR。

● SVMLVLRPE：Bit9，达到 SVM 低边电压时 POR 使能。如果此位置位，高于 SVM_L 电压级别将引起 POR。

● SVSLPE：Bit8，SVS 低边电压复位使能。假如该位置位，当电压跌落到 SVS_L 以下时就触发 POR。

● SVMHVLRIE：Bit6，SVM 高边复位电压级别中断开启或关断位。

● SVMHIE：Bit5，SVM 高边中断使能。此位可以通过软件被清零，也可以在中断向量值被读后清零。

● SVSMHDLYIE：Bit4，SVS 和 SVM 高边延迟中断使能。

● SVMLVLRIE：Bit2，SVM 低边复位中断使能。

● SVMLIE：Bit1，SVM 低边中断使能。此位可以通过软件被清零，也可以在中断向量值被读后清零。

● SVSMLDLYIE：Bit0，SVS 和 SVM 低电平延迟中断使能。

4.2.4 应用举例

例 4-1 设置 SVS，使 V_{CC} 大于 2.5 V 时，P5.1 取反；V_{CC} 小于 2.5 V 时，P5.1 不取反。

程序代码如下：

```
# include< msp430x44x.h>
void main(void)
{
  WDTCTL= WDTPW+ WDTHOLD;                    //关闭看门狗
  P5DIR |= 0x02;                                     // P5.1 输出
  SVSCTL= 0X60+ PORON;                            // 2.5V 使能 SVS POR
  for(;;)
  {
    volatile unsigned int i;
    i= 50000;                                        //延时
    do (i- - );
    while (i ! = 0);
    P5OUT ^= 0x02;                                  // P5.1 取反
  }
}
```

本章小结

本章着重介绍了MSP430的复位与电源模块的结构、工作原理、相关信号的产生机制，复位系统根据系统需求可产生PUC和POR两类复位信号；电源模块根据系统工作模式可提供多种CPU核心电压以及外设工作电压，因此为系统设计带来很大方便。通过本章学习使读者掌握其工作原理，为今后进行MSP430系统设计打下基础。

思考题

1. MSP430系列单片机中POR和PUC代表什么含义？什么情况下可以产生复位信号？
2. POR信号与PUC信号之间是一个什么样的关系？
3. 上电清除信号PUC在什么情况下会被触发？
4. 在POR或PUC信号引起设备复位后，系统的初始状态是怎样的？
5. 电源管理模块内部集成的低压降的电压调整器(LDO)的功能是什么？
6. 试述电源管理模块在电源监督和监测(高边)时的工作原理。
7. 试述电源管理模块在电源监督和监测(低边)时的工作原理。
8. 试述电源管理模块是如何控制CPU的核心电压(V_{CORE})供电来实现CPU的全速和低功耗模式运行的。

第 5 章　时钟系统与低功耗模式

在 MSP430 单片机中，时钟系统不仅可以为 CPU 提供时序，还可以为不同的片内外设提供不同频率的时钟。MSP430 单片机通过软件控制时钟系统可以使其工作在多种模式下，包括 1 种活动模式和 7 种低功耗模式。通过这些工作模式，可合理地利用系统资源，实现整个应用系统的低功耗运行。时钟系统是 MSP430 单片机中非常关键的部件，通过时钟系统的配置可以在功耗和性能之间寻求最佳的平衡点，为单芯片系统与超低功耗系统设计提供了灵活的实现手段。本章重点讲述 MSP430 单片机的时钟系统及其低功耗结构。

5.1　MSP430 时钟系统

5.1.1　时钟系统介绍

UCS 模块支持低功耗。它内部含有三个时钟信号，用户可以自行选择，找到性能和功耗的平衡点。UCS 通过软件配置后，只需要一两个晶振或者电阻，而不需要使用外部振荡器。

UCS 模块通过合适的配置可以作为系统与外部器件的时钟输入源。UCS 模块结构如图 5-1 所示。由结构图可看出，MSP430 系列单片机的时钟模块由低频振荡器、高频振荡器、控制逻辑、数字控制振荡器(DCO)、锁频环(FLL)等模块构成。

UCS 模块具有 5 个时钟来源。

(1) XT1CLK：低频/高频振荡器，可以使用低频 32768 Hz 晶振和外部振荡器或者通过外部输入源输入 4～32 MHz 时钟。

(2) VLOCLK：内部低消耗、低频振荡器。典型值为 12 kHz。

(3) REFOCLK：内部低频振荡器，典型值为 32768 Hz，作为 FLL 基准源。

(4) DCOCLK：内部数字控制振荡器(DCO)，可以通过 FLL 来稳定。

(5) XT2CLK：可选择的高频振荡器，可以使用标准晶振，振荡器或者外部时钟源输入 4～40 MHz。

UCS 模块可以产生 3 个时钟信号供 CPU 和外设使用。

(1) ACLK：辅助时钟。ACLK 来自 XT1CLK、REFOCLK、VLOCLK、DCOCLK，DCOCLKDIV 和 XT2CLK。DCOCLKDIV 为 DCOCLK 在 FLL 模块中通过 1、2、4、8、16、32 分频后得到的频率。ACLK 可通过设置作为各个外围模块的时钟信号。ACLK 经 1、2、4、8、16、32 分频。ACLK/n 是 ACLK 经 1、2、4、8、16、32 分频后作为外部电路使用。

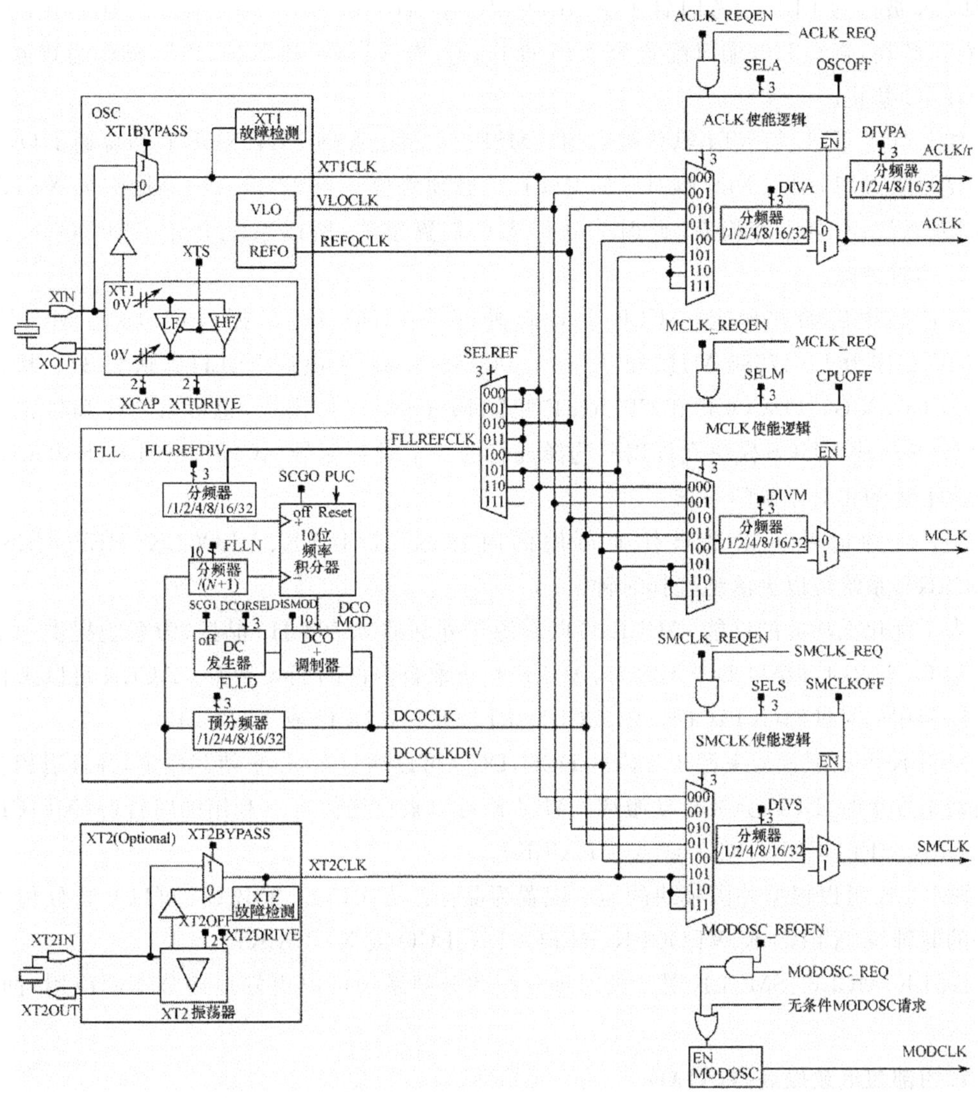

图 5-1　MSP430F5xx/6xx 系列单片机时钟系统结构

(2) MCLK：系统主时钟。MCLK 可由软件选择为 XT1CLK、REFOCLK、VLOCLK、DCOCLK、DCOCLKDIV、XT2CLK。DCOCLKDIV 为 DCOCLK 在 FLL 模块中通过 1、2、4、8、16、32 分频后得到的频率。MCLK 可以通过 1、2、4、8、16、32 分频。MCLK 作为 CPU 和系统时钟。

(3) SMCLK：辅助系统主时钟。SMCLK 可由软件选择为 XT1CLK、REFOCLK、VLOCLK、DCOCLK、DCOCLKDIV、XT2CLK。DCOCLKDIV 为 DCOCLK 在 FLL 模块中通过 1、2、4、8、16、32 分频后得到的频率。SMCLK 可以通过 1、2、4、8、16、32 分频。SMCLK 主要用于高速外围模块。

5.1.2　MSP430 基础时钟模块

UCS 默认的配置模式为：① XT1 为 LF 模式，作为 XT1CLK 时钟源，XT1CLK 选择为 ACLK；② DCOCLKDIV 作为 MCLK；③ DCOCLKDIV 作为 SMCLK；④ FLL 操作使能时，

XT1CLK被选为FLL参考时钟FLLREFCLK；⑤ XIN和XOUT引脚设置为通用I/O口时，XT1禁用，直到I/O端口配置为XT1操作；⑥ 当XT2IN和XT2OUT脚作为普通I/O口时，XT2禁止。

如上所述，FLL和XT1默认被启用。MSP430晶振管脚XIN、XOUT和普通I/O口复用。要使能XT1，则与XIN脚对应的PSEL位必须置位。当32768 Hz晶振作为XT1CLK时，因为XT1不会立即稳定，此时失效标志位是置位的，所以系统会让REFOCLK作为ACLK的时钟源。

一旦晶振启动并稳定，ACLK将取自外部的32768 Hz晶振，FLL将使MCLK和SMCLK稳定为1.047586 MHz和f_{dco}=2.097152 MHz(上电后FLLD默认为2)。状态寄存器SCG0、SCG1、OSCOFF和CPUOFF配置MSP430工作模式，也可以使能和禁止一部分的UCS模块。UCS模块允许用户选择现有的3个时钟信号ACLK、MCLK、SMCLK，从而解决上述的相对矛盾的需求。

3个时钟信号可以来自任何可用的时钟源(XT1CLK、VLOCLK、REFOCLK或XT2CLK)，系统可以灵活地选择时钟。

为了优化低功耗的性能，ACLK可以来源于外部的32768 Hz晶振，为系统提供一个稳定的基准，当对时钟精度要求不高时，ACLK也可取自内部的低频晶振。ACLK可以来自任何可以利用的时钟源(XT1CLK、VLOCLK、REFOCLK、DCO或XT2CLK)。

MCLK可以配置为来源于片内的DCO，DCO可以通过FLL来使其稳定，并且当相应的中断请求发生时，DCO会被自动激活。MCLK可以来自任何可以利用的时钟源(XT1CLK、VLOCLK、REFOCLK、DCO，或者XT2CLK)。

SMCLK可以根据外围模块的需求配置为晶振或者DCO。SMCLK可以来自任何可以利用的时钟源(XT1CLK、VLOCLK、REFOCLK、DCO或XT2CLK)。

ACLK、MCLK、SMCLK灵活的时钟分配和分频系统可以更好地调节不同应用对时钟的需求。

1. 内部超低频振荡器(VLO)

内部VLO能够提供12 kHz的振荡频率，而不需要外接晶振。VLO可以为时钟精度要求不高的应用提供超低功耗的时钟源。VLO可以选择为ACLK、SMCLK、MCLK。

2. 内部参考时钟(REFO)

内部参考时钟可以在没有外部晶振，对成本又比较敏感的场合得到很好的应用。内部参考振荡器可以产生一个比较稳定的频率，其典型值为32768 Hz，它可以用作FLLREFCLK。REFOCL和FLL相结合可为系统提供灵活可变的时钟，而不需要外接晶振。REFO在不使用时，不消耗任何功耗。

REFO被选中时，可以为ACLK、SMCLK、MCLK提供时钟源或者是作为FLLREFCLK。如果REFO不作为ACLK、SMCLK、MCLK的时钟源，软件设置OSCOFF将禁止REFO振荡器。在LPM4模式下OSCOFF禁止REFO振荡器。

3. 晶振XT1

XT1选择(XTS=0)低频模式，提供32768 Hz时钟的超低功耗模式。晶振连接到XIN和XOUT引脚，不需要任何其他的外围元件。在LF模式下XCAP为XT1晶振配置内部电容。电容可以选择 2pF、6pF、9pF、12pF(典型值)。可以根据需要增加外接电容。

XT1 也支持高频晶振或者振荡器选择 HF 模式(XTS=1)。高频晶振或振荡器连接到 XIN 和 XOUT 引脚,需要在两个端口配置电容。电容的大小需要根据晶振或者振荡器的特性来选择。

LF 模式下 XT1 驱动可以通过 XT1DRIVE 来控制。在上电时,XT1 以最大的驱动能力快速可靠地启动。如果需要,用户可以降低驱动能力以降低功耗。

XT1 也可以直接取自外部时钟信号,只要把外部时钟信号引入到 XIN 脚,然后置位 XT1BYPASS(LF、HF 均可)。当使用外部信号给 XT1 提供时钟信号时,外部信号的频率必须和选择的工作模式以及数据手册上的参数相符合。

XT1 引脚和普通 I/O 口是复用的。上电后,XT1 默认为 LF 模式。但是,XT1 仍然是禁止不工作的,直到 I/O 配置成第二功能的晶振模式。复用 I/O 口的配置由 PSEL 和 XT1BYPASS 决定。选择 PSEL 位将使 X1IN 和 X1OUT 端口被配置成 XT1 模式。如果 XT1BYPASS 同样被置位,XT1 将被配置成支路模式。在支路模式下,外部时钟由 XIN 输入,XOUT 可以配置成普通 I/O 口。

如果选择 XIN 功能的 PxSEL 位清零,XIN 和 XOUT 都将配置为普通 I/O 口。

如果 XT1 作为 ACLK、MCLK、SMCLK 或者 FLLREFCLK 的时钟源,那么从活动模式到 LPM3 模式,XT1 都是被激活的。在 LPM4 模式下并且 XT1OFF=1,将禁止 XT1。如果程序需要使能 XT1,不管 OSCOFF 是否被置位,清除 XT1OFF 位,将仍然可以使能 XT1,不过这将导致在 LPM4 模式下 XT1 仍然是工作着的。

4. 晶振 XT2

MSP430F5xx/6xx 系列还具有第二个晶振 XT2,XT2 的特性和 XT1 的高频模式相同。

XT2DRIVE 位用来选择 XT2 的运行频率,XT2 的频率和系统的工作电压密切相关,某些应用需要较高的工作电压,所以也需要系统提供相应较高的频率。XT2 的频率和系统工作电压之间的关系如图 5-2 所示。

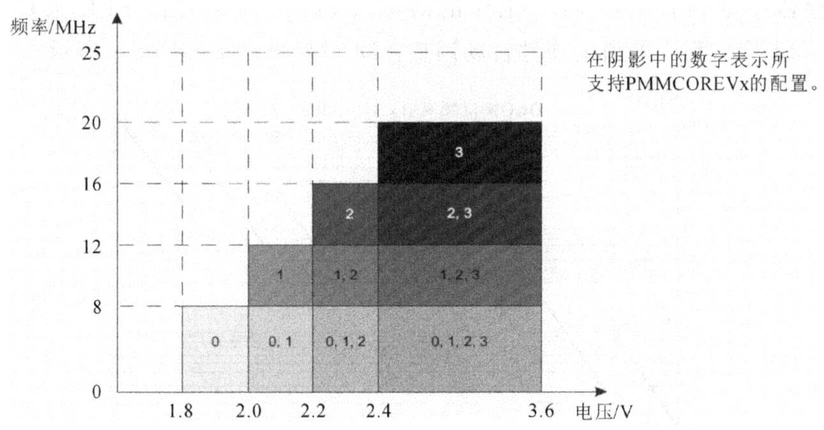

图 5-2　XT2 的频率和工作电压的关系

当置位 XT2BYPASS,XT2 可以由外部时钟源通过 XIN 脚输入。使用外部输入频率时,外部频率必须符合数据手册中 XT2 相关参数的规定。

XT2 管脚和普通 I/O 口是复用的。上电后,默认为 XT2 模式。但是,XT2 仍然是不工作的，直到和XT2复用的管脚被配置成XT2模式。复用I/O口的配置由PSEL和XT2BYPASS位确定。设置PSEL将使XT2IN和XT2OUT配置成XT2功能。如果XT2BYPASS仍然被置位，XT2被配置成旁路输入模式，在旁路输入模式下，XT2IN可以用外部振荡器输入，XTOUT被配置成普通I/O口。

如果设置XT2IN的PxSEL位被清除，XT2和XT2OUT管脚都将被配置成普通I/O口，XT2将被禁止。

如果XT2作为ACLK、MCLK、SMCLK或者FLLREFCLK的时钟源，那么从活动模式到LPM3模式，XT2都是激活的。在LPM4模式下并且XT2OFF=1，将禁止XT2。如果需要使能XT2，不管OSCOFF是否被置位，清除XT2OFF位，将仍然可以使能XT2，不过这将导致在LPM4模式下XT2仍然是工作着的。

5. 数字控制振荡器(DCO)

DCO为内部数字频率控制器。DCO频率可以通过软件位DCORSEL、DCO和MOD调整。DCO频率可以通过选择FLL的频率FLLRENCLK/N来使其稳定。SELREF位可以选择FLL不同的校准频率时钟源。校准频率时钟源包含有XT1、REFOCLK或者XT2CLK(如果可以用)。N的值由FLLRENDIVX(n=1、2、4、8、12、16)定义。默认N=1。

FLLD值配置FLL分频器的值，D可以选择为1、2、4、8、16、32。默认$D=2$，DCOCLKDIV作为MCLK和SMCLK的输入源，时钟频率为DCOCLK/2。

分频值(N+1)和分频值D定义DCOCLK和DCOCLKDIV的频率。当N=0时分频值设置为2。

$$f_{\mathrm{DCOCLK}} = D \times (N+1) \times (f_{\mathrm{FLLRENCLK}}/n)$$

$$f_{\mathrm{DCOCLK}} = (N+1) \times (f_{\mathrm{FLLRENCLK}}/n)$$

DCO频率调整：默认情况下，FLL是运行的。置位SCG0，FLL将被禁止。一旦FLL被禁止，DCO将在当前的寄存器UCSCTL0和UCSCTL1模式下运行，DCO频率也可以通过这2个寄存器手动调整。在FLL工作的时候，DCO的频率将由FLL来稳定，寄存器UCSCTL0和UCSCTL1的值由硬件自动调整。DCO频率调节如图5-3所示。

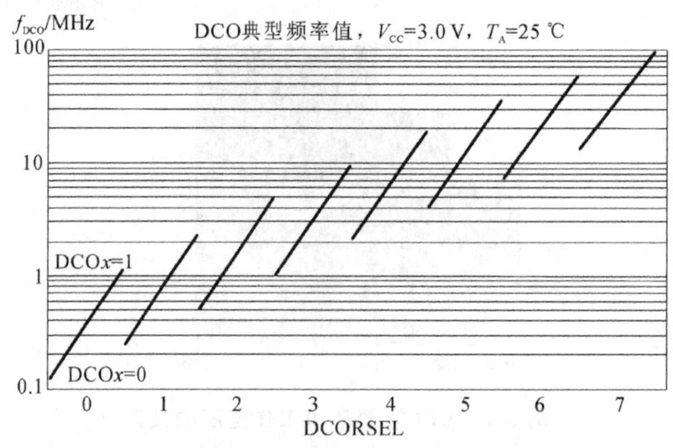

图5-3 DCO频率调节

PUC信号后，DCORSELx=2、DCOx=0。MCLK和SMCLK来源于DCOCLKDIV。由于CPU执行代码的时钟来自MCLK，而MCLK由DCO提供，因此PUC信号到执行程序

的时间为 5μs。

DCOCLK 频率设置需符合以下要求。

(1) 三位 DCORSELx 选择 8 个 DCO 频率范围。这些范围可以参考具体的数据手册表。

(2) 5 位 DCOx 可分 32 段调节 DCORSELx 选择的 DCO 频率，相邻两种频率相差 8%。

(3) 5 位 MODx 控制切换 DCOx 和 DCOx+1 选择的两种频率。如果 DCOx=31，表示 DCO 已经选择最高频率，此时不能利用 MODx 进行频率调整。

6. 锁频环(FLL)

锁频环不断地增加或者减少频率积分器的值。驱动 DCO 的频率积分器的输出可以通过寄存器 UCSCTL0、UCSCTL1(MODx 和 DCOx 位)读出。计数用频率 $f_{FLLREFCLK}/n(n=1、2、4、8、16、32)$ 加一调整或者用频率 $f_{DCOCLK}/[D \cdot (N+1)]$ 减一调整。

读 MODx 和 DCOx 积分器通过 DCOCLK 可能出现的不同频率来更新 MCLK。立即读先前写入的值，用户可能读不出，因为自更新调制器没有发生，这是正常的。又有调制器在更新下次的连续 DCOCLK，才能读出正确的值。

因为 MCLK 可以异步地通过积分更新，在这种情况下读数可能导致一个错误的值。在这种情形下，需要使用多数表决法。

5 位积分器位 UCSCTL0.8～UCSCTL0.12 用于设置 DCO 的频率。32 个频率段为 DCO 的执行，相邻的频率相差 8%，高于先前的系列。调制器混合两个相邻的 DCO 频率来产生分数级数。

7. DCO 调制器

调制器混合两个 DCO 频率，在 f_{DCO} 和 $f_{DCO}+1$ 之间产生一个有效的频率并扩展时钟驱动能力，减少电磁干扰。调制器混合 F_{DCO} 和 $F_{DCO}+1$ 是为了产生 32 个时钟周期并配置 MODx 位。当 MODx=0 时调制器关闭。

调制器混合公式如下：

$$T = (32 - \text{MOD}x) \times t_{DCO} + \text{MOD}x \times t_{DCO} + 1$$

调制器的操作如图 5-4 所示。

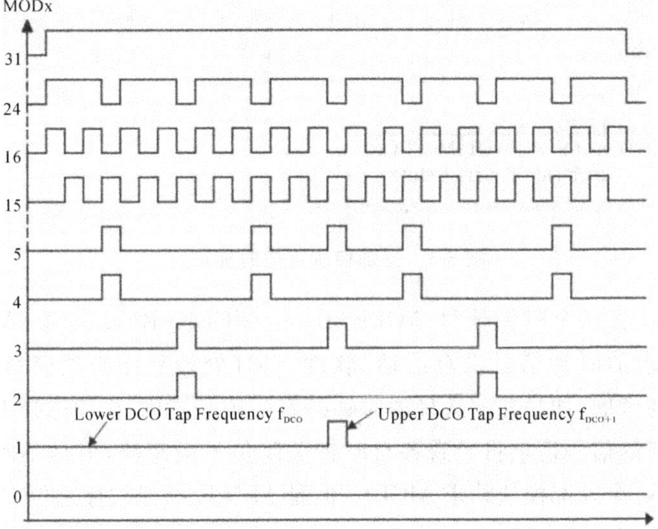

图 5-4 调制器的操作

当 FLL 模块使能，调制器的设置和 DCO 由 FLL 硬件控制。如果 FLL 关闭，调制器的设置和 DCO 由软件配置。

8. 禁止 FLL 硬件和调制器

当状态寄存器 SCG0 和 SCG1 被置位时 FLL 被禁止。当 FLL 被禁止，DCO 运行在先前设置的模式，DCOCLK 不会自动稳定。

当 DISMOD 置位时，DCO 调制器被禁止。当 DCO 调制器被禁止，DCOCLK 只能由 DCOX 位调整。

当 FLL 被禁止，DCO 仍然在当前的设置下运行。因为 FLL 不再工作，温度电压的变换将影响操作频率。请参考数据手册的温度和电压参数，以确保系统可靠地运行。

9. FLL 运行低功耗模式

如果低功耗模式位置位，中断服务程序将清除 SCG1、CPUOFF 和 OSCOFF 标志位，但是 SCG0 不能被清除。也就是说，FLL 从 LPM1、2、3、4 进入内部中断服务程序，FLL 仍然是关闭的，DCO 工作在先前的 UCSCTL0 和 UCSCTL1 寄存器设置模式下。如果 FLL 运行，SCG0 可由用户软件清除。

10. 低功耗运行模式，被外部模块请求

外部模块可以从 UCS 模式请求时钟信号，如图 5-5 所示。

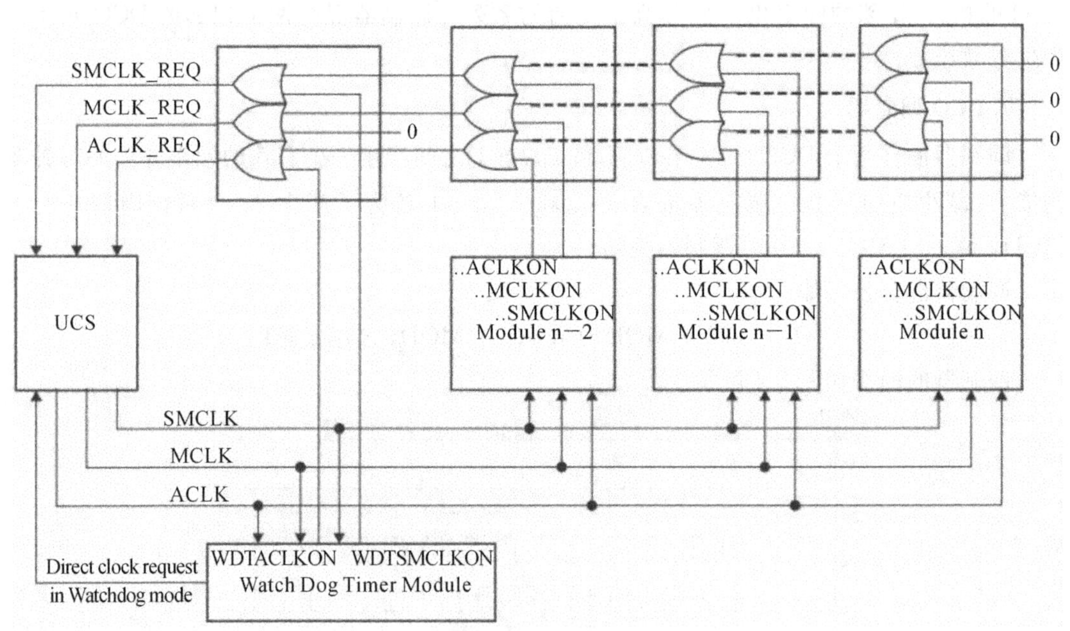

图 5-5 外部模块请求时钟系统

外部模块可以从三个时钟信号 ACLK_REQ、MCLK_REQ 或者 SMCLK_REQ 中选择一个。如果请求的时钟信号没有活动，软件 NMI 处理程序必须谨慎处理请求。

出于安全性的考虑，如果先前选择的时钟源看门狗不能用，推荐选择 VLO 作为时钟源。

外部模块任何的信号请求将导致各自时钟关闭信号被忽略，但是不改变关闭时钟的标志位设置。例如，一个外部模块请求 MCLK，但是 MCLK 已经被标志位 CPUOFF 关闭。置位 MCLK_REQ 可以请求 MCLK 时钟源。这将导致 CPUOFF 对 MCLK 没有影响，因此允许 MCLK 作为外部模块信号源。

11. UCS 故障安全运行模式

UCS 中模块包含有晶振失效保护功能。这个功能可以检测 XT1、DCO、XT2 的振荡器是否失效，如图 5-6 所示。

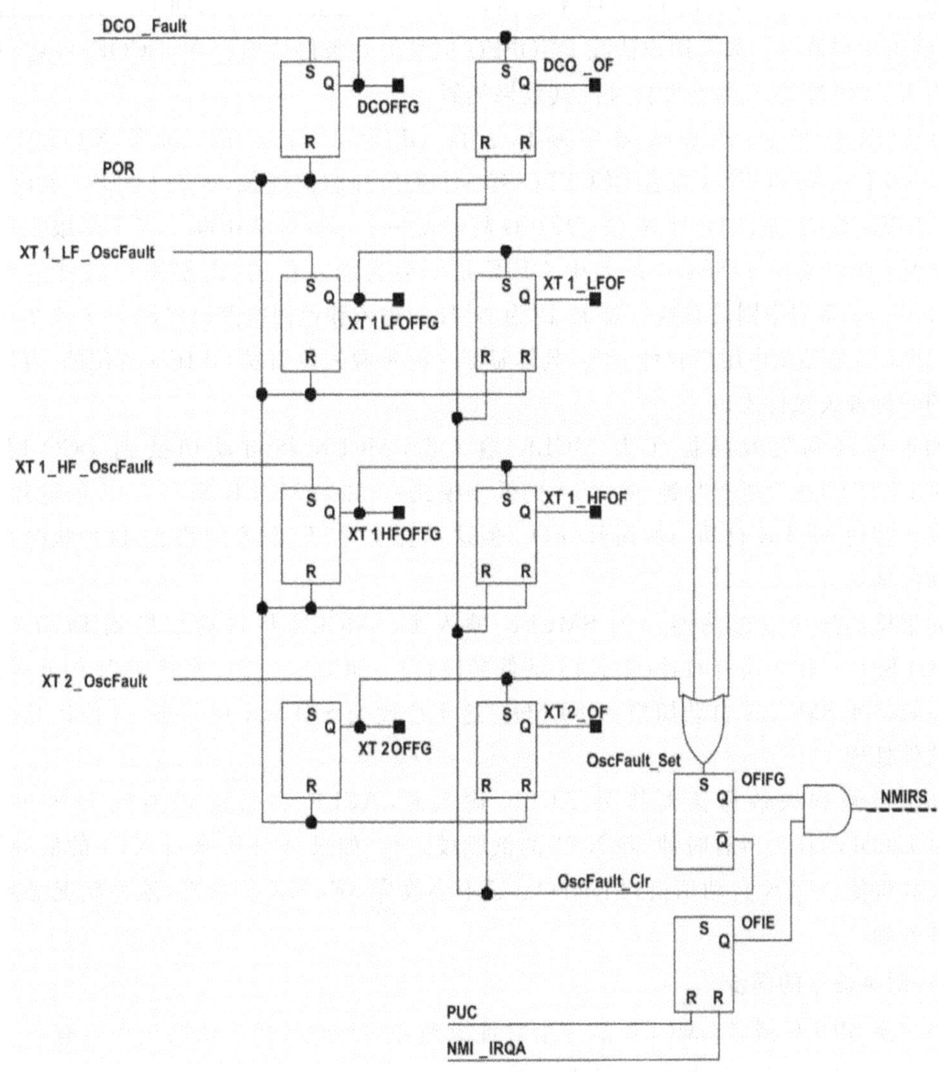

图 5-6　晶振故障逻辑

可检测的失效条件如下。

(1) XT1 的 LF 模式下低频晶振失效(XT1LFOFFG)。

(2) XT1 的 HF 模式下高频晶振失效(XT1HFOFFG)。

(3) XT2 高频晶振失效(XT2OFFG)。

(4) DCO 标志位失效(DCOFFG)。

如果相应的晶振被打开，但是不能正常运行，XT1LFOFFG、XT1HFOFFG 和 XT2OFFG 标志位将被置位。一旦置位，失效标志位将一直置位除非失效条件消失。如果失效标志位被用户清除，但是失效条件却依然存在，失效标志位将会被硬件自动置位。

当 XT1 选择 LF 模式并作为 FLL 的基准信号源，XT1 的失效将自动使 FLL 的基准信号源 FLLREFCLK 变换为 REFO，同时 XT1LFOFFG 置位。当 XT1 工作在 HF 模式并作为 FLL 的基准信号源，XT1 失效将导致没有 FLLREFCLK 信号输入，FLL 计数为零并试图锁定 FLLREFCLK 和 DCOCLK/($D \cdot [N+1]$)，DCO 到低频位置，DCOFFG 置位。如果 DCO 倍频器的 N 值过高，使 DCO 频率过高，DCOOFF 也会被置位。DCOFFG 不会自动清除，直到由用户清除。如果用户清除 DCOFFG 但是失效条件依然存在，DCOFFG 将再次置位。当 XT2 作为 FLL 的基准信号源其效果类似。

在 POR 信号后，晶振失效中断标志位 OFIFG 是置位的，如果 XT1LFOFFG、XT1HFOFFG、XT2OFFG 或者 DCOFFG 有一个失效标志位置位，那么 OFIFG 就将置位。如果 OFIFG 置位，并且 OFIE 置位，OFIFG 将触发一个不可屏蔽中断。当中断服务程序被响应之后，在以前的 MSP430 系列中 OFIE 是不会自动复位的，需要用户软件清零。在 MSP430F5xx 系列中则没有这一要求，因为 NMI 的进入和返回电路已经除去了该要求。但是 OFIFG 还是必须由用户软件清零，具体是哪个时钟源失效引发 OFIFG 置位的，可以检查相关的时钟源失效标志位。

如果检测到失效晶振作为 MCLK 输入源，MCLK 将自动切换到 DCO 时钟源(DCOCLKDIV)作为所有时钟(除 XT1 的低频模式)。如果 MCLK 来自 XT1 的低频模式，晶振失效将使 MCLK 自动切换到 REFO。但这不会改变 SELMX 位状态，这种状况必须由用户软件处理。

如果检测到失效振荡器作为 SMCLK 输入源，SMCLK 将自动切换到 DCO 时钟源(DCOCLKDIV)作为所有时钟(除 XT1 的低频模式)。如果 SMCLK 来自 XT1 的低频模式，晶振失效将使 SMCLK 自动切换到 REFO。这不会改变 SELMX 位状态，这种状况必须由用户软件处理。

如果检测到失效振荡器作为 ACLK 输入源，ACLK 将自动切换到 DCO 时钟源(DCOCLKDIV)作为所有时钟(除 XT1 的低频模式)。如果 ACLK 来自 XT1 的低频模式，晶振失效将使 ACLK 自动切换到 REFO。这不会改变 SELMX 位状态，这种状况必须由用户软件处理。

12. 时钟信号的同步

当切换 MCLK 或者 SMCLK 从一个时钟源到另一个时钟源。切换过程会有一个同步动作来避免出现时间竞争现象，如图 5-7 所示。

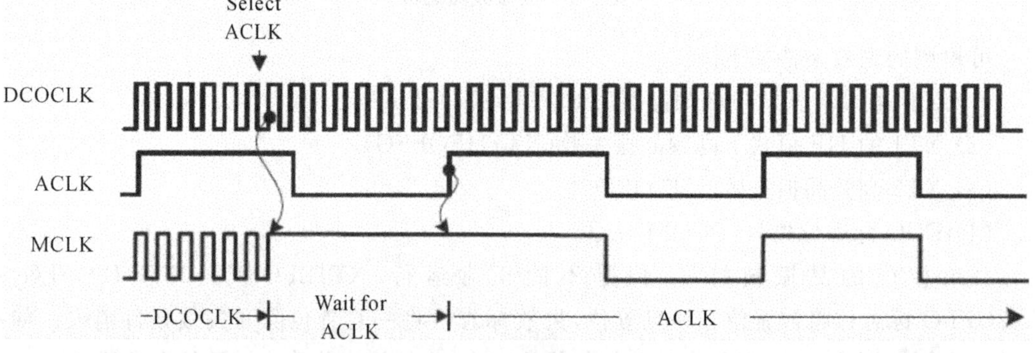

图 5-7 将 MCLK 从 DCOCLK 改变为 ACLK

在时钟源转换命令发生之后：① 当前时钟一直有效直到下一个上升沿开始；② 时钟一直持续到新时钟源的第 2 个上升沿跳变；③ 新的时钟源确立并继续维持一个高电平。

5.1.3 MODOSC 模块

为了节约能量，不需要时 MODOSC 会被关闭，只有需要的时候才被使能。当模块请求 MODOSCCLK，MODOSC 才会被激活。置位 MODOSCREQEN 将使能有条件的请求。无条件的请求将始终被启用。运行无条件的请求，例如为 Flash 和 ADC12_A 模块提供时钟时，就没必要去置位 MODOSCREQEN，因为这时 MODOSC 是自动使能的。

Flash 控制器只有在执行擦除或者写操作时，才需要 MODCLK 信号。当执行这样的操作时，Flash 存储控制器将自动产生一个无条件请求信号激活 MODOSC。一旦这样做，MODOSC 将被启用，如果没有，将启用其他的模块以前的请求。

ADC12_A 可以选择使用 MODOSC 作为转换时钟源，用户选择 ADC12OSC 作为转换时钟源时，ADC12OSC 就来自 MODOSC。在转换时，ADC12_A 产生一个无条件请求，要求 MODOSC 作为 ADC12OSC 的时钟源。如果其他的模块没有对它发送请求，MODOSC 就会被启用。

5.1.4 UCS 模块寄存器

表 5-1 列出了 UCS 的模块寄存器。存储器地址可以在数据手册中找到，地址偏移也可以在表 5-1 中找出。

表 5-1 UCS 的模块寄存器

寄存器	简写	类型	偏移地址	初始状态
时钟模块控制寄存器 0	UCSCTL0	读/写	00h	0000h
时钟模块控制寄存器 1	UCSCTL1	读/写	02h	0020h
时钟模块控制寄存器 2	UCSCTL2	读/写	04h	101Fh
时钟模块控制寄存器 3	UCSCTL3	读/写	06h	0000h
时钟模块控制寄存器 4	UCSCTL4	读/写	08h	0044h
时钟模块控制寄存器 5	UCSCTL5	读/写	0Ah	0000h
时钟模块控制寄存器 6	UCSCTL6	读/写	0Ch	C1CDh
时钟模块控制寄存器 7	UCSCTL7	读/写	0Eh	0703h
时钟模块控制寄存器 8	UCSCTL8	读/写	10h	0707h
时钟模块控制寄存器 9	UCSCTL9	读/写	12h	0000h

(1) UCSCTL0，标准时钟系统控制器 0：

<table>
<tr><td>15</td><td>14</td><td>13</td><td>12</td><td>11</td><td>10</td><td>9</td><td>8</td></tr>
<tr><td colspan="3">保留</td><td colspan="5">DCO</td></tr>
<tr><td>7</td><td>6</td><td>5</td><td>4</td><td>3</td><td>2</td><td>1</td><td>0</td></tr>
<tr><td colspan="5">MOD</td><td colspan="3">保留</td></tr>
</table>

● DCO：Bits12～8，DCO 阶梯选择。这些位可以确定 DCO 频率的大致范围。在锁频环工作的时候，这些位能由硬件自动修正。

● MOD：Bits7～3，调制位计数器。这些位在锁频环工作时能够自动修正。

（2）UCSCTL1，标准时钟系统控制器 1：

15	14	13	12	11	10	9	8
保留							
7	6	5	4	3	2	1	0
保留	DCORSEL			保留	保留	保留	DISMOD

● DCORSEL：Bits6～4，DCO 频率范围选择。这些位能改变直流发生器产生的电压，进而改变 DCO 输出频率，它可以调整频率的大致范围。

● DISMOD：Bits0，调整器使能位。

0　　调整器禁止；

1　　调整器使能。

（3）UCSCTL2，标准时钟系统控制器 2：

15	14	13	12	11	10	9	8
保留	FLLD			保留	保留	DISMOD	
7	6	5	4	3	2	1	0
DISMOD							

● FLLD：Bits14～12，锁频环分频器。这些位能把 f_{DCOCLK} 在锁频环中分频。

000　$f_{DCOCLK}/1$；　011　$f_{DCOCLK}/8$；　110　保留，默认是 $f_{DCOCLK}/32$；

001　$f_{DCOCLK}/2$；　100　$f_{DCOCLK}/16$；　111　保留，默认是 $f_{DCOCLK}/32$。

010　$f_{DCOCLK}/4$；　101　$f_{DCOCLK}/32$；

● DISMOD：Bits9～0，调整器使能位。

0　　调制器禁止；

1　　调制器使能。

（4）UCSCTL3，标准时钟系统控制器 3：

15	14	13	12	11	10	9	8
保留							
7	6	5	4	3	2	1	0
保留	SELREF			保留	FLLREFDIV		

● SELREF：Bits6～4，FLL 基准源选择。

000　　XT1CLK；

001　　保留，默认是 XT1CLK；

010　　REFOCLK；

011　　保留，默认是 REFOCLK；

100　　保留，默认是 REFOCLK；

101　　XT2CLK，如果没有 XT2，默认是 REFOCLK；

110　　保留，默认是 XT2CLK，如果没有 XT2，默认是 REFOCLK；

111　　无选项，默认是 XT2CLK。

● FLLREFDIV：Bits2～0，FLL 基准源分频。分频后的频率就被用作 FLL 基准频率。

000	$f_{FLLREFCLK}/1$；	100	$f_{FLLREFCLK}/12$；
001	$f_{FLLREFCLK}/2$；	101	$f_{FLLREFCLK}/16$；
010	$f_{FLLREFCLK}/4$；	110	保留，默认是 $f_{FLLREFCLK}/16$；
011	$f_{FLLREFCLK}/8$；	111	保留，默认是 $f_{FLLREFCLK}/16$。

（5）UCSCTL4，标准时钟系统控制器 4：

15	14	13	12	11	10	9	8
保留					SELA		
7	6	5	4	3	2	1	0
保留	SELS			保留	SELM		

● SELA：Bits10～8，选择 ACLK 的时钟源。

000	XT1CLK；	101	XT2CLK，如果没有的话就默认是 DCOCLKDIV；
001	VLOCLK；	110	保留，有 XT2 的话是 XT2CLK，若没有就默认是 DCOCLKDIV；
010	REFOCLK；	111	保留，有 XT2 的话是 XT2CLK，若没有就默认是 DCOCLKDIV。
011	DCOCLK；		
100	DCOCLKDIV；		

● SELS：Bits6～4，选择 SMCLK 的时钟源。

000	XT1CLK；	101	XT2CLK，如果没有的话就默认是 DCOCLKDIV；
001	VLOCLK；	110	保留，有 XT2 的话是 XT2CLK，若没有就默认是 DCOCLKDIV；
010	REFOCLK；	111	保留，有 XT2 的话是 XT2CLK，若没有就默认是 DCOCLKDIV。
011	DCOCLK；		
100	DCOCLKDIV；		

● SELM：Bits2～0，选择 MCLK 的时钟源。

000	XT1CLK；	101	XT2CLK，如果没有的话就默认是 DCOCLKDIV；
001	VLOCLK；	110	保留，有 XT2 的话是 XT2CLK，若没有就默认是 DCOCLKDIV；
010	REFOCLK；	111	保留，有 XT2 的话是 XT2CLK，若没有就默认是 DCOCLKDIV。
011	DCOCLK；		
100	DCOCLKDIV；		

（6）UCSCTL5，标准时钟系统控制器 5：

15	14	13	12	11	10	9	8
保留	DIVPA			保留	DIVA		
7	6	5	4	3	2	1	0
保留	DIVS			保留	DIVM		

● DIVPA：Bits14～12，外部引脚 ACLK 时钟源分频。对 ACLK 进行分频，并在相应引脚上输出。

000	$f_{ACLK}/1$;	011	$f_{ACLK}/8$;	110	保留,默认是 $f_{ACLK}/32$;
001	$f_{ACLK}/2$;	100	$f_{ACLK}/16$;	111	保留,默认是 $f_{ACLK}/32$。
010	$f_{ACLK}/4$;	101	$f_{ACLK}/32$;		

- DIVA:Bits 10～8,ACLK 时钟源分频。对 ACLK 时钟源进行分频。

000	$f_{ACLK}/1$;	011	$f_{ACLK}/8$;	110	保留,默认是 $f_{ACLK}/32$;
001	$f_{ACLK}/2$;	100	$f_{ACLK}/16$;	111	保留,默认是 $f_{ACLK}/32$。
010	$f_{ACLK}/4$;	101	$f_{ACLK}/32$;		

- DIVS:Bits 6～4,SMCLK 时钟源分频。

000	$f_{SMCLK}/1$;	011	$f_{SMCLK}/8$;	110	保留,默认是 $f_{SMCLK}/32$;
001	$f_{SMCLK}/2$;	100	$f_{SMCLK}/16$;	111	保留,默认是 $f_{SMCLK}/32$。
010	$f_{SMCLK}/4$;	101	$f_{SMCLK}/32$;		

- DIVM:Bits2～0,MCLK 时钟源分频。

000	$f_{MCLK}/1$;	011	$f_{MCLK}/8$;	110	保留,默认是 $f_{MCLK}/32$;
001	$f_{MCLK}/2$;	100	$f_{MCLK}/16$;	111	保留,默认是 $f_{MCLK}/32$。
010	$f_{MCLK}/4$;	101	$f_{MCLK}/32$;		

(7) UCSCTL6,标准时钟系统控制器 6:

15	14	13	12	11	10	9	8
XT2DRIVE		保留	XT2BYPASS	保留			XT2OFF
7	6	5	4	3	2	1	0
XT1DRIVE		XTS	XT1BYPASS	XCAP		SMCLKOFF	XT1OFF

- XT2DRIVE:Bits15～14,XT2 的起振电流,可以调节到合适值。它默认是以最大的驱动力驱动 XT2 以保证 XT2 能够快速可靠地起振。用户可按需要自行减小驱动力。

00　　最低电流消耗,XT2 的晶振频率范围在 4 MHz 到 8 MHz。

1　　驱动力稍增大,XT2 的晶振频率范围在 8 MHz 到 16 MHz。

10　　驱动力增大,XT2 的晶振频率范围在 16 MHz 到 24 MHz。

11　　驱动力和电流消耗均达到最大,XT2 的晶振频率范围在 24 MHz 到 32 MHz。

- XT2BYPASS:Bit12,XT2 支路模式选择。

0　　XT2 由晶振产生;

1　　XT2 由外部引脚输入。

- XT2OFF:Bit8,关闭 XT2 晶振。

0　　假如 XT2 已经通过端口选择,并且非旁路模式,那么 XT2 被打开。

1　　假如 XT2 没有被用作 ACLK、MCLK 以及 SMCLK 的时钟源或者没有用作 FLL 的校准源,那么 XT2 关闭。

- XT1DRIVE:Bits7～6,XT1 的起振电流,可以调节到合适值。它默认是以最大的驱动力驱动 XT1 以保证 XT2 能够快速可靠地起振。用户可按需要自行减小驱动力。

00　　XT1 低频模式最低电流消耗。XT1 在高频模式下的晶振频率范围在 4 MHz 到 8 MHz。

01　XT1 低频模式驱动力稍增大。XT1 在高频模式下的晶振频率范围在 8 MHz 到 16 MHz。

10　XT1 低频模式驱动力增大。XT1 在高频模式下的晶振频率范围在 16 MHz 到 24 MHz。

11　驱动力和电流消耗均达到最大。XT1 在高频模式下的晶振频率范围在 24 MHz 到 32 MHz。

● XTS:Bit5,XT1 模式选择。

0　低频模式。XCAP 定义 XIN 和 XOUT 两个引脚的电容。

1　高频模式。该位无效。

● XT1BYPASS:Bit4,XT1 旁路模式。

0　XT1 由晶振产生;

1　XT1 由外部引脚输入。

● XCAP:Bits3～2,低频晶振电容选择。等效电容 Ceff=(Cxin+2pF)/2。这个是假定 Cxin=Cout,并且由于封装以及布板的原因产生 2pF 左右的寄生电容。

● SMCLKOFF:Bit1,SMCLK 关闭。该位用来关闭 SMCLK 信号。

0　SMCLK 开启;

1　SMCLK 关闭。

● XT1OFF:Bit0,关闭 XT1 晶振。

0　假如 XT1 已经通过端口选择,并且非旁路模式,那么 XT1 被打开。

1　假如 XT1 没有被用作 ACLK、MCLK 以及 SMCLK 的时钟源或者没有用作 FLL 的校准源,那么 XT1 关闭。

(8) UCSCTL7,标准时钟系统控制器 7:

15	14	13	12	11	10	9	8
保留							
7	6	5	4	3	2	1	0
保留			保留	XT2OFFG	XT1HFOFFG	XT1LFOFFG	DCOFFG

● XT2OFFG:Bit3,XT2 晶振失效标志位。假如该位置位,那么 OFIFG 也会置位。只要 XT2 失效条件存在 XT2OFFG 标志位就会置位。XT2OFFG 可以通过软件清零。

0　最近一次复位之后没有失效条件产生;

1　XT2 失效,最近一次复位之后出现失效条件。

● XT1HFOFFG:Bit2,XT1 晶振失效标志位(高频模式)。假如该位置位,那么 OFIFG 也会置位。只要 XT1 失效条件存在 XT1HFOFFG 标志位就会置位。XT1HFOFFG 可以通过软件清零。

0　最近一次复位之后没有失效条件产生;

1　XT1 失效,最近一次复位之后出现失效条件。

● XT1LFOFFG:Bit1,XT1 晶振失效标志位(低频模式)。假如该位置位,那么 OFIFG 也会置位。只要 XT1 失效条件存在 XT1LFOFFG 标志位就会置位。XT1LFOFFG 可以通过软件清零。

0　最近一次复位之后没有失效条件产生；

1　XT1 失效(低频)，最近一次复位之后出现 XT1(LF)失效条件。

● DCOFFG：Bit0，DCO 失效标志。假如该位置位，那么 OFIFG 也会置位。如果 DCO={0}或者 DCO={31}，DCOFFG 标志位就会置位。DCOOFFG 可以通过软件清零。

0　最近一次复位之后没有失效条件产生；

1　DCO 失效，最近一次复位之后出现 DCO 失效条件。

(9) UCSCTL8，标准时钟系统控制器 8：

15	14	13	12	11	10	9	8
保留							
7	6	5	4	3	2	1	0
保留			保留	MODOSC REQEN	SMCLK REQEN	MCLK REQEN	ACLK REQEN

● MODOSCREQEN：Bit3，MODOSC 时钟需求使能。置位该位使能条件模块请求 MODOSC。

0　MODOSC 条件请求禁止；

1　MODOSC 条件请求使能。

● SMCLKREQEN：Bit2，SMCLK 时钟需求使能。置位该位使能条件模块请求 SMCLK。

0　SMCLK 条件请求禁止；

1　SMCLK 条件请求使能。

● MCLKREQEN：Bit1，MCLK 时钟需求使能。置位该位使能条件模块请求 MCLK。

0　MCLK 条件请求禁止；

1　MCLK 条件请求使能。

● ACLKREQEN：Bit0，ACLK 时钟需求使能。置位该位使能条件模块请求 ACLK。

0　ACLK 条件请求禁止；

1　ACLK 条件请求使能。

5.1.5 应用举例

例 5-1 在 MSP430 系列单片机中，XT1 的 XIN 和 XOUT 引脚接 32768 Hz 低频晶振，ACLK=32768 Hz，且 ACLK 通过 P1.0 口输出。

```
# include < msp430f5529.h>
void main(void)
{
  WDTCTL= WDTPW+ WDTHOLD;                    //关闭看门狗
  P1DIR |= BIT0;                              //设置 ACLK 通过 P1.0 口输出
  P1SEL |= BIT0;
  P5SEL |= BIT4+ BIT5;                        //P5.4 和 P5.5 连接 XT1 晶振功能
  UCSCTL6 &= ~ XT1OFF;                        //使能 XT1
```

```
    UCSCTL6 |= XCAP_3;                          //选择内部负载电容 12pF
  //测试晶振是否产生故障失效,并清除故障失效标志位
    do
    {
      UCSCTL7 &= ~ (XT2OFFG+ XT1LFOFFG+ DCOFFG);
                                            //清除 XT2、XT1、DCO 故障失效标志位
      SFRIFG1 &= ~ OFIFG;                       //清除晶振故障失效中断标志位
    }while (SFRIFG1&OFIFG);                     //测试晶振故障失效中断标志位
    UCSCTL6 &= ~ XT1DRIVE_3;                    //减少 XT1 驱动能力,降低功耗
    UCSCTL4 |= SELA_0;                          //ACLK 时钟来源于 XT1 晶振
    while(1);                                   //循环等待
  }
```

例 5-2 在 MSP430 系列单片机中,设 ACLK＝XT1＝32768 Hz,令 SMCLK＝XT2,MCLK＝DCO＝32×ACLK＝1048576 Hz,ACLK 和 SMCLK 分别通过 P1.0 口和 P3.4 口输出。

```
  # include < msp430f6638.h>
  void main(void)
  {
    WDTCTL= WDTPW+ WDTHOLD;              // 关闭看门狗
    P1DIR |= BIT0;                             // ACLK 通过 P1.0 口输出
    P1SEL |= BIT0;
    P3DIR |= BIT4;                            // SMCLK 通过 P3.4 口输出
    P3SEL |= BIT4;
    while(BAKCTL & LOCKIO);                // 解锁 XT1 引脚
    BAKCTL &= ~ (LOCKIO);
    P5SEL |= BIT4+ BIT5;                      // P5.4 和 P5.5 选择 XT1 晶振功能
    P7SEL |= BIT2+ BIT3;                      // P7.2 和 P7.3 选择 XT2 晶振功能
    UCSCTL6 &= ~ XT2OFF;                 // 使能 XT2
    UCSCTL6 &= ~ XT1OFF;                 // 使能 XT1
    UCSCTL6 |= XCAP_3;                     // 配置内接电容值,若使输出为 32.768 kHz,则需要选择
                                              XCAP_3
  do
    {
      UCSCTL7 &= ~ (XT2OFFG+ XT1LFOFFG+ DCOFFG);
                                           //清除 XT1、XT2、DCO 故障标志位
      SFRIFG1 &= ~ OFIFG;                     // 清除 SFR 中的故障标志位
    }while (SFRIFG1&OFIFG);                   // 检测振荡器故障标志位
    UCSCTL6 &= ~ XT1DRIVE_3;                // 减少 XT1 驱动能力,降低功耗
    UCSCTL6 &= ~ XT2DRIVE_3;         // 根据预期的频率,减小 XT2 的驱动
    UCSCTL4 |= SELA_0+ SELS_5;             // 选择 ACLK 和 SMCLK 的时钟源
    while(1);                                   // 循环等待
  }
```

5.2 MSP430 低功耗工作模式

5.2.1 低功耗模式(LPM)概述

TI 的 MSP430 系列单片机最主要的特征就是低功耗，该特性适合应用于采用电池供电的长时间工作场合。

MSP430 系统使用不同的时钟信号：ACLK、MCLK 和 SMCLK。这 3 种不同频率的时钟输出给不同的模块，从而更合理地利用系统的电源，实现整个系统的超低功耗。

MSP430 系列单片机各个模块运行完全独立，定时器、输入/输出端口、A/D 转换、看门狗、液晶显示器等都可在 CPU 休眠状态下运行。

系统能以最低功耗运行，当需要 CPU 工作时，任何模块都可以通过中断唤醒 CPU，这一特性是 MSP430 系列单片机最突出的优点，也是与其他单片机的最大区别。

为了充分利用 CPU 低功耗性能，可使 CPU 工作于突发状态。根据系统需要，使用软件将 CPU 设定在某种低功耗工作模式，在需要时使用中断将 CPU 从休眠状态中唤醒，完成工作后又可以进入相应的休眠状态。

MSP430 的瞬时响应特性是系统超低功耗事件驱动方式的重要保证，如图 5-8 所示。

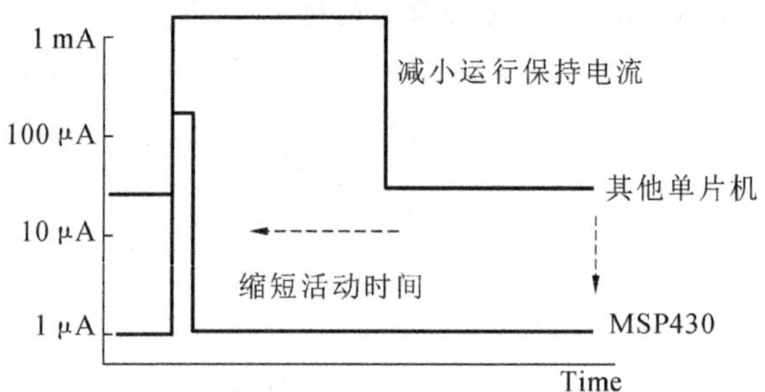

图 5-8 MSP430 单片机瞬时响应特性

5.2.2 低功耗工作模式

用户可通过软件配置成 8 种不同工作模式：1 种活动模式和 7 种低功耗模式，如表 5-2 所示。

表 5-2 MSP430 工作模式列表

工作模式	控制位	CPU 和时钟状态	唤醒中断源
活动模式(AM)	SCG1=0SCG0=0 OSCOFF=0 CPUOFF=0	CPU 活动、MCLK 活动、SMCLK 活动、ACLK 活动、DCO 可用、FLL 可用	定时器、ADC、DMA、UART、WDT、I/O、比较器、外部中断、RTC、串行通信、其他外设
低功耗模式 0(LPM0)	SCG1=0SCG0=0 OSCOFF=0 CPUOFF=1	CPU 禁止、MCLK 禁止、SMCLK 活动、ACLK 活动、DCO 可用、FLL 可用	定时器、ADC、DMA、UART、WDT、I/O、比较器、外部中断、RTC、串行通信、其他外设

续表

工作模式	控制位	CPU 和时钟状态	唤醒中断源
低功耗模式 1（LPM1）	SCG1=0SCG0=1 OSCOFF=0 CPUOFF=1	CPU 禁止、MCLK 禁止、SMCLK 活动、ACLK 活动、DCO 可用、FLL 禁止	定时器、ADC、DMA、UART、WDT、I/O、比较器、外部中断、RTC、串行通信、其他外设
低功耗模式 2（LPM2）	SCG1=1SCG0=0 OSCOFF=0 CPUOFF=1	CPU 禁止、MCLK 禁止、SMCLK 禁止、ACLK 活动、DCO 可用、FLL 禁止	定时器、ADC、DMA、UART、WDT、I/O、比较器、外部中断、RTC、串行通信、其他外设
低功耗模式 3（LPM3）	SCG1=1SCG0=1 OSCOFF=0 CPUOFF=1	CPU 禁止、MCLK 禁止、SMCLK 禁止、ACLK 活动、DCO 可用、FLL 禁止	定时器、ADC、DMA、UART、WDT、I/O、比较器、外部中断、RTC、串行通信、其他外设
低功耗模式 3.5（LPM3.5）	SCG1=1SCG0=1 OSCOFF=1 CPUOFF=1	当 PMMREGOFF = 1，无 RAM 保持，RTC 可以启用（仅限 MSP5xx）	复位信号、外部中断、RTC
低功耗模式 4（LPM4）	SCG1=1SCG0=1 OSCOFF=1 CPUOFF=1	CPU 禁止 所有时钟禁止	复位信号、外部中断
低功耗模式 4.5（LPM4.5）	SCG1=1SCG0=1 OSCOFF=1 CPUOFF=1	当 PMMREGOFF = 1，无 RAM 保持，RTC 禁止（仅限 MSP5xx）	复位信号、外部中断

通过设置状态寄存器（SR）控制位，MSP430 可以从活动模式进入到相应的低功耗模式；而各种低功耗模式又可通过中断方式回到活动模式。图 5-9 显示了各种模式之间的关系。

低功耗模式 LPM0 到 LPM4 可通过设置状态寄存器中的 CPUOFF、OSCOFF、SCG0 和 SCG1 位来配置。在状态寄存器中设计 CPUOFF、OSCOFF、SCG0 和 SCG1 模式控制位的好处是在进入到中断服务之前能够把当前的操作模式保存到堆栈中。

如果被压入堆栈中被保护起来的 SR 在中断服务程序中没有被改变，那么当程序退出中断时将回到先前的操作模式。如果在中断服务子程序中修改压入堆栈中的 SR 寄存器的内容，可以使程序返回到一个不同的工作模式。

模式控制位和堆栈可以被任何指令所访问。当设置了模式控制位后，所选择的操作模式将立即生效。使用被关闭时钟的外设操作将会被停止直到时钟被激活。当然也可以通过设置各自相关的寄存器来关闭外设。所有的 I/O 引脚和 RAM 寄存器保持不变。可以通过允许的中断来实现唤醒功能。

当进入 LPM5 模式时，电源管理模块的 LDO 被关闭。所有的 RAM 寄存器的内容和 I/O配置丢失也包括 I/O 口的配置。可以通过电源或 RST/NMI 事件来实现唤醒功能。在一些器件中也可以通过 I/O 来实现唤醒功能。

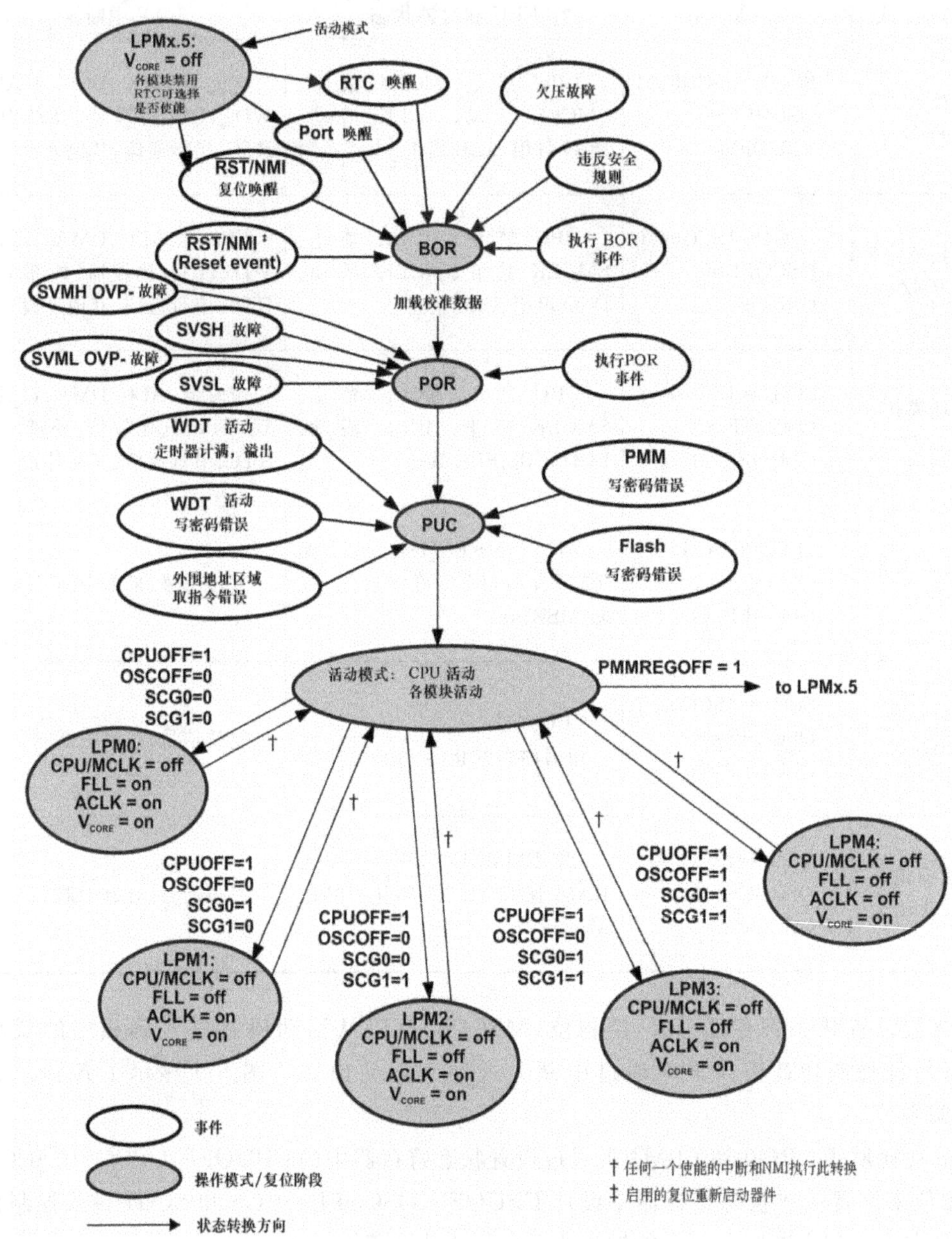

图 5-9 MSP430 工作模式

5.2.3 进入和退出低功耗模式

一个使能的中断事件可以把 MSP430 从 LPM0 到 LPM4 的低功耗模式下唤醒。LPM5 只能通过电源循环或者 RST/NMI 事件来退出，在一些器件中也可以通过 I/O 来唤醒退出。进入和退出 LPM0 到 LPM4 的低功耗模式，可以通过下面的程序流程实现。

进入中断服务程序：① PC 和 SR 被压入堆栈；② CPUOFF、SCG1 和 OSCOFF 自动复位。

从中断服务程序中的返回操作：① 原先的 SR 从堆栈中弹出，恢复先前的操作模式；②

存储在堆栈中的 SR 的位可以在中断服务程序中修改，在 RETI 指令执行后将返回到一个不同的工作模式。

1. 低功耗模式的进入与退出

下面的代码示例说明了如何进入和退出低功耗模式：

```
;进入 LPM0 示例
BIS # GIE+ CPUOFF,SR                    ;进入 LPM0
;……                                    ;程序在这里停止
;
;退出 LPM0 中断服务程序
BIC # CPUOFF,0(SP)                      ;退出 LPM0
RETI
;进入 LPM3 示例
BIS # GIE+ CPUOFF+ SCG1+ SCG0,SR        ;进入 LPM3
;……                                    ;程序在这里停止
;
;退出 LPM3 中断服务程序
BIC # CPUOFF+ SCG1+ SCG0,0(SP)          ;退出 LPM3
RETI
;进入 LPM4 示例
BIS # GIE+ CPUOFF+ OSCOFF+ SCG1+ SCG0,SR ;进入 LPM4
;……                                    ;程序在这里停止
;
;退出 LPM4 中断服务程序
BIC # CPUOFF+ OSCOFF+ SCG1+ SCG0,0(SP)  ;退出 LPM4
RETI
```

下面的代码示例说明了如何进入 LPM5 模式。

LPM5 模式只能通过上电循环或者 RST/NMI 事件来退出，在一些器件中也可以通过 I/O 来唤醒退出。器件一旦从 LPM5 操作模式中退出，将执行一完整的复位时序。

```
;进入 LPM5 示例
BIS # PMMREGOFF,&PMMCTL0
BIS # GIE+ CPUOFF+ OSCOFF+ SCG1+ SCG0,SR
```

2. 低功耗模式下的延时操作

当通过关闭 DCO 来延长低功耗模式的时间时，就必须要考虑 DCO 的温度系数。如果温度发生显著变化，在唤醒时的 DCO 频率可能和进入到低功耗模式时的频率不一样，也可能超出有效的操作范围。为了避免这种情况的发生，在进入低功耗模式之前 DCO 应设置成它的最低值来延长进入到低功耗模式的时间，因为在这段时间内温度是会改变的。

```
;进入具有最低 DCO 设置的 LPM4 示例
BIC # SCG0,SR;禁止 FLL
MOV # 0100h,&UCSCTL0                    ;清除调制
BIC # DCORSEL2+ DCORSEL1+ DCORSEL0,&UCSCTL1;最低 DCORSEL
BIS # GIE+ CPUOFF+ OSCOFF+ SCG1+ SCG0,SR          ;进入 LPM4
;……                                    ;程序停止
```

```
;
;中断服务程序
BIC # CPUOFF+ OSCOFF+ SCG1+ SCG0,0(SR)              ;退出 LPM4
RETI
```

5.2.4 低功耗应用原理

通常,降低功耗最重要的方法是使 MSP430 的时钟系统尽可能地最优化并使用 LPM3 或 LPM4 模式,以及以下措施:① 使用中断唤醒处理器和控制程序流程;② 外设在使用时才被打开;③ 使用低功耗的集成外设模块取代软件驱动功能。例如 Timer_A 和 Timer_B 可以自动产生 PWM 和捕获外部时序,而不占用 CPU 资源;④ 可以用计算分支和快速查表的方法来替代查询标志位和长时间的软件计算;⑤ 在时间开销方面,避免频繁的子程序和函数调用;⑥ 在较长的软件程序中尽量使用单周期 CPU 寄存器操作。

5.2.5 应用举例

例 5-3 列举与低功耗模式相关的内部函数。

分析 MSP430 的软件开发环境(CCSv5)为低功耗模式的设置与控制提供了以下内部函数。

```
__bis_SR_register(LPM0_bits);或 LPM0;            // 进入低功耗模式 0
__bis_SR_register(LPM1_bits);或 LPM1;            // 进入低功耗模式 1
__bis_SR_register(LPM2_bits);或 LPM2;            // 进入低功耗模式 2
__bis_SR_register(LPM3_bits);或 LPM3              // 进入低功耗模式 3
__bis_SR_register(LPM4_bits);或 LPM4;            // 进入低功耗模式 4
__bic_SR_register_on_exit(LPM0_bits);或 LPM0_EXIT;// 退出低功耗模式 0
__bic_SR_register_on_exit(LPM1_bits);或 LPM1_EXIT;// 退出低功耗模式 1
__bic_SR_register_on_exit(LPM2_bits);或 LPM2_EXIT;// 退出低功耗模式 2
__bic_SR_register_on_exit(LPM3_bits);或 LPM3_EXIT;// 退出低功耗模式 3
__bic_SR_register_on_exit(LPM4_bits);或 LPM4_EXIT;// 退出低功耗模式 4
__bis_SR_register(LPMx_bits+ GIE);   // 进入低功耗模式 x(x= 0~4),启用中断
```

例 5-4 在 MSP430 系列单片机中,MSP430F5529 单片机的 P1.0 引脚外接一个红色的 LED,分别利用软件延迟和定时器延时来实现 LED 闪烁。

分析 本实例分别利用软件延迟和定时器延时的方法实现 LED 的闪烁,并通过对比低功耗模式的应用进行解释。

(1) 利用软件延时的方法实现 LED 闪烁。

实例程序代码如下所示:

```
# include < msp430f5529.h>
void main(void)
{
  volatile unsigned int i;
  WDTCTL= WDTPW+ WDTHOLD;                   // 关闭看门狗
  P1DIR |= BIT0;                            // 将 P1.0 设置为输出
```

```
    while(1);                                   // 主循环
    {
      P1OUT ^= BIT0;                        // 反转 P1.0 引脚输出状态
      for(i= 50000;i> 0;i- - );                 // 延时一段时间
    }
}
```

(2) 利用定时器延时实现 LED 闪烁。

实例程序代码如下所示：

```
# include < msp430f5529.h>
void main(void)
{
  WDTCTL= WDTPW+ WDTHOLD;                  // 关闭看门狗
  P1DIR |= 0x01;                                // 将 P1.0 设为输出
  TA0CCTL0= CCIE;                             // CCR0 中断允许
  TA0CCR0= 50000;
  TA0CTL= TASSEL_2+ MC_1+ TACLR;   // 参考时钟选择 SMCLK,增计数模式,清除 TAR 计数器
  _ _bis_SR_register(LPM0_bits+ GIE);          // 进入 LPM0 并使能全局中断
}
// TA0 中断服务程序
# pragma vector= TIMER0_A0_VECTOR
_ _interrupt void TIMER0_A0_ISR(void)
{
  P1OUT ^= 0x01;                            // 反转 P1.0 端口状态
}
```

例 5-5 在 MSP430 系列单片机中，配置 ACLK＝LFXT1＝32 kHz，MCLK＝SMCLK＝DCO(默认值)，禁用 REF0、VUSB LDO 和 SLDO，进入 LPM3。

程序代码如下：

```
# include < msp430f6638.h>
void main(void)
{
  WDTCTL= WDTPW+ WDTHOLD;                // 关闭看门狗
  UCSCTL6 &= ~ (XT1OFF);                         // 使能 XT1
  UCSCTL6 |= XCAP_3;                  // 配置内接电容值(XT1 为低频方式)
  while(BAKCTL & LOCKIO);                        // 解锁 XT1 引脚
     BAKCTL &= ~ (LOCKIO);
do
  {
    UCSCTL7 &= ~ (XT2OFFG+ XT1LFOFFG+ XT1HFOFFG+ DCOFFG);
                                      //清除 XT1、XT2、DCO 故障标志位
    SFRIFG1 &= ~ OFIFG;                       // 清除 SFR 中的故障标志位
  }while (SFRIFG1&OFIFG);                      // 检测振荡器故障标志位
  UCSCTL6 &= ~ (XT1DRIVE_3);            // XT1 现在稳定了,降低驱动力
```

```
    UCSCTL4 &= ~(SELA0+ SELA1+ SELA2); // 确保 ALCK 时钟源为 XT1
    //端口配置
  P1OUT= 0x00;P2OUT= 0x00;P3OUT= 0x00;
  P4OUT= 0x00;P5OUT= 0x00;P6OUT= 0x00;
  P7OUT= 0x00;P8OUT= 0x00;P9OUT= 0x00;
  PJOUT= 0x00;P1DIR= 0xFF;P2DIR= 0xFF;
  P3DIR= 0xFF;P4DIR= 0xFF;P5DIR= 0xFF;
  P6DIR= 0xFF;P7DIR= 0xFF;P8DIR= 0xFF;
  P9DIR= 0xFF;PJDIR= 0xFF;
  //禁用 VUSB LDO 和 SLDO
    USBKEYPID= 0x9628;              // 设置 USB KEYandPID 为 0x9628,允许访问 USB 配置寄存器
    USBPWRCTL &= ~(SLDOEN+ VUSBEN);        // 禁用 VUSB LDO 和 SLDO
    USBKEYPID= 0x9600;                     //禁止访问 USB 配置寄存器
  //禁用 SVS
    PMMCTL0_H= PMMPW_H;                  // PMM 密码
    SVSMHCTL &= ~(SVMHE+ SVSHE);           // 禁用高压侧 SVS
    SVSMLCTL &= ~(SVMLE+ SVSLE);           // 禁用低压侧 SVS
    __bis_SR_register(LPM3_bits);                 // 进入低功耗模式 LPM3
    __no_operation();                             // 用于调试
  }
```

本章小结

本章详细介绍了MSP430单片机时钟系统与低功耗结构的工作原理。时钟系统可为MSP430单片机提供系统时钟,是MSP430单片机中最为关键的部件之一。MSP430单片机可外接低频或高频晶振,也可使用内部振荡器而无须外部晶振,通过配置相应控制寄存器产生多种时钟信号。MSP430单片机低功耗模式与时钟系统密切相关,从本质上来说,不同的低功耗模式是通过关闭不同的系统时钟来实现的。关闭的系统时钟越多,MSP430单片机所处的低功耗模式越深,功耗越低。读者可充分利用MSP430单片机时钟系统和低功耗结构使单片机功耗降至最低,并设计出完美的低功耗应用系统。

思考题

1. MSP430系列单片机有几个输入时钟源?分别是哪些?
2. XT1振荡器有哪些工作模式?在各工作模式下,XT1所支持的晶振类型是什么?
3. MSP430系列单片机有几种时钟信号?一般在什么情况下使用?当MCLK失效时,系统会如何处理?
4. MSP430单片机的DCO振荡器有什么用途?
5. MSP430F5xx系列单片机的时钟系统有什么特点?锁频环FLL的锁频原理是什么?
6. MSP430单片机有几种工作模式?在中断子程序中如何设置可以使系统从LPM4模式进入活动模式?
7. MSP430单片机工作模式由哪些寄存器的哪些位控制?
8. 简述时钟系统与低功耗模式之间的联系。

第6章 通用I/O端口与LCD驱动模块

通用I/O端口是MSP430最简单的集成外设。输入/输出端口可配置为可中断型和不可中断型；另外，这些端口引脚可被独立地配置成通用型或专业型I/O，如USART、比较器信号或ADC。而LCD段式液晶驱动模块具有驱动简单、耗电量小的特点，在仅需显示数字的场合应用较多，也可用来在便携式应用的场合中代替数码管，是最常用的低功耗显示设备。本章主要向读者介绍通用I/O口及LCD驱动模块的结构、相关操作、寄存器配置等内容。

6.1 通用I/O端口

6.1.1 MSP430通用I/O端口概述

通用I/O端口是MSP430单片机最重要也是最常用的外设模块。通用I/O端口不仅可以直接用于输入/输出，而且可以为MSP430单片机应用系统提供必要的逻辑控制信号。

MSP430F5xx/6xx系列单片机最多可以提供12个通用I/O端口(P1～P11和PJ)，大部分端口有8个引脚，少数端口引脚数少于8个。每个I/O引脚都可以被独立地设置为输入或者输出引脚，并且每个I/O引脚都可以被独立地读取或者写入，所有的端口寄存器都可以被独立地置位或者清零。

P1和P2引脚具有中断能力。从P1和P2端口的各个I/O引脚引入的中断可以独立地被使能，并且被设置为上升沿或者下降沿触发中断。所有P1端口的I/O引脚的中断都来源于同一个中断向量P1IV。同理，P2端口的中断源都来源于另一个中断向量P2IV。

可以对每个独立的端口进行字节访问，或者将两个结合起来进行字访问。端口组合P1和P2、P3和P4、P5和P6、P7和P8可结合起来称为PA、PB、PC和PD端口。当进行字操作写入PA口时，所有的16位数据都被写入这个端口；利用字节操作写入PA端口低字节时，高字节保持不变；用户可以利用字节指令写入PA端口的高字节时，低字节保持不变。其他端口也是一样。当写入的数据长度小于端口的最大长度时，那些没有用到的位保持不变。用户应用这个规则来访问所有端口，除了中断向量寄存器P1IV和P2IV，它们只能进行字节操作。

6.1.2 MSP430通用I/O端口的特点

1. 端口类型丰富

目前的MSP430系列单片机有端口P1、P2、P3、P4、P5、P6、P7、P8、P9、P10、P11、S和COM。产品因型号不同可包含上述所有或部分端口，如表6-1所示。

表 6-1 MSP430 I/O 端口

器　　件	P1	P2	P3	P4	P5	P6	P7	P8	P9	P10	P11	PJ	S	COM
MSP430F13/14/15/16	√	√	√	√	√	√								
MSP430F4xx	√	√	√	√	√	√							√	√
MSP430F5438/36/19	√	√	√	√	√	√	√	√	√	√	√	√		
MSP430F5529/27/25	√	√	√	√	√	√	√	√				√		
MSP430F663x	√	√	√	√	√	√	√	√	√			√	√	√

2. 具有中断能力的端口:P1 和 P2

端口 P1 和 P2 具有输入/输出、中断和外围模块功能。这些功能可以通过它们各自 9 个控制寄存器的设置来实现。

3. 不具有中断能力的端口:P3 和其他端口

P3 和其他端口没有中断能力,其余功能同 P1 和 P2,可以实现输入/输出功能和外围模块功能。

4. 端口 COM 和 S

这些端口实现与液晶屏的直接连接。COM 口为液晶屏的公共端,S 口为液晶屏的段码端。

5. 端口功能丰富

MSP430 I/O 端口功能如表 6-2 所示。

表 6-2 MSP430 I/O 端口功能

端　　口	功　　能
P1、P2	I/O、中断能力、其他片内外设功能
P3、P4、P5、P6、P7、P8、P9、P10、P11	I/O、其他片内外设功能
PJ	I/O、JTAG 功能复用
S、COM	I/O、驱动液晶

6. 寄存器丰富

MSP430 各端口有大量的控制寄存器供用户操作,最大限度发挥输入/输出的灵活性:① 每个 I/O 口都可以独立编程;② 输入或输出可任意组合;③ P1 和 P2 所有 I/O 口都具有边沿可选的输入中断功能;④ 可以按字节输入/输出,也可按位进行操作;⑤ 可设置 I/O 口的上拉或下拉功能;⑥ 可配置 I/O 驱动能力(高驱动强度或低驱动强度)。

6.1.3 I/O 端口的输出特性

MSP430 单片机在默认输出驱动(PxDS. y=0,即欠驱动强度)且单片机供电电压 V_{CC} 为 3V 条件下,端口低电平和高电平的输出特性分别如图 6-1 和图 6-2 所示,其中,电流输入为正，输出为负。

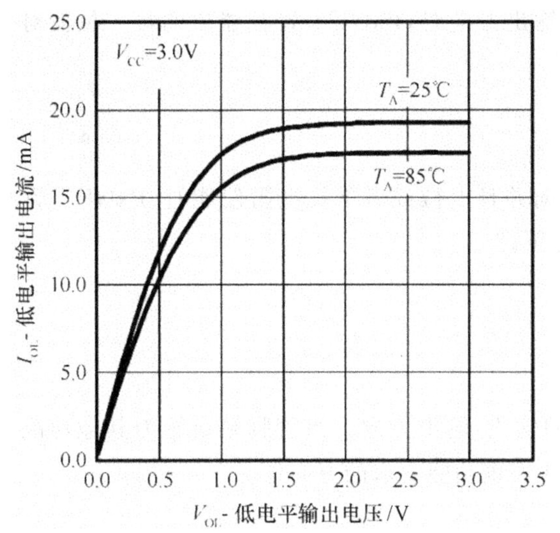

图 6-1　低电平输出特性(PxDS. y＝0)

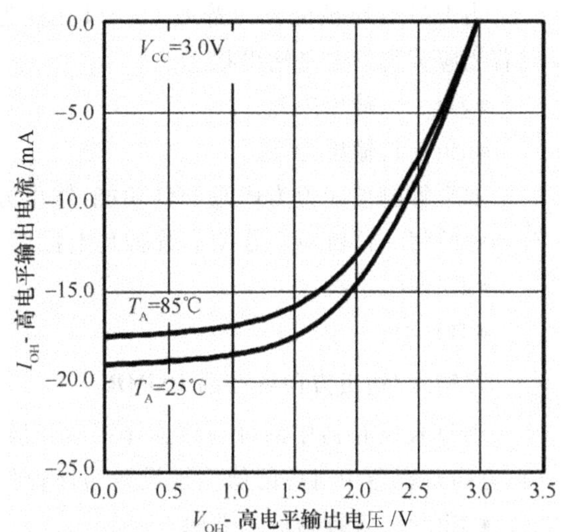

图 6-2　高电平输出特性(PxDS. y＝0)

MSP430 单片机端口被配置为强驱动模式(PxDS. y＝1)时，即在强驱动模式下，端口的低电平和高电平输出特性分别如图 6-3 和图 6-4 所示。

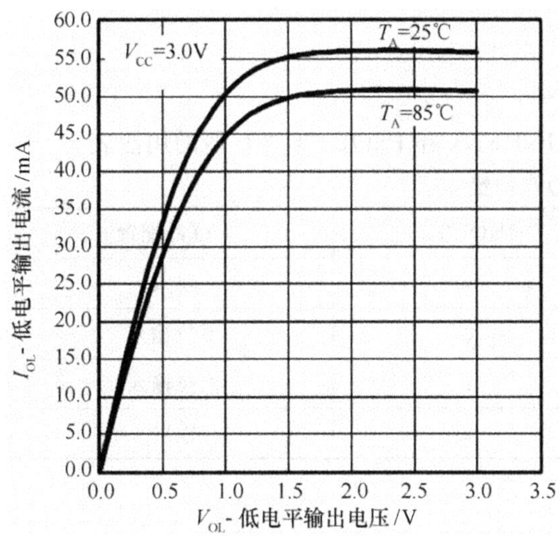

图 6-3　低电平输出特性(PxDS. y＝1)

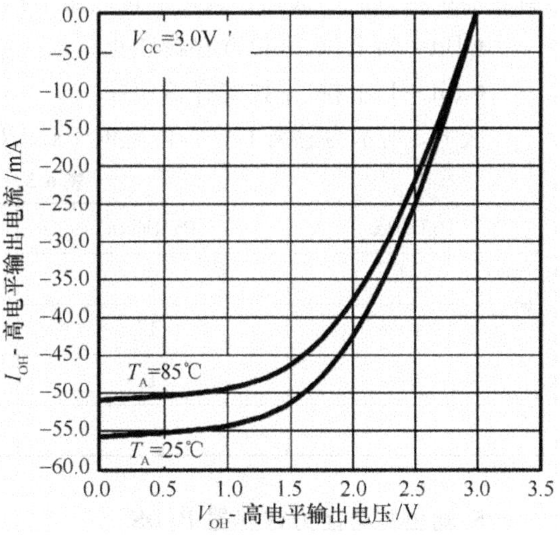

图 6-4　高电平输出特性(PxDS. y＝1)

6.1.4　I/O 端口寄存器

数字 I/O 接口可以由用户软件配置。数字I/O接口的设置和操作将在以下部分进行说明。

1. 输入寄存器 PxIN

PxIN 寄存器中的每一位反映当前 I/O 口的信号的输入值，当 I/O 管脚被配置为普通 I/O口功能时，对应的这些寄存器只能被读。

- Bit＝0：输入为低；
- Bit＝1：输入为高。

2. 输出寄存器 PxOUT

当 I/O 管脚被配置为普通 I/O 口并且为输出方向时，PxOUT 寄存器中的每一位就对应着相应管脚的电平输出状态。

- Bit＝0：输出为低；
- Bit＝1：输出为高。

如果管脚被配置为普通 I/O 功能、输出方向并且上拉或者下拉电阻使能时，PxOUT 寄存器中的每一位就对应着相应管脚是上拉还是下拉。

- Bit＝0：下拉；
- Bit＝1：上拉。

3. 输入/输出方向寄存器 PxDIR

PxDIR 寄存器中的每一位选择相应管脚的输入/输出方向。当管脚被设置为其他功能时，方向寄存器中对应的值应被设置为该管脚所实现功能要求的方向值。

- Bit＝0：管脚为输入方向；
- Bit＝1：管脚为输出方向。

4. 上拉/下拉电阻使能寄存器 PxREN

PxREN 寄存器中的每一位可以使能/禁止相应 I/O 管脚的上拉/下拉寄存器。PxOUT 寄存器中相应的位选择管脚是上拉还是下拉。

- Bit＝0：上拉、下拉寄存器禁止；
- Bit＝1：上拉、下拉寄存器使能。

表 6-3 所示为总结 I/O 口配置时 PxDIRx、PxRENx 和 PxOUTx 寄存器的用法表。

表 6-3 I/O 口配置

PxDIRx	PxRENx	PxOUTx	I/O 口配置
0	0	x	输入
0	1	0	下拉输入
0	1	1	上拉输入
1	x	x	输出

5. 输出驱动能力寄存器 PxDS

PxDS 寄存器中的每一位选择增强驱动力或者减弱驱动力。默认的是减弱驱动力。

- Bit＝0：减弱驱动力；
- Bit＝1：增强驱动力。

6. 功能选择寄存器 PxSEL

接口管脚的功能因外围模块的功能不同而不同。

PxSEL 寄存器中的每一位选择对应管脚的功能——普通 I/O 口功能或者外围模块功能。

- Bit＝0：普通 I/O 口功能；
- Bit＝1：外围模块功能。

设置 PxSELx＝1 不会自动设置管脚的输入/输出方式。其他外围模块功能需要根据模块功能所要求的方向设置 PxDIRx 位。

当一个 I/O 口管脚被设置为外围设备的输入脚时，这个信号就会在相应的器件引脚上锁存。当 PxSELx=1 时，内部输入信号将跟随这个管脚的信号。但是，如果 PxSELx=0，在 PxSELx 复位前到外围设备的输入会保持这个管脚的输入信号值不变。

7. 中断标志寄存器 PxIFGx

PxIFGx 寄存器的每一位都是相应 I/O 管脚的中断标志位。当相应的 PxIE 寄存器和 GIE 寄存器被置位时，所有的 PxIFGx 中断标志寄存器都可以请求一个中断。软件同样可以使 PxIFG 标志位置位，这就提供了一种由软件产生中断的方法。

- Bit=0：相应的 I/O 口没有发生中断；
- Bit=1：相应的 I/O 口发生了中断。

只有沿跳变才能产生中断。如果在一个 Px 口中断服务程序执行期间或者 Px 口中断服务程序的 RETI 指令执行之后有任何一个 PxIFGx 位被置位，这个中断标志位就会触发另外一个中断。这样就可以保证每一个跳变都可以被识别。

8. 边沿中断选择寄存器 PxIES

PxIES 寄存器的每一位为相应的 I/O 管脚选择中断触发沿。

- Bit=0：上升沿将 PxIFGx 中断标志位置位；
- Bit=1：下降沿将 PxIFGx 中断标志位置位。

9. 中断使能寄存器 PxIE

PxIE 寄存器的每一位使能都与 PxIFG 中断标志位相关联。

- Bit=0：Px 口中断关闭；
- Bit=1：Px 口中断使能。

10. 中断向量寄存器 PxIV

在 MSP430F5xx/6xx 系列中，P1、P2 口为具有中断能力的端口，且 PxIV 寄存器只能以字形式访问。其对应的中断向量和中断源如表 6-4 所示。

表 6-4　I/O 端口中断向量值

PxIV 值	中　断　源	中断标志位	中断优先级
00h	无中断产生	—	—
02h	Px. 0 中断	PxFG. 0	最高
04h	Px. 1 中断	PxIFG. 1	
06h	Px. 2 中断	PxIFG. 2	
08h	Px. 3 中断	PxIFG. 3	
0Ah	Px. 4 中断	PxIFG. 4	
0Ch	Px. 5 中断	PxIFG. 5	
0Eh	Px. 6 中断	PxIFG. 6	
10h	Px. 7 中断	PxIFG. 7	最低

6.1.5 I/O 端口的应用

端口是单片机中最经常使用的外设资源。一般在程序的初始化阶段对端口进行配置。配置时，先配置功能选择寄存器 PxSEL，若为 I/O 端口功能，则继续配置方向寄存器 PxDIR；若为输入，则继续配置中断使能寄存器 PxIE；若允许中断，则继续配置中断触发沿选择寄存器 PxIES。

需要注意的是，P1 和 P2 端口的中断为多源中断，即 P1 端口的 8 位共用一个中断向量 P1IV，P2 端口的 8 位也共用一个中断向量 P2IV。当 Px 端口上的 8 个引脚中的任何一个引脚有中断触发时，都会进入同一个中断服务程序。在中断服务程序中，首先应该通过 PxIFG 判断是哪一个引脚触发的中断，再执行相应的程序，最后还要用软件清除相应的 PxIFG 标志位。

6.1.6 应用举例

例 6-1 利用软件循环查询 P1.4 引脚的输入状态，若 P1.4 输入为高电平，则使 P1.0 输出高电平；若 P1.4 输入为低电平，则使 P1.0 输出低电平。

```
# include < msp430f5529.h>
void main(void)
{
  WDTCTL= WDTPW+ WDTHOLD;                    // 关闭看门狗
  P1DIR |= 0x01;                                     // 设 P1.0 为输出方向
  while (1);                                 // 循环查询 P1.4 引脚输入状态
  {
    if (P1IN & BIT4);
      P1OUT |= 0x01;;                     // 如果 P1.4 输入为高电平，则使 P1.0 输出高电平
    else
      P1OUT &= ~ 0x01;                        // 否则，使 P1.0 输出低电平
  }
}
```

例 6-2 利用按键改变 LED 的亮灭，如图 6-5 所示。按键对应的引脚配置为中断方式。

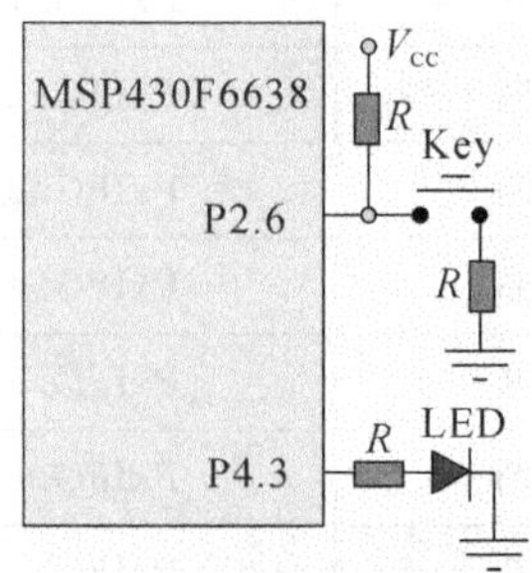

图 6-5 利用按键控制 LED

```
# include < msp430f6638.h>
void main (void)
{
  WDTCTL= WDTPW | WDTHOLD;                  // 关闭看门狗
  P4DIR |= 0x08;                                      // 选择 P4.3 为输出
  P2DIR &= ~ 0x40;                                    // 选择 P2.6 为输入
  P2IE |= 0x40;                                        // 使能 P2.6 中断
  P2IES |= 0x40;                                  // 选择 P2.6 为下降沿中断
  _BIS_SR (LPM3_bits+ GIE);               // 进入低功耗模式,打开全局中断
}
# pragma vector= PORT2_VECTOR
__interrupt void Port_2 (void)
{
  volatile unsigned int i;
  P4OUT ^= 0x08;                            // 翻转 P4.3 外接的 LED 亮灭状态
  i= 1500;                                              // 延时
  do (i- - );
  while (i ! = 0);
  while (! (P2IN & 0x40));                         // 等待按键释放
  i= 1500;                                              // 延时,按键去抖
  do (i- - );
  while (i ! = 0);
  P2IFG &= ~ 0x40;                                     // 清除 P2.6 中断标志
}
```

6.2 MSP430 液晶驱动模块

6.2.1 MSP430 液晶驱动模块概述

在大部分 MSP430 单片机中,均集成了 LCD 段式液晶驱动模块,能够直接驱动段式液晶。

MSP430F1/2xx 系列单片机中没有 LCD 段式液晶驱动模块。

MSP430F4xx 系列单片机中均集成了 LCD 段式液晶驱动模块,其中 MSP430F42x 系列以下的单片机集成了 LCD 段式液晶驱动模块,MSP430F42x 系列以上的单片机集成了 LCD_A 段式液晶驱动模块。

MSP430F5xx 系列单片机未集成 LCD 段式液晶驱动模块,而 MSP430F6xx 系列单片机均集成了 LCD 段式液晶驱动模块,其中,MSP430F663x、F643x 系列单片机集成了 LCD_B 段式液晶驱动模块。

由于 LCD_B 段式液晶驱动模块可支持静态驱动、2～4MUX 动态驱动模式。因此,着重介绍 LCD_B 段式液晶驱动模块的原理及操作。

6.2.2 LCD 的几个关键参数

在实际的液晶模拟驱动电压中，有几个参数非常关键。

1. 交流电压

液晶分子是需要交流信号来驱动的，长时间的直流电压加在液晶分子两端，会影响液晶分子的电气化学特性，引起显示模糊、寿命的减少，其破坏性为不可恢复。

2. 扫描频率

直接驱动液晶分子的交流电压的频率一般在 60～100 Hz 之间，具体是依据 LCD Panel 的面积和设计而定，频率过高，会导致驱动功耗的增加，频率过低，会导致显示闪烁，同时如果扫描频率同光源的频率之间存在倍数关系，则显示也会出现闪烁现象。

3. 占空比(duty)

该项参数一般也称为 duty 数或 COM 数。由于 STN(super twisted nematic)的 LCD 一般是采用分时动态扫描的驱动模式，在此模式下，每个 COM 的有效选通时间与整个扫描周期的比值即占空比(duty)是固定的，等于 1/COM 数。

4. 偏置(bias)

LCD 的 SEG/COM 的驱动波形为模拟信号，而各档模拟电压相对于 LCD 输出的最高电压的比例称为偏置，一般来讲，bias 是以最低一档与输出最高电压的比值来表示。

6.2.3 LCD_B 主要特点

LCD_B 段式液晶驱动模块具有如下特性：① 具有显示缓存器；② 自动产生所需的 SEG、COM 电压信号；③ 多种扫描频率；④ 在静态和 2～4MUX 动态驱动方式下具有单段闪烁功能；⑤ 可产生高达 3.44V 驱动电压；⑥ 软件可调节对比度；⑦ 支持 4 种液晶显示驱动方式：静态驱动、2MUX 动态驱动(1/2 偏置或 1/3 偏置)、3MUX 动态驱动(1/2 偏置或 1/3偏置)和 4MUX 动态驱动(1/2 偏置或 1/3 偏置)。

6.2.4 LCD_B 段式液晶驱动模块结构

MSP430 的 LCD_B 段式液晶驱动模块结构如图 6-6 所示。整个模块由液晶控制寄存器、液晶显示缓存器、段输出控制和公共端输出控制、模拟电压多路器和时序发生器 5 个部分组成。

1. LCD 显示缓存

MSP430 单片机的 LCD 段式液晶驱动模块提供了最多 20 字节的显示缓存用于控制 LCD 显示内容。不同的驱动模式或不同的硬件连接都会导致显示缓存与 LCD 笔画之间的对应关系发生变化。

在静态和 2～4MUX 动态驱动模式下，LCD 显示缓存的每一字节都包含两段的信息。在 4 种模式下，MSP430 单片机的 20 个显示缓存可以显示 40、80、120 和 160 段。显示缓存和液晶段的对应关系如图 6-7 所示。

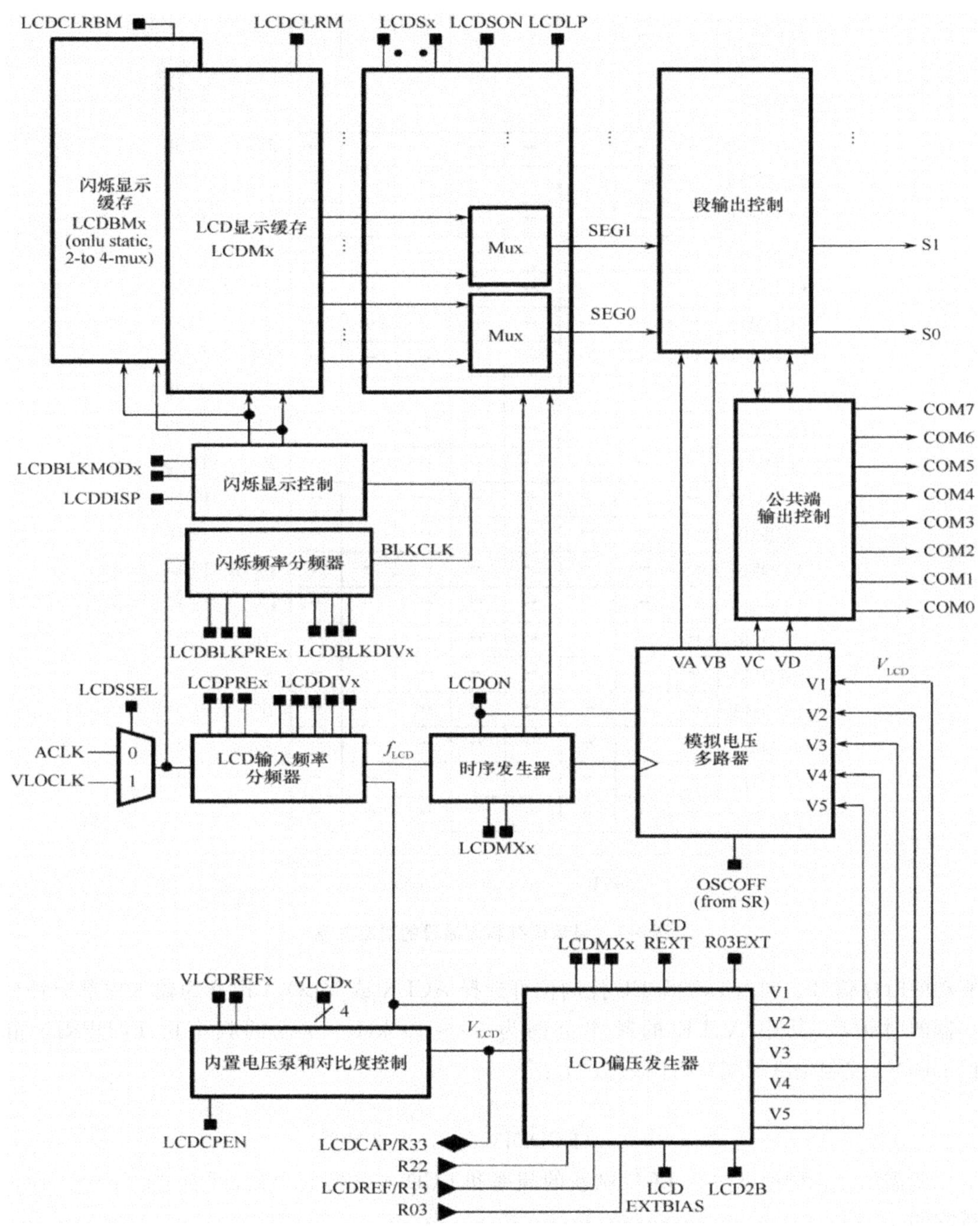

图 6-6　LCD_B 段式液晶驱动模块结构

液晶显示缓存器各个位与液晶的段一一对应。存储位置位则可以点亮对应的液晶段，存储位复位则液晶段变暗。段、公共极输出控制能够自动从显示缓存器中读取数据，送出相应信号到液晶玻璃片上。因为不同器件驱动液晶的段数不同，所以液晶显示缓存器的数量也不一样。数量越大，驱动能力越强，显示的内容就越多。

2. LCD 时序发生器

LCD_B 时序发生器利用来自内部时钟分频器的 f_{LCD} 信号产生 COM 公共极和 SEG 段

相关的公共引脚	3	2	1	0	3	2	1	0		
寄存器	7							0	n	相关的段引脚
LCDM20	--	--	--	--	--	--	--	--	38	39,38
LCDM19	--	--	--	--	--	--	--	--	36	37,36
LCDM18	--	--	--	--	--	--	--	--	34	35,34
LCDM17	--	--	--	--	--	--	--	--	32	33,32
LCDM16	--	--	--	--	--	--	--	--	30	31,30
LCDM15	--	--	--	--	--	--	--	--	28	29,28
LCDM14	--	--	--	--	--	--	--	--	26	27,26
LCDM13	--	--	--	--	--	--	--	--	24	25,24
LCDM12	--	--	--	--	--	--	--	--	22	23,22
LCDM11	--	--	--	--	--	--	--	--	20	21,20
LCDM10	--	--	--	--	--	--	--	--	18	19,18
LCDM9	--	--	--	--	--	--	--	--	16	17,16
LCDM8	--	--	--	--	--	--	--	--	14	15,14
LCDM7	--	--	--	--	--	--	--	--	12	13,12
LCDM6	--	--	--	--	--	--	--	--	10	1,10
LCDM5	--	--	--	--	--	--	--	--	8	9,8
LCDM4	--	--	--	--	--	--	--	--	6	7,6
LCDM3	--	--	--	--	--	--	--	--	4	5,4
LCDM2	--	--	--	--	--	--	--	--	2	3,2
LCDM1	--	--	--	--	--	--	--	--	0	1,0
	Sn+1				Sn					

图 6-7　显示缓存和液晶段的对应关系

驱动的时序信号。利用 LCDSSEL 控制位可选择 ACLK 或 VLOCLK 作为输入内部时钟分频器的时钟源，其中 ACLK 的频率范围为 30～40 kHz。f_{LCD} 的频率由 LCDPREx 和 LCDDIVx 控制位进行配置，计算公式为：

$$f_{\mathrm{LCD}} = \frac{f_{\mathrm{ACLKVLOCLK}}}{(\mathrm{LCDDIVx}+1)\times 2^{\mathrm{LCDPREx}}}$$

所需的 f_{LCD} 频率取决于 LCD 刷新的频率和 LCD 多路器的个数，可通过以下公式计算所需的 f_{LCD}：

$$f_{\mathrm{LCD}} = 2\times \mathrm{MUX}\times f_{\mathrm{FRAME}}$$

3. LCD 显示和闪烁控制

LCD_B 控制器支持闪烁。当 LCDSON＝1 时，每一段的点亮或熄灭由该段所对应的显示缓存所决定；当 LCDSON＝0 时，段式 LCD 的每一段都将被熄灭。

LCD_B 段式液晶驱动模块也支持 LCD 的闪烁。在静态和 2～4MUX 动态驱动模式下，当 LCD 闪烁模式控制位 LCDBLKMODx＝00 时，LCD 液晶段闪烁将被禁止；当 LCDBLKMODx＝01 时，LCD_B 驱动模块允许独立段的闪烁；当 LCDBLKMODx＝10 时，所有 LCD 液晶段都将闪烁。

4. LCD 电压和偏压发生器

LCD_B 驱动模块允许波形峰值电压 V1 和偏压 V2～V5 选择不同的参考电压源，V_{LCD} 可由 V_{CC}、内部电压泵或外部电源产生。如果内部电压参考时钟源(ACLK 或 VLOCLK)被禁止或者 LCD_B 模块被禁止，则内部电压的产生也将被关闭。

1) LCD 电压生成

当 VLCDEXT＝0、VLCDx＝0 且 VREFx＝0 时，V_{LCD} 的参考电压源为 V_{CC}；当 VLCDEXT＝0、VLCDCPEN＝1 且 VLCDx＞0 时，V_{LCD} 的参考电压源来自内部电压泵。内部电压泵的参考电压源为 DV_{CC}。可通过软件配置 VLCDx 控制位调节 LCD 的电压范围：2.6～3.44V(典型)。

当内部电压泵使用后，在 LCDCAP 引脚和地之间必须连接一个 4.7mF 或更大的电容，否则将会发生不可预见的损坏。内部电压泵可通过设置 LCDCPEN＝0 和 VLCDx＞0 来暂时禁止以降低系统噪声，在这种情况下，LCD 电压使用外部电容上的电压直到内部电压泵被开启。

当 VLCDREFx＝01、LCDREXT＝0 且 LCDEXTBIAS＝0 时，内部电压泵可使用外部参考电压。当 VLCDEXT＝1 时，V_{LCD} 的电压来自 LCDCAP 引脚，内部电压泵被关闭。

2) LCD 偏压发生器

部分 LCD 偏压(V2～V5) 能独立于 V_{LCD} 而由内部或外部产生。LCD_B 偏压发生器模块如图 6-8 所示。

3) LCD 对比度控制

输出波形的电压峰值、模式选择和偏压比决定了 LCD 的对比度。表 6-5 显示了在不同模式下不同 RMS 电压作为 V_{LCD} 功能时打开($V_{RMS,ON}$)和关闭($V_{RMS,OFF}$)的偏压比配置，同时也显示了在关闭和打开状态下的对比度值。

表 6-5 LCD 电压和偏压比特性

模式	偏压	LCDMx	LCD2B	COM 行	电平	$V_{RMS,OFF}/V_{LCD}$	$V_{RMS,ON}/V_{LCD}$	对比度：$V_{RMS,ON}/V_{RMS,OFF}$
静态	静态	0000	X	1	V1，V5	0	1	1/0
2MUX	1/2	0001	1	2	V1，V3，V5	0.354	0.791	2.236
	1/3	0001	0	2	V1，V2，V4，V5	0.333	0.745	2.236
3MUX	1/2	0010	1	3	V1，V3，V5	0.408	0.707	1.732
	1/3	0010	0	3	V1，V2，V4，V5	0.333	0.638	1.915
4MUX	1/2	0011	1	4	V1，V3，V5	0.433	0.661	1.528
	1/3	0011	0	4	V1，V2，V4，V5	0.333	0.577	1.732

5. LCD 输出控制

一些 LCD 的段极、公共极、Rxx 功能和 I/O 功能复用，这些引脚既可以作为普通的 I/O 功能，也可以作为驱动 LCD 功能使用。

通过配置 LCDCPCTLx 寄存器内的 LCDSx 控制位，可将与 I/O 口复用的引脚配置为

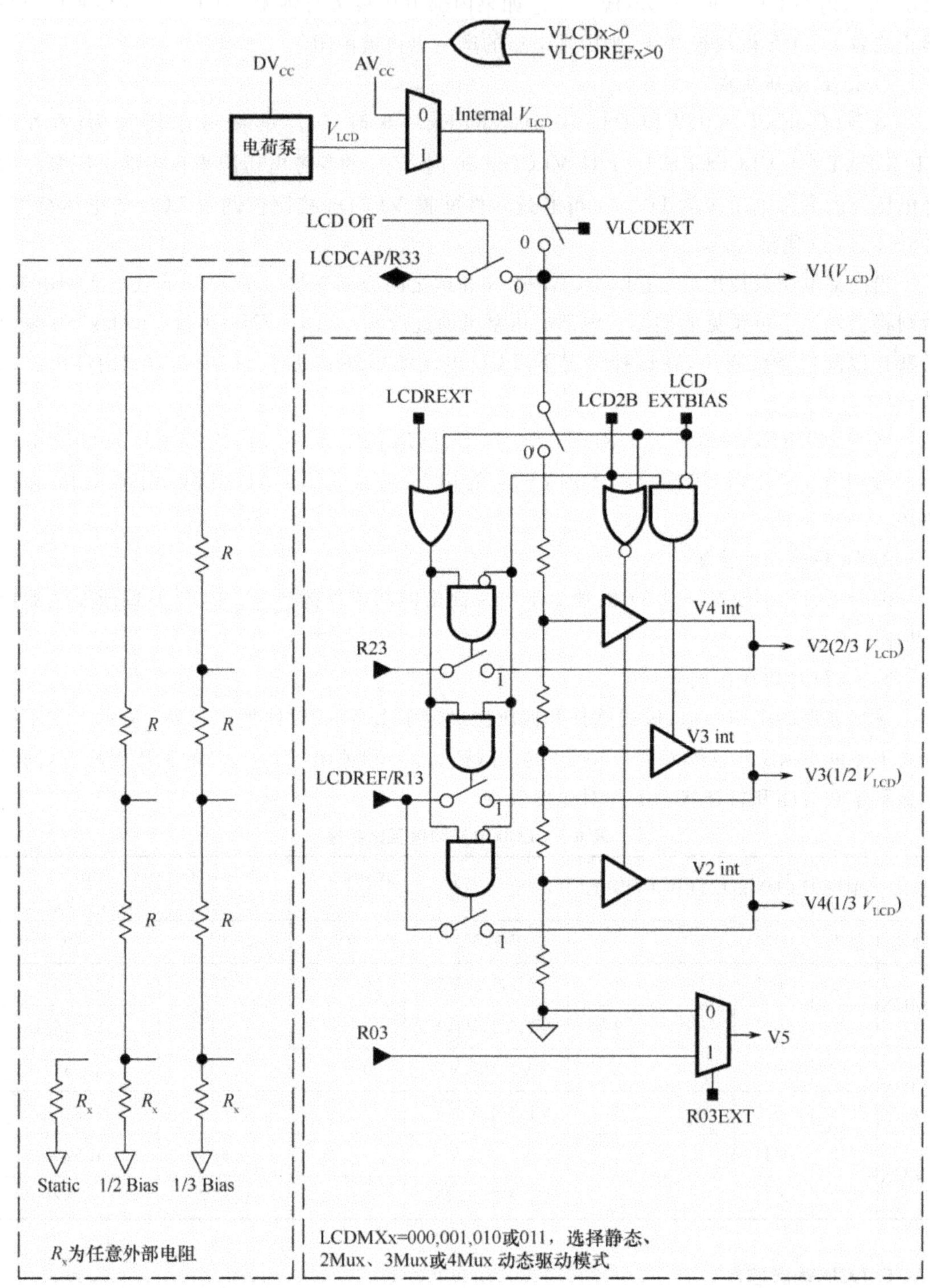

图 6-8　LCD_B 偏压发生器模块

驱动LCD功能，LCDSx控制位为每一段选择驱动LCD功能。

当LCDSx=0时，该复用引脚选择通用I/O端口功能；当LCDSx=1时，该复用引脚选择驱动LCD功能使用。

另外，和I/O端口复用的COMx和Rxx功能的引脚可通过PxSELx控制位来选择，具体可参考前述章节。

在有些器件中，COM1～COM3引脚和LCD段功能引脚复用，可通过LCDSx控制位实现引脚功能的选择。

6.2.5 LCD驱动模式

MSP430液晶驱动模块有4种驱动方式，分别为静态驱动、2MUX驱动、3MUX驱动和4MUX驱动。

液晶显示的各位与COM线直接在硬件上相连，液晶显示缓存器的并行信息通过液晶控制器的时序发生器来驱动，转换成段线所需要的串行信息。

对于静态驱动方法，除了公共极需要一个引脚外，驱动的每一段还各需要一个引脚。如果设计中涉及很多段数，就需要占用众多引脚。

为了减少引脚个数，可以根据需要选择2MUX驱动、3MUX驱动或4MUX驱动方式。增加公共端个数，可以极大地减少引脚数，需要驱动的段数越多，效果越明显。

1. 静态方式

静态驱动方式实例如图6-9所示，静态方式只有一个公共端COM0，而每一段需要另一个引脚驱动。

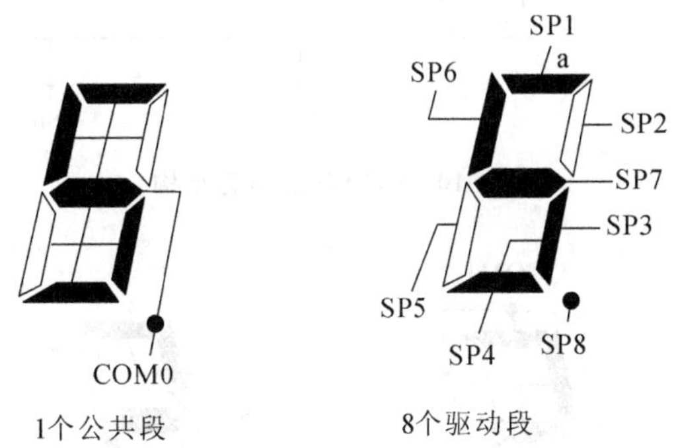

图6-9 LCD静态驱动方式

静态驱动方式的显存结构如图6-10所示。

根据静态驱动方式的连接情况和显存结构，位0和位4存储段信息。每个字的8段安排在4个显存字节中。

例如，要在静态方式下显示数字“1”，即b、c段亮，则将连续4个显存字节内容设置为0X10、0X01、0X00、0X00即可。

2. 2MUX方式

2MUX驱动方式实例如图6-11所示，2MUX驱动方式使用2个公共端COM0和COM1，每两段需要另一个引脚驱动。

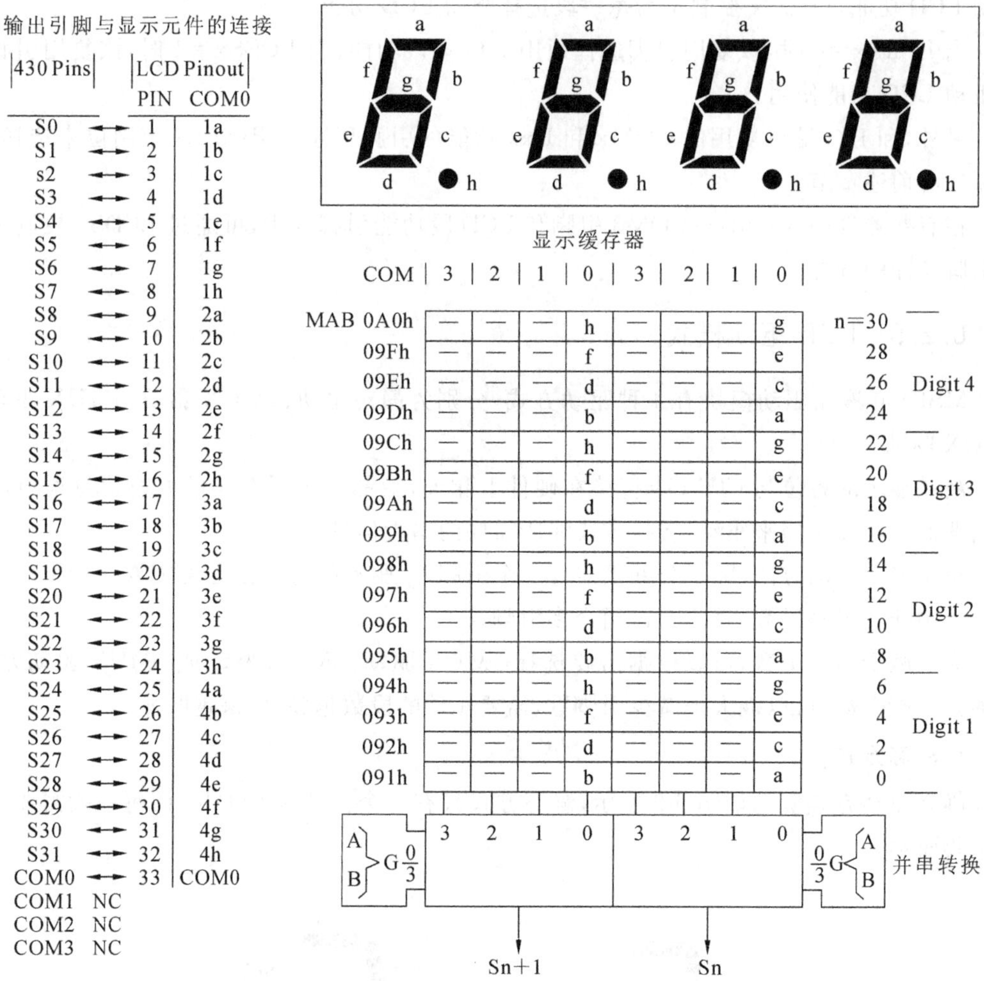

输出引脚与显示元件的连接

430 Pins		LCD Pinout PIN	COM0
S0	↔	1	1a
S1	↔	2	1b
s2	↔	3	1c
S3	↔	4	1d
S4	↔	5	1e
S5	↔	6	1f
S6	↔	7	1g
S7	↔	8	1h
S8	↔	9	2a
S9	↔	10	2b
S10	↔	11	2c
S11	↔	12	2d
S12	↔	13	2e
S13	↔	14	2f
S14	↔	15	2g
S15	↔	16	2h
S16	↔	17	3a
S17	↔	18	3b
S18	↔	19	3c
S19	↔	20	3d
S20	↔	21	3e
S21	↔	22	3f
S22	↔	23	3g
S23	↔	24	3h
S24	↔	25	4a
S25	↔	26	4b
S26	↔	27	4c
S27	↔	28	4d
S28	↔	29	4e
S29	↔	30	4f
S30	↔	31	4g
S31	↔	32	4h
COM0	↔	33	COM0
COM1	NC		
COM2	NC		
COM3	NC		

显示缓存器

MAB \ COM	3	2	1	0	3	2	1	0	n	
0A0h	—	—	—	h	—	—	—	g	n=30	Digit 4
09Fh	—	—	—	f	—	—	—	e	28	
09Eh	—	—	—	d	—	—	—	c	26	
09Dh	—	—	—	b	—	—	—	a	24	
09Ch	—	—	—	h	—	—	—	g	22	Digit 3
09Bh	—	—	—	f	—	—	—	e	20	
09Ah	—	—	—	d	—	—	—	c	18	
099h	—	—	—	b	—	—	—	a	16	
098h	—	—	—	h	—	—	—	g	14	Digit 2
097h	—	—	—	f	—	—	—	e	12	
096h	—	—	—	d	—	—	—	c	10	
095h	—	—	—	b	—	—	—	a	8	
094h	—	—	—	h	—	—	—	g	6	Digit 1
093h	—	—	—	f	—	—	—	e	4	
092h	—	—	—	d	—	—	—	c	2	
091h	—	—	—	b	—	—	—	a	0	

并串转换

Sn+1　Sn

图 6-10　LCD 静态显存结构

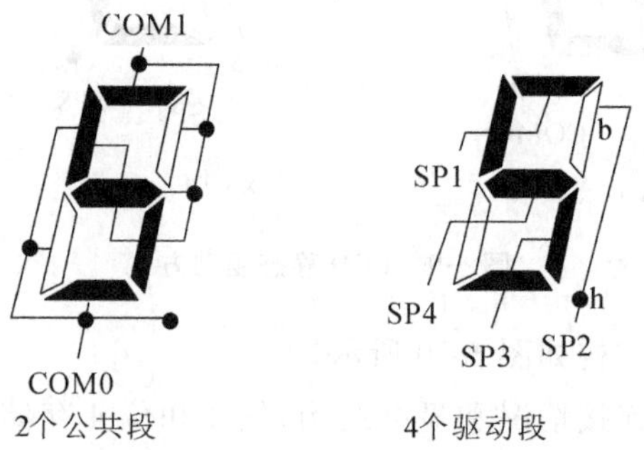

图 6-11　LCD 2MUX 驱动方式

2MUX 驱动方式的显存结构如图 6-12 所示。

根据 2MUX 驱动方式的连接情况和显存结构，可用显示缓存器的位 4、5 和位 0、1 来存储段信息。每个字的 8 段安排在 2 个显存字节中。

例如，在 2MUX 方式下要显示数字“1”，即 b、c 段亮，可将连续 2 个显存字节内容设置为 0X20、0X02 即可。

Pinout and Connections

Connections

430 Pins	PIN	COM0	COM1
S0	1	1f	1a
S1	2	1h	1b
s2	3	1d	1c
S3	4	1e	1g
S4	5	2f	2a
S5	6	2h	2b
S6	7	2d	2c
S7	8	2e	2g
S8	9	3f	3a
S9	10	3h	3b
S10	11	3d	3c
S11	12	3e	3g
S12	13	4f	4a
S13	14	4h	4b
S14	15	4d	4c
S15	16	4e	4g
S16	17	5f	5a
S17	18	5h	5b
S18	19	5d	5c
S19	20	5e	5g
S20	21	6f	6a
S21	22	6h	6b
S22	23	6d	6c
S23	24	6e	6g
S24	25	7f	7a
S25	26	7h	7b
S26	27	7d	7c
S27	28	7e	7g
S28	29	8f	8a
S29	30	8h	8b
S30	31	8d	8c
S31	32	8e	8g
COM0	33	COM0	
COM1	34		COM1
COM2	NC		
COM3	NC		

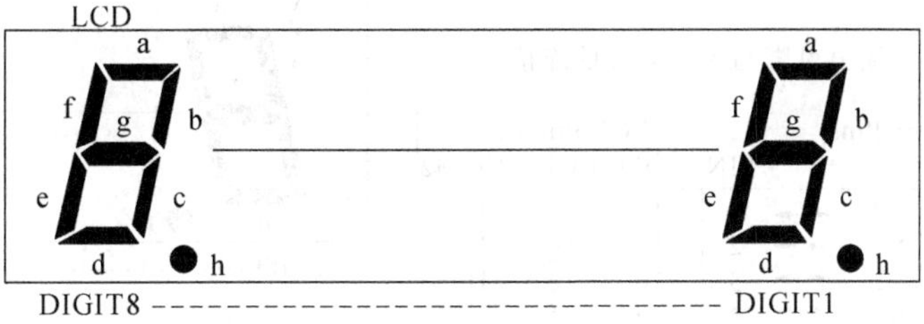

LCD

a b c d e f g h

DIGIT8 ------------------------------ DIGIT1

Display Memory

MAB	COM 3	2	1	0	3	2	1	0	n	
0A0h	—	—	g	e	—	—	c	d	n=30	1/2 Digit 8
09Fh	—	—	b	h	—	—	a	f	28	
09Eh	—	—	g	e	—	—	c	d	26	Digit 7
09Dh	—	—	b	h	—	—	a	f	24	
09Ch	—	—	g	e	—	—	c	d	22	Digit 6
09Bh	—	—	b	h	—	—	a	f	20	
09Ah	—	—	g	e	—	—	c	d	18	Digit 5
099h	—	—	b	h	—	—	a	f	16	
098h	—	—	g	e	—	—	c	d	14	Digit 4
097h	—	—	b	h	—	—	a	f	12	
096h	—	—	g	e	—	—	c	d	10	Digit 3
095h	—	—	b	h	—	—	a	f	8	
094h	—	—	g	e	—	—	c	d	6	Digit 2
093h	—	—	b	h	—	—	a	f	4	
092h	—	—	g	e	—	—	c	d	2	Digit 1
091h	—	—	b	h	—	—	a	f	0	

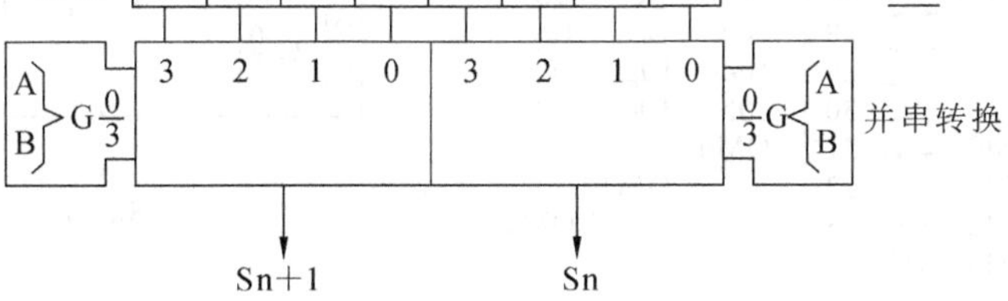

A B G 0/3　3 2 1 0　3 2 1 0　0/3 G A B　并串转换

Sn+1　Sn

图 6-12　LCD 2MUX 显存结构

3. 3MUX 方式

3MUX 驱动方式实例如图 6-13 所示，3MUX 驱动方式有 3 个公共端 COM0、COM1 和 COM2，每 3 段需要另外一个引脚驱动。

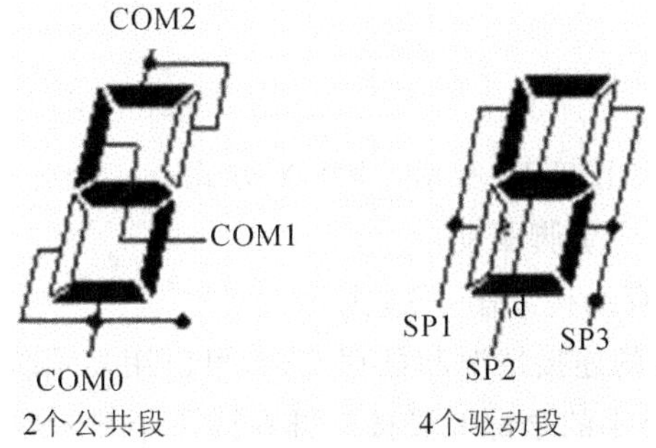

图 6-13　LCD 3MUX 驱动方式

3MUX 驱动方式的显存结构如图 6-14 所示。

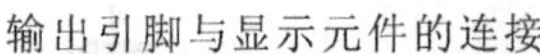

输出引脚与显示元件的连接

430 Pins	PIN	COM0	COM1	COM2
S0	1	1e	1f	1y
S1	2	1d	1g	1a
s2	3	1h	1c	1b
S3	4	2e	2f	2y
S4	5	2d	2g	2a
S5	6	2h	2c	2b
S6	7	3e	3f	3y
S7	8	3d	3g	3a
S8	9	3h	3c	3b
S9	10	4e	4f	4y
S10	11	4d	4g	4a
S11	12	4h	4c	4b
S12	13	5e	5f	5y
S13	14	5d	5g	5a
S14	15	5h	5c	5b
S15	16	6e	6f	6y
S16	17	6d	6g	6a
S17	18	6h	6c	6b
S18	19	7e	7f	7y
S19	20	7d	7g	7a
S20	21	7h	7c	7b
S21	22	8e	8f	8y
S22	23	8d	8g	8a
S23	24	8h	8c	8b
S24	25	9e	9f	9y
S25	26	9d	9g	9a
S26	27	9h	9c	9b
S27	28	10e	10f	10y
S28	29	10d	10g	10a
S29	30	10h	10c	10b
COM0	31	COM0		
COM1	32		COM1	
COM2	33			COM2
COM3 NC				

显示缓存器

COM	3	2	1	0	3	2	1	0	n	
MAB 09Fh	—	a	g	d	—	y	f	e	n=30	
09Eh	—	b	c	h	—	a	g	d	28	Digit 1
09Dh	—	y	f	e	—	b	c	h	26	Digit 9
09Ch	—	a	g	d	—	y	f	e	24	
09Bh	—	b	c	h	—	a	g	d	22	Digit 8
09Ah	—	y	f	e	—	b	c	h	20	Digit 7
	—	a	g	d	—	y	f	e	18	
099h	—	b	c	h	—	a	g	d	16	Digit 6
098h	—	y	f	e	—	b	c	h	14	Digit 5
097h	—	a	g	d	—	y	f	e	12	
096h	—	b	c	h	—	a	g	d	10	Digit 4
095h	—	y	f	e	—	b	c	h	8	Digit 3
094h	—	a	g	d	—	y	f	e	6	
093h	—	b	c	h	—	a	g	d	4	Digit 2
092h	—	y	f	e	—	b	c	h	2	Digit 1
091h	—	a	g	d	—	y	f	e	0	

图 6-14　LCD 3MUX 显存结构

根据 3MUX 驱动方式的连接情况和显存结构，可以用显示缓存器的位 4、5、6 和位 0、1、2 来存储段信息。3MUX 方式支持的是每个字 9 段，每个字的 9 段被安排在 1.5 个显存字节中。

例如，在 3MUX 方式下显示数字“1”，可将连续 2 个显存字节内容设置为 0X00、0X06 即可。

4. 4MUX 方式

4MUX 驱动方式实例如图 6-15 所示，4MUX 方式有 4 个公共端 COM0、COM1、COM2 和 COM3，每 4 段需要另一个引脚驱动。

4MUX 驱动方式的显存结构如图 6-16 所示。

根据 4MUX 驱动方式的连接情况和显存结构，可以用显示缓存器的位 4、5、6、7 和位 0、1、2、3 来存储段信息。每个字的全部 8 段被安排在同一个显示字节中。4MUX 方式是最简单方便的显示形式。

例如，在 4MUX 方式下显示数字“1”，可将 1 个显存字节内容设置为 0X60 即可。

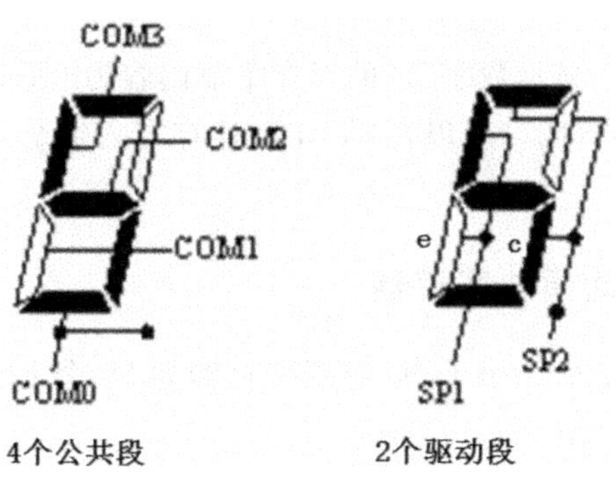

图 6-15　LCD 4MUX 驱动方式

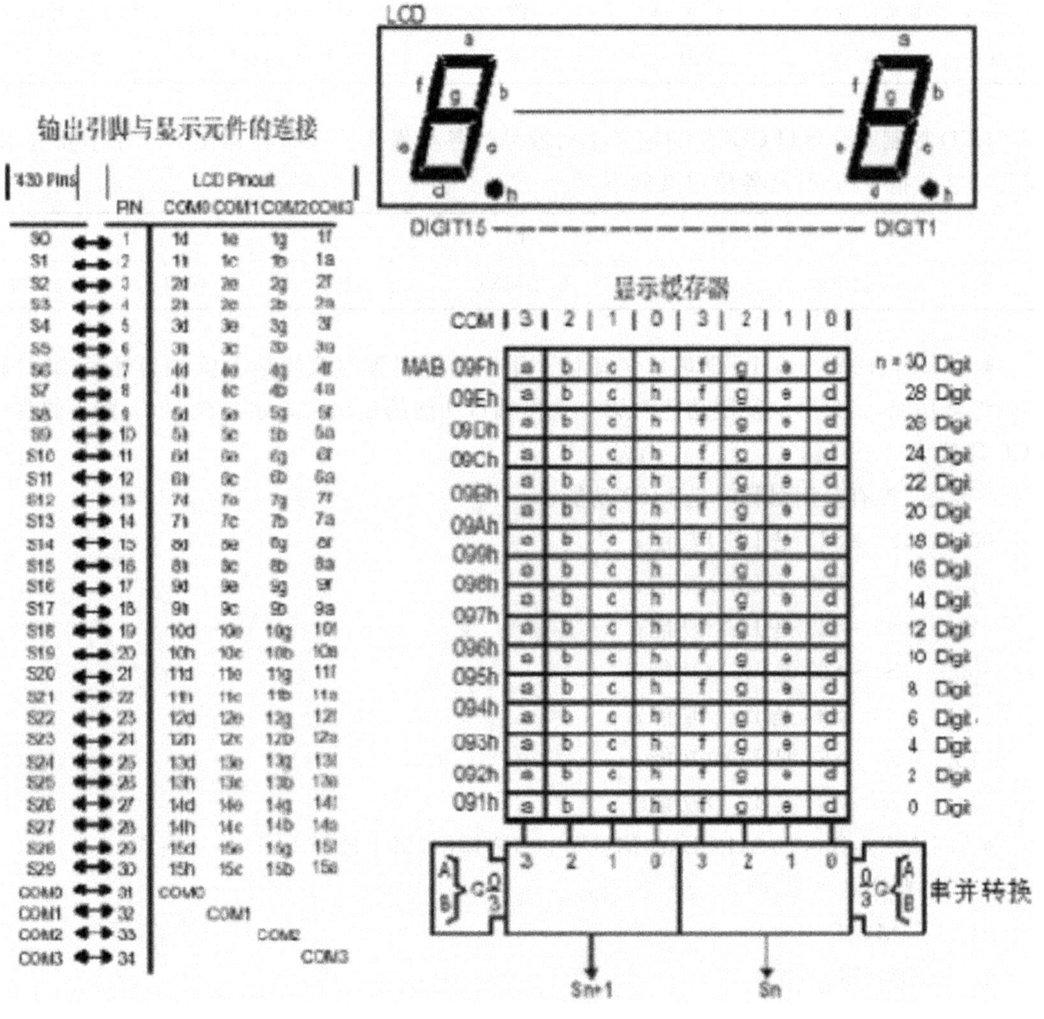

LCD
a
f g b
e c
d h
DIGIT15 —————— DIGIT1

输出引脚与显示元件的连接

'430 Pins		PIN	COM0	COM1	COM2	COM3
S0	↔	1	1d	1e	1g	1f
S1	↔	2	1h	1c	1b	1a
S2	↔	3	2d	2e	2g	2f
S3	↔	4	2h	2c	2b	2a
S4	↔	5	3d	3e	3g	3f
S5	↔	6	3h	3c	3b	3a
S6	↔	7	4d	4e	4g	4f
S7	↔	8	4h	4c	4b	4a
S8	↔	9	5d	5e	5g	5f
S9	↔	10	5h	5c	5b	5a
S10	↔	11	6d	6e	6g	6f
S11	↔	12	6h	6c	6b	6a
S12	↔	13	7d	7e	7g	7f
S13	↔	14	7h	7c	7b	7a
S14	↔	15	8d	8e	8g	8f
S15	↔	16	8h	8c	8b	8a
S16	↔	17	9d	9e	9g	9f
S17	↔	18	9h	9c	9b	9a
S18	↔	19	10d	10e	10g	10f
S19	↔	20	10h	10c	10b	10a
S20	↔	21	11d	11e	11g	11f
S21	↔	22	11h	11c	11b	11a
S22	↔	23	12d	12e	12g	12f
S23	↔	24	12h	12c	12b	12a
S24	↔	25	13d	13e	13g	13f
S25	↔	26	13h	13c	13b	13a
S26	↔	27	14d	14e	14g	14f
S27	↔	28	14h	14c	14b	14a
S28	↔	29	15d	15e	15g	15f
S29	↔	30	15h	15c	15b	15a
COM0	↔	31	COM0			
COM1	↔	32		COM1		
COM2	↔	33			COM2	
COM3	↔	34				COM3

显示缓存器

COM	3	2	1	0	3	2	1	0	
MAB 09Fh	a	b	c	h	f	g	e	d	n = 30 Digit
09Eh	a	b	c	h	f	g	e	d	28 Digit
09Dh	a	b	c	h	f	g	e	d	26 Digit
09Ch	a	b	c	h	f	g	e	d	24 Digit
	a	b	c	h	f	g	e	d	22 Digit
09Bh	a	b	c	h	f	g	e	d	20 Digit
09Ah	a	b	c	h	f	g	e	d	18 Digit
099h	a	b	c	h	f	g	e	d	16 Digit
098h	a	b	c	h	f	g	e	d	14 Digit
097h	a	b	c	h	f	g	e	d	12 Digit
096h	a	b	c	h	f	g	e	d	10 Digit
095h	a	b	c	h	f	g	e	d	8 Digit
094h	a	b	c	h	f	g	e	d	6 Digit
093h	a	b	c	h	f	g	e	d	4 Digit
092h	a	b	c	h	f	g	e	d	2 Digit
091h	a	b	c	h	f	g	e	d	0 Digit

3 2 1 0 3 2 1 0
A B G Q 3　　Q 3 G A B　串并转换
Sn+1　　Sn

图 6-16　LCD 4MUX 显存结构

5. LCD 驱动模式讨论

LCD 段和显存位的对应关系和具体的连接方式有关。

例如，同为 4MUX 驱动方式，引脚 S0 驱动 d、e、g 和 f 段，引脚 S1 驱动 h、c、b 和 a 段。改为引脚 S0 驱动 a、b、g 和 d 段，引脚 S1 驱动 c、f、e 和 h 段，则显存位与段的对应关系发生变化。

因此,前一种连接方式,显示数字“1”的显存字节内容为 0X60;后一种连接方式,显示数字“1”的显存字节内容为 0X12。所以在对 LCD 显存写入欲显示段码时,要考虑具体连接方式。

6.2.6 LCD_B 驱动模块寄存器

液晶驱动模块寄存器是由一个 LCD 控制寄存器和 20 个 LCD 存储器组成的,如表 6-6 所示。

表 6-6 LCD_B 驱动模块寄存器

寄 存 器	缩 写	寄存器类型	地 址	初 始 状 态
LCD 控制寄存器	LCDCTL	读/写	090H	PUC 后复位
LCD 存储器 1～20	LCDM1～20	读/写	091H～0A4H	不变

LCD 控制寄存器(LCDCTL)定义了对液晶的各种操作。该寄存器是 8 位字节寄存器,需要用字节指令访问,其各位定义如下:

7	6	5	4	3	2	1	0
LCDPx			LCDMXx		LCDSON	保留	LCDON

● LCDPx:Bits7～5,LCD 端口选择位。用于选择引脚的功能是 I/O 端口还是 LCD 段引脚组合功能,其只影响复用功能引脚。选作端口功能的输出由显示各位驱动,并不再作为 LCD 段线。

000　没有复用引脚时是 LCD 功能;

001　S0～S15 是 LCD 功能;

010　S0～S19 是 LCD 功能;

011　S0～S23 是 LCD 功能;

100　S0～S27 是 LCD 功能;

101　S0～S31 是 LCD 功能;

110　S0～S35 是 LCD 功能;

111　S0～S39 是 LCD 功能。

● LCDMXx:Bits4～3,LCD 的 MUX 比率选择位,用于选择 LCD 显示模式。

00　静态;

01　2MUX;

10　3MUX;

11　4MUX。

● LCDSON:Bit2,段输出允许位。

0　所有 LCD 段禁止输出。

1　所有 LCD 段有效,根据相应存储单元的内容,段被点亮或熄灭。

● LCDON:Bit0,LCD 开关控制位。该位用于控制 LCD 定时发生器和 R33 的开闭。

0　LCD 时序发生器和 R33 关闭,COM 线与段驱动端为低电平。

1　LCD 时序发生器和 R33 打开，COM 线与段驱动端将按照显存的数据输出对应的信号。

6.2.7　应用举例

例 6-3　在 MSP430F44x 上连接段码液晶显示器，分别显示各段码 a～g。在设置好液晶控制器与基本定时器之后，直接将要显示的段码写入显示缓存器即可，采用 4MUX 显存结构。

程序如下：

```
# include< msp430x44x.h>
/* * * * * * 定义 LCD 各段代码* * * * * * /
char digit[8]= {
0x01,        /* "a"* /
0x02,        /* "b"* /
0x10,        /* "c"* /
0x08,        /* "d"* /
0x40,        /* "e"* /
0x20,        /* "f"* /
0x04,        /* "g"* /
0x80,        /* "h"* /
};
void main(void)
{
  int i;
while(1)
{ WDTCTL= WDTPW+ WDTHOLD;                      //关闭看门狗
FLL_CTL0 |= XCAP14PF;                            //配置 FLL
LCDCTL= LCDP_2+ LCDMX_3+ LCDON;              // S0～S19,4MUX
BTCTL= BTFRFQ1;                              //基本定时器输出 flcd
P5SEL= 0xFC;                                   //公共极和 Rxx 选择
for(;;)
{
for (i= 0;i< 7;i+ + )                            // Display"gfedcba"段码
LCDMEM[i]= digit[i];
}
}
}
```

例 6-4　利用 MSP430F6638 单片机的 LCD_B 模块，采用 4MUX 动态驱动模式，使段码液晶循环显示 0123456789。

方法　在实例中采用的驱动段为 SEG32 和 SEG33，显示缓冲寄存器为 LCDM17。

分析　由本实例可知，LCD_B 为用户提供简单的显示缓冲寄存器接口，程序中只需要写 LCD 显示缓冲寄存器，即可直接改变 LCD 的显示内容。LCD_B 会产生 LCD 驱动所需的交流波形，并自动完成 LCD 的扫描与刷新。

本实例程序代码如下：

```
# include"msp430f6638.h"
void delay_ms(int);                                    //延时函数声明
/* * * * * 宏定义，数码管 a~ g 各段对应的代码，更换硬件只需改动以下 8 行* * * * * * /
  # define f 0x01
  # define g 0x02
  # define e 0x04
  # define d 0x08
  # define a 0x10
  # define b 0x20
  # define c 0x40
  # define dp 0x80
/* * * * * * * * * * * * 用宏定义自动生成段码表，请勿更改* * * * * * * * * * * * * * * /
const char LCD_Tab[ ]=
  {
    a+ b+ c+ d+ e+ f,                 //显示"0"
    b+ c,                             //显示"1"
    a+ b+ d+ e+ g,                    //显示"2"
    a+ b+ c+ d+ g,                    //显示"3"
    b+ c+ f+ g,                       //显示"4"
    a+ c+ d+ f+ g,                    //显示"5"
    a+ c+ d+ e+ f+ g,                 //显示"6"
    a+ b+ c,                          //显示"7"
    a+ b+ c+ d+ e+ f+ g,              //显示"8"
    a+ b+ c+ d+ f+ g,                 //显示"9"
  };
void main(void)
  {
    char m;
    WDTCTL= WDTPW+ WDTHOLD;                          //关闭看门狗
    LCDCTL= LCDP_6+ LCDMX_3+ LCDSON+ LCDON;      //S32,S33,4MUX,使能 SEG32 和 SEG33 LCD
段功能,打开 LCD
    LCDM17= 0x00;                                  //清除 LCD 显示
    delay_ms(10);
     while(1)
      {
      for (m= 0;m< 10;m+ + )
       {
         LCDM17= LCD_Tab[m];                   //循环显示 0123456789
         delay_ms(10);
```

```
        }
      }
  }
/* * * * * * * * * * * * * * * * * * * 延时函数定义* * * * * * * * * * * * * * * * * * /
void delay_ms(int ms)
  {
    volatile int i,j;
     for(i= 0;i< ms;i+ + )
       {
         for(j= 0;j< 2665;j+ + )
           {
             asm("nop");
           }
        }
  }
```

本章小结

MSP430 单片机有着非常丰富的 I/O 端口资源，通用 I/O 端口不仅可以直接用于输入/输出，而且可以为 MSP430 系统扩展等应用提供必要的逻辑控制信号。MSP430 单片机的 LCD 段式液晶驱动模块能够直接驱动段式液晶。该模块能产生 LCD 驱动所需的交流波形，并自动完成 LCD 的扫描与刷新，对用户呈现简单的显示缓冲区接口。在程序中只需要写 LCD 显示所对应的缓冲区，即可直接改变 LCD 的显示内容。本章对输入/输出端口、LCD 显示模块的结构及原理进行了详细的阐述，通过本章的学习使学生掌握 I/O 端口、LCD 显示模块的工作原理与相关操作。

思考题

1. MSP430 单片机有哪些端口资源？
2. MSP430 单片机端口由哪些寄存器控制？下述语句对 P1 口的端口做了哪些设置？
   MOV.B#0F6H,P1DIR;
3. MSP430 单片机的哪几个端口具有中断能力？
4. 当使能外设功能时(PxSEL=1)，P1 和 P2 的引脚中断是否会有效？
5. MSP430 系列单片机液晶驱动模块有哪些驱动方法？
6. MSP430 系列单片机液晶驱动模块包括哪些功能？
7. 采用不同的驱动方式，显示数字 0～6。
8. 常用的显示器件有哪些？在 LCD 显示中，什么是静态显示？什么是动态显示？

第 7 章 定时器模块

在 MSP430F55/66 系列单片机中都包含有增强型看门狗定时器——WDT_A，它可以作为看门狗或通用定时器使用；Timer_A 是一个 16 位的定时/计数器，同时复合了多路捕获/比较器；而 RTC 模块提供了具有日历模式、灵活可编程闹钟和校准的时钟计数器。本章主要介绍 WDT_A、Timer_A 与 RTC 的结构、工作原理及其相关操作。

7.1 看门狗定时器

7.1.1 WDT_A 概述

WDT_A 的主要功能是当程序发生异常时使系统重启。如果所选择的定时时间到了，则产生系统复位。在应用中如不需要此功能，可配置成通用定时器并且当到达预定时间时可产生中断。

MSP430 单片机的看门狗定时器逻辑结构框图如图 7-1 所示。由图 7-1 可知，MSP430 单片机看门狗定时器由中断产生逻辑单元、看门狗定时计数器、口令比较单元、看门狗控制寄存器、参考时钟选择逻辑单元等构成。

WDT 模块可以通过 WDTCTL 寄存器配置成看门狗或普通定时器。WDTCTL 是一个带密码保护的 16 位可读可写寄存器。只能用字操作指令对该寄存器操作，对于写操作必须在高字节写入口令 05AH。除此之外的任何其他值作为安全码都将触发一个 PUC 系统复位。而读 WDTCTL 操作，得到的高字节总是 069H。读 WDTCTL 的高字节或低字节部分都将得到其低字节的值。向 WDTCTL 的高字节或低字节进行写操作时将产生 PUC(上电清除)。

WDT_A 的特性包括：① 8 种软件可选的定时时间；② 看门狗工作模式；③ 定时器工作模式；④ 带密码保护的 WDT 控制寄存器；⑤ 可选择时钟源；⑥ 允许关闭以降低功耗；⑦ 时钟故障保护。

7.1.2 WDT_A 的基本操作

用户可以通过 WDTCTL 寄存器中的 WDTTMSEL(工作模式控制位)和 WDTHOLD(密钥控制位)设置 WDT 工作在看门狗模式、定时器模式和低功耗模式。

1. 看门狗定时器/计数器(WDTCNT)

WDTCNT 是一个不能由软件直接访问的 32 位增计数器。WDTCNT 的定时时间可以通过看门狗定时器的控制寄存器(WDTCNT)来选择配置。WDTCNT 的时钟源可以通过

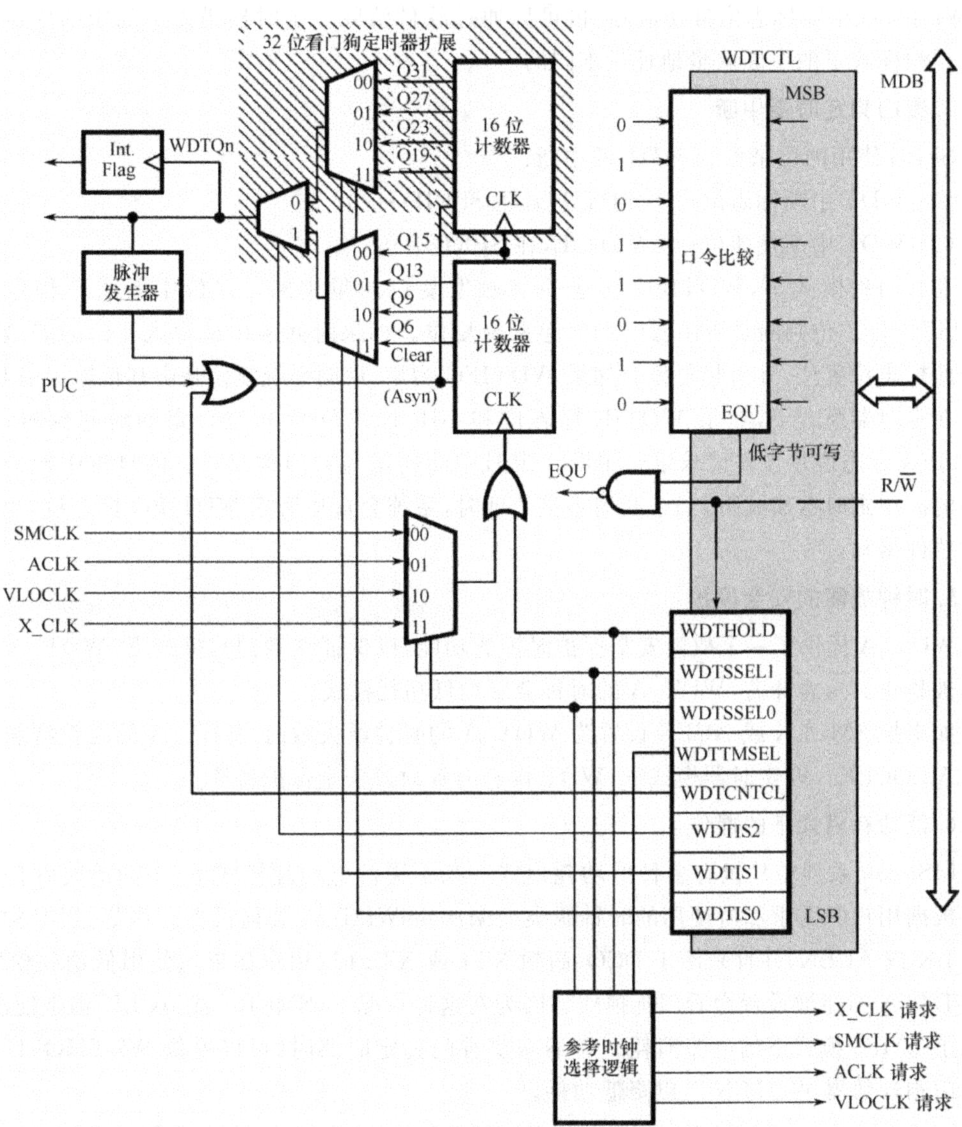

图 7-1 看门狗定时器逻辑结构框图

WDTSSEL 寄存器在 SMCLK、ACLK、VLOCLK 和 X_CLK 中选择。

2. 看门狗模式

在 PUC 后，WDT 模块自动配置成看门狗模式并被初始化以 SMCLK 为时钟源的 32ms 复位时间间隔。用户必须根据需要重新设置、停止或清除 WDT，否则将有可能会产生 PUC。当 WDT 被设置成看门狗模式时，任何对 WDTCTL 写入错误的口令或在选定的时间间隔内没有清除计数器都将触发 PUC。PUC 后，WDT 进入默认模式。

3. 通用定时器模式

设置 WDTTMSEL 位为 1 选择定时器模式。此模式可产生周期性的中断。在定时器模式下，定时时间到了后，WDTIFG 标志位被置 1。在此模式下，系统不会复位，并且 WDTIFG 使能位 WDTIE 保持不变。

当 WDTIE 位和 GIE 位被置位时，WDTIFG 标志位将请求中断。当中断请求被处理时,WDTIFG 中断标志位自动清除,也可以通过软件清除。定时器模式下的中断向量地址与看门狗模式下的中断向量地址是不同的。

4. 看门狗定时器中断

SFRS 使用两位来控制 WDT 的中断:

(1) WDT 中断标志位——WDTIFG,在 SFRIFG1.0;

(2) WDT 中断使能位——WDTIE,在 SFRIE1.0。

在看门狗模式下,WDTIFG 标志位将触发复位向量中断。复位中断服务程序通过 WDTIFG 标志位判断是否由看门狗引起系统复位。如果时间溢出或写入非法的安全口令会使此标志位置位,并引起复位。如果 WDTIFG 为零,说明系统复位是由其他原因引起的。

在定时器模式下,如果 WDTIE 标志位和 GIE 标志位为 1,当设定的时间到时,会将 WDTIFG 标志位置位并请求定时中断。定时中断向量与看门狗模式下的复位中断向量是不同的。在定时器模式下,当中断请求被处理时,系统会自动清除 WDTIFG 标志位,也可以通过软件清除。

5. 时钟故障的安全保护

WDT_A 提供了一个故障安全保护时钟的功能,以保证在看门狗模式下,WDT_A 的时钟不被禁止。这意味着,WDT_A 的时钟会影响低功耗模式。

如果把 SMCLK 或 ACLK 设置为 WDT_A 的时钟源失败时,WDT_A 的时钟源将自动选择 VLOCLK。在定时器模式下,WDT 没有时钟故障安全保护特性。

6. 低功耗模式下的操作

MSP430 系列单片机有多种低功耗模式。在不同的低功耗模式下,不同的时钟信号有效。根据用户的需求和所使用的时钟源类型来决定 WDT_A 如何设置。例如,当时钟选择 SMCLK 或 ACLK,并且来源于 DCO、高频 XT1 或 XT2 时,用户如果想使用低功耗模式 3,则 WDT_A 不能被设置为看门狗模式。因为在这种情况下,SMCLK 或 ACLK 仍是使能的,增加了 LMP3 模式下的电流消耗。当不需要看门狗定时器时,可以置位 WDTHOLD 来关闭看门狗计数器 WDTCNT,以降低功耗。

7. 操作举例

任何对 WDTCTL 的写操作必须在其操作字的高字节写入 05Ah(WDTPW)。

```
;周期性清除一个活动的看门狗
MOV # WDTPW+ WDTCNTCL,&WDTCTL;
;改变看门狗时间
MOV # WDTPW+ WDTCNTCL+ SSEL,&WDTCTL;
```

```
;停止看门狗
MOV # WDTPW+ WDTHOLD,# WDTCTL;
;设定看门狗时间为 CLK/8192
MOV # WDTPW+ WDTCNTCL+ WDTMSEL+ WDTIS2+ WDTIS0,&WDTCTL;
```

7.1.3 WDT_A 寄存器

1. 计数单元 WDTCNT

WDTCNT 是不能通过软件直接访问的 32 位增计数器,由 MSP430 所选定的时钟电路产生的固定周期脉冲信号对计数器进行加法计数，如果计数器事先被预置的初始状态不同，那么从开始计数到计数溢出所用的时间就不同。

2. 控制寄存器 WDTCTL

WDTCTL 由两部分组成：高 8 位被用作密钥；低 8 位是对 WDT 操作的控制命令。要写入操作 WDT 的控制命令，出于安全原因必须先正确写入高字节看门狗密钥 5AH，如果密钥写错将触发 PUC 系统复位。读 WDTCTL 时不需要密钥，高字节读取结果为 69H。

WDTCTL，看门狗控制寄存器：

15	14	13	12	11	10	9	8
WDTPW，读的结果是 69h，写的时候必须写 5Ah							

7	6	5	4	3	2	1	0
WDTHOLD	WDTSSEL		WDTTMSEL	WDTCNTCL	WDTIS		

- WDTPW：Bits15～8，看门狗密钥。读出值是 0x69h，写时必须为 0x5Ah，否则将产生 PUC。
- WDTHOLD：Bit7，关看门狗定时器，降低功耗。

0　看门狗激活；

1　看门狗关闭。

- WDTSSEL：Bits6～5，看门狗时钟源。

00	SMCLK；	10	VLOCLK；
01	ACLK；	11	X_CLK，如果没有特殊声明就是 VLOCLK。

- WDTTMSEL：Bit4，工作模式选择。

0　看门狗模式；

1　定时器模式。

- WDTCNTCL：Bit3，看门狗计数器清 0。当 WDTCNTCL＝1 时，看门狗计数器值就变为 0。

0　无动作；

1　WDTCNT 计数器清 0。

- WDTIS：Bits2～0，看门狗定时时间间隔选择。这些位可以选择看门狗的定时时间间隔而触发 WDTIFG 或者 PUC 信号（由看门狗工作模式决定）。

000	看门狗时钟源/2GHz；	001	看门狗时钟源/128MHz；
010	看门狗时钟源/8192kHz；	011	看门狗时钟源/512kHz；
100	看门狗时钟源/32kHz；	101	看门狗时钟源/8192Hz；
111	看门狗时钟源/512Hz；	111	看门狗时钟源/64Hz；

7.1.4 应用举例

例 7-1　使用看门狗定时功能产生一个方波（周期性取反 P1.0）。如图 7-2 所示。

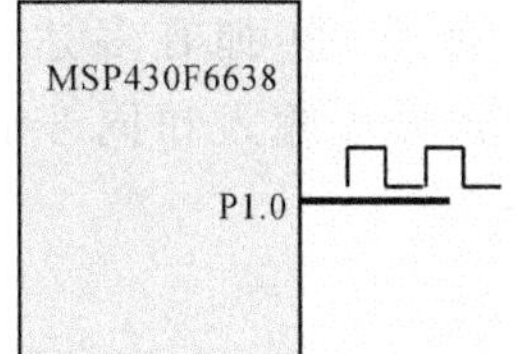

图 7-2　利用 WDT_A 产生方波

程序代码如下：

```
# include < msp430f6638.h>
void main(void)
{
  WDTCTL= WDT_MDLY_32;              //定时周期为 32ms
  SFRIE1 |= WDTIE;                      //使能 WDT 中断
  P1DIR |= 0x01;                         // P1.0 输出
  __enable_interrupt();                     //系统中断允许
  for (;;)
  {
  //进入 LPM0
    __bis_SR_register(LPM0_bits);
    __no_operation();
  }
}
//看门狗中断服务子程序
# pragma vector= WDT_VECTOR
__interrupt void watchdog_timer (void)
{
  P1OUT ^= 0x01;                         // P1.0 取反
}
```

7.2 定时器 A

7.2.1 Timer_A 概述

Timer_A 是一个 16 位的定时计数器，拥有多达 7 个捕获/比较寄存器。Timer_A 支持多路捕获/比较功能、PWM 输出以及定时功能。Timer_A 也有扩展向量功能。中断可以来自定时器溢出或者任意的捕获/比较寄存器。

Timer_A 的结构如图 7-3 所示。从图中可以看出，Timer_A 由以下部分组成。

(1) 定时计数器：16 位定时/计数寄存器——TAxR。

(2) 时钟源的选择和分频：定时器时钟 TACLK 可以选择 ACLK、SMCLK 或者来自外部的 TAxCLK。选择的时钟源可以通过软件选择分频系数(1、2、3、4、5、6、7、8)。

(3) 捕获/比较器：用于捕获事件发生的时间或产生的定时时间长度，捕获比较功能的引入主要是为了提高 I/O 端口处理事务的能力和速度。

(4) 输出单元：具有可选的 8 种输出模式，用于产生用户需要的输出信号，支持 PWM。

Timer_A 的主要特征如下：① 4 种模式的异步 16 位定时/计数器；② 可选择配置的时钟源；③ 拥有多达 7 个可配置的捕获/比较寄存器；④ 可配置的 PWM 输出功能；⑤ 异步输入和同步锁存；⑥ 拥有对所有 Timer_A 中断快速响应的中断向量寄存器。

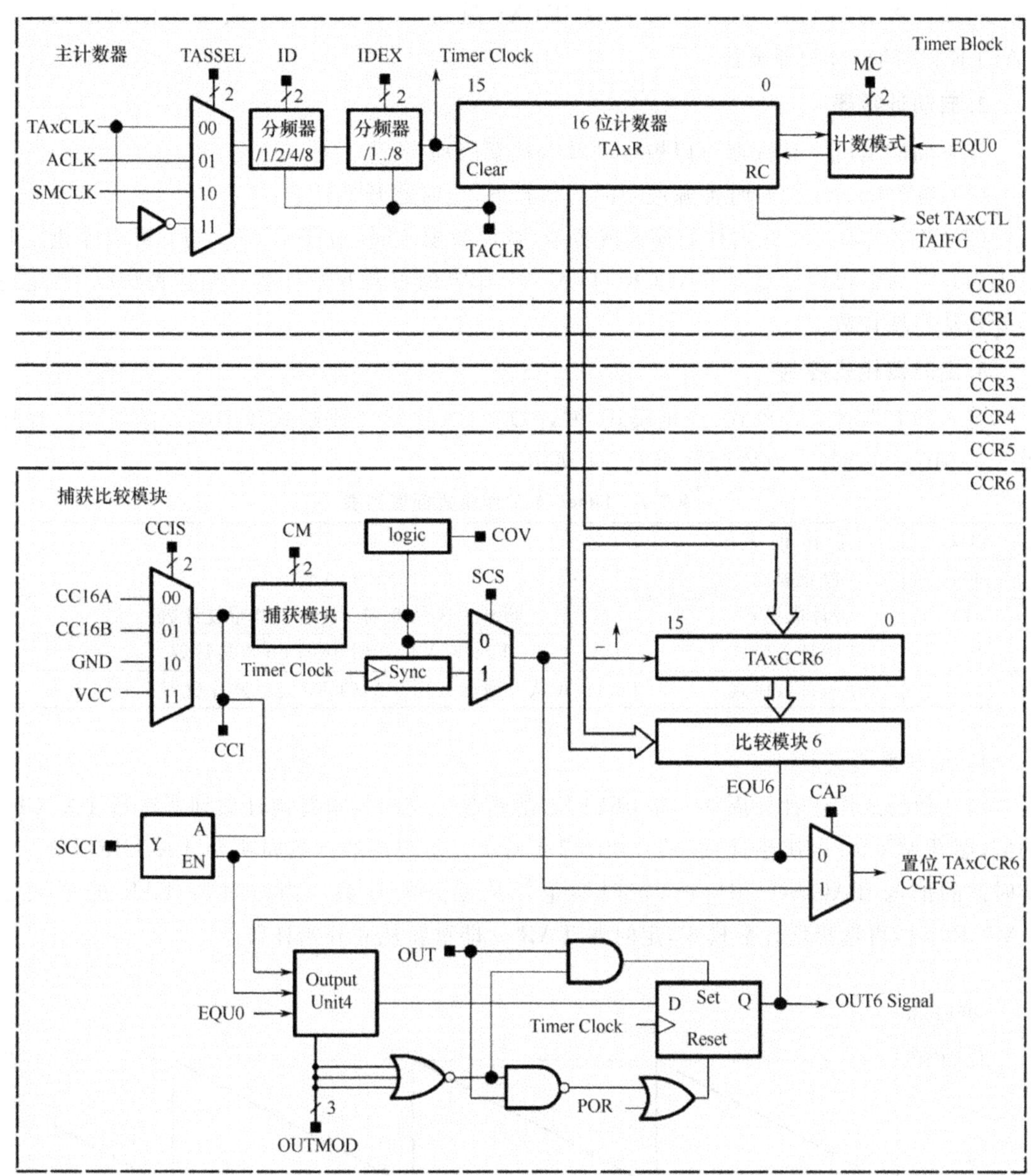

图 7-3　**Timer_A 结构框图**

7.2.2　Timer_A 操作

1. 16 位定时计数器

16 位定时/计数寄存器——TAR：随着每个时钟信号的上升沿增或者减（取决于操作模式）。TAR 可以被软件读或者写。此外，当定时器溢出时，将产生中断。

TAR 可以被 TACLR 位清除。当计数器工作在增/减计数模式时，置位 TACLR 也可以清除时钟分频器和计数方向。

时钟源的选择和分频：定时器的时钟 TACLK 可以选择 ACLK，SMCLK 或者来自外部的 TAxCLK。时钟源由 TASSELx 位来选择。选择的时钟源可以直接得到，或者通过 IDx

位经过 2、4、8 分频得到，甚至可以通过 IDEXx 进行 2、3、4、5、6、7 或者 8 分频得到。当 TACLR 置位时，分频器复位。

2. 启动计数器

在下面的情况下计数器可以被启动或者重新启动：

（1）当 MCx>0 同时时钟源被激活的状态下，定时器开始计数；

（2）当定时器工作在增计数模式或者增/减计数模式时，对 TACCR0 写 0 可以停止定时器工作。定时器可以通过对 TACCR0 写入一个非零值重新开始计数。在这种情况下，定时器开始从零增计数。

3. 定时器模式控制

定时器有四种工作模式：停止模式、增计数模式、连续计数模式和增减计数模式。操作模式由 MCx 位选择。具体配置如表 7-1 所示。

表 7-1　Timer_A 工作模式配置列表

MCx	工作模式	说　明
00	停止模式	Timer_A 停止
01	增计数模式	Timer_A 从 0 到 TAxCCR0 重复计数
10	连续计数模式	Timer_A 从 0 到 0FFFFh 重复计数
11	增减计数模式	Timer_A 从 0 增计数到 TAxCCR0 之后减计数到 0，循环往复

1）增计数模式

增计数模式用于计数周期不是 0FFFFh 的情况。定时器重复地计数到寄存器 TACCR0 的值，而 TACCR0 取决于计数周期，如图 7-4 所示。定时器的计数周期为 TACCR0+1。当定时器的值与 TACCR0 相等时，定时器重新从零开始计数。当定时器 TAR 的值大于 TACCR0 时，再选择增计数模式，定时器 TAR 立即重新从 0 开始计数。

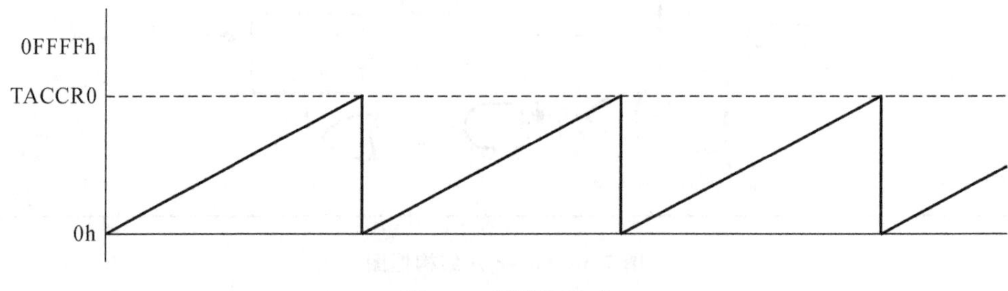

图 7-4　增计数模式

当定时器计数到 TACCR0 时，中断标志 CCIFG 置位。当计数器由 TACCR0 计数到 0 时，中断标志 TAIFG 置位。图 7-5 表示了标志位的置位情况。

2）改变周期寄存器 TACCR0

当定时器正在运行时改变 TACCR0，如果新的计数周期大于或者等于旧的计数周期，定时器将一直计数到新的计数周期。如果新的计数周期小于旧的计数周期，那么定时器 TAR 即复位回归到 0。但是，在定时器回到 0 之前会多计数一步。

3）连续计数模式

在连续计数模式中，定时器重复地计数到 0FFFFh，然后从 0 开始重新计数，如图 7-6 所示。其他捕获/比较寄存器的工作方式也一样。

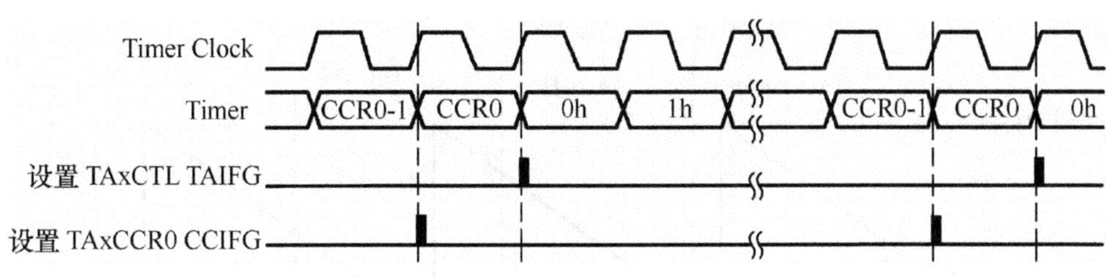

图 7-5　增计数模式标志位的置位

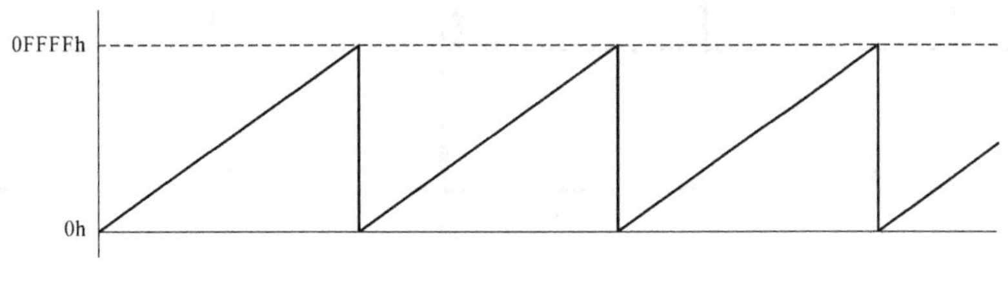

图 7-6　连续计数模式

当定时器从 0FFFFh 计数到 0 时，中断标志 TAIFG 置位，图 7-7 表示了标志位的置位情况。

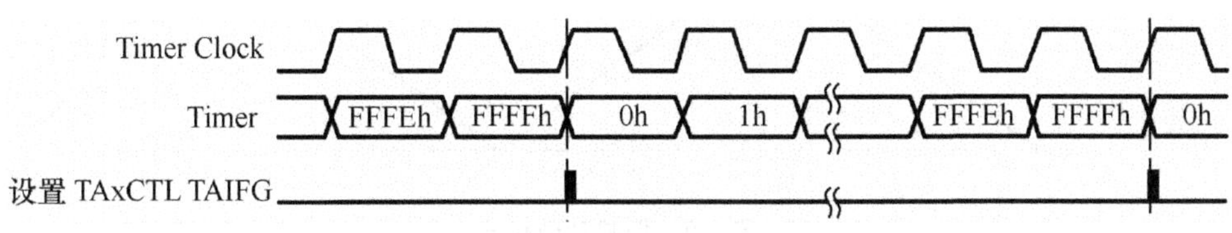

图 7-7　连续计数模式标志位的置位

4）连续计数模式的使用

连续计数模式可用来产生独立的时间间隔和输出频率。每个时间间隔完成时，产生一个中断。在中断服务子程序里，将下一个时间间隔的值写入 TACCRx 寄存器。图 7-8 显示了两个独立的时间间隔 t_0 和 t_1 写入各自的捕获/比较寄存器的情况。在此应用中，时间间隔由硬件控制，而不是软件，同时也不受中断延时的影响。使用捕获/比较寄存器，最多可以产生 7 个独立的时间间隔或者输出频率。

时间间隔也可以由其他模式产生，那时 TACCR0 作为计数周期寄存器。由于旧的 TACCRx 与新的定时周期之和比 TACCR0 的值大，因此它们的处理会复杂得多。当以前的 TACCRx 值加上 t_x 比 TACCR0 值大时，那么必须减去 TACCR0 的值以获取正确的时间间隔。

5）增减计数模式

增减计数模式在定时周期不是 0FFFFh 且需要产生对称脉冲的情况下使用。在该模式下，定时器重复地增计数到寄存器 TACCR0 的值，然后反向减计数到 0，如图 7-9 所示。计数周期是 TACCR0 值的 2 倍。

该模式下计数方向是固定的。这就使定时器停止后重新启动，定时器将按照停止时计数器的计数方向重新计数。如果不需要这样，TACLR 位必须置位，以清除计数方向。同时 TACLR 位也将清除 TAR 的值和 TACLK 分频器。

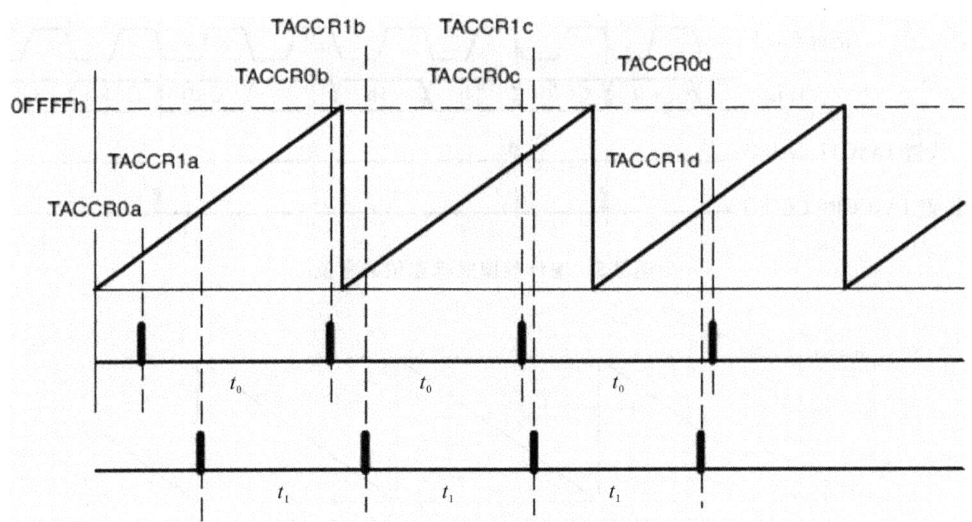

图 7-8 连续计数模式的时间间隔

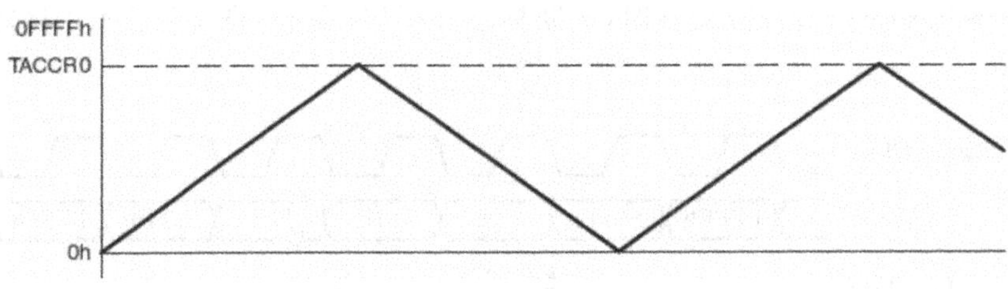

图 7-9 增减计数模式

在增减计数模式下，中断标志 TACCR0 CCIFG 和 TAIFG 在一个周期内仅置位一次，且相隔 1/2 个计数周期。当定时器 TAR 的值从 TACCR0－1 增计数到 TACCR0 时，中断标志 TACCR0 CCIFG 置位，当定时器从 0001h 减计数到 0000h 时，中断标志 TAIFG 置位。图 7-10 表示了标志位的置位情况。

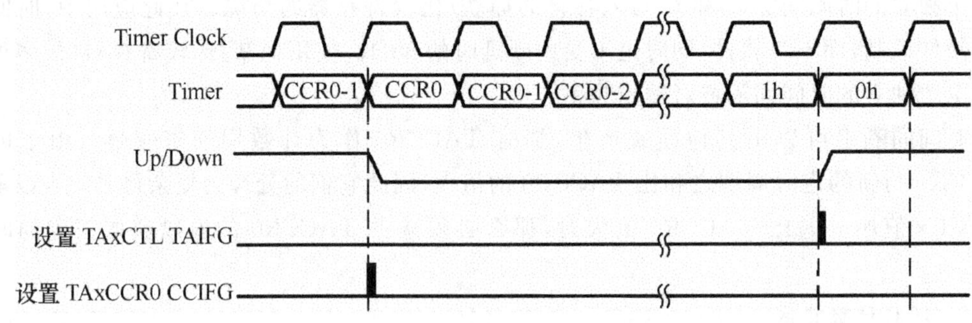

图 7-10 增减计数模式标志位的置位

6）改变周期寄存器 TACCR0

当计数器正在运行时，改变 TACCR0 的值，如果定时器正在减计数，则定时器将会继续减到 0，定时器减到 0 后，新的周期才有效。

当定时器正在增计数，新的计数周期大于或者等于原来的计数周期，或者比当前的计数值大，定时器会增计数到新的计数周期，再反向计数。当计数器正在增计数，新的计数周期小于当前的计数值，定时器立即开始减计数。但是，在定时器减计数之前有一个额外的计数。

7）增减计数模式的使用

增减计数模式支持在输出信号之间需要死区时间的应用。例如，为了避免过载情况，驱动 H 桥的两个输出不能同时为高电平。在图 7-11 所示的示例中，t_{dead}为：

$$t_{dead} = t_{timer} \times (\text{TACCR1-TACCR2})$$

其中：t_{dead}为两路同时输出时没有反应的时间；t_{timer}为定时器的时钟周期；TACCRx 为捕获/比较寄存器 x 的值。TACCRx 寄存器没有缓冲，它们写入时会立即更新。因此，任何需要的死区时间都不会自动保持。

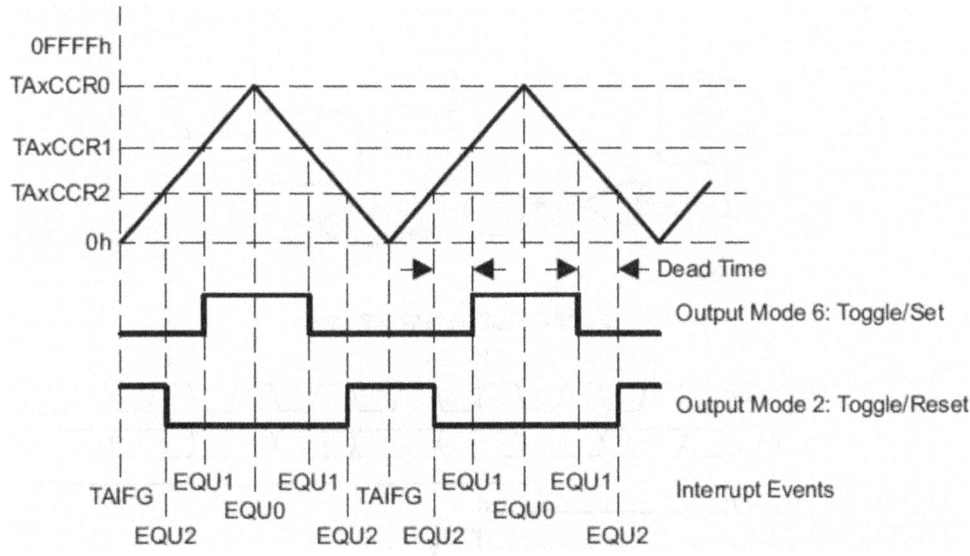

图 7-11 自动模式的输出单元

4. 捕获/比较模块

Timer_A 有多个相同的捕获/比较模块，为实时处理提供灵活的手段，每个模块都可用于捕获事件发生的时间或产生定时时长。捕获/比较模块的逻辑结构如图 7-12 所示。

1）捕获模式

当 CAP=1 时，捕获模式被选择。捕获模式用来记录事件发生的时间。它可用于速度的计算或者时间的测量。捕获输入 CCIxA 和 CCIxB 由 CCISx 位选择是与外部的引脚相连还是来自内部的信号。CMx 位选择捕获输出信号的触发沿，上升沿、下降沿或者两者都捕获。在所选择的输入信号的触发沿，一个捕获发生。如果一个捕获发生：①定时器的值被复制到 TACCRx 寄存器；②中断标志 CCIFG 置位。

输入信号的电平可以通过 CCI 位在任意时刻读取。MSP430F5xx 系列设备可由不同的信号连接 CCIxA 和 CCIxB。

捕获信号和定时器时钟可能是异步的，将会引起时间竞争。置位 SCS 位将会在下一定时器时钟内使捕获信号与定时器时钟同步。建议置位 SCS 位使捕获信号和定时器时钟同步。在图 7-13 中说明了这一点。

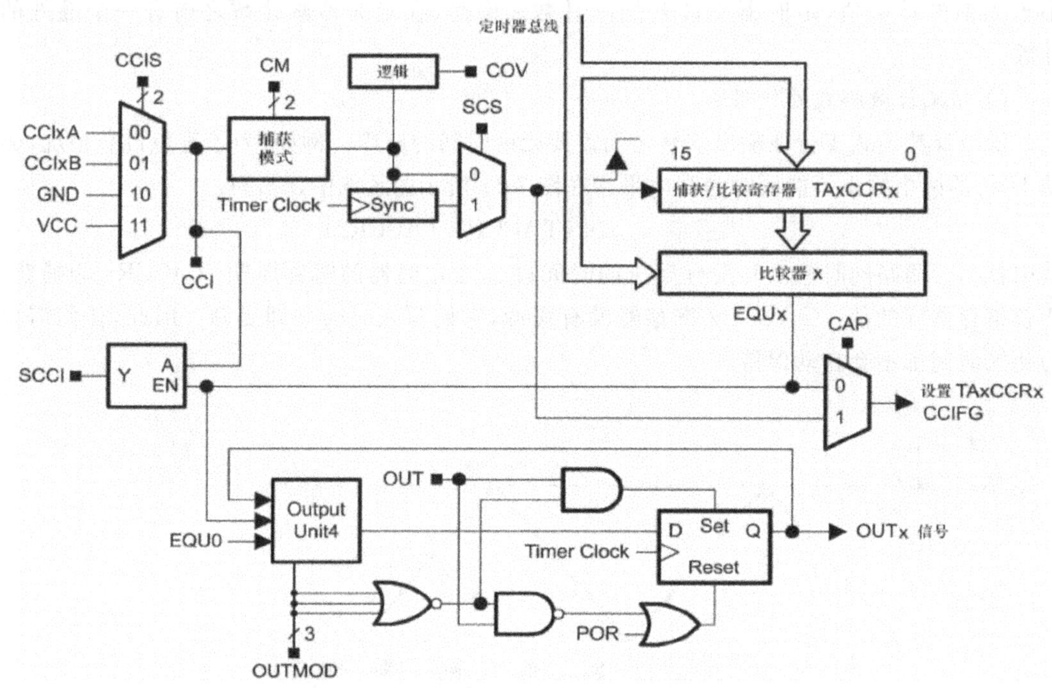

图 7-12　捕获/比较模块的逻辑结构

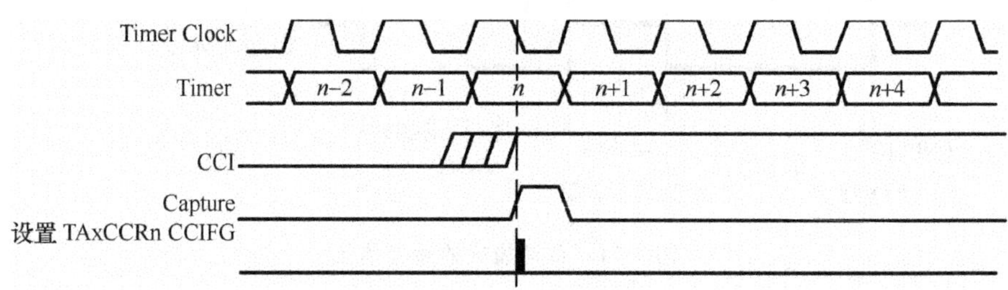

图 7-13　捕获信号(SCS=1)

在任一捕获/比较寄存器中,当在第一次捕获的值读出之前,第二次捕获发生,将会产生一个溢出逻辑。当这种情况发生时,COV 位被置位,如图 7-14 所示。COV 位必须通过软件清除。

2）软件初始化捕获

捕获可以通过软件初始化。CMx 位可以选择捕获的边沿。软件设置 CCIS1=1,切换 CCIS0 位可以使捕获信号在 V_{CC}和 GND 之间选择。每次 CCIS0 改变状态,就初始化捕获:

```
MOV # CAP+ SCS+ CCIS1+ CM_3,&TACCTLx          ;设置 TACCTLx
XOR # CCIS0,&TACCTLx                         ;TACCTLx= TAR
```

3）比较模式

当 CAP=0 时,比较模式被选择。比较模式用来产生 PWM 输出信号或者特定的时间间隔的中断。当 TAR 计数到 TACCRx 的值时:①中断标志 CCIFG 置位;②内部信号 EQUx=1;③EQUx 根据输出模式影响输出;④输入信号 CCI 被锁存在 SCCI 中。

5. 输出单元

每个捕获/比较模块都包含一个输出单元。输出单元用来产生输出信号。每个输出单

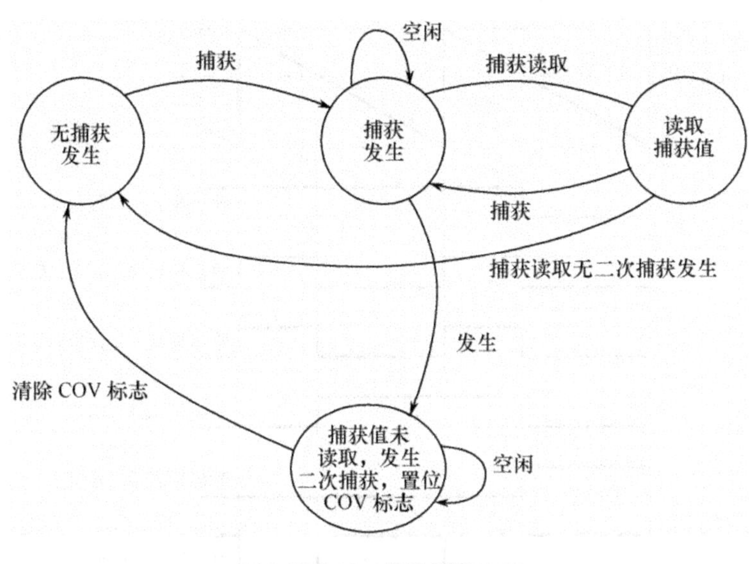

图 7-14　捕获循环

元有 8 个工作模式，可以产生基于 EQU0 和 EQUx 的各种信号。

输出模式取决于 OUTMODx 位，如表 7-2 所示。除模式 0 外，其他的输出都在定时器时钟上升沿时发生变化。输出模式 2、3、6 和 7 不适合输出单元 0，因为 EQUx＝EQU0。

表 7-2　输出模式

OUTMODx 控制位	输出控制模式	说明描述
000	输出模式 0：电平输出	定时器输出电平由 OUT 控制位的值决定
001	输出模式 1：置位	当定时计数器 TAR 计数到 TAxCCRn 时，定时器输出置位
010	输出模式 2：取反/复位	当定时计数器 TAR 计数到 TAxCCRn 时，定时器输出取反；当定时器 TAR 计数到 TAxCCRn 时，定时器输出复位
011	输出模式 3：置位/复位	当定时计数器 TAR 计数到 TAxCCRn 时，定时器输出置位；当定时计数器 TAR 计数到 TAxCCR0 时，定时器输出复位
100	输出模式 4：取反	当定时计数器 TAR 计数到 TAxCCRn 时，定时器输出取反，输出周期为双定时器周期
101	输出模式 5：复位	当定时计数器 TAR 计数到 TAxCCRn 时，定时器输出复位
110	输出模式 6：取反/置位	当定时计数器 TAR 计数到 TAxCCRn 时，定时器输出取反；当定时计数器 TAR 计数到 TAxCCR0 时，定时器输出置位
111	输出模式 7：复位/置位	当定时计数器 TAR 计数到 TAxCCRn 时，定时器输出复位；当定时计数器 TAR 计数到 TAxCCR0 时，定时器输出置位

（1）输出举例——定时器处于增计数模式。

当定时器计数到 TACCRx 或者从 TACCR0 计数到 0 时，OUTx 按选定的输出模式发生变化。如图 7-15 所示的例子，该例使用了 TACCR0 和 TACCR1。

（2）输出举例——定时器处于连续计数模式。

当定时器计数到 TACCRx 和 TACCR0 时，OUTx 按选定的输出模式发生变化。如

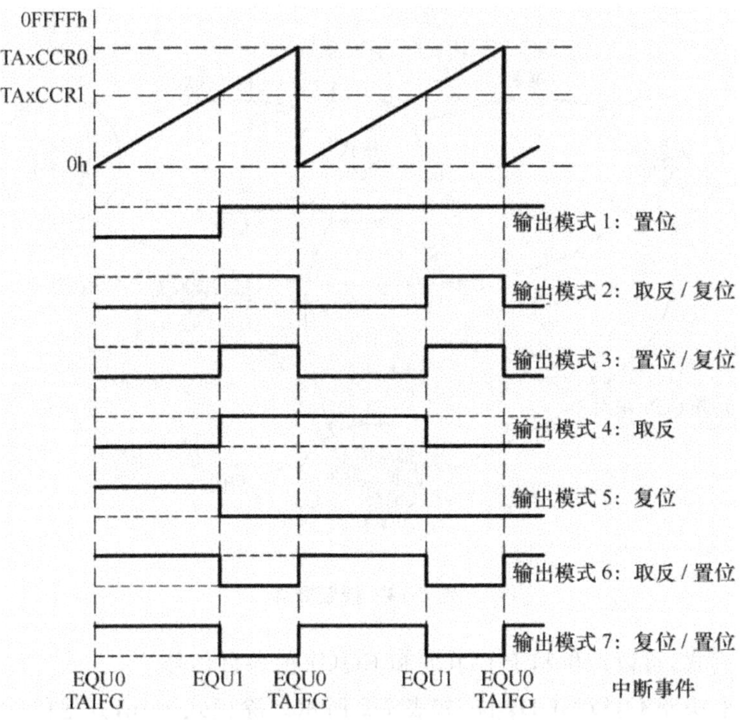

图 7-15 输出举例——定时器处于增计数模式

图 7-16所示的例子，该例使用了 TACCR0 和 TACCR1。

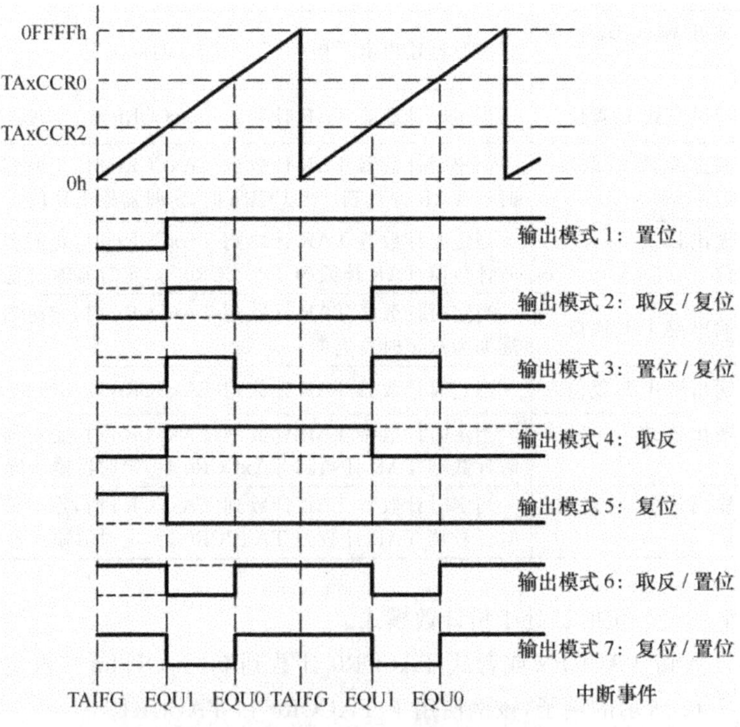

图 7-16 输出举例——定时器处于连续计数模式

（3）输出举例——定时器处于增减计数模式。

当定时器在任意计数方向上等于 TACCRx 和 TACCR0 时，OUTx 按选定的输出模式发生变化。如图 7-17 所示的例子，该例使用了 TACCR0 和 TACCR1。

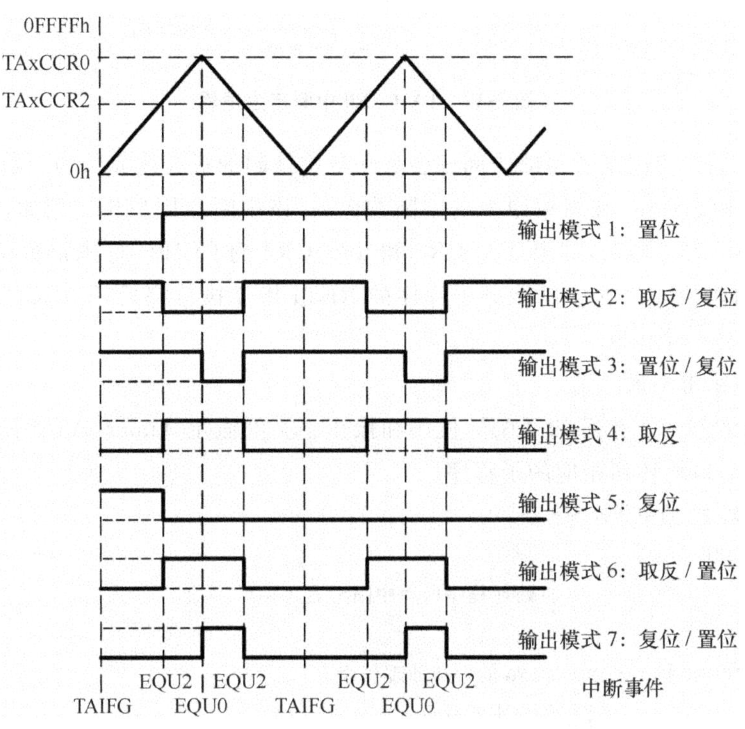

图 7-17 输出举例——定时器处于增减计数模式

6. Timer_A 中断

16 位 Timer_A 中断有两个中断向量：

① TACCR0 CCIFG 的 TACCR0 中断向量；

② 所有其他 CCIFG 标志和 TAIFG 的 TAIV 中断向量。

在捕获模式下，当一个定时器捕获到相应的 TACCRx 寄存器时，CCIFG 标志将置位。使用在比较模式下，如果 TAR 计数到相应的 TACCRx 值时，CCIFG 标志将置位。使用软件也可以置位或者复位 CCIFG 标志。当相应的 CCIE 位和 GIF 位置位时，CCIFG 标志将会产生一个中断请求。

1）TACCR0 中断

TACCR0CCIFG 拥有 Timer_A 中断最高的优先级，并且有一个专用的中断向量，如图 7-18所示。当进入 TACCR0 中断服务程序时，TACCR0 CCIFG 标志自动复位。

2）TAIV——中断向量发生器

TACCR1 CCIFG、TACCR2 CCIFG 和 TAIFG 按照优先次序共用一个中断向量。中断向量寄存器用于确定哪个标志申请中断。

最高优先级使能中断在 TAIV 寄存器中产生一个数字偏移量，这个偏移量可以用于与程序计数器自动相加，从而使系统进入相应的中断服务程序。关闭 Timer_A 中断不影响 TAIV 的值。

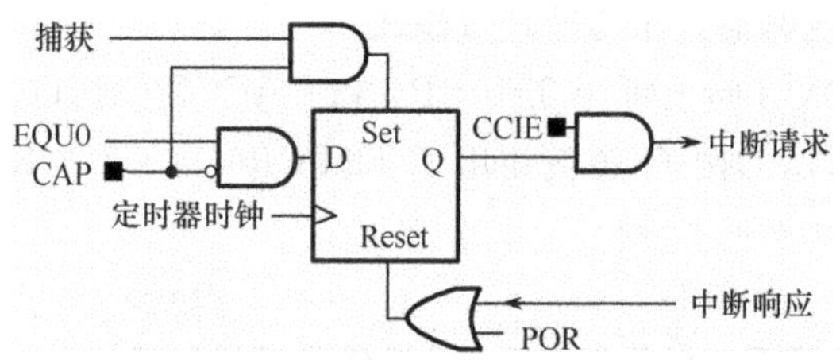

图 7-18 TAxCCR0 中断产生逻辑

任何对 TAIV 的读或者写的访问都会自动复位挂起的最高优先级的中断标志。如果另外的一个中断标志置位，在结束原来的中断响应后，该中断立即发生。例如，当中断服务子程序访问 TAIV 寄存器时，如果 TACCR1 和 TACCR2 的 CCIFG 标志都置位，TACCR1 的 CCIFG 标志自动复位。在中断服务子程序的 RETI 指令执行完后，TACCR2 的 CCIFG 标志将会产生另外一个中断。

3）TAIV 应用举例

下面的代码展示了推荐的 TAIV 使用和操作。实例假定 Timer_A3 已配置。TAIV 加上 PC 指针自动地跳转到相应的子程序。

```
;TACCR0 CCIFG 的中断处理程序
CCIFG_0_HND
;……                           ;处理程序启动中断延迟
RETI
;TAIFG,TACCR1 和 TACCR2 CCIFG 的中断处理程序
TA_HND  ...                     ;中断延迟
ADD &TAIV,PC                    ;向跳转表添加偏移量
RETI;向量 0:没有中断
JMP  CCIFG_1_HND               ;向量 2:TACCR1
JMP  CCIFG_2_HND               ;向量 4:TACCR2
RETI;向量 6:保留
RETI;向量 8:保留
RETI;向量 10:保留
RETI;向量 12:保留
TAIFG_HND                      ;向量 14:TAIFG 标志
……;任务从这里开始
RETI
CCIFG_2_HND;向量 4:TACCR2
…...;任务从这里开始
RETI;返回主程序
CCIFG_1_HND;向量 2:TACCR1
…...;任务从这里开始
RETI;返回主程序
```

7.2.3 Timer_A 寄存器

Timer_A 寄存器列表如表 7-3 所示。基地址可以在器件的数据手册里面查到，偏移地

址在表 7-3 中给出。

表 7-3 Timer_A 寄存器列表

寄存器	缩写	读写类型	访问形式	初始状态
Timer_A 控制寄存器	TACTL	读/写	字	0000h
Timer_A 捕获/比较控制寄存器	TACCTL	读/写	字	0000h
Timer_A 计数器	TAR	读/写	字	0000h
Timer_A 捕获/比较控制寄存器	TACCR	读/写	字	0000h
Timer_A 中断向量寄存器	TAIV	读/写	字	0000h
Timer_A 扩展寄存器	TAEX	读/写	字	0000h

(1) TACTL,Timer_A 控制寄存器:

15	14	13	12	11	10	9	8
保留						TASSELx	
7	6	5	4	3	2	1	0
IDx		MCx		保留	TACLR	TAIE	TAIFG

● TASSELx:Bits9~8,Timer_A 时钟源选择。

00	TACLK;	10	SMCLK;
01	ACLK;	11	INCLK。

● IDx:Bits7~6,输入分频器。这些位和 IDEXx 位一起选择输入时钟的分频。

00	/1;	10	/4;
01	/2;	11	/8。

● MCx:Bits5~4,模式控制。当 Timer_A 不用于节电模式时,设置 MCx=00h。

00　停止模式,定时器是停止的。

01　增计数模式,定时器增计数到 TACCR0。

10　连续计数模式,定时器增计数到 0FFFFh。

11　增减计数模式,定时器增计数到 TACCR0 然后减计数到 0000h。

● TACLR:Bit2,Timer_A 清除位。置位该位将复位 TAR、TACLK 分频和计数方向。该位会自动复位,且读出的值为 0。

● TAIE:Bit1,Timer_A 中断允许位。该位使能 TAIFG 中断请求。

0　中断禁止;

1　中断使能。

● TAIFG:Bit0,Timer_A 中断标志位。

0　无中断挂起;

1　有中断挂起。

(2) TAR,Timer_A 计数器:

15	14	13	12	11	10	9	8
TAR							
7	6	5	4	3	2	1	0
TAR							

TARx:Bits15～0,Timer_A 寄存器。TAR 寄存器是 Timer_A 的计数器。

(3) TACCTL,捕获/比较控制寄存器：

15	14	13	12	11	10	9	8
CMx		CCISx		SCS	SCCI	保留	CAP
7	6	5	4	3	2	1	0
OUTMODx			CCIE	CCI	OUT	COV	CCIFG

● CMx:Bits15～14,捕获模式。

00 禁止捕获模式；
01 上升沿捕获；
10 下降沿捕获；
11 上升沿与下降沿都捕获。

● CCISx:Bits13～12,捕获/比较输入选择。这些位选择 TACCRx 输入信号。

00 CCIxA；
01 CCIxB；
10 GND；
11 Vcc。

● SCS:Bit11,同步捕获源。该位用来同步定时器时钟和捕获信号。

0 异步捕获；
1 同步捕获。

● SCCI:Bit10,同步捕获/比较输入。所选择的 CCI 输入信号由 EQUx 锁存,并可通过该位读出。

● CAP:Bit8,捕获模式。

0 比较模式；
1 捕获模式。

● OUTMODx:Bits7～5,输出模式。由于 EQUx=EQU0,模式 2、3、6 和 7 不适用于 TACCR0。

000 OUT 位的值；
001 置位；
010 翻转/复位；
011 置位/复位；
100 翻转；
101 复位；
110 翻转/置位；
111 复位/置位。

● CCIE:Bit4,捕获/比较中断使能。该位使能相应的 CCIFG 标志的中断请求。

0 中断禁止；
1 中断使能。

● CCI:Bit3,捕获/比较输入。选择的输入信号能够通过该位读出。

● OUT:Bit2,输出信号。对于模式 0,该位直接控制输出状态。

0 输出低电平；
1 输出高电平。

● COV:Bit1,捕获溢出标志。该位表示一个捕获溢出发生。COV 位必须由软件复位。

0 没有捕获溢出发生；
1 捕获溢出发生。

● CCIFG:Bit0,捕获/比较中断标志。

0 没有中断挂起；
1 有中断挂起。

(4) TACCR,捕捉/比较寄存器:在捕获模式下,当满足捕获条件时硬件自动将计数器 TAxR 的数据写入 TACCRn。在比较模式下,TACCRn 与 TAxR 比较。

如果测量某窄脉冲(高电平)的脉冲宽度,可定义上升沿和下降沿都捕获。在上升沿时,捕获一个定时器数据,这个数据在捕获寄存器中读出;再等待下降沿到来,在下降沿时又捕获一个定时器数据;那么两次捕获的定时器数据差就是窄脉冲的高电平宽度。其中 CCR0 经常用作周期寄存器,其他与 CCRx 相同。

(5) TAIV,Timer_A 中断向量寄存器:

15	14	13	12	11	10	9	8
0	0	0	0	0	0	0	0
7	6	5	4	3	2	1	0
0	0	0	0	TAIV			0

TAIV:Bits15～0,Timer_A 中断向量值。其值如表 7-4 所示。

表 7-4 Timer_A 中断向量表

TAIV 值	中　断　源	中 断 标 志	中断优先级
00h	无中断发生	—	
02h	捕获/比较 1	TAxCCR1 CCIFG	最高
04h	捕获/比较 2	TAxCCR2 CCIFG	
06h	捕获/比较 3	TAxCCR3 CCIFG	
08h	捕获/比较 4	TAxCCR4 CCIFG	
0Ah	捕获/比较 5	TAxCCR5 CCIFG	
0Ch	捕获/比较 6	TAxCCR6 CCIFG	
0Eh	定时器溢出	TAxCTL TAIFG	最低

(6) TAEX,Timer_A 扩展寄存器:

15	14	13	12	11	10	9	8
保留							
7	6	5	4	3	2	1	0
保留					IDEX		

IDEX:Bits2～0,输入分频器扩展。这些位和 Idx 位一起选择输入时钟的分频。

000　/1;　001　/2;　|　100　/5;　101　/6;
010　/3;　011　/4;　|　110　/7;　111　/8。

7.2.4 应用举例

例 7-2 利用定时器 TA0,使其工作在增计数模式下,选择 ACLK 作为其参考时钟。将 P1.2 和 P1.3 引脚配置为定时器输出,且使 CCR1 和 CCR2 工作在比较输出模式 7 下,最终使 P1.2 引脚输出 75%占空比的 PWM 波形,使 P1.3 引脚输出 25%占空比的 PWM 波形。

```
# include < msp430f5529.h>
void main(void)
{
  WDTCTL= WDTPW+ WDTHOLD;                //关闭看门狗
  P1DIR |= BIT2+ BIT3;                           // P1.2 和 P1.3 设为输出
  P1SEL |= BIT2+ BIT3;                   // P1.2 和 P1.3 引脚功能选为定时器输出
  TA0CCR0= 512- 1;                               // PWM 周期定义
  TA0CCTL1= OUTMOD_7;                 // CCR1 比较输出模式 7:复位/置位
  TA0CCR1= 384;                              // CCR1 PWM 占空比定义
  TA0CCTL2= OUTMOD_7;                 // CCR2 比较输出模式 7:复位/置位
  TA0CCR2= 128;                              // CCR2 PWM 占空比定义
  TA0CTL= TASSEL_1+ MC_1+ TACLR;       // ACLK,增计数模式,清 TAxR 计数器
  _ _bis_SR_register(LPM3_bits);                 //进入 LPM3
}
```

例 7-3 利用 TA1 定时器,使其工作在捕获模式,上升沿触发捕获,参考时钟选择 SMCLK,通过中断读取定时器捕获值。将 ACLK 通过 P1.0 引脚输出,P2.0 配置为定时器捕获输入。

```
# include < msp430f5529.h>
void main(void)
{
  WDTCTL= WDTPW+ WDTHOLD;                 //关闭看门狗
  P1DIR |= BIT0;
  P1SEL |= BIT0;                          //将 P1.0 引脚配置为 ACLK 输出
  P2DIR &= ~ BIT0;
  P2SEL |= BIT0;                      //将 P2.0 引脚配置为定时器捕获输入
  TA1CTL= TASSEL_2+ MC_2+ TACLR;          // TA1 计数器时钟 SMCLK,连续计数模式,清除 TAR
  TA1CCTL1= CM1_1+ SCS+ CAP+ CCIE;        //上升沿捕获,同步捕获,捕获模式,CC 中断使能
  _ _bis_SR_register(LPM0_bits+ GIE);         //进入 LPM0,使能全局中断
}
```

例 7-4 设 ACLK=TACLK=LFXT1=32768 Hz,MCLK=SMCLK=DCO=32×ACLK=1.048576 MHz,要求从 P5.1 输出一个方波。

```
# include < msp430x55xx.h>
void main(void)
  { WDTCTL= WDTPW+ WDTHOLD;
    P5DIR |= 0x02;                            // P5.1 输出
    TA0CTL= TASSEL_0+ MC0_1+ TACLR;        // ACLK,Timer_A 增计数模式,清除 TAR
    CCR0= 1000;                               //设置定时周期
    CCTL0= CCIE;                          // TA0 捕获/比较中断使能
    EINT();
    for (;;)
      {
        _BIS_SR(LPM3_bits);                 //进入 LPM3
```

```
            _NOP();                                     //等待
        }
    }
// Timer_A0 中断服务程序
# pragma vector= TIMERA0_VECTOR
__interrupt void Timer_A0 (void)
    {
      P5OUT ^= 0x02;                                    //取反 P5.1
    }
```

7.3 RTC 控制器

7.3.1 实时时钟介绍

实时时钟模块提供了一个可以配置成一般目的计数器的日历时钟。

实时时钟模块结构框图如图 7-19 所示。由图 7-19 可知，实时时钟模块主要包含两个预分频计数器(RT0PS 和 RT1PS)、一个级联 32 位计数器、日历模式时间寄存器及闹钟寄存器。

实时时钟的主要特点如下：

① 可配置成实时时钟模式或者一般目的的计数器；

② 在日历模式中提供了秒、分、小时、星期、日期、月份和年份；

③ 具有中断能力；

④ 实时时钟模式里可选择 BCD 码或者二进制格式；

⑤ 实时时钟模式里具有可编程闹钟报警模式；

⑥ 实时时钟模式里具有时间偏差的逻辑校正。

7.3.2 实时时钟操作

实时时钟模块可以通过设置 RTCMODE 位配置成具有日历功能的实时时钟或者一个 32 位的通用计数器。

1. 计数器模式

当 RTCMODE 复位时，选择计数器模式。在这个模式中，提供了一个可以通过软件直接访问的 32 位的计数器。从日历模式切换到计数器模式会复位计数器(RTCNT1、RTCNT2、RTCNT3、RTCNT4）的值，以及预分频计数器(RT0PS、RT1PS)。

时钟的时钟源可源于 ACLK、SMCLK 或者是分频之后的 ACLK 或 SMCLK。分频之后的时钟，源自通过预分频计数器 RT0PS、RT1PS 分频后的 ACLK 或 SMCLK。RT0PS 和 RT1PS 分别能输出 ACLK 和 SMCLK 的 2 分频、4 分频、8 分频、16 分频、32 分频、64 分频、128 分频、256 分频。RT0PS 的输出可以与 RT1PS 进行级联。级联的输出可作为 32 位计数器的时钟源。

4 个独立的 8 位计数器级联成为 32 位的计数器。这能提供计数时钟的 8 位、16 位、24 位、32 位溢出间隔。RTCTEV 位选择各自的触发条件。置位 RTCTEVIE 位之后，一个 RTCTEV 事件能够触发一个中断。计数器 RTCNT1 到 RTCNT4，每一个都可以单独访问，并可被写入。

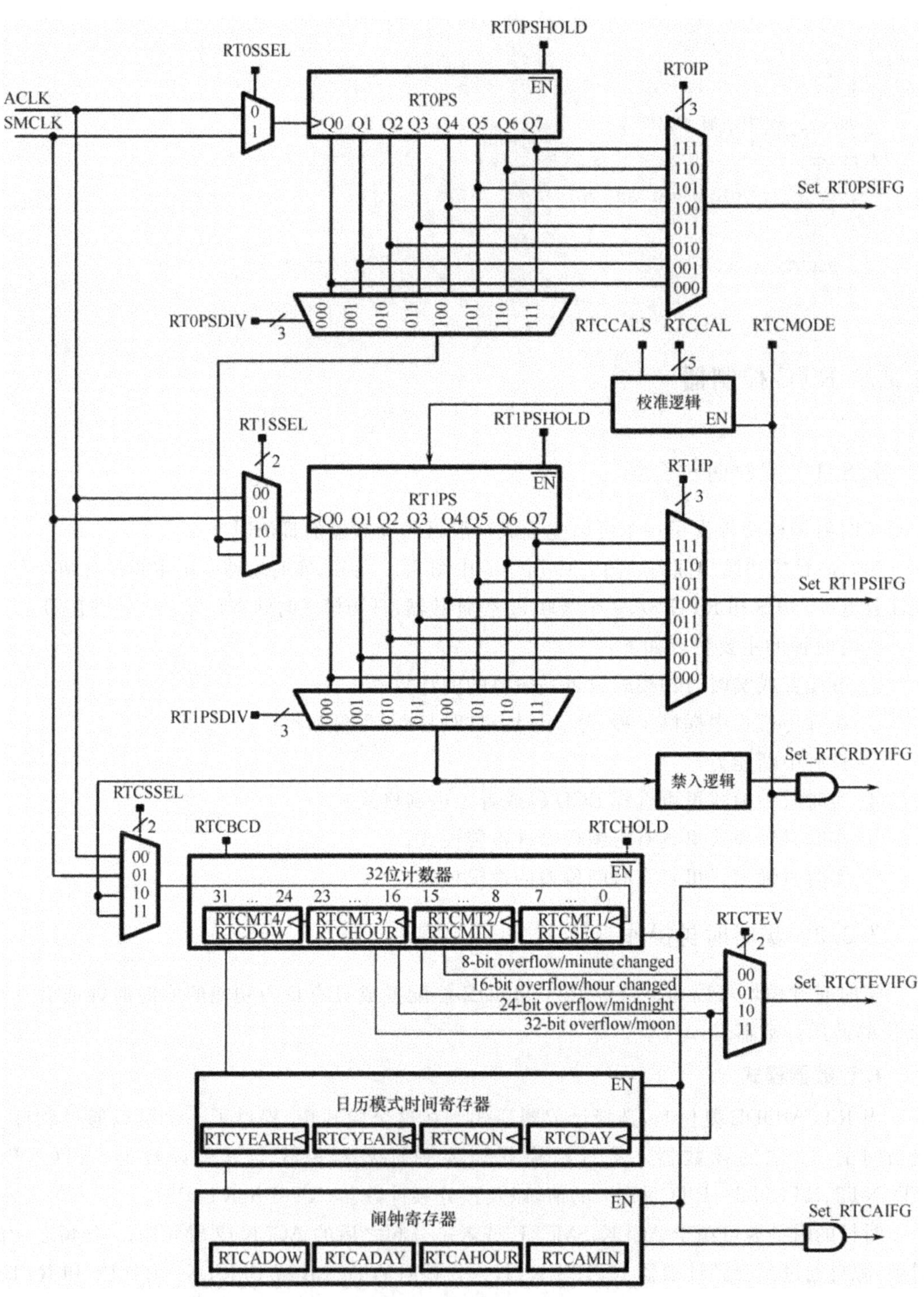

图 7-19　实时时钟模块结构框图

RT0PS 和 RT1PS 可以被配置成两个 8 位的计数器，或者级联成一个 16 位的计数器。通过设置各自的 RT0PSHOLD 和 RT1PSHOLD 位，RT0PS 和 RT1PS 可以暂停功能，还原为独立的模块。当 RT0PS 和 RT1PS 级联的时候，通过置位 RT0PSHOLD 可以导致 RT0PS 和 RT1PS 同时停止。根据不同的配置，32 位的计数器可以有不同的方法被停止。

如果32位的计数器时钟源直接源于ACLK或者SMCLK，则可以通过置位RTCHOLD而被停止；如果它是源于RT1PS的输出，则可以通过置位RT1PSHOLD或者RTCHOLD而被停止；最后，如果它源于RT0PS和RT1PS的级联，则通过置位RT0PSHOLD、RT1PSHOLD或者RTCHOLD而被停止。

2. 日历模式

当RTCMODE置位的时候，日历模式就被选中了。在日历模式中，实时时钟模块可选择以BCD码或者是十六进制提供秒、分、小时、星期、日期、月份和年份。日历能判断闰年，这个算法可以精确到1901年到2099年。

1）实时时钟和预分频

分频器自动将RT0PS和RT1PS配置成实时时钟，该时钟提供一秒的间隔时间。RT0PS源于ACLK，为了使实时时钟日历能正确运行，ACLK频率必须是32768 Hz。RT1PS与RT0PS的ACLK的256分频输出进行级联。实时时钟源于RT1PS的128分频输出，因而提供所需的一秒的时钟间隔。从日历模式切换到计数器模式时，会将秒、分、小时、星期、日期、月份和年份计数器全部置1。另外，RT0PS和RT1PS也会被清零。

当RTCBCD=1时，日历寄存器就会被选为BCD码格式。必须在时间设置之前选择好格式。改变RTCBCD的状态会将秒、分、小时、星期、月份和年份全部置1。另外，RT0PS和RT1PS也会被清零。在日历模式下，我们不用理会RT0SSEL、RT1SSEL、RT0PSDIV、RT1PSDIV、RT0PSHOLD、RT1PSHOLD和RTCSSEL位。置位RTCHOLD会停止实时计数器、分频计数器以及RT0PS、RT1PS。

2）实时时钟的闹钟功能

实时时钟模块提供了一个灵活的闹钟系统。该模块有一个独立的、用户可编程控制的闹钟，在设置闹钟的秒、分、小时、星期、日期、月份和年份寄存器的基础上进行编程设置。用户可编程闹钟功能只有在日历模式运行的时候才有效。

每一个闹钟寄存器包含一个闹钟使能位，AE可用来使能这个相应的闹钟寄存器。通过设置不同的闹钟寄存器的AE位，可以生成多种闹钟。

- Example1：一个用户需要在每一小时的15分钟（也就是00:15:00、01:15:00、02:15:00等时刻）进行一次闹钟提醒。只要将RTCAMIN设置成15即可实现上述功能要求。通过设置RTCAMIN的AE位和清除闹钟寄存器的其他所有AE位，就会使能闹钟。使能时，AF位就会在00:14:59到00:15:00、01:14:59到01:15:00、02:14:59到02:15:00等时刻被置位。
- Example2：一个用户希望设一个闹钟在每天00:04:00时刻响起。将RTCAHOUR置位成4即可实现上述功能。通过设置RTCHOUR的AE位和复位闹钟寄存器的其他所有AE位，就会使能闹钟。当使能后，AF就会在03:59:59到04:00:00时刻被置位。
- Example3：一个用户希望设一个闹钟在每天06:30:00时刻响起。将RTCAHOUR设置成6，将RTCAMIN设置成30即可实现上述功能。通过设置RTCAHOUR和RTCAMIN的AE位，即可使能闹钟。一旦闹钟使能，AF位将会在每一个06:29:59到06:30:00的过渡时刻被置位。在这种情形下，每天的06:30:00闹钟都会响起。
- Example4：一个用户希望在每一个星期二的06:30:00时刻闹钟响起。将RTCADOW设置成2，将RTCAHOUR设置成6，将RTCAMIN设置成30即可实现上述功能。通过设置 RTCADOW、RTCAHOUR 和 RTCAMIN 的 AE 位，闹钟即被使能。一旦使能，AF 位将会在 RTCDOW 位从 1 到 2 的过渡后和 06:29:59 到 06:30:00 的过渡时刻被置位。

● Example5：一个用户希望在每一个月份的第五天的 06:30:00 时刻进行一次闹钟提醒。将 RTCADAY 设置成 5，将 RTCAHOUR 设置成 6，将 RTCAMIN 设置成 30 即可实现上述功能。通过设置 RTCADAY、RTCAHOUR 和 RTCAMIN 的 AE 位，闹钟即被使能。一旦使能，AF 位将在 06:29:59 到 06:30:00 的过渡时刻和 RTCADAY 等于 5 的时刻被置位。

3）在日历模式下读写实时时钟寄存器

因为系统时钟和实时时钟的时钟源可能是异步的，所以在访问实时时钟寄存器的时候要格外小心。

在日历模式下，实时时钟寄存器每一秒钟更新一次。为了防止在更新的时候读取到的实时时钟的数据是错误的，模块提供了一个禁止进入的窗口。在禁止进入窗口期间和设置禁止进入窗口期间，只读 RTCRDY 位是复位状态。在 RTCRDY 位复位的时候，对时钟寄存器的任何读取都被认为是无效的，并且时间读取被忽略。

一个简单而安全读取实时时钟寄存器的方法是利用 RTCRDYIFG 中断标志位。置位 RTCRDYIE 位使能 RTCRDYIFG 中断。一旦中断使能，在 RTCRDY 位上升沿的时候将会产生中断，致使 RTCRDYIFG 被置位。在这一点上，这一应用几乎有完整的一秒钟安全地去读取任一个实时时钟寄存器。这一同步的处理方式防止在时间跳变的过程中读取时间值。当中断得到响应的时候，RTCRDYIFG 会自动复位，也可以由软件复位。

在计数器模式下，RTCRDY 位保持复位。可以不关心 RTCRDYIE 位，并且使 RTCRDYIFG 维持复位状态。

对任何计数寄存器的写操作都是瞬时有效的。然而在写的过程中，计数器是停止的。另外，RT0PS 和 RT1PS 寄存器是复位状态。这有可能导致在写操作的过程中丢失近一秒钟。合法数据范围之外的写操作和不正确的时间结合，将会导致不可预见的行为结果。

3. 实时时钟中断

实时时钟模块有 5 个中断源，每一个中断源都有独立的使能位和标志位。

1）日历模式中的实时时钟中断

在日历模式中，有 5 个中断源是可用的，分别是 RT0PSIFG、RT1PSIFG、RTCRDYIFG、RTCTEVIFG 和 RTCAIFG。这些中断标志具有优先次序，结合成为一个独立的中断向量。中断向量寄存器 RTCIV 用来决定哪一个中断标志请求被响应。

最高优先级使能中断在 RTCIV 寄存器里产生一个数字偏移量。这个偏移量被累加到程序计数器 PC 后能跳转到相应的程序支路上。禁止实时时钟中断，不会影响 RTCIV 中的值。

任何访问，读或者写 RTCIV 寄存器都会自动复位最高位中断标志位。如果一个中断标志位被置位了，在响应完之前的中断之后，另一个中断会立即生成。另外，所有的标志位都可以通过软件清除。

用户可编程的闹铃事件是实时时钟中断 RTCAIFG 的触发源。置位 RTCAIE 位就使能了中断功能。对于这个用户可编程的闹铃，RTC_A 模块还提供了一个定时时间间隔，这个时间间隔能够触发实时时钟中断,置位 RTCTEVIFG。时间间隔可以也由用户自由选择,定时时间来临时会引发一个闹铃事件,比如 RTCMIN、RTCHOUR 内的值变化了,每天的 0 点时刻(00:00:00),或者每天的正午时刻(12:00:00)。触发事件可由 RTCTEV 位进行选择,置位 RTCTEVIE 位就使能了中断。RTCRDY 位触发实时时钟中断 RTCRDYIFG,这个功能在同步系统时钟和读时间寄存器时比较有用。置位 RTCRDYIE 位会使能中断。

通过 RT0IP 位,可以选择使 RT0PSIFG 位用来生成间接中断。在日历模式下,RT0PS 的时钟源是 32768 Hz 的 ACLK,所以可以产生 16384 Hz、8192 Hz、4096 Hz、2048 Hz、1024 Hz、512 Hz、256 Hz 和 128 Hz 的间隔频率。设置 RT0PSI 位可以使能中断。

通过 RT1IP 位,可以选择使 RT1PSIFG 位用来生成间接中断。在日历模式中,RT1PS 位源自 RT0PS 位的 128 Hz(32768/256 Hz)输出。因此可以产生 64 Hz、32 Hz、16 Hz、8 Hz、4 Hz、2 Hz、1 Hz 或者 0.5 Hz 的间隔频率。设置 RT1PSIE 位可以使能中断。

2) 计数器模式中的实时时钟中断

在计数器模式中,有三个中断源是可用的,分别是 RT0PSIFG、RT1PSIFG 和 RTCTEVIFG。RTCAIFG 位和 RTCRDYIFG 位被清除。RTCRDYIE 和 RTCAIE 位可以忽略。

通过设置 RT0IP 位,可以选择使 RT0PSIFG 位用来生成间接中断。在计数器模式下,RT0PS 位的时钟源源自 ACLK 或者 SMCLK,也可以以基于 ACLK 或者 SMCLK 时钟源的 2 分频、4 分频、8 分频、16 分频、32 分频、64 分频、128 分频和 256 分频作为时钟源频率。设置 RT0PSIE 位可以使能中断。

通过设置 RT1IP 位,可以选择使 RT1PSIFG 位用来生成间接中断。在计数器模式下,RT1PS 位的时钟源源于 ACLK、SMCLK 或者是 RT0PS 位的输出,也可以是以上时钟源的 2 分频、4 分频、8 分频、16 分频、32 分频、64 分频、128 分频和 256 分频后产生新的时钟源作为时钟。设置 RT1PSIE 位可以使能中断。

实时时钟模块提供了一个能触发实时时钟中断(RTCTEVIFG)的定时器。这个定时器是 32 位的,它可以被配置成 8 位、16 位、24 位或者 32 位中的一种,溢出时引发一个触发事件。触发事件可由 RTCTEV 位进行选择,置位 RTCTEVIE 位就使能了中断。

4. 实时时钟校准

实时时钟具有校准逻辑,它会允许基于标准晶振振荡频率以便保持更高精度的时间。RTCCALx 位是用来校准频率的。

RTCCALx 位用来调整频率。当 RTCCALS 位置位之后,每一个 RTCCALx 低位会导致 $+4\times10^{-6}$ 的校准。当 RTCCALS 位被清零时,每一个 RTCCALx 低位会导致 -2×10^{-6} 的校准。

为了校准频率,可以将 RTCCLK 信号从相应的引脚输出。RTCCALF 位可以用来选择输出信号的频率。在校准过程中,RTCCLK 位是可以被测量的。测量的结果可以应用到 RTCCALS 和 RTCCALx 位来有效地降低时钟的最初偏置。比如说,假使 RTCCLK 位的输出频率是 512 Hz。RTCCLK 位的测量值是 511.9658 Hz。这里的频率误差很低,约为 6.7×10^{-5}。为了提高频率校正 6.7×10^{-5} 误差,RTCCALS 位将要被置位,并且 RTCCALx 位也要被设置成 17(67/4)。在计数器模式下(RTCMODE=0),校准逻辑是禁止的。

7.3.3 实时时钟寄存器

实时时钟模块寄存器如表 7-5 所示，实时时钟模块最基本的寄存器可以在器件数据手册里查到。

表 7-5 实时时钟模块寄存器

寄存器	缩写	读/写类型	访问格式	偏移地址	初始状态
RTC 控制寄存器 0	RTCCTL0	读/写	字节	00h	40h
RTC 控制寄存器 1	RTCCTL1	读/写	字节	01h	00h
RTC 控制寄存器 2	RTCCTL2	读/写	字节	02h	00h
RTC 控制寄存器 3	RTCCTL3	读/写	字节	03h	00h
RTC 秒寄存器	RTCSEC	读/写	字节	10h	未定义
RTC 分寄存器	RTCMIN	读/写	字节	11h	未定义
RTC 时寄存器	RTCHOUR	读/写	字节	12h	未定义
RTC 星期寄存器	RTCDOW	读/写	字节	13h	未定义
RTC 日寄存器	RTCDAY	读/写	字节	14h	未定义
RTC 月寄存器	RTCMON	读/写	字节	15h	未定义
RTC 年寄存器	RTCYEAR	读/写	字	16h	未定义
RTC 分闹钟设置寄存器	RTCAMIN	读/写	字节	18h	未定义
RTC 时闹钟设置寄存器	RTCAHOUR	读/写	字节	19h	未定义
RTC 星期闹钟设置寄存器	RTCADOW	读/写	字节	1Ah	未定义
RTC 日闹钟设置寄存器	RTCADAY	读/写	字节	1Bh	未定义
预分频定时器 0 控制寄存器	RTCPS0CTL	读/写	字	08h	0100h
预分频定时器 1 控制寄存器	RTCPS1CTL	读/写	字	0Ah	0100h
预分频定时器 0 计数寄存器	RTC0PS	读/写	字	0Ch	未定义
预分频定时器 1 计数寄存器	RTC1PS	读/写	字	0Ch	未定义
RTC 中断向量寄存器	RTCIV	只读	字	0Eh	0000h

下面对 RTC 寄存器的使用和设置进行详细说明。

(1) RTCCTL0，RTC 控制器寄存器 0：

7	6	5	4	3	2	1	0
保留	RTCTEVIE	RTCAIE	RTCRDYIE	保留	RTCTEVIFG	RTCAIFG	RTCRDYIFG

- RTCTEVIE：Bit6，实时时钟事件中断使能位。

0　中断禁止；

1　中断使能。

- RTCAIE：Bit5，实时时钟闹铃中断使能位。该位在日历模式下始终为 0。

0　中断禁止；

1　中断使能。

● RTCRDYIE:Bit4,实时时钟读取准备中断使能位。

0　中断禁止;

1　中断使能。

● RTCTEVIFG:Bit2,实时时钟事件标志位。

0　没有时钟事件发生;

1　有时钟事件发生。

● RTCAIFG:Bit1,实时时钟闹铃标志位。在日历模式下,该位为0。

0　没有时钟事件发生;

1　有时钟事件发生。

● RTCRDYIFG:Bit0,实时时钟数据安全读取位。

0　实时时钟数据不能安全读取;

1　实时时钟数据可以安全读取。

(2) RTCCTL1,RTC控制器寄存器1:

7	6	5	4	3	2	1	0
RTCBCD	RTCHOLD	RTCMODE	RTCRDY	RTCSSEL		RTCTEV	

● RTCBCD:Bit7,实时时钟BCD选择位。该应用仅限于日历模式。在计数模式下,该项设置是无效的。改变该位时会使得秒、分、时、周、年清零,使得天和月变成1。

0　二进制/十六进制形式;

1　BCD形式。

● RTCHOLD:Bit6,实时时钟禁止位。

0　实时时钟(32位计数器或者是日历模式)正在运作。

1　在计数模式下,(RTCMODE=0)只在32位计数器停止;在日历模式下(RTCMODE=1),日历停止,就像预分频计数器、RT0PS和RT1PS,RT0PSHOLD和RT1PSHOLD位不起作用一样。

● RTCMODE:Bit5,实时时钟模式。

0　32位计数器模式。

1　日历模式。在日历模式与计数模式之间的切换会复位实时时钟/计数器寄存器。切换到日历模式会将秒、分、小时、星期和年清零,将日期和月份置1。实时时钟模块寄存器需要后来被软件设置。基本定时器计数器BT0CNT和BT1CNT也会被清除。

● RTCRDY:Bit4,实时时钟准备位。

0　实时时钟值在转换过渡(日历模式)。

1　实时时钟值可安全读取(日历模式)。这个位指示实时时钟里的值能被安全读取(日历模式)。在计数器模式下,RTCRDY保持清零。

RTCSSEL:Bits3~2,实时时钟源选择位。选择RTC/32计数器的输入时钟源。在RTC日历模式下这两位是无效的,时钟输入是自动地设置到RT1PS输出。

00　ACLK;

10　来自PT1PS输出;

01　　SMCLK；　　　　11　　来自 PT1PS 输出。

● RTCTEV：Bits1～0，RTC 时间事件选择位。在计数模式和日历模式下的控制位设置如表 7-6 所示。

表 7-6　RTCTEV 控制位设置

RTC 模式	RTCTEV	中断间隔
计数模式 （RTCMODE＝0）	00	8 位溢出
	01	16 位溢出
	10	24 位溢出
	11	32 位溢出
日历模式 （RTCMODE＝1）	00	分钟跳变
	01	小时跳变
	10	每天凌晨（00：00）
	11	每天正午（12：00）

（3）RTCCTL2，RTC 控制寄存器 2：

7	6	5	4	3	2	1	0
RTCCALS	保留	RTCCAL					

● RTCCALS：Bit7，实时时钟补偿标志位。

0　　频率下调；

1　　频率上调。

● RTCCAL：Bits5～0，实时时钟补偿位。最低位 LSB 表示大概为 $+4\times10^{-6}$（RTCCALS＝1）或者 -2×10^{-6}（RTCCALS＝0）调整频率。

（4）RTCCTL3，RTC 控制寄存器 3：

7	6	5	4	3	2	1	0
保留						RTCCALF	

● RTCCALF：Bits1～0，RTC 频率校准位。

校准测量时，选择频率输出到 RTCCLK 引脚上。相对应的端口必须配置为外围模块功能。RTCCLK 在计数模式下不可用，此时保持为低电平且 RTCCALF 位的值无效。

00　　没有频率输出到 RTCCLK 引脚；

01　　512 Hz；

10　　256 Hz；

11　　1 Hz。

（5）RTCNT1，RTC 计数器 1——计数模式：

7	6	5	4	3	2	1	0
RTCNT1							

- RTCNT1:Bits7～0,RTCNT1x 寄存器用于对 RTCNT1 的计数。

(6) RTCNT2:RTC 计数器 2——计数模式:

7	6	5	4	3	2	1	0
RTCNT2							

- RTCNT2:Bits7～0,RTCNT2x 寄存器对 RTCNT2 的计数。

(7) RTCNT3,RTC 计数器 3——计数模式:

7	6	5	4	3	2	1	0
RTCNT3							

- RTCNT3:Bits7～0,RTCNT3x 寄存器对 RTCNT3 的计数。

(8) RTCNT4,RTC 计数器 4——计数模式:

7	6	5	4	3	2	1	0
RTCNT4							

- RTCNT4:Bits7～0,RTCNT4x 寄存器用于对 RTCNT4 的计数。

(9) RTCSEC,RTC 秒寄存器——十六进制日历模式:

7	6	5	4	3	2	1	0
0	0	秒(0～59)					

(10) RTCSEC,RTC 秒寄存器——BCD 格式日历模式:

7	6	5	4	3	2	1	0
0	秒(高位 0～5)			秒(低位 0～9)			

(11) RTCMIN,RTC 分寄存器——十六进制日历模式:

7	6	5	4	3	2	1	0
0	0	分(0～59)					

(12) RTCMIN,RTC 分寄存器——BCD 格式日历模式:

7	6	5	4	3	2	1	0
0	分(高位 0～5)			分(低位 0～9)			

(13) RTCHOUR,RTC 时寄存器——十六进制日历模式:

7	6	5	4	3	2	1	0
0	0	0	时(0～24)				

(14) RTCHOUR,RTC 时寄存器——BCD 格式日历模式：

7	6	5	4	3	2	1	0
0	0	时(高位 0～2)		时(低位 0～9)			

(15) RTCDOW,RTC 星期寄存器——日历模式：

7	6	5	4	3	2	1	0
0	0	0	0	0	星期(0～6)		

(16) RTCDAY,RTC 天寄存器——十六进制日历模式：

7	6	5	4	3	2	1	0
0	0	0	日(1～28、29、30、31)				

(17) RTCDAY,RTC 天寄存器——BCD 格式日历模式：

7	6	5	4	3	2	1	0
0	0	日(高位,0～3)		日(低位,0～9)			

(18) RTCMON,RTC 月寄存器——十六进制日历模式：

7	6	5	4	3	2	1	0
0	0	0	0	月(1～12)			

(19) RTCMON,RTC 月寄存器——BCD 格式日历模式：

7	6	5	4	3	2	1	0
0	0	0	月(高位,0～1)	月(低位,0～9)			

(20) RTCYEARL,RTC 低字节年寄存器——十六进制日历模式：

7	6	5	4	3	2	1	0
年(低 8 位字节)							

(21) RTCYEARL,RTC 低字节年寄存器——BCD 格式日历模式：

7	6	5	4	3	2	1	0
十年(0～9)				年(最低位,0～9)			

(22) RTCYEARH,RTC 高字节年寄存器——十六进制日历模式：

7	6	5	4	3	2	1	0
0	0	0	0	年—高 4 位字节			

(23) RTCYEARH,RTC 高字节年寄存器——BCD 格式日历模式:

7	6	5	4	3	2	1	0
0	世纪(高位数,0~4)			世纪(低位数,0~9)			

(24) RTCAMIN,RTC 分闹钟设置寄存器——十六进制日历模式:

7	6	5	4	3	2	1	0
AE	0	分(0~59)					

(25) RTCAMIN,RTC 分闹钟设置寄存器——BCD 格式日历模式:

7	6	5	4	3	2	1	0
AE	分(高位数,0~5)			分(低位数,0~9)			

(26) RTCAHOUR,RTC 时闹钟设置寄存器——十六进制日历模式:

7	6	5	4	3	2	1	0
AE	0	0	时(0~24)				

(27) RTCAHOUR,RTC 时闹钟设置寄存器——BCD 格式日历模式:

7	6	5	4	3	2	1	0
AE	0	时(高位,0~2)		时(低位,0~9)			

(28) RTCADOW,RTC 星期闹钟设置寄存器——日历模式:

7	6	5	4	3	2	1	0
AE	0	0	0	0	星期(0~6)		

(29) RTCADAY,RTC 日闹钟设置寄存器——十六进制日历模式:

7	6	5	4	3	2	1	0
AE	0	0	日(1~28、29、30、31)				

(30) RTCADAY,RTC 日闹钟设置寄存器——日历模式:

7	6	5	4	3	2	1	0
AE	0	时(高位,0~3)		时(低位,0~9)			

(31) RTCPS0CTL,RTC 预分频定时器 0 控制寄存器:

15	14	13	12	11	10	9	8
保留	RT0SSEL	RT0PSDIV			保留	保留	RT0PSHOLD
7	6	5	4	3	2	1	0
	保留		RT0IP			RT0PSIE	RT0PSIFG

● RT0SSEL:Bit14,预分频定时器 0 的时钟源选择位。选择时钟源输入 RT0PS 计数器。在 RTC 日历模式下这些是无效的。RT0PS 时钟输入自动默认为 ACLK。RT1PS 时钟输入自动默认设置为 RT0PS。

0　ACLK;

1　SMCLK。

● RT0PSDIV:Bits13～11,预分频定时器 0 分频位。这些位控制 PT0PS 计数器的分频数。在 RTC 日历模式下,这些位对于 RT0PS 和 PT1PS 是无效的。

000　/2;　001　/4;　|　100　/32;　101　/64;

010　/8;　011　/16;　|　110　/128;　111　/256。

● RT0PSHOLD:Bit8,预分频定时器 0 保持态。在 RTC 时钟日历模式下,该位是无效的。RT0PS 停止是由 RTCHOLD 位控制。

0　RT0PS 运行;

1　RT0PS 保持。

● RT0IP:Bits4～2,预分频定时器 0 中断间隔位。

000　/2;　|　001　/4;

010　/8;　|　011　/16;

100　/32;　|　101　/64;

110　/128;　|　111　/256。

● RT0PSIE:Bit1,预分频定时器 0 中断使能位。

0　中断禁止;

1　中断使能。

● RT0PSIFG:Bit0,预分频定时器 0 中断标志位。

0　没有时间事件发生;

1　有时间事件发生。

(32) RTCPS1CTL,RTC 预分频定时器 1 控制寄存器:

15	14	13	12	11	10	9	8
RT1SSEL		RT1PSDIV			保留		RT1PSHOLD
7	6	5	4	3	2	1	0
保留			RT1IP			RT1PSIE	RT1PSIFG

● RT1SSEL:Bits15～14,预分频定时器 1 时钟源选择位。选择 RT1PS 计数器时钟源。在 RTC 日历模式下这些位是无效的。RT1PS 时钟输入自动默认为 RT0PS 的输出。

00　ACLK;　|　10　RT0PS 输出;

01　SMCLK;　|　11　RT0PS 输出。

● RT1PSDIV:Bits13～11,预分频定时器 1 时钟分频器位,这些位控制 PT0PS 计数器的分频值。在 RTC 日历模式下对于 RT0PS 和 PT1PS 这些位是无效的。

000　/2;　|　001　/4;

010	/8；	011	/16；
100	/32；	101	/64；
110	/128；	111	/256。

- RT1PSHOLD：Bit8，预分频定时器 1 保持位。在 RTC 时钟日历模式下该位是无效的。RT1PS 停止是由 RTCHOLD 位控制的。

RT1IP：Bits4～2，预分频定时器 1 中断间隔位。

000	/2；	001	/4；
010	/8；	011	/16；
100	/32；	101	/64；
110	/128；	111	/256。

- RT1PSIE：Bit1，预分频定时器 1 中断允许位。

0　　中断不允许；

1　　中断允许。

- RT1PSIFG：Bit0，预分频定时器 1 中断标志位。

0　　没有中断事件发生；

1　　有中断事件发生。

(33) RTC0PS，RTC 预分频定时器 0 计数寄存器：

7	6	5	4	3	2	1	0
RT0PS							

RT0PS：Bits7～0，预分频定时器 0 计数值。

(34) RTC1PS，RTC 预分频定时器 1 计数寄存器：

7	6	5	4	3	2	1	0
RT1PS							

RT1PS：Bits7～0，预分频定时器 1 计数值。

(35) RTCIV，RTC 中断向量寄存器：

15	14	13	12	11	10	9	8
RTCIV							
7	6	5	4	3	2	1	0
RTCIV							

RTCIV：Bits15～0，RTC 中断向量值。其值如表 7-7 所示。

表 7-7　RTC 中断向量值

RTCIV	中　断　源	中 断 标 志	中断优先级
00h	无中断发生		
02h	RTC 准备好	RTCRDYIFG	最高

续表

RTCIV	中 断 源	中 断 标 志	中断优先级
04h	RTC 定时间隔	RTCTEVIFG	
06h	RTC 用户闹铃	RTCAIFG	
08h	RTC 预分频器 0	RT0PSIFG	
0Ah	RTC 预分频器 1	RT1PSIFG	
0Ch	保留		
0Eh	保留		
10h	保留		最低

7.3.4 应用举例

例 7-5 设计实时时钟的设置函数 SetupRTC()。在该函数中，RTC 时钟为日历模式，RTC 模块选择以 BCD 码形式提供秒、分、时、日、月、年的值。在日历模式下，分频计、RT0PS 和 RT1PS 将 RTC 配置成产生一秒间隔的时钟，RTC 时间寄存器的值每秒钟更新一次，读取 RTC 时间寄存器的值即可获取当前的时间。

程序代码如下：

```
void SetupRTC(void)
{
  RTCCTL01= RTCMODE+ RTCBCD+ RTCHOLD+ RTCTEV_1;      //日历模式，BCD 码格式，实时时钟停止，时钟变换（调整小时）
  RTCHOUR= 0x04;
  RTCMIN= 0x30;
  RTCSEC= 0x00;
  RTCDAY= 0x01;//初始日期
  RTCMON= 0x01;//初始月份
  RTCYEAR= 0x2015;                  //初始年份
  RTCCTL01 &= ~ RTCHOLD;            //日历正在运作
  RTCCTL0 |= RTCRDYIE+ RTCTEVIE;                    //RTC Ready 中断使能，RTC 时间事件中断使能
}
```

本章小结

MSP430 单片机的定时器资源非常丰富，包括看门狗定时器、定时器 A 和实时时钟等。每种定时器都具有基本的定时功能，还具有一些特殊的功能。看门狗定时器可用于当程序发生错误时系统复位；定时器可用于基本定时、捕获输入信号、比较产生 PWM 波形等；实时时钟可用于实现日历功能。本章对各定时器模块的结构及原理进行了详细的阐述。通过本章的学习，学生能够掌握相关定时器的工作原理与相关操作。

思考题

1. MSP430 单片机有哪些定时器资源？

2. 看门狗用于监测的原理是什么？

3 对看门狗定时器做写入控制命令操作时，需要写入的看门狗口令是什么？

4. MSP430 单片机的基本定时器是多少位的定时器？可以实现多少位定时？

5. MSP430 单片机的基本定时器的输入频率有几种选择？如果要产生 8 Hz 的方波，TCTL 控制器应该怎样设置($f_{ACLK}=f_{LFXT1}=32768$ Hz，$f_{MCLK}=f_{SCLK}=f_{DCOCLK}=32\times f_{ACLK}$)？

6. 基本定时器是否可以定时任意的时间？

7. 为什么定时器 A 可以同时对运行的多个时序进行控制？

8. 捕获/比较寄存器 CCR0 有什么特殊性？

9. 定时器 A 的捕获功能原理是什么？它的一般功能是什么？

10 定时器 A 的比较功能原理是什么？它的一般用途是什么？

11. 定时器 A 有几种计数模式？它们有什么不同？

12. CCRx 的值在捕获和比较模式下有什么差别？

13. 定时器 A 工作于捕获、比较、定时方式时，中断标志在什么情况下置位？

14. 设定时器 A 定时时钟频率为 800 kHz，增加计数方式，试利用定时器 A 定时产生 500 Hz 的方波。

15. 试利用定时器 A 输出占空比为 10%、25%和 75%的 PWM 波(时钟频率自定)。

16. 利用 MSP430F5529 的 RTC 模块编写一时钟程序，实现将当前时钟通过段式数码管显示输出。

第 8 章 A/D 与 D/A 模块

在 MSP430F5xx/6xx 系列单片机中均包含有 ADC 和 DAC 模块。ADC12 模块能够实现 12 位精度的模/数转换，具有高速和通用的特点。而 12 位电压输出 DAC 模块可以和 DMA 控制器结合使用，也可以灵活地设置成 8 位或 12 位转换模式。当 MSP430 内部有多个 DAC12 转换模块时，MSP430 可以对它们统一管理，并能做到同步更新。本章将主要讲述 ADC12 及 DAC12 模块的结构与相关操作。

8.1 ADC12_A

8.1.1 ADC12_A 概述

ADC12_A 模块支持快速的 12 位模数转换。ADC12_A 模块的结构框图如图 8-1 所示。该模块具有一个 12 位的逐次逼近(SAR)内核、模拟输入多路复用器、参考电压发生器、采样及转换所需的时序控制电路和 16 个转换结果缓冲及控制寄存器。转换结果缓冲及控制寄存器允许在没有 CPU 干预的情况下，进行多达 16 路的 ADC 采样、转换和保存。

ADC12_A 的主要特性如下：① 高于 200ksps 的最大转换速率；② 单调无丢失编码的 12 位转换；③ 采样保持的时间可由软件或定时器控制；④ 由软件或定时器启动转换；⑤ 可通过软件选择片上参考电压(MSP430F54xx：1.5V 或者 2.5V，其他芯片：1.5V、2.0V 或者 2.5V)；⑥ 可通过软件选择内部或外部参考；⑦ 12 个单独配置的外部输入通道；⑧ 有内部温度传感器及外部参考电压的转换通道；⑨ 正或负参考电压通道可独立选择；⑩ 具有可选的转换时钟源；⑪ 拥有单通道单次、单通道多次、序列通道单次、序列通道多次的转换模式；⑫ ADC 内核和参考电压都可以单独关闭(仅仅针对 MSP430F54xx，其他芯片详见 REF 模块说明)；⑬ 拥有快速响应 18 路 ADC 中断的中断向量寄存器；⑭ 拥有 16 位转换结果存储寄存器。

8.1.2 ADC12_A 功能模块

1. 12 位 ADC 内核

ADC 内核将一个模拟输入信号转换为 12 位的数字信号，并将其结果存储在转换存储器中。该内核采用两个可编程/选择的电压(V_{R+} 和 V_{R-})作为转换的上限和下限。当输入信号大于或等于 V_{R+} 时，数字输出(NADC)为最大值(0FFFh)，而当输入信号小于或等于 V_{R-} 时，输出为 0。在转换存储器中定义输入通道和参考电压(V_{R+} 和 V_{R-})。ADC 转换结

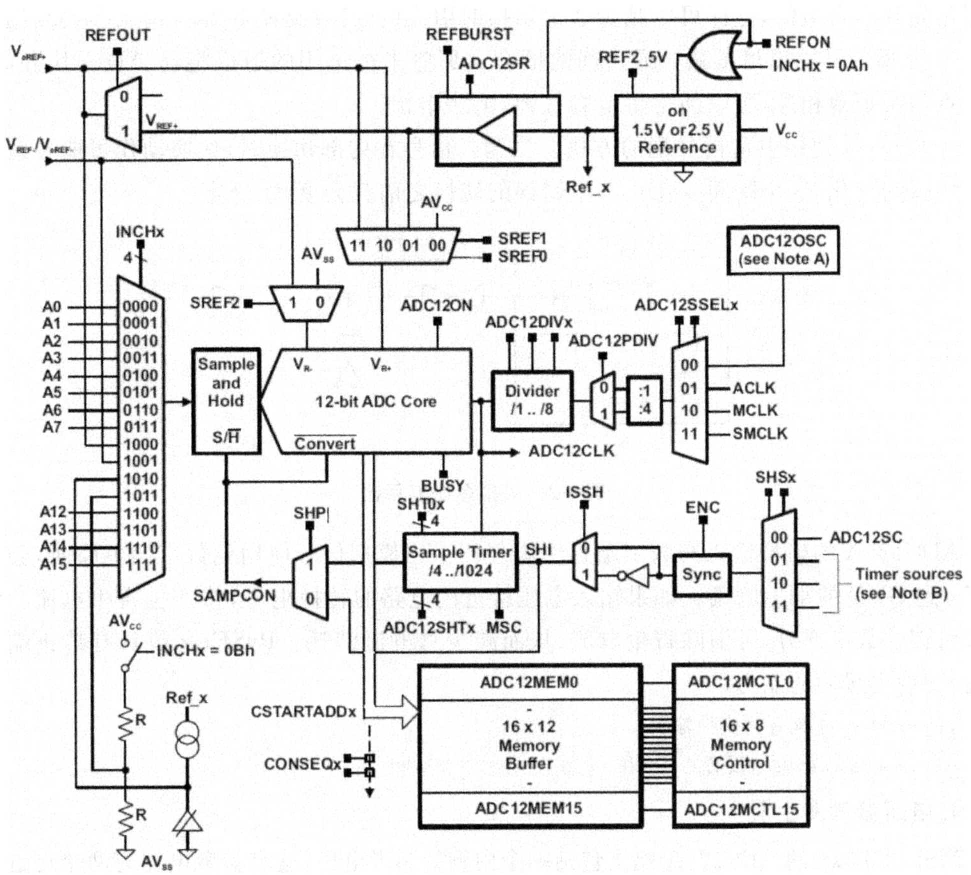

图 8-1　ADC12_A 模块框图

果 N_{adc} 的计算公式为：

$$N_{adc} = 4095 \times (V_{in} - V_{R-})/(V_{R+} - V_{R-})$$

ADC12_A 内核可通过两个寄存器 ADC12CTL0 和 ADC12CTL1 来进行配置，通过 ADC12ON 位使能内核。在不需要转换时可以关闭 ADC12_A 以节省功耗。除很少例外情况下，只有当 ADC12ENC＝0 时才能修改 ADC12_A 控制位。在执行转换前 ADC12ENC 必须置 1。

2. 选择转换时钟

当使用脉冲采样模式时，ADC12CLK 用来作为转换时钟及生成采样周期。ADC12_A 时钟源可以由 ADC12DIV 位控制进行预分频和 ADC12SSELx 位控制进行分频。使用 ADC12DIVx 位和 ADC12DIV 位，输入时钟能够被 1～32 分频。ADC12CLK 时钟源可从 SMCLK、MCLK、ACLK 和 MODOSC 中选择。

ADC12OSC 是来自 UCS 的 MODOSC 5 MHz 振荡器，且会随着芯片、供电电压和温度的不同而有所变化。

必须确保在转换结束前所选择的 ADC12CLK 是活动的。如果在转换的过程中时钟关闭，那么就不能完成本次转换操作，结果也是无效的。

3. ADC12_A 输入和多路复用器

模拟输入多路复用器选择 12 路外部和 4 路内部模拟信号作为转换通道。输入多路复用器是先开后合型的，这样可以减少通道切换时引入的噪声（见图 8-2）。输入多路复用器也是一个 T 型的开关以尽量减少通道间的耦合。那些未被选用的通道将与 AD 模块隔离，中间节点与模拟地相连，可以使寄生电容接地，消除串扰。

ADC12_A 使用电荷再分配的方法。当输入信号在内部切换时，切换动作可能导致输入信号的瞬间变化，这个瞬间变化在产生错误的转换之前就会衰减、稳定。

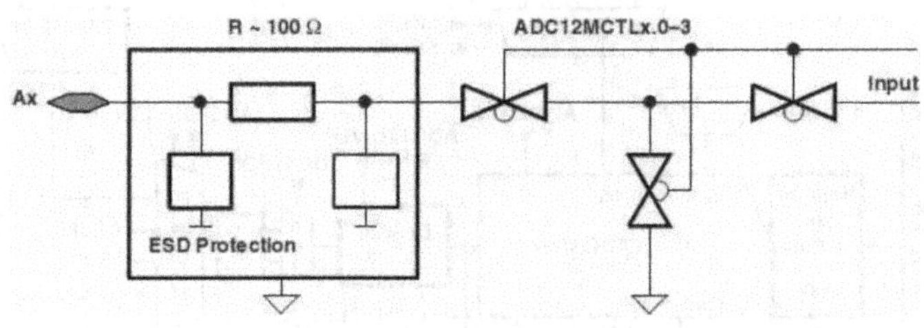

图 8-2 模拟多路复用器

ADC12_A 的模拟输入与数字端口引脚复用。当模拟信号应用到数字门电路时，会产生从 V_{CC} 到 GND 的寄生电流。如果输入电压接近门电路的转换电平，将产生寄生电流。禁止端口引脚的数字部分，可消除寄生电流，从而减少总电流消耗。PySELx 位具有禁止端口引脚输入/输出缓冲的能力。

```
;Py.0 和 Py.1 配置为模拟输入
BIS.B # 3h,&PySEL;设置 Py.1 和 Py.0 为 ADC12_A 功能
```

4. 电压参考发生器

MSP430F5xx 的 ADC12_A 模块包括一个内置的参考电压，这个参考电压有两个可选的电压等级：1.5V 和 2.5V。每一个参考电压都可以作为内部参考电压或输出到外部引脚 V_{REF+}。

其他芯片的 ADC12_A 模块都有单独的参考模块，它可以给 ADC12_A 提供 3 个可选电压等级：1.5V、2.0V 和 2.5V。每一个参考电压都可以作为内部参考电压或输出到外部引脚 V_{REF+}。

设置 ADC12REFON=1，将使能 ADC12_A 模块的参考电压。当 ADC12REF2_5=1 时，内部参考电压为 2.5V。当 ADC12REF2_5=0 时，参考电压为 1.5V。参考模块在不使用时可以关闭以降低功耗。带 REF 模块的芯片可使用 ADC12_A 模块中的控制位或者 REF 模块中的控制寄存器控制供给 ADC 的参考电压。REF 模块的默认寄存器设置，定义了参考电压的设置。REF 模块中的控制位 REFMSTR 用于把控制权给 ADC12_A 参考控制寄存器的设置。如果寄存器的 REFMSTR 位设置为 1（默认值），REF 模块寄存器控制参考电压设置。如果 REFMSTR 位设置为 0，ADC12_A 参考设置将定义 ADC12_A 模块的参考电压。

外部电压可以通过 V_{REF+}/V_{eREF+} 和 V_{REF-}/V_{eREF} 引脚分别提供 V_{R+} 和 V_{R-}。只有在 REFOUT=1，同时需要在外部引脚上输出参考电压时，外部才需要一个储能电容。

内部参考电压的低功耗特性如下。

ADC12_A 内部参考发生器是为低功耗应用而设计的。参考发生器包括一个带隙电压源和一个独立的缓冲器。每个系列芯片的功耗及建立时间在具体芯片的数据手册中有详细说明。

当 ADC12REFON=1 时，使能带隙电压源和缓冲器，当 ADC12REFO=0 时，两者都禁止。当 ADC12REFON=1 及 REFBURST=1 时，如果没有转换，缓冲区将自动禁止，当需要时才自动使能。当缓冲器禁止时，它不消耗任何功耗。在这种情况下，带隙电压源仍保持使能状态。

REFBURST 位控制参考缓冲器的操作。当 REFBURST=1 时，如果 ADC12_A 处于

非转换状态，缓冲器将自动禁止，需要时才自动重新使能。当 REFBURST＝0 时，参考缓冲器一直处于打开的状态。如果 REFOUT＝1，这将允许参考电压持续输出到芯片外部。

内部参考缓冲器也有可配置的转换速度和功耗。当最大转换速率低于 50ksps 时，设置 ADC12SR＝1 能降低缓冲器大约 50％的电流消耗。

5. 转换存储器

有 16 个 ADC12MEMx 转换存储寄存器用于存储转换结果。每个 ADC12MEMx 都可通过相关的 ADC12MCTLx 控制寄存器来配置。SREFx 位定义参考电压，INCHx 位选择输入通道。当使用了序列通道转换模式时，用 ADC12EOS 位来定义转换序列结束。使用序列转换模式时，ADC12EOS 位定义序列的结束，ADC12MCTL15 的 ADC12EOS 没有置位时，转换将按照从 ADC12MEM15 到 ADC12MEM0 的序列来进行。

CSTARTADDx 位定义任意转换中所用到的第一个 ADC12MCTLx。如果是单通道单次转换模式或者单通道多次转换模式，CSTARTADDx 用于指向所用的单一 ADC12MCTLx。

如果选择序列通道模式或者序列通道多次转换模式，CSTARTADDx 指向序列中第一个 ADC12MCTLx 位置。当每次转换完成后，指针自动增加到序列的下一个 ADC12MCTLx。序列一直继续到处理最后的控制字节 ADC12MCTLx 中的 ADC12EOS。

当转换结果写到选择的 ADC12MEMEx 时，ADC12IFGx 寄存器中相应的标志将置位。

转换结果 ADC12MEMx 有两种存储格式。当 ADC12DF＝0 时，转换结果是右对齐的无符号数。对于 8 位、10 位及 12 位分辨率，ADC12MEMx 的高 8 位、6 位及 4 位总是 0。当 ADC12DF＝1 时，转换结果是左对齐，以补码形式存储。对于 8 位、10 位及 12 位分辨率，在 ADC12MEMx 中相应的低 8 位、6 位及 4 位总是 0。总结如表 8-1 所示。

表 8-1　ADC12_A 转换结果格式

模拟输入电压	ADC12DF	ADC12RES	理论值	ADC12MEMx
V_{REF-} 到 V_{REF+}	0	00	0～255	0000～00FFH
	0	01	0～1023	0000～03FFH
	0	10	0～4095	0000～0FFFH
	1	00	－128～127	8000～7F00H
	1	01	－512～511	8000～7FC0H
	1	10	－2048～2047	8000～7FF0H

8.1.3　采样转换时序

采样输入信号 SHI 的上升沿将启动模数转换。SHI 信号源可以通过 SHSx 位选择，包括下面的内容：

（1）ADC12SC 位；

（2）三个定时器输出（定时器时钟源信息请参考芯片数据手册）。

ADC12_A 支持 8 位、10 位及 12 位分辨率模式，可以通过 ADC12RES 位选择。模数转换分别需要 9、11 及 13 个 ADC12CLK 周期。SHI 信号源的极性可以通过 ADC12ISSH 位反转。SAMPCON 信号控制采样周期和启动转换。当 SAMPCON 信号为高电平时，表示正处在采样过程中，SAMPCON 由高到低转换将启动模数转换。ADC12SHP 定义了两种不同的采样模式:扩展采样模式和脉冲采样模式。

1. 扩展采样模式

当ADC12SHP=0时,选择扩展采样模式。SHI信号直接控制SAMPCON,并定义采样周期 t_{sample} 的长度。当SAMPCON信号为高电平时,采样运行。与ADC12CLK同步后,SAMPCON信号由高向低的跳变将启动转换,如图8-3所示。

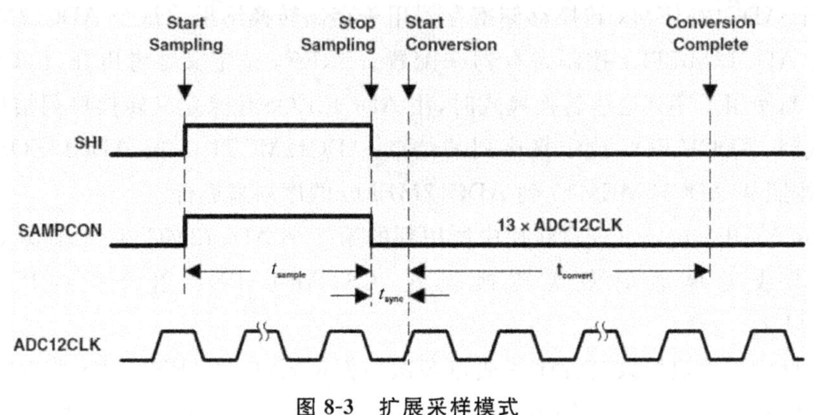

图8-3 扩展采样模式

2. 脉冲采样模式

当ADC12SHP=1时,选择脉冲采样模式。SHI信号用于触发采样定时器。ADC12CTL0寄存器中的ADC12SHT0x和ADC12SHT1x控制采样定时器的间隔,该间隔定义SAMPCON的采样周期 t_{sample}。在与AD12CLK同步后,采样定时器保持SAMPCON信号在一个编程间隔 t_{sample} 的时间内为高电平。总采样时间为 t_{sample} 加上 t_{sync}。如图8-4所示。

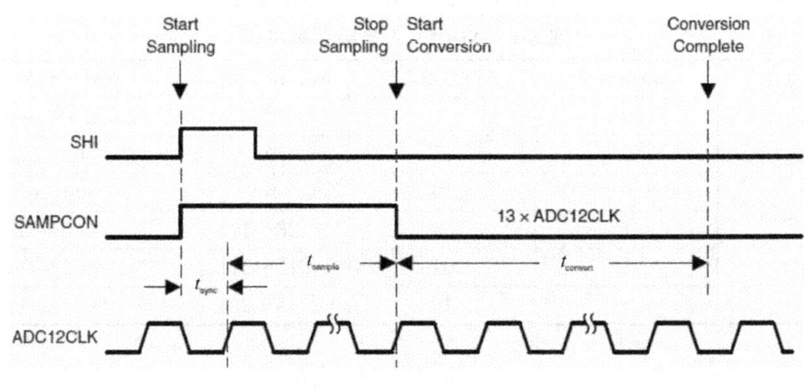

图8-4 脉冲采样模式

ADC12SHTx位选择4倍的ADC12CLK作为采样时间。ADC12SHT0x位选择ADC12MCTL0到ADC12MCTL7的采样时间,ADC12SHT1x选择ADC12MCTL8到ADC12MCTL15的采样时间。

8.1.4 ADC12_A转换模式

ADC12_A有4种转换模式,可以通过CONSEQx位进行选择,具体转换模式说明如表8-2所示,这里所有的状态图假定是12位转换。

表 8-2 各种转换模式说明列表

ADC12CONSEQx	转换模式	操作说明
00	单通道单次转换	一个单通道转换一次
01	序列通道单次转换	一个序列多个通道转换一次
10	单通道多次转换	一个单通道重复转换
11	序列通道多次转换	一个序列多个通道重复转换

1. 单通道单次转换模式

该模式下一个单通道进行一次采样和转换。ADC 转换结果写入由 CSTARTADDx 位定义的 ADC12MEMx。图 8-5 所示为单通道单次转换的流程。当 ADC12SC 触发一次转换时,可以通过 ADC12SC 位连续触发转换。当使用其他的触发源时,ADC12ENC 必须在每次转换后翻转。

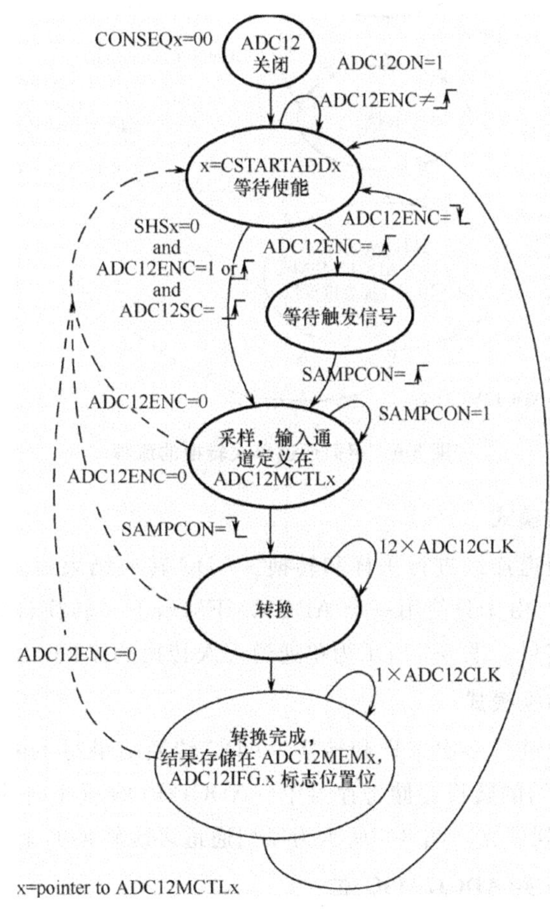

图 8-5 单通道单次转换的流程

2. 序列通道单次转换模式

该模式下通道序列进行一次采样和转换。ADC 转换结果写入由 CSTARTADDx 位定义的以 ADCMEMx 开始的转换存储器中。ADC12EOS 置 1 时的通道测量后,序列停止。图 8-6 所示为序列通道单次转换的流程。当 ADC12SC 触发一次转换时,可以通过 ADC12SC 位连续触发转换。当使用其他的触发源时,ADC12ENC 必须在每个转换序列后进行翻转。

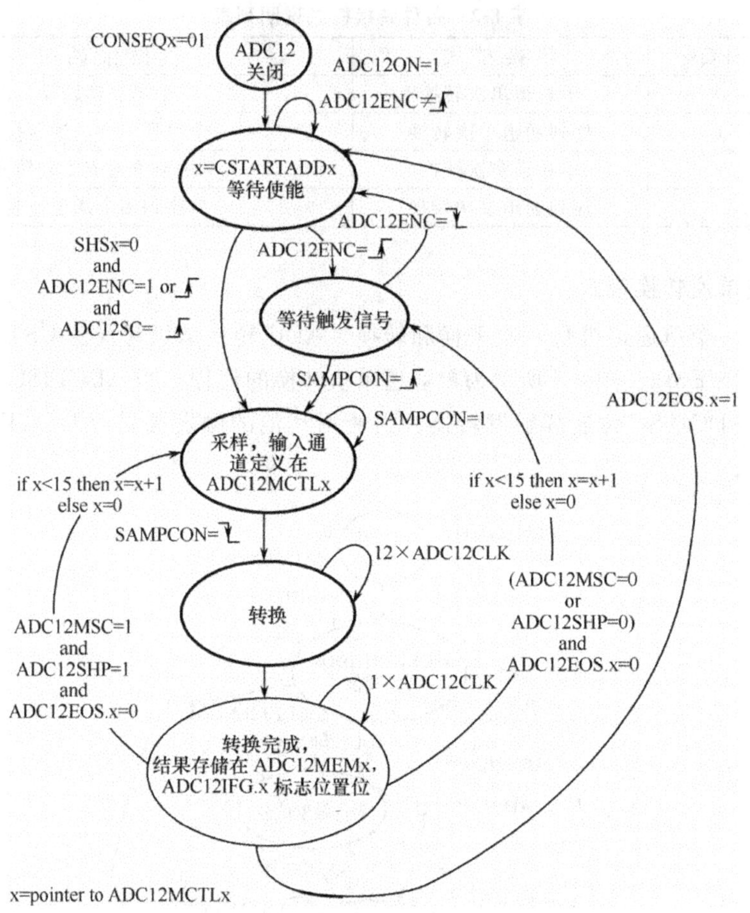

图 8-6 序列通道单次转换的流程

3. 单通道多次转换模式

该模式下一个单通道连续进行采样和转换。ADC 转换结果写入由 CSTARTADDx 位定义的 ADC12MEMx。由于只使用一个 ADC12MEMx，下一转换将覆盖结果，所以在每次转换完成后必须读出结果。图 8-7 所示为单通道多次转换的流程。

4. 序列通道多次转换模式

该模式下序列通道进行多次采样和转换。ADC 转换结果写入由 CSTARTADDx 位定义的以 ADCMEMx 开始的转换存储寄存器中。ADC12EOS 置 1 时的通道测量后及触发信号触发下一序列后，序列停止。图 8-8 所示为序列通道多次转换的流程。

5. 使用多路采样转换(ADC12MSC)位

要将转换器配置为能够自动且尽可能快地进行连续转换，可以使用多路采样转换功能。当 ADC12MSC＝1，CONSEQx＞0 并且使用采样定时器时，SHI 信号的第一个上升沿触发第一次转换。前一次的转换完成时，将自动地触发连续转换。忽略 SHI 信号的其他上升沿，直到序列通道单次转换模式中的序列转换完毕，或者在单通道多次转换模式或序列通道多次转换模式中的 ADC12ENC 位翻转。使用 ADC12MSC 位时，ADC12ENC 位的功能不变。

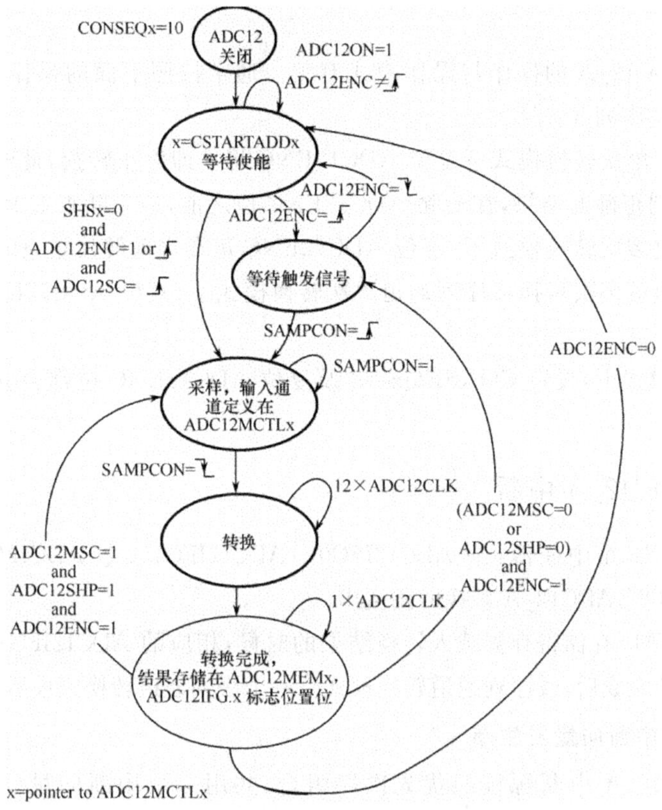

图 8-7 单通道多次转换的流程

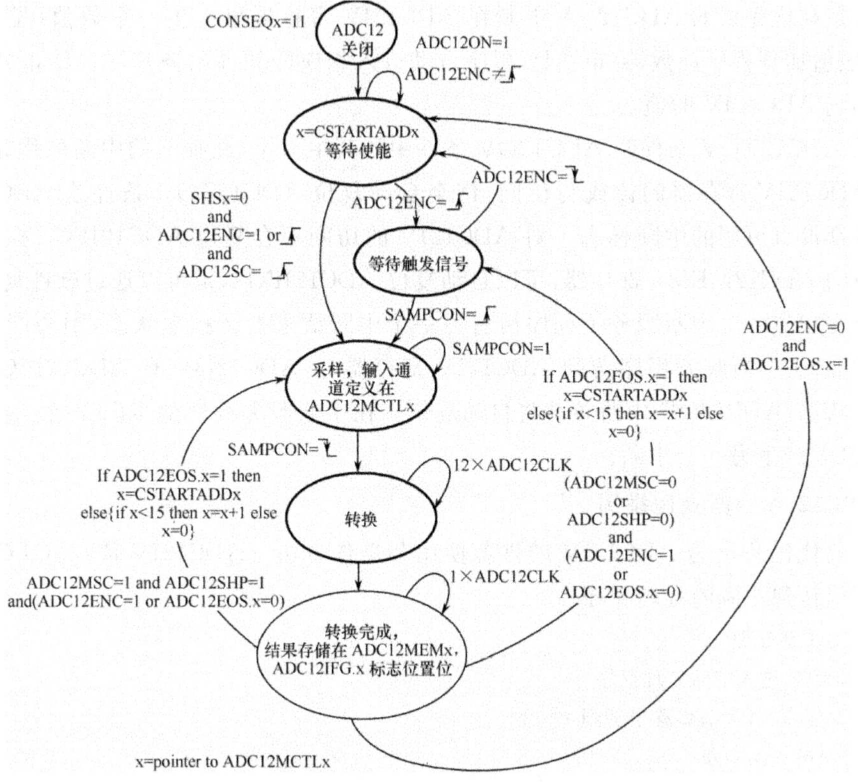

图 8-8 序列通道多次转换的流程

6. 停止转换

如何停止 ADC12_A 的操作与操作模式有关。通常按照下面的操作，停止正在进行的一个转换或者转换序列。

(1) 在单通道单次转换模式下复位 ADC12ENC 将立即停止转换，此时转换结果是不可预料的。为了得到正确的结果，在清除 ADC12ENC 位之前，应不断查询 BUSY 位直到为 0。

(2) 在单通道多次转换模式下，复位 ADC12ENC 可在当前转换结束时停止转换。

(3) 在序列通道多次转换或序列通道单次转换模式下，复位 ADC12ENC 可在序列结束时停止转换。

在任何操作模式下，设置 CONSEQx=0 及复位 ADC12ENC 位都会立即停止转换。转换结果不可预料。

8.1.5 ADC12_A 中断

ADC12_A 有 18 个中断源：① ADC12IFG0～ADC12IFG15；② ADC12OV，ADC12MEMx 溢出；③ ADC12TOV，ADC12_A 转换时间溢出。

当 ADC12MEMx 存储寄存器载入转换结果的时候，相应的 ADC12IFGx 位置位。当单通道模式下一个转换完成后，或序列通道转换模式下一个序列通道转换完成后，将触发 DMA。

1. ADC12IV，中断向量发生器

所有的 ADC12_A 中断源按照优先次序组合，共用一个中断向量。中断向量寄存器 ADC12IV 用于判断哪个使能的 ADC12_A 中断源产生了中断请求。

具有最高优先级的 ADC12_A 中断在 ADC12IV 寄存器里产生一个数值(见寄存器说明)。该数值加到程序计数器(PC)上，程序自动进入相应的软件服务程序。禁止 ADC12_A 中断不影响 ADC12IV 的值。

如果 ADC12TOV 条件和 ADC12OV 条件中的其中一个，在挂起的中断中优先级最高，任何对 ADC12IV 寄存器的读或写访问，都会自动复位 ADC12TOV 条件或 ADC12OV 条件。两者都没有可用的中断标志。对 ADC12IV 的访问不会复位 ADC12IFGx 标志。通过访问相应的 ADC12MEMx 寄存器，可以自动复位 ADC12IFGx，也可以通过软件复位。

如果在响应一个中断服务子程序后有另一个中断请求处于挂起状态，则会产生另一个中断。例如，当中断服务程序访问 ADC12IV 寄存器时，ADC12OV 和 ADC12IFG3 中断都处于挂起状态，ADC12OV 中断条件将自动复位。在中断服务程序的 RETI 指令执行完后，ADC12IFG3 产生另一个中断。

2. ADC12_A 中断处理举例

下面的代码所示为 ADC12IV 的推荐使用和操作方法。ADC12IV 值加到 PC 指针上，系统从而跳转到相应的处理程序。

```
;ADC12 中断处理程序
INT_ADC12;进入中断处理程序
ADD  &ADC12IV,PC;偏移量加到 PC
RETI;向量 0 无中断
JMP   ADOV;向量 2 ADC 溢出
JMP   ADTOV;向量 4 ADC 定时溢出
```

```
JMP    ADM0;向量 6 ADC12IFG0
…;向量 8- 32
JMP    ADM14;向量 34 ADC12IFG14
;
;ADC12IFG15 处理程序从这里开始,不需要 JMP
;
ADM15  MOV   &ADC12MEM15,xxx:复制结果,标志复位
…;需要其他的指令?
JMP    INT_ADC12;检测其他挂起中断
;
;ADC12IFG14～ADC12IFG1 处理程序运行到此
;
ADM0  MOV   &ADC12MEM0,xxx;复制结果,标志复位
…;需要其他的指令?
RETI;返回
;
ADTOV   ...;处理转换时间溢出
RETI;返回
;
ADOV   ...;处理 ADCMEMx 溢出
RETI;返回
```

8.1.6 ADC12_A 寄存器

ADC12_A 寄存器如表 8-3 所列。ADC12_A 的基地址可以在具体芯片的数据手册中查到。ADC12_A 寄存器的地址偏移量在表 8-3 中给出。

表 8-3 ADC12_A 寄存器列表

寄存器名称	缩　写	类　型	访问方式	偏移地址	初始状态
ADC12_A 控制寄存器 0	ADC12CTL0	读/写	字	00h	0000h
ADC12_A 控制寄存器 1	ADC12CTL1	读/写	字	02h	0000h
ADC12_A 控制寄存器 2	ADC12CTL2	读/写	字	04h	0020h
ADC12_A 中断标志寄存器	ADC12IFG	读/写	字	0Ah	0000h
ADC12_A 中断使能寄存器	ADC12IE	读	字	0Ch	0000h
ADC12_A 中断向量寄存器	ADC12IV	读	字	0Eh	0000h
ADC12_A 转换存储寄存器	ADC12MEM0～15	读/写	字	20h～3Dh	未定义
ADC12_A 转换控制寄存器	ADC12MCTL0～15	读/写	字节	10h～1Fh	未定义

各寄存器的设置与相应位的含义如下。

(1) ADC12CTL0,ADC12_A 控制寄存器 0:

15	14	13	12	11	10	9	8
ADC12SHT1x				ADC12SHT0x			
7	6	5	4	3	2	1	0
ADC12MSC	ADC12 REF2_5V	ADC12 REFON	ADC12ON	ADC12 OVIE	ADC12 TOVIE	ADC12 ENC	ADC 12SC

● ADC12SHT1x：Bits15～12，ADC12_A 采样保持时间。这些位定义寄存器 ADC12MEM8 到 ADC12MEM15 的采样周期的 ADC12CLK 数。

● ADC12SHT0x：Bits11～8，ADC12_A 采样保持时间。这些位定义寄存器 ADC12MEM0 到 ADC12MEM7 的采样时间的 ADC12CLK 数。

0000	4；	0001	8；	1000	256；	1001	384；
0010	16；	0011	32；	1010	512；	1011	768；
0100	64；	0101	96；	1100	1024；	1101	1024；
0110	128；	0111	192；	1110	1024；	1111	1024。

● ADC12MSC：Bit7，ADC12_A 多路采样转换位，适用于序列转换或者重复转换模式。

0　　每次采样转换，都需要一个 SHI 信号的上升沿触发采样定时器。

1　　仅首次转换需要有 SHI 信号的上升沿触发采样定时器，而后面的采样转换将在前一次转换完成后自动进行。

● ADC12REF2_5V：Bit6，ADC12_A 参考电压发生器位。ADC12REFON 位必须置 1。

0　　1.5V；

1　　2.5V。

● ADC12REFON：Bit5，ADC12_A 参考电压打开位。在有 REF 模块的芯片中，只有 REF 模块的 REFMSTR 位置 0 时，该位才有效。在 F54xx 系列的芯片中，REF 模块不可用。

0　　内部参考电压关闭；

1　　内部参考电压打开。

● ADC12ON：Bit4，ADC12_A 打开位。

0　　ADC12_A 关闭；

1　　ADC12_A 打开。

● ADC12OVIE：Bit3，ADC12MEMx 溢出中断使能位。为了使能中断，GIE 位必须置位。

0　　溢出中断禁止；

1　　溢出中断使能。

● ADC12TOVIE：Bit2，ADC12_A 转换时间溢出中断使能位。为了使能中断，GIE 位必须置位。

0　　转换时间溢出中断禁止；

1　　转换时间溢出中断使能。

● ADC12ENC：Bit1，ADC12_A 转换使能位。

0　　ADC12_A 禁止；

1　　ADC12_A 使能。

● ADC12SC：Bit0，ADC12_A 转换启动位。

0　　没有启动采样转换；

1　　启动采样转换。

(2) ADC12CTL1,ADC12_A 控制寄存器 1:

15	14	13	12	11	10	9	8
ADC12CSTARTADDx				ADC12SHSx		ADC12SHP	ADC12ISSH
7	6	5	4	3	2	1	0
ADC12DIVx			ADC12SSELx		ADC12CONSEQx		ADC12BUSY

● ADC12CSTARTADDx:Bits15~12,ADC12_A 转换开始地址位。这些位选择哪个转换存储寄存器用于单次转换或序列转换。对应于 ADC12MEM0 到 ADC12MEM15, CSTARTADDx 的值是 0 到 0Fh。

● ADC12SHSx:Bits11~10,ADC12_A 采样保持触发源选择位。

00　ADC12SC 位;

01　定时器源(精确时间和位置参考芯片数据手册);

10　定时器源(精确时间和位置参考芯片数据手册);

11　定时器源(精确时间和位置参考芯片数据手册)。

● ADC12SHP:Bit9,ADC12_A 采样保持脉冲模式选择位。该位选择采样信号(SAMPCON)的来源是采样定时器的输出,或者直接是采样输入信号。

0　SAMPCON 信号来自采样输入信号;

1　SAMPCON 信号来自采样定时器。

● ADC12ISSH:Bit8,ADC12_A 采样保持信号反转。

0　采样输入信号没有反转;

1　采样输入信号反转。

● ADC12DIVx:Bits7~5,ADC12_A 时钟分频位。

000　/1;　001　/2;　100　/5;　101　/6;

010　/3;　011　/4;　110　/7;　111　/8。

● ADC12SSELx:Bits4~3,ADC12_A 时钟源选择位。

00　MODCLK;　10　MCLK;

01　CLK;　11　SMCLK。

● ADC12CONSEQx:Bits2~1,ADC12_A 转换序列模式选择位。

00　单通道单次转换模式;　10　单通道重复转换模式;

01　序列通道单次转换模式;　11　序列通道重复转换模式。

● ADC12BUSY:Bit0,ADC12_A 忙标志位。该位表明正在进行采样或转换操作。

0　没有操作;

1　序列正在进行采样或转换。

(3) ADC12CTL2,ADC12_A 控制寄存器 2:

15	14	13	12	11	10	9	8
保留							ADC12PDIV
7	6	5	4	3	2	1	0
ADC12 TCOFF	保留	ADC12RES		ADC12DF	ADC12SR	ADC12REF OUT	ADC12REFBU RST

● ADC12PDIV：Bit8，ADC12_A 预分频位。该位对选择的 ADC12_A 时钟源预分频。

0　　/1 预分频；

1　　/4 预分频。

● ADC12TCOFF：Bit7，ADC12_A 温度传感器关闭位。如果该位置位，温度传感器将关闭。该位用于降低功耗。

● ADC12RES：Bits5～4，ADC12_A 分辨率位。这几位决定了转换结果的分辨率。

00	8 位（9 个时钟周期的转换时间）；	10	12 位（13 个时钟周期的转换时间）；
01	10 位（11 个时钟周期的转换时间）；	11	保留。

● ADC12DF：Bit3，ADC12_A 数据读回格式位。数据总是以二进制无符号格式存储。

0　　二进制无符号格式。理论上模拟输入电压 V_{REF-} 结果为 0000h，模拟输入电压 V_{REF+} 结果为 0FFFh。

1　　有符号二进制补码形式，左对齐。理论上模拟输入电压 V_{REF-} 结果为 8000h，模拟输入电压 V_{REF+} 结果为 7FF0h。

● ADC12SR：Bit2，ADC12_A 采样速率位。该位选择最大采样速率下的参考电压缓冲驱动能力。ADC12SR 置位，可以减少参考电压缓冲的电流消耗。

0　　参考电压缓冲支持的最大速率达到 200ksps；

1　　参考电压缓冲支持的最大速率达到 50ksps。

● ADC12REFOUT：Bit1，参考电平输出位。

0　　参考电平输出关闭；

1　　参考电平输出打开。

● ADC12REFBURST：Bit0，参考电压突发位。ADC12REFOUT 必须置位。

0　　参考电压缓冲是连续开；

1　　只有在采样转换期间参考电压打开。

(4) ADC12MEMx，ADC12_A 转换存储寄存器：

15	14	13	12	11	10	9	8
0	0	0	0	转换结果			
7	6	5	4	3	2	1	0
转换结果							

转换结果：Bits11～0，12 位转换结果右对齐。Bit11 是最高有效位。在 12 位结果模式下，位 15～12 为 0；在 10 位模式下，位 15～10 为 0；在 8 位模式下，位 15～8 为 0。对转换存储寄存器写操作将会破坏结果。如果 ADC12DF＝0，选择使用这种格式。

ADC12MEMx，ADC12_A 转换存储寄存器，补码格式：

15	14	13	12	11	10	9	8
转换结果							
7	6	5	4	3	2	1	0
转换结果				0	0	0	0

转换结果:Bits15~4,12位转换结果是左对齐的,补码格式。位15是最高有效位。在12位模式下,位3~0为0;在10位模式下,位5~0为0;在8位模式下,位7~0为0。如果ADC12DF=1,选择使用这种格式。数据以右对齐的格式存储,读取时转换为左对齐的二进制补码格式。

(5) ADC12MCTLx,ADC12_A 转换控制寄存器:

7	6	5	4	3	2	1	0
ADC12EOS	ADC12SREFx			ADC12INCHx			

- ADC12EOS:Bits7,序列结束位。表明一个序列的最后一次转换。

0　序列没有结束;

1　序列结束。

- ADC12SREFx:Bits6~4,参考电压选择位。

000　$V_{R+}=AV_{CC}$,$V_{R-}=AV_{SS}$;　100　$V_{R+}=AV_{CC}$,$V_{R-}=V_{REF-}/V_{eREF-}$;

001　$V_{R+}=V_{REF+}$,$V_{R-}=AV_{SS}$;　101　$V_{R+}=V_{REF+}$,$V_{R-}=V_{REF-}/V_{eREF-}$;

010　$V_{R+}=V_{eREF+}$,$V_{R-}=AV_{SS}$;　110　$V_{R+}=V_{eREF+}$,$V_{R-}=V_{REF-}/V_{eREF}$;

011　$V_{R+}=V_{eREF+}$,$V_{R-}=AV_{SS}$;　111　$V_{R+}=V_{eREF+}$,$V_{R-}=V_{REF-}/V_{eREF-}$。

- ADC12INCHx:Bits3~0,输入通道选择位。

0000　A0;　0001　A1;　1000　V_{eREF+};　1001　V_{REF-}/V_{eREF-};

0010　A2;　0011　A3;　1010　温度补偿二极管;1011　$(AV_{CC}-AV_{SS})/2$;

0100　A4;　0101　A5;　1100　A12;　1101　A13;

0110　A6;　0111　A7;　1110;　A14;　1111　A15。

(6) ADC12IE,ADC12_A 中断使能寄存器:

15	14	13	12	11	10	9	8
ADC12 IE15	ADC12 IE14	ADC12 IE13	ADC12 IE12	ADC12 IE11	ADC12 IE10	ADC12 IE9	ADC12 IE8
7	6	5	4	3	2	1	0
ADC12 IE7	ADC12 IE6	ADC12 IE5	ADC12 IE4	ADC12 IE3	ADC12 IE2	ADC12 IE1	ADC12 IE0

- ADC12IEx:Bits15~0,中断使能位。这些位使能或禁止ADC12IFGx位的中断请求。

0　中断禁止;

1　中断使能。

(7) ADC12IFG,ADC12_A 中断标志寄存器:

15	14	13	12	11	10	9	8
ADC12 IFG15	ADC12 IFG14	ADC12 IFG13	ADC12 IFG12	ADC12 IFG11	ADC12 IFG10	ADC12 IFG9	ADC12 IFG8
7	6	5	4	3	2	1	0
ADC12 IFG7	ADC12 IFG6	ADC12 IFG5	ADC12 IFG4	ADC12 IFG3	ADC12 IFG2	ADC12 IFG1	ADC12 IFG0

● ADC12IFGx：Bits15～0，ADC12MEMx 中断标志位。当相应的 ADC12MEMx 载入转换结果时，这些位置位。当对相应的 ADC12MEMx 进行访问时，这些位复位，或通过软件复位。

0　没有中断挂起；

1　有中断挂起。

(8) ADC12IV，ADC12_A 中断向量寄存器：

<table>
<tr><td>15</td><td>14</td><td>13</td><td>12</td><td>11</td><td>10</td><td>9</td><td>8</td></tr>
<tr><td>0</td><td>0</td><td>0</td><td>0</td><td>0</td><td>0</td><td>0</td><td>0</td></tr>
<tr><td>7</td><td>6</td><td>5</td><td>4</td><td>3</td><td>2</td><td>1</td><td>0</td></tr>
<tr><td>0</td><td>0</td><td colspan="5">ADC12IVx</td><td>0</td></tr>
</table>

● ADC12IVx：Bits15～0，ADC12_A 中断向量值。

● ADC_12 是一个多源中断，有 18 个中断标志（ADC12IFG0～ADC12IFG15 与 ADC12TOV、ADC12IFG15OV），但只有一个中断向量。所以需要设置这 18 个标志的优先级，按优先级来安排中断标志的响应，高优先级的请求可中断正在服务的低优先级的请求。优先级顺序与对应的中断向量值如表 8-4 所示。

表 8-4　ADC12_A 中断向量值

ADC12IV 值	中　断　源	中 断 标 志	中断优先级
000h	无中断产生	—	—
002h	溢出	ADC12OV	最高
004h	转换时间溢出	ADC12TOV	
006h	ADC12MEM0	ADC12IFG0	
008h	ADC12MEM1	ADC12IFG1	
00Ah	ADC12MEM2	ADC12IFG2	
00Ch	ADC12MEM3	ADC12IFG3	
00Eh	ADC12MEM4	ADC12IFG4	
010h	ADC12MEM5	ADC12IFG5	
012h	ADC12MEM6	ADC12IFG6	
014h	ADC12MEM7	ADC12IFG7	
016h	ADC12MEM8	ADC12IFG8	
018h	ADC12MEM9	ADC12IFG9	
01Ah	ADC12MEM10	ADC12IFG10	
01Ch	ADC12MEM11	ADC12IFG11	
01Eh	ADC12MEM12	ADC12IFG12	
020h	ADC12MEM13	ADC12IFG13	
022h	ADC12MEM14	ADC12IFG14	
024h	ADC12MEM15	ADC12IFG15	最低

8.1.7 应用举例

例 8-1 单通道单次转换举例。

分析 本实例采用单通道单次转换模式，参考电压选择：V_{R+} = AVcc、V_{R-} = AVss，ADC12 采样参考时钟源选择内部默认参考时钟 ADC12OSC。在主函数中，ADC12 在采样转换的过程中，MSP430 单片机进入低功耗模式以降低功耗，当采样转换完成后会自动进入 ADC12 中断服务程序，唤醒 CPU 并读取采样转换结果。最终实现当输入模拟电压信号大于 0.5 倍 AVcc 时，使 P1.0 引脚输出高电平；否则，使 P1.0 引脚输出低电平。

下面给出实例程序：

```
# include < msp430f5529.h>
void main(void)
{
  WDTCTL= WDTPW+ WDTHOLD;                          //关闭看门狗
  ADC12CTL0= ADC12SHT0_2+ ADC12ON;          //选择采样周期，打开 ADC12 模块
  ADC12CTL1= ADC12SHP;              //使用采样定时器作为采样触发信号
  ADC12IE= 0x01;                                //使能 ADC 采样中断
  ADC12CTL0 |= ADC12ENC;                    //置位 ADC12ENC 控制位
  P6SEL |= 0x01;                           //将 P6.0 引脚设为 ADC 输入功能
  P1DIR |= 0x01;                             //将 P1.0 引脚设为输出功能
  while (1)
  {
   ADC12CTL0 |= ADC12SC;                          //启动采样转换
__bis_SR_register(LPM0_bits+ GIE);             //进入 LPM0 并启用全局中断
  }
}
# pragma vector= ADC12_VECTOR
__interrupt void ADC12_ISR(void)
{
  switch(__even_in_range(ADC12IV,34) )
  {
  case  0:break;                           // Vector  0:无中断
  case  2:break;                           // Vector  2:  ADC 溢出中断
  case  4:break;                    // Vector  4:  ADC 转换时间溢出中断
  case  6:                                 // Vector  6:  ADC12IFG0
    if (ADC12MEM0> = 0x7ff)               // ADC12MEM= A0> 0.5AVcc?
      P1OUT |= BIT0;// P1.0= 1
    else
      P1OUT &= ~ BIT0;                     // P1.0= 0
    __bic_SR_register_on_exit(LPM0_bits);        // 退出低功耗模式 0
  case  8:break;                           // Vector  8:  ADC12IFG1
  ……
```

```
  case 36:break;                          // Vector 36:  ADC12IFG15
  default:break;
  }
}
```

例 8-2 序列通道单次转换举例。

分析 本实例采用序列通道单次转换模式，选择的采样序列通道为 A0、A1、A2 和 A3。每个通道都选择 AVcc 和 AVss 作为参考电压，采样结果被顺序存储在 ADC12MEM0、ADC12MEM1、ADC12MEM2 和 ADC12MEM3 中，本实例程序最终将采样结果存储在 results[ ]数组中。

下面给出实例程序代码：

```
# include < msp430f5529.h>
volatile unsigned int results[4];// 用于存储转换结果
void main(void)
{
  WDTCTL= WDTPW+ WDTHOLD;                //关闭看门狗
  P6SEL= 0x0F;                                  //使能采样转换通道
  ADC12CTL0= ADC12ON+ ADC12MSC+ ADC12SHT0_2;   //打开 ADC12,第一个 SHI 的上升沿启动取
                                                  样定时器,设置采样周期
  ADC12CTL1= ADC12SHP+ ADC12CONSEQ_1;   //选择采样定时器作为采样触发信号,采样模式选择
                                            序列通道单次转换模式
  ADC12MCTL0= ADC12INCH_0;                  // V R+ = AVCC,V R- = AVSS,channel= A0
  ADC12MCTL1= ADC12INCH_1;    // V R+ = AVCC,V R- = AVSS,channel= A1
  ADC12MCTL2= ADC12INCH_2;      // V R+ = AVCC,V R- = AVSS,channel= A2
  ADC12MCTL3= ADC12INCH_3+ ADC12EOS;    // V R+ = AVCC,V R- = AVSS,channel= A3,停止采样
  ADC12IE= 0x08;                          //使能 ADC12IFG.3 采样中断标志位
  ADC12CTL0 |= ADC12ENC;                        //使能转换
  while(1)
  {
    ADC12CTL0 |= ADC12SC;                // 启动采样转换
    __bis_SR_register(LPM4_bits+ GIE);        //进入 LPM4 并使能全局中断
  }
}
# pragma vector= ADC12_VECTOR
__interrupt void ADC12ISR (void)
{
  switch(__even_in_range(ADC12IV,34) )
  {
  case  0:break;         // Vector 0:无中断
  case  2:break;                                // Vector 2:ADC 溢出中断
  case  4:break;                         // Vector 4:ADC 转换时间溢出中断
  case  6:break;                                // Vector 6:ADC12IFG0
  case  8:break;                                // Vector 8:ADC12IFG1
  case 10:break;                                // Vector 10:ADC12IFG2
```

```
    case 12:                               // Vector 12:ADC12IFG3
      results[0]= ADC12MEM0;           //读取转换结果,自动清除中断标志位
      results[1]= ADC12MEM1;           //读取转换结果,自动清除中断标志位
      results[2]= ADC12MEM2;           //读取转换结果,自动清除中断标志位
  results[3]= ADC12MEM3;          // 读取转换结果,自动清除中断标志位
      __bic_SR_register_on_exit(LPM4_bits);          //退出 LPM4
    case 14:break;                          // Vector 14:ADC12IFG4
      ……
    default:break;
    }
  }
```

例 8-3 单通道多次转换举例。

分析 本实例采用单通道多次转换模式,选择的采样通道为 A0,参考电压选择 AVcc 和 AVss。在内存中开辟出 8 个 16 位内存空间 results[ ],将多次采样转换结果循环存储在 results[ ]数组中。

实例程序代码如下:

```
# include < msp430f5529.h>
# define  Num_of_Results  8
volatile unsigned int results[Num_of_Results];          //开辟 8 个 16 位内存空间
void main(void)
{
  WDTCTL= WDTPW+ WDTHOLD;                      //关闭看门狗
  P6SEL |= 0x01;                                 //使能 A0 采样通道
  ADC12CTL0= ADC12ON+ ADC12SHT0_8+ ADC12MSC;   //打开 ADC12,设置采样周期,设置多次采样
                                                 转换
  ADC12CTL1= ADC12SHP+ ADC12CONSEQ_2;        //选择采样定时器作为采样触发信号,采样模式选
                                              择单通道多次转换模式
  ADC12IE= 0x01;                              //使能 ADC12IFG.0 中断
  ADC12CTL0 |= ADC12ENC;                          //使能转换
  ADC12CTL0 |= ADC12SC;                            //启动转换
  __bis_SR_register(LPM4_bits+ GIE);             //进入 LPM4 并使能全局中断
}
# pragma vector= ADC12_VECTOR
__interrupt void ADC12ISR (void)
{
  static unsigned char index= 0;
  switch(__even_in_range(ADC12IV,34) )
  {
  case  0:break;                              // Vector 0:无中断
  case  2:break;                           // Vector 2:ADC 溢出中断
  case  4:break; // Vector 4:ADC 转换时间溢出中断
  case  6:                                 // Vector 6:ADC12IFG0
```

```
      results[index]= ADC12MEM0;                    // 读取转换结果
      index+ + ;       // 计数器自动加 1
      if (index= = 8)
      {
        index= 0;
      }
    case  8:break;                                   // Vector 8:ADC12IFG1
      ......
    default:break;
    }
  }
```

例 8-4 序列通道多次转换举例。

分析 本实例采用序列通道多次转换模式，选择的采样序列通道为 A0、A1、A2 和 A3。每个通道都选择 AVcc 和 AVss 作为参考电压，采样结果被顺序存储在 ADC12MEM0、ADC12MEM1、ADC12MEM2 和 ADC12MEM3 中。在本实例中，最终将 A0、A1、A2 和 A3 通道的采样结果分别存储在 results0[ ]、results1[ ]、results2[ ]、results3[ ]数组中。

下面给出实例程序代码：

```
# include < msp430f5529.h>
# define  Num_of_Results  8
volatile unsigned int results0[Num_of_Results];
volatile unsigned int results1[Num_of_Results];
volatile unsigned int results2[Num_of_Results];
volatile unsigned int results3[Num_of_Results];
void main(void)
{
  WDTCTL= WDTPW+ WDTHOLD;                  // 关闭看门狗
  P6SEL= 0x0F;                                    //使能 ADC 输入通道
  ADC12CTL0= ADC12ON+ ADC12SHT0_8+ ADC12MSC; // 打开 ADC12,设置采样周期为 256,SHI 上升
                                                 沿启动多次采样转换
  ADC12CTL1= ADC12SHP+ ADC12CONSEQ_3;    // 选择采样定时器作为采样触发信号,采样模式选
                                                 择序列通道多次转换模式
  ADC12MCTL0= ADC12INCH_0;               //V R+ = AVCC,V R- = AVSS,channel= A0
  ADC12MCTL1= ADC12INCH_1;               // V R+ = AVCC,V R- = AVSS,channel= A1
  ADC12MCTL2= ADC12INCH_2;               // V R+ = AVCC,V R- = AVSS,channel= A2
  ADC12MCTL3= ADC12INCH_3+ ADC12EOS;     // V R+ = AVCC,V R- = AVSS,channel= A3,停止采样
  ADC12IE= 0x08;             // 使能 ADC12IFG.3 中断
  ADC12CTL0 |= ADC12ENC;                  // 使能转换
  ADC12CTL0 |= ADC12SC;                    // 开始转换
  _ _bis_SR_register(LPM0_bits+ GIE);      // 进入 LPM0,使能全局中断
}
# pragma vector= ADC12_VECTOR
_ _interrupt void ADC12ISR (void)
```

```
{
  static unsigned int index= 0;
  switch( _ _even_in_range(ADC12IV,34) )
  {
  case  0:break;                    // Vector 0:无中断
  case  2:break;                  // Vector 2:ADC溢出中断
  case  4:break;                           // Vector 4:ADC转换时间溢出中断
  case  6:break;                                   // Vector 6:ADC12IFG0
  case  8:break;                                   // Vector 8:ADC12IFG1
  case  10:break;                                 // Vector 10:ADC12IFG2
  case  12:                                        // Vector 12:ADC12IFG3
    results0[index]= ADC12MEM0;         // 读取A0采样结果,并自动清除中断标志位
    results1[index]= ADC12MEM1;         // 读取A1采样结果,并自动清除中断标志位
    results2[index]= ADC12MEM2;         // 读取A2采样结果,并自动清除中断标志位
    results3[index]= ADC12MEM3;         // 读取A3采样结果,并自动清除中断标志位
    index+ + ;              // 计数器自动加1
    if (index= = 8)
    {
      (index= 0);
     }
    case  14:break;// Vector 14:ADC12IFG4
    ......
    default:break;
  }
}
```

8.2 DAC12_A

8.2.1 DAC12_A概述

DAC12_A模块是一个12位电压输出的DAC。DAC12_A可配置为8位或12位模式,可与DMA控制器配合使用。当存在多个DAC12_A模块时,它们可以组合在一起以进行同步更新操作。

DAC12_A模块的结构框图如图8-9所示。DAC12_A包含两个DAC转换通道:DAC12_0和DAC12_1,这两个通道在操作上完全平等,用DAC12GRP控制位能组合两个DAC12通道,被组合的通道可以实现输出同步更新,硬件还能确保同步更新独立于任何中断或者NMI事件。每个转换通道都有内部参考源发生器、DAC12核、数据及锁存控制逻辑和电压输出缓冲器。

DAC12_A的主要功能如下:① 12位单调输出;② 8位或12位电压输出分辨率;③ 可编程建立时间与功耗;④ 内部或外部参考选择;⑤ 直接二进制格式或二进制补码数据格式,左对齐或右对齐;⑥ 偏移校正的自校准选项;⑦ 多个DAC12_A模块的同步更新功能。

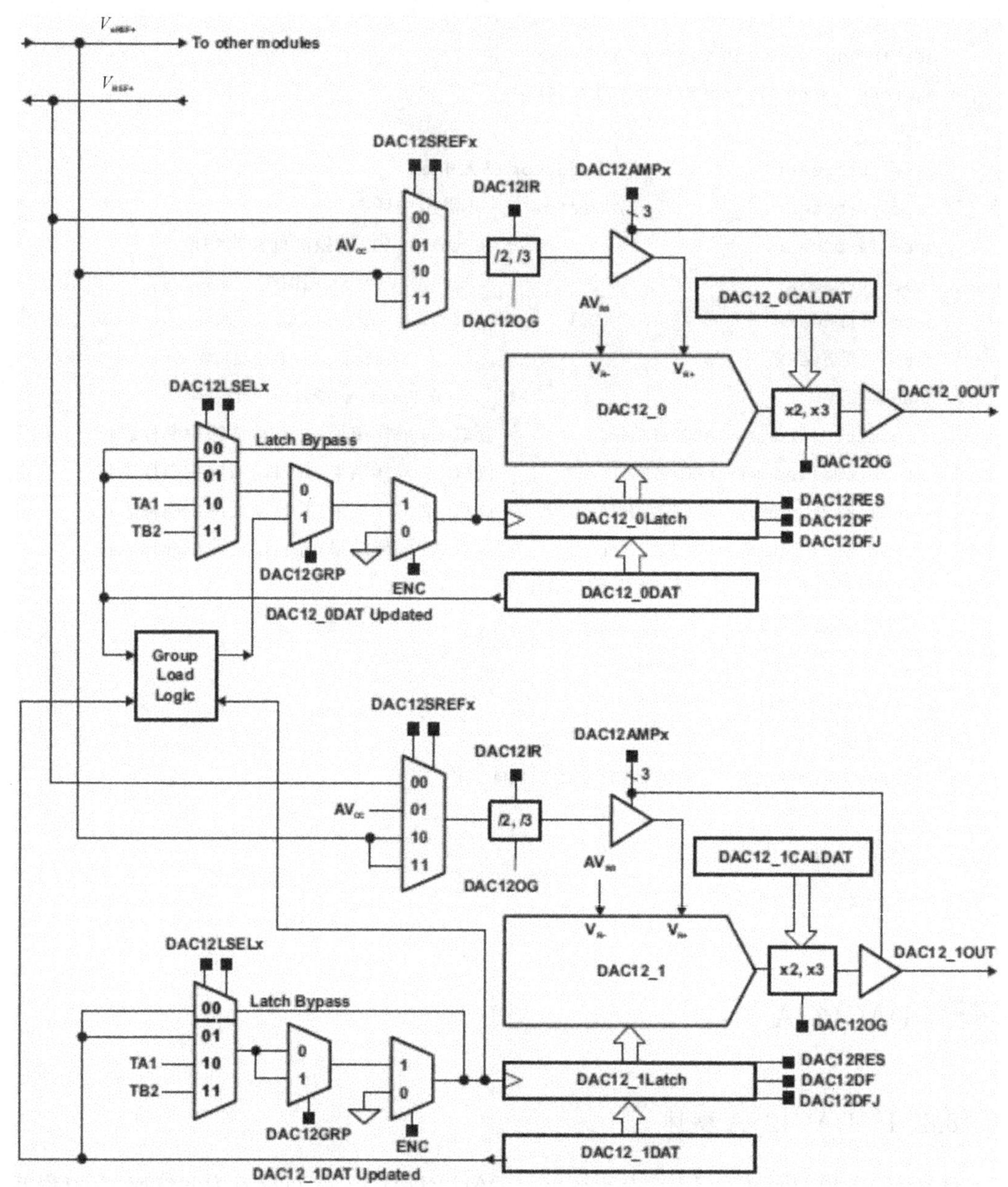

图 8-9 DAC12_A 模块的结构框图

8.2.2 DAC12_A 操作

1. DAC12_A 内核

DAC12_A 可配置为使用 DAC12RES 位在 8 位或 12 位模式下工作。通过 DAC12IR 和 DAC12OG 位可将满量程输出编程为所选参考电压的 1 倍、2 倍或 3 倍。此功能允许用户控制 DAC 的动态范围。DAC12DF 位允许用户在 DAC 的直接二进制数据格式和二进制补码数据格式之间进行选择。使用直接二进制数据格式时，输出电压的公式如表 8-5 所示。

表 8-5　DAC 满量程范围($V_{REF}=V_{eREF+}$ 或 V_{REF+})

位　　数	DAC12RES	DAC12OG	DAC12IR	输出电压格式
12 位	0	0	0	$V_{out}=V_{REF}\times3\times$(DAC12_xDAT/4096)
12 位	0	1	0	$V_{out}=7_{REF}\times2\times$(DAC12_xDAT/4096)
12 位	0	×	1	$V_{out}=V_{REF}\times$(DAC12_xDAT/4096)
8 位	1	0	0	$V_{out}=V_{REF}\times3\times$(DAC12_xDAT/256)
8 位	1	1	0	$V_{out}=V_{REF}\times2\times$(DAC12_xDAT/256)
8 位	1	×	1	$V_{out}=V_{REF}\times$(DAC12_xDAT/256)

在 8 位模式下,DAC12_xDAT 的最大可用值为 0FFh;在 12 位模式下,DAC12_xDAT 的最大可用值为 0FFFh。

2. DAC12_A 参考电压

DAC12_A 的基准电压源配置为使用 AV_{CC}、外部基准电压或 REF 模块的内部 1.5V/2.0V/2.5V 基准电压源和 DAC12SREFx 位。当 DAC12SREFx={0}和 DAC12AMPx>{1}时,V_{REF+}用作参考电压,通过 REF 模块提供。当 DAC12SREFx={1}时,AV_{CC}用作参考电压,当 DAC12SREFx={2,3}时,V_{eREF+}信号用作参考电压。

可以配置 DAC 的参考输入和电压输出缓冲器,以优化建立时间与功耗。使用 DAC12AMPx 位选择 8 种组合。在低/低设置中,建立时间最慢,两个缓冲器的电流消耗最低。中高设置具有更快的建立时间,但是电流消耗增加。

3. DAC12_A 电压输出与更新

在大多数器件上,每个 DAC 通道都可以输出到通过 DAC12OPS 位选择的两个不同的端口引脚上。当 DAC12OPS=0 时,选择两个端口中的一个作为 DAC 输出。同样,当 DAC12OPS=1,另一个端口被选为 DAC 输出。表 8-6 总结了可以输出到端口 Pm.y 或 Pn.z的单个 DAC 通道。

表 8-6　DAC 输出选择

DAC12OPS	DAC12AMP	Pm.y 功能	Pn.z 功能
0	{0}	I/O	I/O
0	{1}	I/O	DAC 输出,0V
0	{>1}	I/O	DAC 输出
1	{0}	I/O	I/O
1	{1}	DAC 输出,0V	I/O
1	{>1}	DAC 输出	I/O

DAC12_xDAT 寄存器可以直接连接到 DAC 内核。使用 DAC12LSELx 位选择更新 DAC 电压输出的触发器。

当 DAC12LSELx=0 时,数据锁存器是透明的,DAC12_xDAT 寄存器直接应用于 DAC 内核。无论 DAC12ENC 位的状态如何,当新的 DAC 数据写入 DAC12_xDAT 寄存器时,DAC 输出立即更新。

当 DAC12LSELx=1 时，DAC 数据被锁存并在将新数据写入 DAC12_xDAT 后应用于 DAC 内核。当 DAC12LSELx=2 或 3 时，数据在 Timer0_A5 CCR1 的上升沿锁存输出或在 Timer_B CCR2 输出。当 DAC12LSELx>0 时，必须将 DAC12ENC 设置为锁存新数据。

4. DAC12_xDAT 数据格式

DAC12_A 支持直接二进制和二进制补码数据格式。使用直接二进制数据格式时，满量程输出值在 12 位模式下为 0FFFh，如图 8-10 所示。

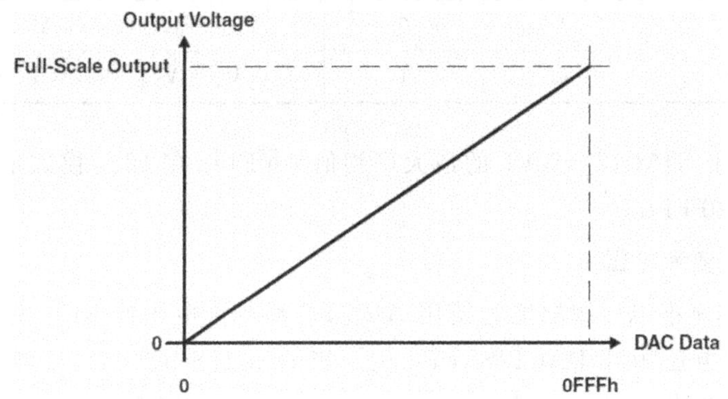

图 8-10　输出电压与 DAC_12 数据关系(二进制格式)

当使用二进制补码数据格式时，范围被移位，使得 DAC12_xDAT 值为 0800h(8 位模式下为 0080h)，导致输出电压为 0，0000h 为中间输出电压，07FFh(8 位模式下为 007Fh)是满量程电压输出，如图 8-11 所示。

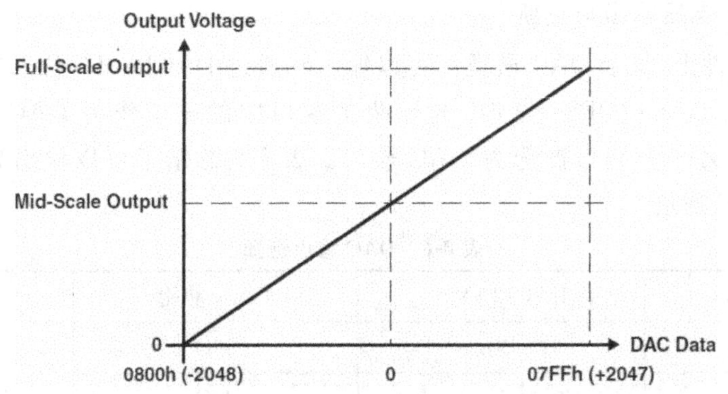

图 8-11　输出电压与 DAC_12 数据关系(二进制补码格式)

5. DAC12_A 输出校正

DAC 输出放大器的失调电压可以是正的或负的。当偏移为负时，输出放大器会尝试驱动负电压，但不能这样做。输出电压保持为零，直到 DAC 数字输入产生足够的正输出电压以克服负偏移电压，如图 8-12 所示。

当输出放大器具有正偏移时，数字输入为 0 不会导致输出电压为 0。DAC12_A 输出电压在 DAC12_A 数据达到最大值之前达到最大输出电平。如图 8-13 所示。

DAC12_A 能够校准输出放大器的失调电压。将 DAC12CALON 位置 1 会启动偏移校准。在使用 DAC 之前应完成校准。可以通过监视 DAC12CALON 位来检查。校准完成后，DAC12CALON 位会自动复位。应在校准前配置 DAC12AMPx 位。为获得最佳校准结果，

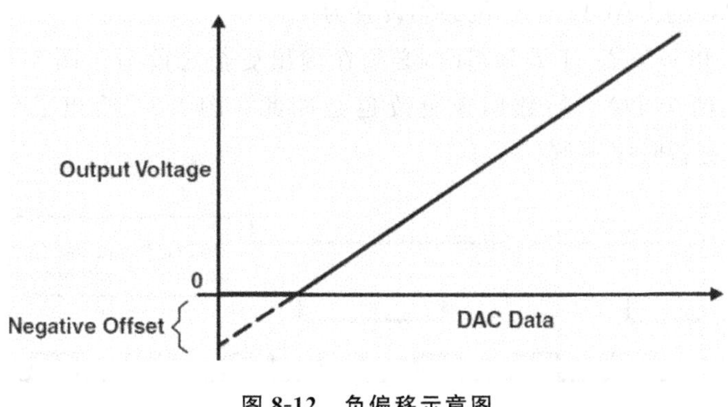

图 8-12　负偏移示意图

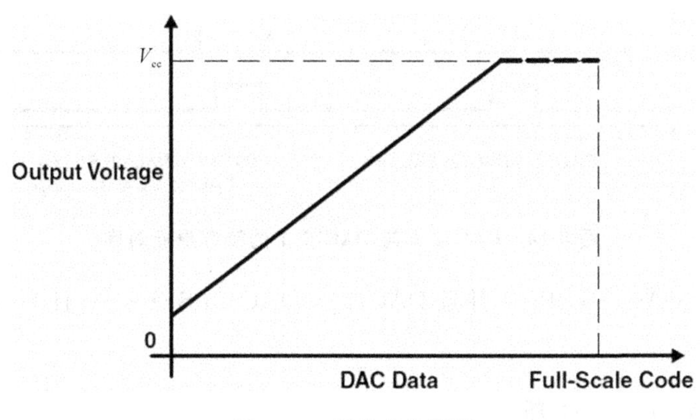

图 8-13　正偏移示意图

应在校准期间最小化端口和 CPU 活动。

可以通过 DAC12x_CALCTL 寄存器控制的锁定机制保护 DAC12x_CALDAT 的内容，防止意外写访问。上电时，LOCK 位置 1，无法进行校准，忽略写入 DAC12x_CALDAT。要执行校准，必须通过将正确的密码写入 DAC12x_CALCTL 并清零 LOCK 位来清除 LOCK 位。清零后，可以执行校准或写入 DAC12x_CALDAT 的操作。执行校准后，用户应通过将正确的密码写入 DAC12x_CALCTL 并设置 LOCK 位来锁定校准寄存器。

只能在 DAC12CALON 位清零时执行读取 DAC12_xCALDAT 的操作，否则可能会读取不正确的值。DAC12xCAL 数据格式是二进制补码形式，仅使用低位字节，高位字节对校准没有影响。

6. 多 DAC12_A 模块的分组

多个 DAC12_A 模块可与 DAC12GRP 位组合在一起，以同步每个 DAC 输出的更新。硬件可确保组中的所有 DAC12_A 模块同时更新，而不受任何中断或 NMI 事件的影响。

在包含多个 DAC 的器件上，DAC12_0 和 DAC12_1 通过将 DAC12_0 的 DAC12GRP 位置 1 进行分组。DAC12_1 的 DAC12GRP 位无关紧要。当 DAC12_0 和 DAC12_1 处于分组状态时：

(1) DAC12_0 和 DAC12_1 DAC12LSELx 位选择两个 DAC 的更新触发；

(2) 两个 DAC 的 DAC12LSELx 位必须相同；

(3) 两个 DAC 的 DAC12LSELx 位必须大于 0；

(4) 两个 DAC 的 DAC12ENC 位必须设置为 1。

当 DAC12_0 和 DAC12_1 被分组时，必须在输出更新之前写入两个 DAC12_xDAT 寄存器，即使一个或两个 DAC 的数据未更改也是如此。图 8-14 给出了分组 DAC12_0 和 DAC12_1 的锁存更新时序示例。

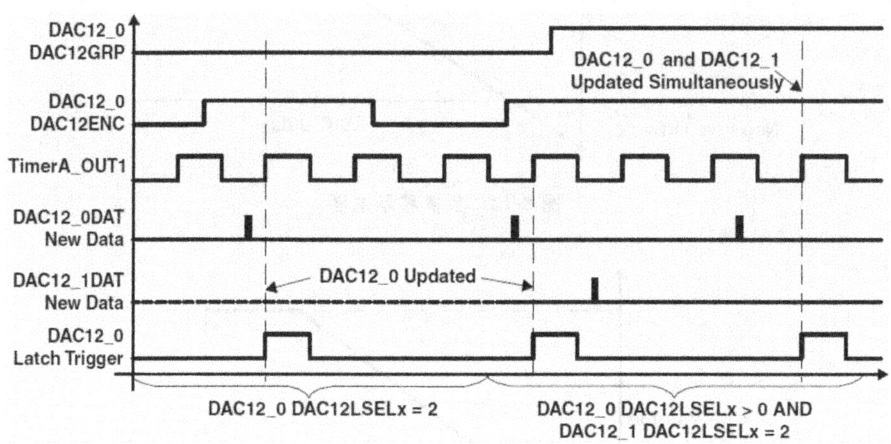

图 8-14　DAC12_0 与 DAC12_1 的锁存更新时序

当 DAC12_0 DAC12GRP=1 并且 DAC12_x DAC12LSELx>0 且 DAC12ENC=0 时，DAC 均不会更新。

8.2.3　DAC12_A 中断

当 DAC12LSELx>0 且 DAC 数据从 DAC12_xDAT 寄存器锁存到数据锁存器时，DAC12IFG 位置 1。当 DAC12LSELx=0 时，DAC12IFG 标志未置 1。

设置 DAC12IFG 位表示 DAC 已准备好接收新数据。如果 DAC12IE 和 GIE 位都置 1，则 DAC12IFG 产生中断请求。DAC12IFG 标志必须由软件复位，或者可以通过访问 DAC12IV 寄存器自动复位。

对于包含 DMA 的器件，每个 DAC 通道都有一个与之关联的 DMA 触发器。当 DAC12IFG 置 1 时，它可以触发 DMA 传输到 DAC12x_DAT 寄存器。传输开始时，DAC12IFG 会自动复位。如果 DAC12IE 也置 1，则 DAC12IFG 置 1 时不会发生 DMA 传输。

1. DAC12IV，中断向量发生器

DAC12_A 标志被优先化并组合以产生单个中断向量。中断向量寄存器 DAC12IV 用于确定请求中断的标志。

优先级最高的中断在 DAC12IV 寄存器中产生一个数字。可以评估此编号或将其添加到程序计数器中以自动输入适当的软件程序。禁用的 DAC 中断不会影响 DAC12IV 值。

DAC12IV 寄存器的任何访问，读或写都会自动复位最高待处理中断标志。如果设置了另一个中断标志，则在服务初始中断后立即产生另一个中断。例如，如果在中断服务程序访问 DAC12IV 寄存器时设置了 DAC12IFG_0 和 DAC12IFG_1 标志，则 DAC12IFG_0 标志会自动复位。执行中断服务程序的 RETI 指令后，DAC12IFG_1 标志会产生另一个中断。

2. DAC12IV 程序示例

以下程序示例显示了 DAC12IV 的推荐用法和处理器开销。DAC12IV 值被添加到 PC 以自动跳转到相应的程序。

```
;DAC12_A 的中断处理程序。
DAC12_HND                               ;中断延迟
ADD &DAC12IV,PC                    ;添加偏移量到跳转表
RETI                                    ;向量 0:无中断
JMP DAC12IFG_0_HND                 ;向量 2:DAC12_0
JMP DAC12IFG_1_HND                 ;矢量 4:DAC12_1
RETI                                    ;矢量 6:保留
RETI                                    ;矢量 8:保留
RETI                                    ;矢量 10:保留
DAC12IFG_1_HND                            ;矢量 4:DAC12_1
......                                    ;任务从这里开始
RETI                                    ;返回主程序
DAC12IFG_0_HND                          ;矢量 2:DAC12_0
......                                    ;任务从这里开始
RETI                                  ;返回主程序
```

8.2.4 DAC12_A 寄存器

DAC12_A 寄存器列于表 8-7 中。基地址可在其器件数据手册中查到，地址偏移量在表 8-7中给出。

表 8-7 DAC12_A 寄存器

寄　存　器	缩　　写	读写类型	存取类型	地址偏移	初始状态
DAC12_0 控制寄存器 0	DAC12_0CTL0	读/写	字	00h	0000h
DAC12_0 控制寄存器 1	DAC12_0CTL1	读/写	字	02h	0000h
DAC12_0 数据寄存器	DAC12_0DAT	读/写	字	04h	0000h
DAC12_0 校准控制寄存器	DAC12_0CALCTL	读/写	字	06h	0000h
DAC12_0 校准数据寄存器	DAC12_0CALDAT	读/写	字	08h	0000h
DAC12_0 控制寄存器 0	DAC12_0CTL0	读/写	字	10h	0000h
DAC12_1 控制寄存器 1	DAC12_1CTL1	读/写	字	12h	0000h
DAC12_1 数据寄存器	DAC12_1DAT	读/写	字	14h	0000h
DAC12_1 校准控制寄存器	DAC12_1CALCTL	读/写	字	16h	0000h
DAC12_1 校准数据寄存器	DAC12_1CALDAT	读/写	字	18h	0000h
DAC12 中断向量寄存器	DAC12IV	读	字	1Eh	0000h

下面分别介绍 DAC12_A 各寄存器的功能与设置。

(1) DAC12_xCTL0，DAC12 控制寄存器 0：

15	14	13	12	11	10	9	8
DAC12OPS	DAC12SREFx		DAC12RES	DAC12LSELx		DAC12CALON	DAC12IR
7	6	5	4	3	2	1	0
DAC12AMPx			DAC12DF	DAC12IE	DAC12IFG	DAC12ENC	DAC12GRP

● DAC12OPS：Bit15，DAC 输出选择位。

0　Pm. y 上的 DAC12_x 通道输出；｜ 1　Pn. z 上的 DAC12_x 通道输出。

● DAC12SREFx：Bits14－13，DAC 参考电压选择。

00	V_{REF+}；	10	V_{eREF+}；
01	AV_{CC}；	11	V_{eREF+}。

● DAC12RES：Bit12，DAC 分辨率选择位。

0　12 位分辨率；｜ 1　8 位分辨率。

● DAC12LSELx：Bits11～10，DAC 负载选择位。

00　写入 DAC12_xDAT 时 DAC 锁存器加载(忽略 DAC12ENC)。

01　当 DAC12_xDAT 被写入时，DAC 锁存器加载，或者在分组时，当写入组中的所有 DAC12_xDAT 寄存器时，DAC 锁存器加载。

10　Timer_A. OUT1(TA1) 的上升沿。

11　Timer_B. OUT2(TB2) 的上升沿。

● DAC12CALON：Bit9，DAC 校准开启位。该位启动 DAC 偏移校准序列，并在校准完成时自动复位。

0　校准未激活；｜ 1　启动正在进行的校准。

● DAC12IR：Bit8，DAC 输入范围位。DAC12IR 位与 DAC12OG 位一起设置参考输入和电压输出范围。如表 8-8 所示。

表 8-8　输出电压与 DAC12OG 位和 DAC12IR 位的关系

DAC12IOG	DAC12IR	输 出 电 压
0	0	DAC12 满量程输出＝3×参考电压
1	0	DAC12 满量程输出＝2×参考电压
x	1	DAC12 满量程输出＝1×参考电压

● DAC12AMPx：Bits7～5，DAC 放大器设置位。DAC12AMPx 与输入/输出缓冲器对应关系如表 8-9 所示。

表 8-9　DAC12AMPx 与输入/输出缓冲器对应关系

DAC12AMPx	输入缓冲器	输出缓冲器
000	关闭	DAC 关闭，输出高阻
001	关闭	DAC 关闭，输出 0V
010	低速度/电流	低速度/电流
011	低速度/电流	中速度/电流
100	低速度/电流	高速度/电流
101	中速度/电流	中速度/电流
110	中速度/电流	高速度/电流
111	高速度/电流	高速度/电流

● DAC12DF：Bit4，DAC数据格式位。

0　二进制；｜1　二进制补码。

● DAC12IE：Bit3，DAC中断使能位。

0　禁止；｜1　使能。

● DAC12IFG：Bit2，DAC中断标志位。

0　没有中断挂起；｜1　有中断挂起。

● DAC12ENC：Bit1，DAC使能转换位。当DAC12LSELx>0时，该位使能DAC12_A模块。当DAC12LSELx=0时，DAC12ENC被忽略。

0　DAC转换禁止；｜1　DAC转换使能。

● DAC12GRP：Bit0，DAC分组位。将DAC12_x与下一个更高的DAC12_x分组。不适用于双DAC器件上的DAC12_1。

0　没有分组；｜1　有分组。

（2）DAC12_xCTL1，DAC12控制寄存器1：

15	14	13	12	11	10	9	8
保留							
7	6	5	4	3	2	1	0
保留						DAC12OG	DAC12DFJ

● DAC12OG：Bit1，DAC输出缓冲器增益位。

0　3倍增益；｜1　2倍增益。

● DAC12DFJ：Bit0，DAC数据格式对齐位。仅在DAC12ENC=0时可修改。

0　数据格式右对齐；｜1　数据格式左对齐。

（3）DAC12_xDAT，DAC12数据寄存器。

DAC12工作于12位模式时，DAC12_xDAT的最大值为0FFFh；DAC12工作于8位模式时，DAC12_xDAT的最大值为0FFh。DAC12数据寄存器的值根据其工作模式具有以下存储格式，如表8-10所示。

表8-10　DAC12_xDAT数据格式

DAC12数据格式	DAC12RES	DAC12DF	DAC12DFJ
无符号12位二进制格式，右对齐	0	0	0
无符号12位二进制格式，左对齐	0	0	1
12位二进制补码格式，右对齐	0	1	0
12位二进制补码格式，左对齐	0	1	1
无符号8位二进制格式，右对齐	1	0	0
无符号8位二进制格式，左对齐	1	0	1
8位二进制补码格式，右对齐	1	1	0
8位二进制补码格式，左对齐	1	1	1

(4) DAC12_xCALCTL,DAC12 校准控制寄存器:

15	14	13	12	11	10	9	8
DAC12KEY							
7	6	5	4	3	2	1	0
保留							LOCK

● DAC12KEY:Bits15～8,DAC 校准锁密码位。该位始终读为 0x96。必须写入 0xA5 才能设置或清除 LOCK 位。不正确的密钥会导致 LOCK 位置 1,从而禁止对 DAC12_xCALDAT 的写访问。

● LOCK:Bit0,DAC 校准锁定位。为了能够对 DAC12 校准寄存器进行写访问,必须通过将 0xA5 写入 DAC12KEY 以及 LOCK=0 来清除该位。写入错误的键或写入使用字节模式的 DAC12x_CALCTL 会自动设置 LOCK 位。如果 LOCK 位置 1,则无法对校准寄存器进行写访问和硬件校准。保留 DAC12_xCALDAT 中的所有先前值。

0　启用校准寄存器写访问,可以执行校准。

1　禁用校准寄存器写访问,禁用校准。

(5) DAC12_xCALDAT,DAC12 校准数据寄存器:

15	14	13	12	11	10	9	8
保留							
7	6	5	4	3	2	1	0
DAC12 Calibration Data							

DAC12 Calibration Data:Bits7～0,DAC 校准数据位。DAC 校准数据以二进制补码格式表示,范围为-128～+127。

(6) DAC12IV,DAC12 中断向量寄存器:

15	14	13	12	11	10	9	8
0	0	0	0	0	0	0	0
7	6	5	4	3	2	1	0
0	0	0	0	DAC12IVx			0

DAC12IVx:Bits15～0,DAC 中断向量值。其值如表 8-11 所示。

表 8-11　DAC12 中断向量值

DAC12IV 值	中　断　源	中 断 标 志	中断优先级
00h	没有中断	—	—
02h	DAC12 通道 0	DAC12IFG_0	最高
04h	DAC12 通道 1	DAC12IFG_1	
06h	保留	—	
08h	保留	—	
0Ah	保留	—	
0Ch	保留	—	
0Eh	保留	—	最低

8.2.5 应用举例

例 8-5 Timer_A0 作为 DAC12 采样时钟，用两个 DAC12 通道组合输出波形。写出其初始化代码。

```
TA0CTL= TASSEL1+ MC_0+ TACLR;                    // MCLK，增计数模式
TA0CCR0= 1024;                           // DAC12 采样速率：TACLK/TACCR0
TA0CCR2= 1;
TA0CCTL2= OUTMOD_3;                              // 翻转输出
TA0CCTL0 |= CCIE;
DAC12_0CTL0&= ~ DAC12ENC;
DAC12_1CTL0 &= ~ DAC12ENC;
DAC12_0CTL0= DAC12GRP+ DAC12DF+ DAC12AMP_0+ DAC12AMP_1+ DAC12AMP_2+ DAC12LSEL_1+
DAC12SREF_0+ DAC12IR;
DAC12_1CTL0= DAC12DF+ DAC12AMP_0+ DAC12AMP_1+ DAC12AMP_2+ DAC12LSEL_1+ DAC12SREF_0
+ DAC12IR;
DAC12_0CTL0 |= DAC12ENC;
DAC12_1CTL0|= DAC12ENC;
```

例 8-6 利用 DAC12 输出一个线性增长的波形。

分析 这里所说的线性增长的波形其实为台阶很小的阶梯波形。由 DAC12_0DAT 数据一个一个地增加形成。

程序代码如下：

```
# include< msp430f6638.h>
Void main(void)
{
  WDTCTL= WDT_MDLY_0_064;                    // 看门狗定时 0.064ms
IE1= WDTIE;                                    // 使能看门狗中断
DAC12_0CTL= DAC12IR+ DAC12AMP_5+ DAC12ENC+ DAC12CALON;
_ENINT();                                      // 使能中断
  For(;;)
{
  _BIS_SR(CPUOFF);                           // 进入 LPM0
DAC12_0DAT+ + ;                               // 依次递增
DAC12_0DAT &= 0Xfff;                          // 保持
}
}
# pragma vector= WDT_VECTOT
__interrupt void watchdog_timer(void)
{
  __bic_SR_register_on_exit(CPUOFF);              // 退出 LPM0
}
```

本章小结

MSP430 单片机的 ADC12 模块支持快速的 12 位模数转换。该模块包含一个具有采样与保持功能的 12 位转换器内核、模拟输入多路复用器、参考电压发生器、采样及转换所需的时序控制电路和 16 个转换结果缓冲及控制寄存器。转换结果缓冲及控制寄存器允许在没有 CPU 干预的情况下，进行多达 16 路信号的采样、转换和保存。而 MSP430 单片机中的 12 位电压输出 DAC12 模块，可以和 DMA 控制器结合使用，也可以灵活地设置成 8 位或 12 位转换模式。当 MSP430 内部有多个 DAC12 转换模块时，MSP430 可以对它们统一管理，并能做到同步更新。本章对 ADC12 与 DAC12 模块的结构及原理进行了详细的阐述，通过本章的学习使学生掌握这两个模块的工作原理及其编程应用。

思考题

1. MSP430 ADC12 有几种内部参考源？应该如何选择？

2. MSP430 ADC12 的模拟输入多路复用器的作用是什么？

3. MSP430 ADC12 有哪些转换方式？各自的特点是什么？

4. ADC12 和 CPU 之间采用查询方式，对 ADC12 通道 A0～A7 的模拟量进行循环采样转换，并将结果存放在内部以 RAM 220H 单元为起始单元的连续单元中。

5. ADC12 和 CPU 之间采用中断方式，对 ADC12 通道 A0 的模拟量通过单通道多次转换的方式进行转换，并将结果存放在内部以 RAM 220H 单元为起始单元的连续单元中。

6. ADC12 和 CPU 之间采用 DMA 方式，对 ADC12 通道 A0～A4 的模拟量采用多通道单次转换模式进行转换，并将结果存放在内部以 RAM 220H 单元为起始单元的连续单元中。

7. MSP430 系列单片机的数模转换模块如何支持 MSP430 的低功耗特性？

8. 利用 MSP DAC12 输出阶梯波时，改变阶梯幅度应该修改哪个寄存器中的初值？

9. 试将 RAM 0220H 单元开始的 20 个 12 位数据(高 8 位数字量在前一单元，低 4 位数字量在后一单元中的低 4 位)送至 DAC12 进行转换。

10. 利用 MSP430 数/模转换模块，编制一个输出 2 V 模拟电压的程序。

第 9 章　比较器与乘法器

MSP430F5xx 系列之前的 MSP430 单片机仅有比较器 A，以及 16 位硬件乘法器，MSP430F5xx/6xx 系列单片机升级为比较器 B 和 32 位硬件乘法器。Comp_B 是一个模拟电压比较器，包含了多达 16 个通道的比较功能；MPY32 硬件乘法器作为外设模块，仅需要 CPU 指令载入操作数，硬件乘法器就可以把运算结果存放到相应寄存器中，再利用 CPU 指令读取寄存器中存储的运算结果，大大加强了 MSP430 的功能并提供了软硬件相兼容的范围，提高了数据处理能力。本章将主要介绍 COMP_B、MPY32 硬件乘法器的内部结构、工作原理及其相关操作。

9.1 比较器 B

9.1.1 Comp_B 的结构

Comp_B 模块的结构如图 9-1 所示。Comp_B 模块由 16 个输入通道、模拟电压比较器、参考电压发生器、输出滤波器和一些控制单元组成。

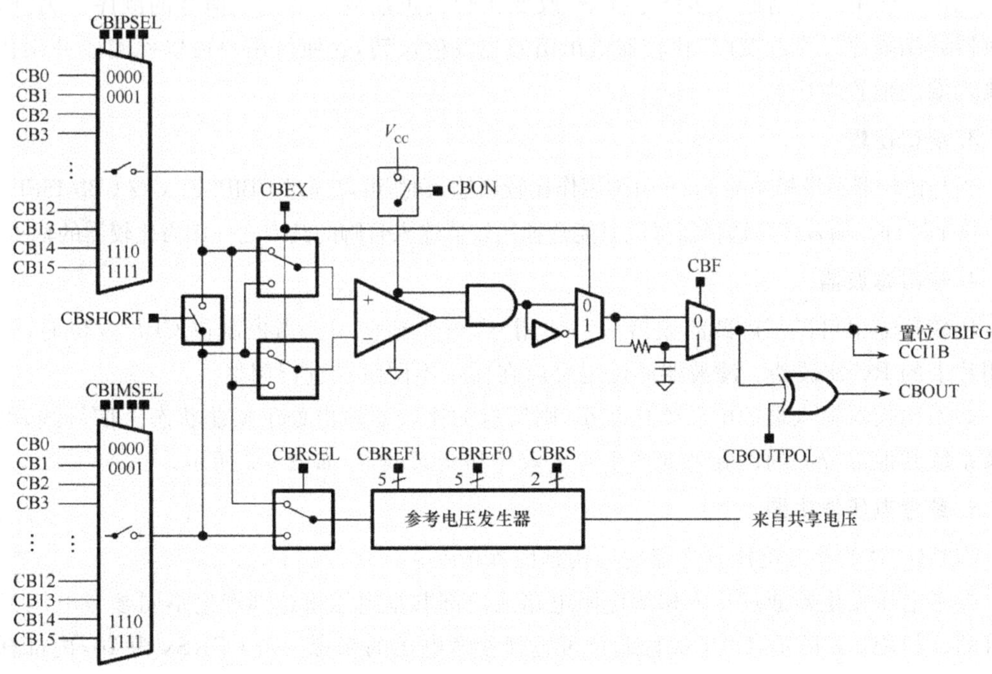

图 9-1　Comp_B 模块的结构框图

Comp_B 模块具有以下一些特性：① 拥有正/反向终端输入多路选择器；② 通过软件选择比较器输出的 RC 滤波；③ 可输出到 Timer_A 的捕获输入；④ 可用软件控制端口输入缓冲；⑤ 具有中断能力；⑥ 拥有可选的参考电压发生器、电压磁滞发生器；⑦ 参考电压输入可选择共用参考电压；⑧ 具有超低功耗的比较模式；⑨ 低功耗模式支持中断驱动测量系统。

9.1.2 COMP_B 的应用

Comp_B 模块可通过用户软件配置，下面就该模块的配置和使用分别进行说明。

1. 比较器

比较器对正和负输入终端的模拟信号进行比较。如果正端信号大于负端信号，则比较器输出 CBOUT 为高电平。可以通过 CBON 位来关闭或打开比较器。为了降低功耗，在不使用比较器时，应当关闭比较器。当比较器关闭时，CBOUT 总是为低电平。比较器的偏置电流可编程控制。

2. 模拟输入开关

CBIPSELx 及 CBIMSELx 位用于选择两个比较器输入终端与相应端口管脚之间是连接还是断开。比较器的输入终端可以分别进行控制。

CBIPSELx/CBIMSELx 位允许：

(1) 将外部信号连接到比较器的正端或负端；

(2) 内部参考电压到相应输出端口管脚选择一个路径；

(3) 将外部电流源应用到比较器的正端或负端；

(4) 内部多路选择器的两个端口到外部的映射。

为避免信号失真，内部使用 T 型开关。

CBEX 位用于控制输入多路选择器，改变比较器正端或负端输入信号的顺序。另外，当比较器终端顺序发生改变时，比较器输出信号也发生反转，这使得用户可以检测或补偿比较器输入端的偏置电压。

3. 端口逻辑

当与比较器通道相关的 Px.y 引脚用作比较器输入时，可以通过 CBIPSELx 或 CBIMSELx 位禁止数字器件。输入多路选择器每次只能选择比较器输入管脚的其中之一作为比较器的输入。

4. 输出滤波器

比较器输出可以与内部滤波器一起使用，也可单独使用。当控制位 CBF 置位时，输出使用片上的 RC 滤波器。滤波器的延迟可以在四个不同阶段进行调整。

如果比较器输入端的电压差比较小，则所有的比较器输出处于振荡状态。信号线、电源线及系统其他部分的内部和外部产生寄生效应和交叉耦合，如图 9-2 所示。

5. 参考电压发生器

COMP_B 的参考电压发生器的结构框图如图 9-3 所示。

参考电压发生器通过接入梯形电阻电路或内部共享电压来达到产生不同参考电压 V_{REF} 的目的。如图 9-3 所示，CBRSx 控制位可选择参考电压的来源。若 CBRSx 为 10，内部梯形电阻电路电压来自内部共享电压，内部共享电压可通过 CBREFLx 控制位产生1.5 V、2.0 V 或 2.5 V 电压。若 CBRSx 为 01，内部梯形电阻电路电压来自 V_{CC}，可通过 CBON 实现参考

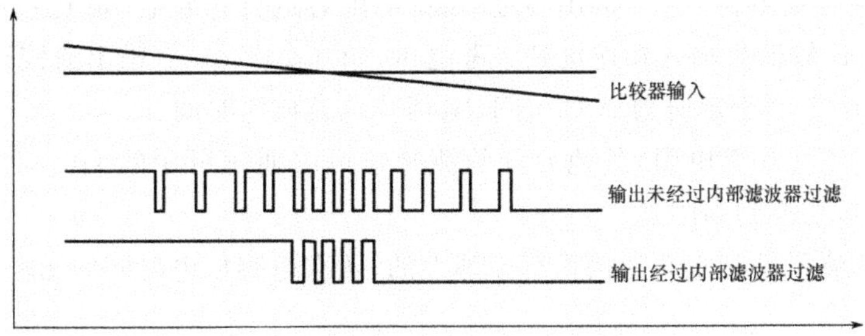

图 9-2　RC 滤波器在比较器输出端的响应

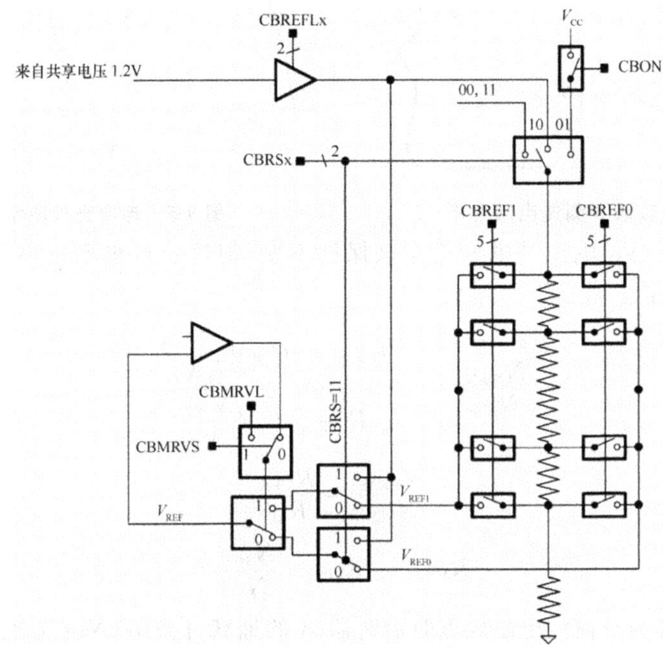

图 9-3　参考电压发生器的结构框图

电源的开关。若 CBRSx 为 00 或 11，内部梯形电阻电路无电源可用，被禁止。若 CBRSx 为 11，参考电压来自内部共享电压。当 CBRSx 不为 11 时，当 CBMRVS 为 0 且 CBOUT 为 1 时，参考电压来自 V_{REF1}；当 CBMRVS 和 CBOUT 均为 0 时，参考电压来自 V_{REF0}。当梯形电阻电路可用时，可通过 CBREF1 和 CBREF0 控制位对参考电压源进行分压，分压倍数可为 1/5、2/5、3/5、4/5、1/4、3/4、1/3、2/3、1/2 和 1。CBMRVS 控制位可实现对 V_{REF} 电压信号的来源控制。若 CBMRVS 控制位为 0，CBOUT 控制 V_{REF} 电压信号的来源；若 CBMRVS 控制位为 1，CBMRVL 控制位控制 V_{REF} 电压信号的来源。

6. COMP_B 测量电阻

使用单斜边模数转换，COMP_B 可以用于精确测量电阻元件。例如，使用热敏电阻，将热敏电阻的放电时间与如图 9-4 所示的参考电阻的放电时间进行比较，可以把温度转换成数字数据。

用于计算 R_{MEAS} 感应温度的资源如下：① 两个数字 I/O 口对电容充放电；② I/O 口置位电容充电，复位放电；③ 通过 CBPDx 位，将没有使用的 I/O 口切换到高阻态；④ 一个输出通

过 R_{REF} 对电容进行放电；⑤ 一个输出通过 R_{MEAS} 对电容进行充放电；⑥ 比较器正输入端连接到电容正极；⑦ 比较器负输入端连接到参考电压，如 $0.25V_{CC}$；⑧ 输出滤波器应当最小化开关噪声；⑨ CBOUT 用于定时器 A 的 CCI1B，捕获电容放电时间。

可以测量的不止一个电阻，其他元件的测量也可以通过可用的 I/O 口连接到 CB0 上，并且在不使用时，切换到高阻态。

热敏电阻的测量是建立在比例换算原理上的，两次电容放电时间的比率如图 9-5 所示。

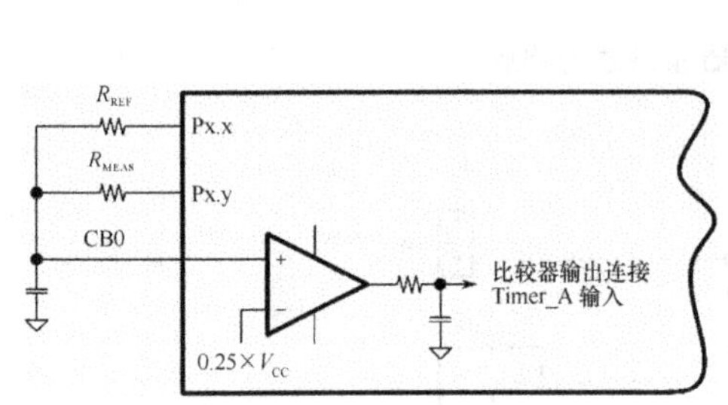

图 9-4 利用比较器 B 测量电阻电路

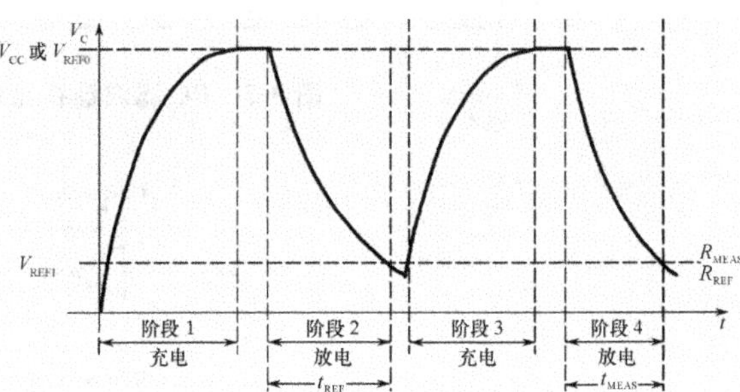

图 9-5 电容充放电示意图

在转换过程中，V_{CC} 电压及电容值应该保持不变，但这一点也不是很重要，因为在比率中，它们相互抵消了。

$$\frac{N_{MEAS}}{N_{REF}}=\frac{-R_{MEAS}\times C\times \ln\dfrac{V_{REF1}}{V_{CC}}}{-R_{REF}\times C\times \dfrac{V_{REF1}}{V_{CC}}}$$

$$\frac{N_{MEAS}}{N_{REF}}=\frac{R_{MEAS}}{R_{REF}}$$

$$R_{MEAS}=R_{REF}\times\frac{N_{MEAS}}{N_{REF}}$$

式中：N_{MEAS} 为电容通过被测电阻放电时定时器 A 的捕获计数值；N_{REF} 为电容通过标准参考电阻放电时 Timer_A 的捕获计数值。

7. COMP_B 的中断

一个中断标志及中断矢量与 COMP_B 相关。中断标志 CBIFG 在比较器输出的上升沿或下降沿时都会置位，上升沿或下降沿由 CBIES 位选择。如果 CBIE 及 GIE 位都置位，CBIFG 标志将产生中断请求。

9.1.3 COMP_B 寄存器

Comp_B 寄存器如表 9-1 所列。寄存器的基地址在具体芯片的数据手册中可以查到。

表 9-1 Comp_B 寄存器

寄　存　器	缩　写	读写类型	偏移地址	初始状态
COMP_B 控制寄存器 0	CBCTL0	读/写	0000	0000
COMP_B 控制寄存器 1	CBCTL1	读/写	0002	0000
COMP_B 控制寄存器 2	CBCTL2	读/写	0004	0000
COMP_B 控制寄存器 3	CBCTL3	读/写	0006	0000
COMP_B 中断寄存器	CBINT	读/写	000C	0000
COMP_B 中断向量寄存器	CBIV	读	000E	0000

(1) CBCTL0，COMP_B 控制寄存器 0：

15	14	13	12	11	10	9	8
CBIMEN	保留			CBIMSEL			
7	6	5	4	3	2	1	0
CBIPEN	保留			CBIPSEL			

- CBIMEN：Bit15，比较器 V－通道输入使能位。

0	选择的 V－通道输入禁止；	1	选择的 V－通道输入使能。

- CBIMSEL：Bits11～8，如果 CBIMEN＝1，比较器 V－通道输入使能。
- CBIPEN：Bit7，比较器 V＋通道输入使能位。

0	选择的 V＋通道输入禁止；	1	选择的 V＋通道输入使能。

CBIPSEL：Bits3～0，如果 CBIMEN＝1，比较器 V＋通道输入使能。

(2) CBCTL1，COMP_B 控制寄存器 1：

15	14	13	12	11	10	9	8
保留			CBMRVS	CBMRVL	CBON	CBPWRMD	
7	6	5	4	3	2	1	0
CBFDLY		CBEX	CBSHORT	CBIES	CBF	CBOUTPOL	CBOUT

- CBMRVS：Bit12，如果 CBRS＝00、01 或 10，该位定义是否在 V_{REF0} 和 V_{REF1} 之间选择比较器输出。

0	比较器输出状态在 V_{REF0} 和 V_{REF1} 之间选择；	1	CBMRVL 在 V_{REF0} 和 V_{REF1} 之间选择。

- CBMRVL：Bit11，CBMRVS 置 1 时，该位有效。

0	如果 CBRS＝00、01 或 10，选择 V_{REF0}；	1	如果 CBRS＝00、01 或 10，选择 V_{REF1}。

- CBON：Bit10，打开比较器位。当比较器关闭时，Comp_B 不耗电。

0	关闭；	1	打开。

- CBPWRMD：Bits9～8，电源模式位。

00	高速模式(可选)；	10	超低功耗模式(可选)；
01	正常模式(可选)；	11	保留。

- CBFDLY：Bits7～6，滤波延时位。

00	450ns；	10	1800ns 典型滤波延时；
01	900ns 典型滤波延时；	11	3600ns 典型滤波延时。

- CBEX：Bit5，交换比较器 0 输入和比较器 0 输出反转的顺序。
- CBSHORT：Bit4，将正输入端和负输入端短路位。

0	输入不短路；	1	输入短路。

- CBIES：Bit3，CBIIFG 和 CBIFG 中断沿选择位。

0	CBIFG 选择上升沿，CBIIFG 选择下降沿；	1	CBIFG 选择下降沿，CBIIFG 选择上升沿。

- CBF：Bit2，输出滤波位。

0　Comp_B 没有输出滤波；｜1　Comp_B 输出滤波。

- CBOUTPOL：Bit1，定义 CBOUT 极性位。

0　没有反转；｜1　反转。

- CBOUT：Bit0，Comp_B 输出值。对该位写操作不影响比较器的输出。

(3) CBCTL2，COMP_B 控制寄存器 2：

15	14	13	12	11	10	9	8
CBREFACC	CBREFL		CBREF1				
7	6	5	4	3	2	1	0
CBRS		CBRSEL	CBREF0				

- CBREFACC：Bit15，参考精度位。只有 CBREFL>0 才产生参考电压请求。

0　静止模式；｜1　时钟模式(低功耗，低精度)。

- CBREFL：Bits14～13，参考电压位。

00　禁止参考放大器，没有参考电压请求；｜01　选择 1.5V 作为复用参考电压输入。
10　选择 2.0V 作为复用参考电压输入；｜11　选择 2.5V 作为复用参考电压输入。

- CBREF1：Bits12～8，参考电阻 tap1。该寄存器定义 CBOUT=1 时电阻串的 tap。
- CBRS：Bits7～6，参考电压源位。该位定义参考电压选自 V_{CC} 还是精确复用参考电压。

00　参考电路没有消耗电流；｜01　V_{CC} 应用到电阻负载；
10　复用参考电压应用到电阻负载；｜11　复用参考电压应用到 V_{CREF}，电阻负载关闭。

- CBRSEL：Bit5，参考电压选择位。该位选择 V_{CREF} 应用到哪一个终端。

当 CBEX=0 时：

0　V_{REF} 应用到正端；｜1　V_{REF} 应用到负端。

当 CBEX=1 时：

0　V_{REF} 应用到负端；｜1　V_{REF} 应用到正端。

- CBREF0：Bits4～0，参考电阻 tap0。这个寄存器定义 CBOUT=0 时电阻串的 tap。

(4) CBCTL3，COMP_B 控制寄存器 3：

15	14	13	12	11	10	9	8
CBPD15	CBPD14	CBPD13	CBPD12	CBPD11	CBPD10	CBPD9	CBPD8
7	6	5	4	3	2	1	0
CBPD7	CBPD6	CBPD5	CBPD4	CBPD3	CBPD2	CBPD1	CBPD0

- CBPDx：Bits15～0，禁止端口位。这些位可以单独禁止与 Comp_B 相关端口管脚的输入缓冲。
- CBPDx 位禁止比较器通道 X 的端口。

0　使能输入缓冲；｜1　禁止输入缓冲。

(5) CBINT，COMP_B 中断寄存器：

15	14	13	12	11	10	9	8
保留						CBIIE	CBIE
7	6	5	4	3	2	1	0
保留						CBIIFG	CBIFG

- CBIIE：Bit9，Comp_B 输出中断使能极性反转位。

0　禁止中断；　|　1　使能中断。

- CBIE：Bit8，Comp_B 输出中断使能位。

0　禁止中断；　|　1　使能中断。

- CBIIFG：Bit1，Comp_B 输出反转中断标志位。

0　没有中断挂起；　|　1　输出中断挂起。

- CBIFG：Bit0，Comp_B 输出中断标志位。

0　没有中断挂起；　|　1　输出中断挂起。

(6) CBIV，COMP_B 中断向量寄存器：

15	14	13	12	11	10	9	8
0	0	0	0	0	0	0	0
7	6	5	4	3	2	1	0
0	0	0	0	0	CBIV		0

- CBIV：Bits15～0，Comp_B 中断向量寄存器。该向量寄存器只反映中断使能位置位的中断向量。读取 CBIV 寄存器，将清除挂起的优先级最高的中断标志。CBIV 的内容及其相关描述如表 9-2 所示。

表 9-2　CBIV 的内容及其相关描述

CBIV 值	中　断　源	中 断 标 志	中断优先级
00h	无中断挂起	—	—
01h	CBOUT 中断	CBIFG	最高
02h	CBOUT 中断反转极性	CBIIFG	最低

9.1.4　应用举例

例 9-1　使用 Comp_B，比较输入电压和内部参考电压大小，如果大于内部参考电压 2.0V，则 CBOUT 输出高电平，否则输出低电平，用 LED 亮灭来标识比较结果。

程序代码如下：

```
# include < msp430f6638.h>
void main(void)
{
WDTCTL= WDTPW+ WDTHOLD;            //关闭看门狗定时器
P3DIR |= BIT0;                    // P3.0 输出方向
P3SEL |= BIT0;                  // 选择 P3.0/CBOUT 引脚为外设功能
//配置 Comp_B
CBCTL0 |= CBIPEN+ CBIPSEL_0;          // 使能 V+ ，输入通道 CB0
```

```
CBCTL1 |= CBPWRMD_1;                    // 正常电源模式
CBCTL2 |= CBRSEL;                       // V REF应用到负端
// R- ladder off;bandgap ref voltage (1.2V)
CBCTL2 |= CBRS_3+ CBREFL_2;
// supplied ref amplifier to get Vcref= 2.0V (CBREFL_2)
CBCTL3 |= BIT0;                         // 关闭输入缓冲 P6.0/CB0
CBCTL1 |= CBON;                         // 打开 Comp_B
delay_cycles(75);                       // 延时,用于 Comp_B 判断电压大小
__bis_SR_register(LPM4_bits);// 进入 LPM4
__no_operation();// 空操作,用于调试
}
```

例 9-2 利用 COMP_B 中断处理能力：$V_{compare}$与内部参考电压 1.5V 比较，如果超过 1.5V，就置位 CBIFG，进入中断处理函数。

程序代码如下：

```
# include < msp430f6638.h>
void main(void)
{
WDTCTL= WDTPW+ WDTHOLD;                 // 关闭看门狗定时器
P1DIR |= BIT0;                  // P1.0/LED 设为输出方向
//打开 Comp_B
CBCTL0 |= CBIPEN+ CBIPSEL_0;            // 使能 V+ ,输入 CB0 通道
CBCTL1 |= CBPWRMD_1;          // 正常电源模式
CBCTL2 |= CBRSEL;  // V REF应用到负端
// R- ladder off;bandgap ref voltage (1.2V)
CBCTL2 |= CBRS_3+ CBREFL_1;
//设置参考电压 Vcref= 1.5V (CBREFL_2)
CBCTL3 |= BIT0;                        //关闭输入缓存 P6.0/CB0
__delay_cycles(75);                      // 延时,用于 Comp_B 判断电压大小
CBINT &= ~ (CBIFG+ CBIIFG);                        // 清除中断标志
CBINT |= CBIE;             //在 CBIFG (CBIES= 0)上升沿使能 Comp_B 中断
CBCTL1 |= CBON;                          // 使能 Comp_B
__bis_SR_register(LPM4_bits+ GIE);                //打开全局中断,进入 LMP4
__no_operation();                                 // 空操作,用于调试
}
// Comp_B ISR—翻转 LED
# pragma vector= COMP_B_VECTOR
__interrupt void Comp_B_ISR (void)
{
CBCTL1 ^= CBIES;                        // 翻转中断跳变沿
CBINT &= ~ CBIFG;                        // 清除中断标志
P1OUT ^= 0x01;                          // 翻转 P1.0
}
```

9.2 硬件乘法器

9.2.1 硬件乘法器的结构

MSP430 的 32 位硬件乘法器是一个并行结构，而不是 CPU 的一部分。这意味着它的工作不会影响 CPU 的活动。硬件乘法寄存器可以通过 CPU 指令的读或者写进行操作。

硬件乘法器是一个通过内部总线与 CPU 相连的 16 位外围模块，其结构如图 9-6 所示。硬件乘法器的结构可分为 4 个部分：操作数输入模块、乘加运算模块、运算结果输出模块及控制寄存器模块。

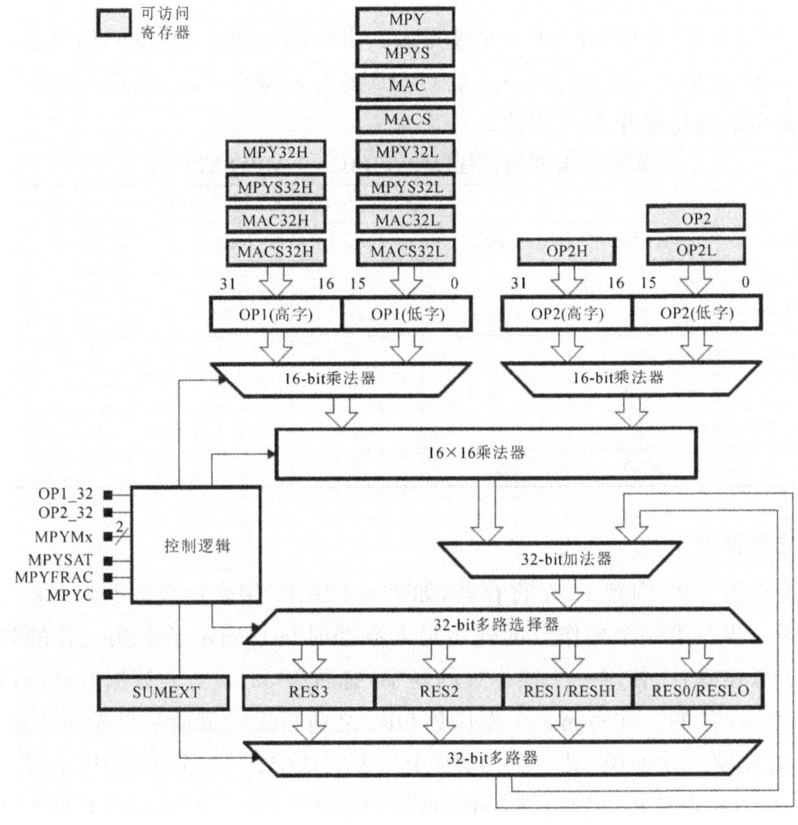

图 9-6　32 位硬件乘法器结构图

硬件乘法器支持的运算如下：① 无符号数乘法；② 有符号数乘法；③ 无符号数乘加；④ 有符号数乘加；⑤ 8 位、16 位、24 位和 32 位操作；⑥ 整数乘法；⑦ 小数乘法；⑧ 8 位和 16 位操作兼容 16 位硬件乘法器；⑨ 8 位和 24 位在没有进行符号位扩展的情况下进行乘法操作。

9.2.2 硬件乘法器操作

硬件乘法器支持 8 位、16 位、24 位、32 位的无符号数乘法操作、无符号数乘加操作、有符号数乘法操作、有符号数乘加操作。操作数的长度通过操作数的地址被写入"字"或者"字节"来决定。操作的类型通过第一个被写入的操作数的类型决定。

硬件乘法器有两个 32 位的操作数寄存器，操作数 OP1 和操作数 OP2，以及一个使用 RES0～RES3 的 64 位的结果寄存器。为了兼容 16×16 的硬件乘法器，8 位或者 16 位的操作结果可以访问 RESLO、RESHI 和 SUMEXT 三个寄存器。RESLO 存储 16×16 结果的低字，RESHI 存储 16×16 结果的高字，而 SUMEXT 存储结果信息。

8 位或者 16 位的操作数在 3 个 MCLK 周期内准备好，结果在写入 OP2 的下一个指令后可以被读出(除了使用间接寻址模式访问结果)。当使用间接寻址模式访问结果时，在结果读出之前，一个 NOP 是必需的。

在写入 OP2 或者 OP2 进入 RES0 后，24 位或者 32 位的操作结果可以通过连续指令被读出(除了使用间接寻址模式访问结果)。在使用间接寻址模式访问结果时，在结果读出之前，一个 NOP 操作是必需的。

表 9-3 总结了各种操作数长度组合操作的 64 位可能的结果中的每一个字。当第二个操作数为 32 位时，OP2L 和 OP2H 需要被写入。由于需要两个 16 位的部分被写入，结果会有所不同。因此，此表显示了两点：一点是 OP2L 的写入操作，另一点是 OP2H 的写入操作。最坏的情况决定了实际结果的可用性。

表 9-3 结果可能性(MPYFRAC＝0，MPYSAT＝0)

操作数(OP1×OP2)	结果就绪的 MCLK 周期数					
	RES0	RES1	RES2	RES3	MPYC 位	继后
8/16×8/16	3	3	4	4	3	OP2 写入
24/32×8/16	3	5	6	7	7	OP2 写入
8/16×24/32	3	5	6	7	7	OP2L 写入
	N/A	3	4	4	4	OP2H 写入
24/32×24/32	3	8	10	11	11	OP2L 写入
	N/A	3	5	6	6	OP2H 写入

1. 操作数寄存器

操作数寄存器 OP1 内置 12 个寄存器，如表 9-4 所示，用来加载数据到乘数，同时也选择了乘法器模式。当往第一个操作数的低字写入数据时只是确定了乘法运算的类型，并不意味着就启动了该运算；当往第一个操作数的高字(有后缀 32H)写入数据时就确认 OP1 是 32 位的，否则就是 16 位的。在写第 2 个操作数 OP2 之前写入的最后一个操作数地址也能决定操作数 OP1 的长度。比如说：对于操作数 OP1，先写 MPY32L 再写 MPY32H，那么操作数 OP1 所有的 32 位数据都将参加运算，OP1 被认为是 32 位的。如果先写的是 MPY32H 后写的才是 MPY32L，那么乘法器就会忽略先写的 MPY32H，认为 OP1 是 16 位的，并且只有 MPY32L 参加运算。

表 9-4 OP1 寄存器

OP1 寄存器名称	操　作
MPY	无符号数乘法—操作数位 0～15
MPYS	有符号数乘法—操作数位 0～15
MAC	无符号数乘加—操作数位 0～15
MACS	有符号数乘加—操作数位 0～15
MPY32L	无符号数乘法—操作数位 0～15
MPY32H	无符号数乘法—操作数位 16～31

续表

OP1 寄存器名称	操　　作
MPYS32L	有符号数乘法—操作数位 0～15
MPYS32H	有符号数乘法—操作数位 16～31
MAC32L	无符号数乘加—操作数位 0～15
MAC32H	无符号数乘加—操作数位 16～31
MACS32L	有符号数乘加—操作数位 0～15
MACS32H	有符号数乘加—操作数位 16～31

如果操作数 OP1 用于连续操作时，重复乘法操作将会被执行，而无须装载 OP1。执行这样的操作，重新写入 OP1 是没有必要的。

写入第二个操作数到寄存器 OP2 将会启动乘法操作，如表 9-5 所示。如果将数据写入 OP2 就会启动与存储在 OP1 中的值的乘法运算(运算类型由 OP1 决定)，不过乘法器会认为 OP2 是 16 位的。写入 OP2L 也启动了与 OP1 的运算，乘法器会认为 OP2 是 32 位的，并期待用户输入 OP2 的高字 OP2H。如果在写 OP2H 之前没有写 OP2L，那么 OP2 的写入操作会被认为无效的。

表 9-5　OP2 寄存器

OP2 寄存器名称	操　　作
OP2	启动乘法操作和一个 16 位长度的操作数 2(OP2)(操作数位 0～15)
OP2L	启动乘法操作和一个 32 位长度的操作数 2(OP2)(操作数位 0～15)
OP2H	继续乘法操作和一个 32 位长度的操作数 2(OP2)(操作数位 16～31)

对于 8 位或者 24 位的操作数，可以通过字节指令对操作数寄存器进行访问操作。在一个有符号运算过程中，如果用字节指令访问乘法器就会自动引入一个有符号位扩展的字节。对于 24 位操作数来说，仅仅高字需要以字节形式写入。如果 24 位操作数被寄存器定义了符号位扩展，那么低字也需要被写入，因为寄存器定义了操作数是有符号的还是无符号的。

对于一个 32 位的操作数，无论是通过修改操作数长度寄存器的位还是写入与之对应的操作数寄存器，这个 32 位操作数的高字都不会发生改变。在一个 16 位运算过程中操作数的高字是被忽略的。

2. 结果寄存器

乘法操作结果通常是 64 位长度的。可以通过访问 RES0 到 RES3 得到结果。使用有符号的操作 MPYS 或者 MACS，结果通常会有符号位的扩展。如果在 MACS 操作之前，结果寄存器被载入初始值，那么用户软件必须注意被写入的结果寄存器的值是否具有符号扩展位的 64 位数据。

除了 RES0 到 RES3，为了兼容 16×16 硬件乘法器，8 位操作或者 16 位操作的 32 位结果可以使用 RESLO、RESHI 和 SUMEXT。在这种情况下，结果的低位寄存器保存计算结果的低 16 位，结果的高位寄存器保存高 16 位。通常情况下，在使用和访问计算结果时，RES0 和 RES1 等同于 RESLO 和 RESHI。

结果扩展寄存器 SUMEXT 的内容取决于乘法器的操作，如表 9-6 所示。如果操作数是 16 位长度或者更短时，32 位结果决定符号和进位。如果其中一个操作数比 16 位长，则结果为 64 位。

MPYC 位反映了乘法器的进位，在表 9-6 中，如果小数模式或者乘法模式没有被选择，则该位可以作为结果的第 33 位或者第 65 位。对于 MAC 或者 MACS 操作，不考虑 MAC 和 MACS 的连续操作，MPYC 位作为第 33 位或者第 65 位反映了 32 位结果或者 64 位结果的进位。

表 9-6 SUMEXT 的内容和 MPYC 的内容

模　式	SUMEXT	MPYC
MPY	SUMEXT 总是为 0000h	MPYC 总是 0
MPYS	SUMEXT 包含结果的符号扩展	MPYC 含有结果的符号
	0000h 结果为正的或者零	0 结果为正的或者零
	0FFFFh 结果为负的	1 结果为负的
MAC	SUMEXT 包含结果进位	MPYC 包含结果进位
	0000h 结果没有进位	0 结果没有进位
	0001h 结果有进位	1 结果有进位
MACS	SUMEXT 包含结果的符号扩展	MPYC 含有结果进位
	0000h 结果为正的或者零	0 结果没有进位
	0FFFFh 结果为负的	1 结果有进位

3. MACS 上溢和下溢

在 MACS 模式下乘法器不会自动地监测上溢和下溢的发生。例如，乘法器工作在 16 位输入和 32 位结果的状态，也就是说，在只使用 RESLO 和 RESHI 寄存器时，可表示正数的有效范围从 0 到 07FFFFFFFh，负数的有效范围是 0FFFFFFFFh 到 08000000h。当两个负数的和进入正数的表示范围将发生下溢。当两个正数的和进入负数的表示范围，将发生上溢。

SUMEXT 寄存器包含了结果的上溢和下溢的标志（0FFFFh 是 32 位上溢，0000h 是 32 位下溢）。MPY32CTL0 的 MPYC 位可以用来监测溢出的发生。用户软件必须适当地处理这些情况。

代码实例：

```
;32x32 无符号乘法
MOV # 01234h,&MPY32L;加载第一操作数的低位字
MOV # 01234h,&MPY32H;加载第一操作数的高位字
MOV # 05678h,&OP2L;加载第二操作数的低位字
MOV # 05678h,&OP2H;加载第二操作数的高位字
;...                          ;处理结果
;16×16 无符号乘法
MOV # 01234h,&MPY;加载第一操作数
MOV # 05678h,&OP2;加载第二操作数
;...                          ;处理结果
;8×8 无符号乘法(绝对寻址)
MOV.B # 012h,&MPY_B          ;加载第一操作数
MOV.B # 034h,&OP2_B          ;加载第二操作数
;...                          ;处理结果
;32×32 有符号乘法
```

```
MOV # 01234h,&MPYS32L;加载第一操作数的低位字
MOV # 01234h,&MPYS32H;加载第一操作数的高位字
MOV # 05678h,&OP2L;加载第二操作数的低位字
MOV # 05678h,&OP2H;加载第二操作数的高位字
;...                              ;处理结果
;16×16有符号乘法
MOV # 01234h,&MPYS;加载第一操作数
MOV # 05678h,&OP2;加载第二操作数
;...                              ;处理结果
;8×8有符号乘法(绝对寻址)
MOV.B # 012h,&MPYS_B           ;加载第一操作数
MOV.B # 034h,&OP2_B            ;加载第二操作数
;...                              ;处理结果
```

4. 小数部分

32位乘法器为我们提供定点的信号处理功能。在定点的信号处理过程中,小数通常用一个十进制固定的小数点表示。为了区分不同范围的小数,Q格式被使用。不同的Q格式表示不同的十进制小数点的位置。

图9-7表示了16位有符号数的Q15格式。小数点后的每一位都有1/2的精度。最重要的一位是符号位。最大的负数为08000h,最大的正数是07FFFh。因此,16位有符号的Q15格式可以表示−1.0~0.999969482的数。

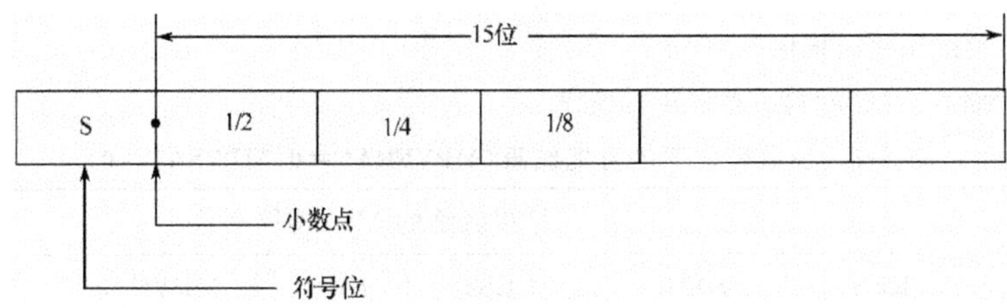

图9-7 Q15格式表示图

就像图9-8显示的那样,可以通过右移小数点来增加表示的范围。16位有符号的Q14格式可以表达−2.0~1.999938965的数。

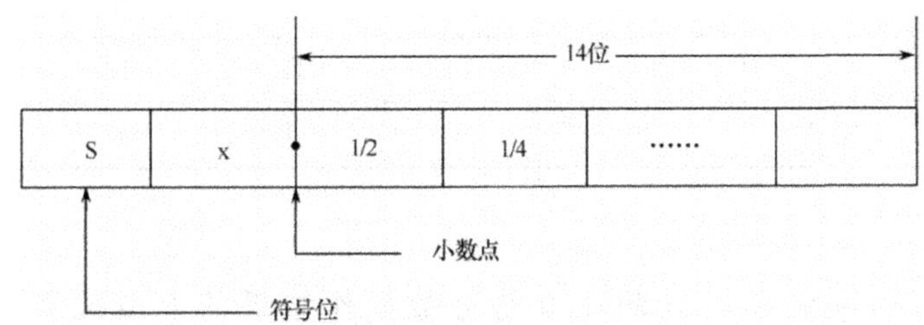

图9-8 Q14格式表示图

乘法器采用16bit的Q15和32bit的Q31表示法的好处是:这两种表示法的乘法的结果也同样都在−1.0~1.0的范围内,和其表示范围在同样的范围内。

1）小数模式

两个小数采用默认的乘法模式（MPYFRAC=0 和 MPYSAT=0）相乘，结果具有 2 位符号位。例如：两个 16 位 Q15 格式的数相乘，结果将会为一个 32 位的 Q30 表示的数据。为了手动转换格式位（Q15 格式），那么第一个多余的 15 位和符号扩展位必须被移除。然而，当使用小数模式的乘法时，两个 16 位的 Q15 格式的数据的乘法结果的符号冗余位自动被移除。此时从结果寄存器 RES1 中读出数据作为 16 位的 Q15 格式的乘法结果。两个 32 位 Q31 格式的数据相乘的 32 位 Q31 格式的结果从寄存器 RES2 和 RES3 中读出。

小数模式可以通过置位 MPY32CTL0 寄存器中的 MPYFRAC 位来使能。当 MPYFRAC=1 时，结果寄存器的值并没有修正。当通过软件访问这个结果时，计算结果要左移一位形成最终的 Q 格式的结果。这样就允许用户通过软件选择读取移位的结果还是未移位的结果。小数模式只能在需要的时候使能，在使用完之后关闭。

在小数模式下，SUMEXT 寄存器分别包含了 16×16 位操作数相乘的左移后的结果的符号扩展位 32、33 位和 32×32 位操作数相乘的左移后的结果的符号扩展位 64、65 位，而不仅是 32 位或者 64 位。各种操作数长度组合操作的可能结果如表 9-7所示。

MPYC 位不受小数模式的影响。它通常读取非小数结果的进位。

应用示例：

```
;分数 16×16 乘法
BIS # MPYFRAC,&MPY32CTL0;打开分数模式
MOV &FRACT1,&MPYS;将第一操作数加载为 Q15
MOV &FRACT2,&OP2;将第二操作数加载为 Q15
MOV &RES1,&PROD;将结果保存为 Q15
BIC # MPYFRAC,&MPY32CTL0;返回正常模式
```

表 9-7 小数模式下的可能结果（MPYFRAC=0，MPYSAT=0）

操作数（OP1×OP2）	结果就绪的 MCLK 周期数					
	RES0	RES1	RES2	RES3	MPYC 位	继后
8/16×8/16	3	3	4	4	3	OP2 写入
24/32×8/16	3	5	6	7	7	OP2 写入
8/16×24/32	3	5	6	7	7	OP2L 写入
	N/A	3	4	4	4	OP2H 写入
24/32×24/32	3	8	10	11	11	OP2L 写入
	N/A	3	5	6	6	OP2H 写入

2）饱和模式

在饱和模式下，乘法器可以防止有符号数操作结果的上溢或者下溢。当寄存器 MPY32CTL0 的 MPYSAT 位置 1，则使能饱和模式。如果发生上溢，结果将被设置成最大的正的有效值。如果发生下溢，结果将被设置成负的最大有效值。这种人为制造的数学结果，可以在控制系统中有效地减少溢出情况的出现。饱和模式只能在需要的时候使能，在使用完之后关闭。

当 MPYSAT=1 时，实际的计算结果的值没有被修正。结果被软件访问时，当此时溢

出已经发生，则此值会自动地调整为最大的正的有效值或者负的最大有效值。调整后的结果也可用于接下来的乘加操作。这也就允许用户软件在饱和模式和非饱和模式下进行读操作的切换。

饱和模式的16×16操作只能应用在有符号的32位运算中。在MAC或者MACS操作的饱和模式下，混合的16×16操作，以及32×32、16×32或者32×16操作，其结果都是不可预料的。在非MSP430F5xx系列设备中，对于32×32、16×32和32×16的操作，其饱和结果只能在RES3已就绪的情况下被计算。在完整的结果就绪之前读取RES0到RES2将会得到非饱和结果(无论MPYSAT是否置位)。各种操作数长度组合操作的可能结果如表9-8所示。

饱和模式的使能将不会影响寄存器SUMEXT的内容，也不会影响MPYC位的值。

3）应用示例

```
;饱和模式分数 16×16 乘法，打开分数和饱和模式：
BIS # MPYSAT+ MPYFRAC,&MPY32CTL0
MOV &A1,&MPYS;第一项加载 A1
MOV &K1,&OP2;加载 K1 得到 A1×K1
MOV &A2,&MACS;第二项加载 A2
MOV &K2,&OP2;加载 K2 得到 A2×K2
MOV &RES1,&PROD;结果保存 A1×K1+ A2×K2
BIC # MPYSAT+ MPYFRAC,&MPY32CTL0;返回正常模式
```

表9-8　小数模式下的结果可能性(MPYFRAC = 0,MPYSAT = 0)

操作数 (OP1 × OP2)	结果就绪的MCLK周期数					
	RES0	RES1	RES2	RES3	MPYC位	继后
8/16×8/16	3	3	4	4	3	OP2写入
24/32×8/16	3	5	6	7	7	OP2写入
8/16×24/32	3	5	6	7	7	OP2L写入
	N/A	3	4	4	4	OP2H写入
24/32×24/32	3	8	10	11	11	OP2L写入
	N/A	3	5	6	6	OP2H写入

5. 结果寄存器间接寻址

当使用间接寻址或者间接增量寻址模式访问结果寄存器时，乘法器需要三个周期直到结果是可用的，在载入第二个操作数和获取结果之前至少需要1个指令周期。例如：

```
;使用间接寻址访问乘法器 16×16
MOV # RES0,R5;R5 中的 RES0 地址用于间接寻址
MOV &OPER1,&MPY;加载第一个操作数
MOV &OPER2,&OP2;加载第二个操作数
NOP;需要一个周期
MOV @ R5+ ,&xxx;保存 RES0
MOV @ R5,&xxx;保存 RES1
```

如果是一个32×16的乘法操作，在读取第一个结果寄存器和第二个结果寄存器之间也需要一个指令周期。例如：

```
;使用间接寻址访问乘法器 32×16
MOV # RES0,R5;R5 中的 RES0 地址用于间接寻址
MOV &OPER1L,&MPY32L;加载第一个操作数的低位字
MOV &OPER1H,&MPY32H;加载第一个操作数的高位字
MOV &OPER2,&OP2;加载第二个操作数(16 位)
NOP
;需要一个周期
MOV @ R5+ ,&xxx;保存 RES0
NOP;需要一个额外的周期
MOV @ R5,&xxx;保存 RES1
;无须额外的周期
MOV @ R5,&xxx;保存 RES2
```

6. 使用中断

如果在写入 OP1 之后,写入 OP2 之前,发生了一个中断,并且乘法器被用于中断服务程序中进行操作,则原来的乘法器模式选择丢失,同时结果也是无法预料的。为了避免这种情况发生,在使用硬件乘法器之前应该关闭中断,不在中断服务子程序里使用乘法器,或者使用 32 位乘法器的保存恢复功能。例如:

```
;在使用硬件乘法器之前禁用中断
DINT;禁用中断
NOP;DINT
MOV # xxh,&MPY;加载第一个操作数
MOV # xxh,&OP2;加载第二个操作数
EINT;启用中断
```

如果硬件乘法器被用在中断服务子程序中,它的状态可以通过使用寄存器 MPY32CTL0 保存和恢复。下面的例程展示了如何完整地保存乘法器的当前状态,从而允许在中断服务子程序中使用乘法器。由于 MPYSAT 位和 MPYFRAC 位的状态是未知的,因此在下面的例程代码中,在寄存器保存之前,它们应该被清零。例如:

```
;使用乘法器的中断服务程序
MPY_USING_ISR
PUSH &MPY32CTL0;保存乘数模式等
BIC # MPYSAT+ MPYFRAC,&MPY32CTL0
;清除 MPYSAT+ MPYFRAC
PUSH &RES3;保存结果 3
PUSH &RES2;保存结果 2
PUSH &RES1;保存结果 1
PUSH &RES0;保存结果 0
PUSH &MPY32H;保存操作数 1,高位字
PUSH &MPY32L;保存操作数 1,低位字
PUSH &OP2H;保存操作数 2,高位字
PUSH &OP2L;保存操作数 2,低位字
;
;ISR 的主要部分,使用标准 MPY 例程
```

```
;
PO P&OP2L;恢复操作数 2,低位字
POP &OP2H;恢复操作数 2,高位字
;启动虚拟乘法,但结果将被以下恢复操作覆盖:
POP &MPY32L;恢复操作数 1,低位字
POP &MPY32H;恢复操作数 1,高位字
POP &RES0;恢复结果 0
POP &RES1;恢复结果 1
POP &RES2;恢复结果 2
POP &RES3;恢复结果 3
POP &MPY32CTL0;恢复乘数模式等
Reti;中断服务程序结束
```

7. 使用 DMA

在具有 DMA 控制的设备中,当乘法操作可用时,乘法器将会进行一次传输。DMA 控制器需要从 MPY32RES0 开始读起直到 MPY32RES3。不是所有的寄存器都需要被读取。

触发时间是充足的,以至于当 MPY32RES0 准备好时就开始读取,当允许快速访问 DMA 时,MPY32RES3 也能在时钟周期内被准确地读取。进入 DMA 控制器的信号是"乘法器已就绪"。

9.2.3 硬件乘法器控制寄存器

硬件乘法器除上面介绍的操作数寄存器和结果寄存器外还包括一个控制寄存器 MPY32CTL0,其在硬件乘法器结构框图中的位置如图 9-8 中④所示。下面将详细介绍硬件乘法器控制寄存器各控制位的含义。

MPY32CTL0,32 位硬件乘法器控制寄存器 0:

15	14	13	12	11	10	9	8
保留						MPYDLY32	MPYDLY WRTEN
7	6	5	4	3	2	1	0
MPYO P2_32	MPYO P1_32	MPYMx		MPYSAT	MPYFRAC	保留	MPYC

- MPYDLY32:Bit9,延迟写模式位。

0	写操作被延迟直到 64 位结果(RES0～RES3)可用;	1	写操作被延迟直到 32 位结果(RES0～RES3)可用。

- MPYDLYWRTEN:Bit8,延迟写使能位。所有写入 MPY32 寄存器的操作是被延迟的直到 64 位 (MPYDLY32=0)或者 32 位(MPYDLY32=1) 结果就绪。

0	写操作不延迟;	1	写操作延迟。

- MPYOP2_32:Bit7,乘法器操作数 2 的宽度位。

0	16 位;	1	32 位。

- MPYOP1_32:Bit6,乘法器操作数 1 的宽度位。

0	16 位；	1	32 位。

● MPYMx：Bits5～4，乘法器模式位。

00	MPY 乘法；	10	MAC 乘加；
01	MPYS 有符号乘法；	11	MACS 有符号乘加。

● MPYSAT：Bit3，饱和模式位。

0	饱和模式禁止；	1	饱和模式使能。

● MPYFRAC：Bit2，小数模式位。

0	小数模式禁止；	1	小数模式使能。

● MPYC：Bit0，乘法器的进位标志位。如果未选择饱和模式或者小数模式，该位被当作乘法结果的第 33 位或者第 65 位，因为当切换到饱和模式或者小数模式时该位不变化。

0	结果没有进位；	1	结果有进位。

9.2.4 应用举例

例 9-3 利用硬件乘法器计算两个 16 位无符号整数的乘积：0x1234×0x5678，第二个操作数写入完毕，乘法运算就开始。结果存放在 RESLO、RESHI 中。ACLK＝REFO＝32.768 kHz，MCLK＝SMCLK＝默认 DCO。

程序代码如下：

```
# include < msp430f6638.h>
void main(void)
{
WDTCTL= WDTPW+ WDTHOLD;            // 关闭看门狗定时器
  MPY= 0x1234;  //载入第一个无符号整型操作数，表明是无符号乘法
OP2= 0x5678;           //载入第二个无符号整型操作数后，开始运算
__bis_SR_register(LPM4_bits);                    // 进入 LPM4
//调试，验证结果是否正确，正确结果 RESLO= 0x0060，RESHI= 0x0626
__no_operation();
}
```

例 9-4 利用硬件乘法器计算两个 16 位无符号整数的乘积：0x12341234×0x56785678，第二个操作数写入完毕，乘法运算就开始。结果存放在 RES0、RES1、RES2、RES3 中。ACLK＝REFO＝32.768 kHz，MCLK＝SMCLK＝默认 DCO。

程序代码如下：

```
# include < msp430f6638.h>
void main(void)
{
WDTCTL= WDTPW+ WDTHOLD;// 关闭看门狗定时器
MPYS32L= 0x1234;// 载入第一个 32 位无符号整型操作数的低 16 位
MPYS32H= 0x1234;  // 载入第一个 32 位无符号整型操作数的高 16 位
OP2L= 0x5678;          //载入第二个 32 位无符号整型操作数的低 16 位
```

```
OP2H= 0x5678;        // 载入第二个 32 位无符号整型操作数的高 16 位
delay_cycles(10);          // 等待结果就绪
__bis_SR_register(LPM4_bits);                    // 进入 LPM4
    //调试,验证结果是否正确,正确结果 RES0= 0x0060,RES1= 0x06E6,RES2= 0x0CAC,RES3
= 0x0626
  __no_operation();
  }
```

本章小结

本章详细讲解了 MSP430 单片机 Comp_B 和 MPY32 模块的结构、原理及功能。MSP430 单片机的比较器 B 模块可实现多达 16 个通道的比较功能,可用于测量电阻、电容、电流、电压等,广泛应用于工业仪表、手持式仪表等产品中。MSP430 单片机的硬件乘法控制器可以在不改变 CPU 结构和指令的情况下增强运算功能,大大提高了 MSP430 单片机的数据处理能力,这种结构特别适合用于对运算速度要求很严格的场合。通过本章的学习使学生掌握有关 Comp_B 和 MPY32 等模块的工作原理及其相关操作。

思考题

1. MSP430 系列比较器 B 模块可以提供几种比较组合?
2. 比较器 B 的参考电压发生器可产生哪几种参考电压?
3. 比较器的 RC 低通滤波器的作用是什么? 输出端要想经过 RC 滤波器,应该如何选择?
4. 如何利用比较器 B 来测量器件的电阻?
5. 硬件乘法器的功能是什么? 硬件乘法器支持哪些类型的运算? 操作类型由什么来决定?
6. 为什么硬件乘法器两个操作数写入之后,在相邻的下一条指令中不能利用这两个操作数的乘积。
7. 试实现内部 RAM 220H、0240H 单元的两个 16 位无符号数相乘,结果存放在 RAM 250H 开始的单元中。
8. 试实现内部 RAM 0220H、0230H 单元的一个有符号 16 位数与一个有符号 8 位数相乘,结果存放在 RAM 0240H 开始的单元中。

第10章　存储器控制模块

存储器控制模块是指MSP430单片机中主要用于控制存储操作的相关模块，它属于内部控制功能且不与外部器件直接相连的内部集成模块。本章重点讲述RAM控制器、Flash控制器及DMA控制器的结构、原理及功能；同时为便于读者理解，针对各个控制器给出了其应用程序示例。

10.1　RAM控制器

10.1.1　RAM控制器概述

RAMCTL为访问不同节电模式的RAM区提供途径。当CPU关闭的时候，RAMCTL可以减少RAM的漏电流。为了降低功耗，甚至可以关闭RAM。在待机模式下RAM的数据是保持的，但是在关机模式下RAM的数据就丢失了。RAM被分成不同的段，典型的每段为4KB，MSP430F5529单片机的RAM共8KB，另外还有一段2KB的UAB RAM空间。

每个段可以由寄存器RCCTL0中的RCRSyOFF位控制。RCCTL0寄存器是由密码保护的，只有字写入正确的密码，RCCTL0寄存器内的内容才可以被修改。

10.1.2　RAM控制器操作

1. 活动模式

在活动模式下，RAM可以随时被读写。假如某段RAM内的单元需要保持一个数据，那么整个RAM段都不允许关断。

2. 低功耗模式

只要CPU进入低功耗模式，RAM就进入保持模式进而减少漏电流。

3. 关闭模式

RAM内的每一段均可以相互独立地关断，只要置位相对应的RCRSyOFF位即可。从关断的RAM段内读数据，得到的数据始终是0。在RAM段关断之前的数据都将丢失，即使该段被重新上电也无济于事。

4. 堆栈指针SP

程序的堆栈区在RAM内，假如需要执行中断程序或者进入低功耗模式，那么保存堆栈的RAM区内的段是不可以关闭的，否则将导致程序出错。

10.1.3 RAM 控制器存器

RAM 控制器仅具有一个控制寄存器 RCCTL0，为 16 位寄存器，初始状态为 8900h，具体介绍如下。

RCCTL0，RAM 控制寄存器 0：

15	14	13	12	11	10	9	8
RCKEY，读出值时为 69h，写时必须为 5Ah							
7	6	5	4	3	2	1	0
RCRS7OFF	保留			RCRS3OFF	RCRS2OFF	RCRS1OFF	RCRS0OFF

- RCKEY：Bits15～8，RAM 控制密钥位。读的结果是 69h，写时必须是 5Ah，否则此次操作将被忽略。
- RCRS7OFF：Bit7，置位该位，将关闭 RAM 的 Sector7，所有保存在 Sector7 的数据都将丢失。在保留有 USB 接口的器件里，Sector7 是作为缓冲区存在的。
- RCRSxOFF：Bits3～0，RAM 段开关控制位。该位置位将关闭相应的 RAM 段，关闭后该部分保存的数据将丢失。

10.2 Flash 控制器

10.2.1 Flash 存储器结构

MSP430 的 Flash 是可字节/字/长字寻址和编程的存储器。Flash 存储器模块由一个集成的控制器控制编程和擦除操作。该模块包括三个寄存器、一个时序发生器和一个提供编程和擦除电压的电压发生器。累计的高电压时间不能太长，在另外一个擦除周期前，每个字能够被写至多两次。

Flash 存储器和控制器结构如图 10-1 所示。Flash 控制器模块包括 4 个部分：控制寄存器和地址/数据锁存器、时序发生器、编程电压发生器及 Flash 存储器。

Flash 存储器的主要特点如下：① 拥有内部的编程电压发生器；② 可进行字节、字（2 个字节）和长字（4 个字节）编程；③ 可进行超低功耗操作；④ 可进行段擦除、扇区擦除和全部擦除；⑤ 具有边沿 0 和边沿 1 读模式；⑥ 当程序不在待擦除的扇区执行时，扇区可以单独擦除。扇区大小见具体芯片的数据手册。

10.2.2 Flash 存储器的分段结构

MSP430 的 Flash 主存储区被分割成段。每个扇区包含 512 个字节的段。可对其进行单个位、字节或者字的写入，但是最小的擦除单元是段。

Flash 存储器分为主存储区和信息存储区。在操作上两者没有什么区别。程序代码和数据可以装载在任何部分。两者的区别在于段的大小不同。

有四个信息存储段：A 到 D。每个信息存储段包含 128 个字节，并且可以被单独擦除。

引导加载存储器包含 4 个段:A 到 D。每个引导加载内存段包含 512 个字节,并且可以被单独擦除。

主存储区段的大小为 512 个字节。每个扇区的开始地址和结束地址以及整体存储空间图详见具体芯片的数据手册。

图 10-2 展示了一个 Flash 分段的例子,在该例子中,有 256KB 的 Flash,分为四个扇区,以及段 A 到 D 和信息存储区。

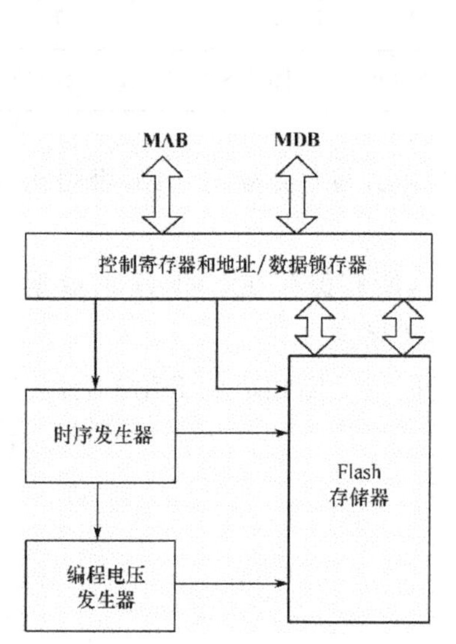

图 10-1 Flash 存储器和控制器结构框图

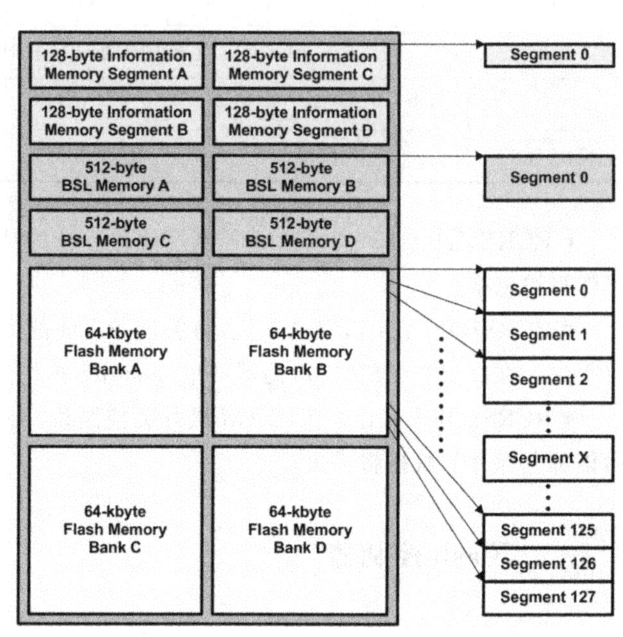

图 10-2 Flash 存储器结构

10.2.3 Flash 存储器操作

Flash 存储器默认的模式是读模式。在读模式下,Flash 存储器不能被擦除或者写,同时 Flash 时序发生器和电压发生器关闭,此时存储器的操作与 ROM 相似。

当一个扇区被擦除时,Flash 存储器允许在另一个扇区中执行程序。也可以从任何没有正在执行擦除操作的扇区中读数据。

MSP430Flash 存储器可以在不需要外加外部电压的情况下实现在系统中编程。CPU 能够对其 Flash 存储器进行编程。Flash 存储器通过 BLKWRT、WRT、MERAS 和 ERASE 位选择写入/擦除模式:① 字节/字/长字(32 位)写入;② 块写入;③ 段擦除;④ 扇区擦除(针对主存储扇区);⑤ 主存擦除(所有的主存储扇区);⑥ 当擦除扇区时读(除了从当前的扇区读)。

当 Flash 存储器的扇区正在忙于编程或者擦除时,从该扇区读或者写入是被禁止的。对 Flash 存储器的擦除或者编程开始于 Flash 存储器或者 RAM。

1. Flash 存储器的擦除

擦除后 Flash 存储器的值为逻辑 1。每一位可以单独从 1 编程为 0,但是要将其重新编程为 1 需要擦除操作。Flash 最小的擦除单元是一个段。通过 ERASE 位和 MERAS 位有三种擦除模式可以被选择,如表 10-1 所示。

表 10-1　擦除模式列表

MERAS	ERASE	擦除模式
0	0	没有擦除操作
0	1	段擦除
1	0	有空写地址选择的扇区擦除（一个扇区）
1	1	主存擦除（所有的存储扇区，信息存储区 A 到 D 以及引导装载段 A 到 D 不被擦除）

1）擦除周期

一个擦除操作开始于对擦除的段的地址范围内的任意位置的一次空写入。空写启动擦除操作。图 10-3 展示了擦除周期的时序。在空写入后 BUSY 位立即置位，并且在整个擦除周期内保持置位状态。BUSY、MERAS 和 ERASE 位在擦除完成后立即被清除。Flash 擦除周期的时序与芯片中 Flash 存储器的数量无关。对所有的 MSP430F5xx 系列芯片，擦除周期的时间都是相等的。

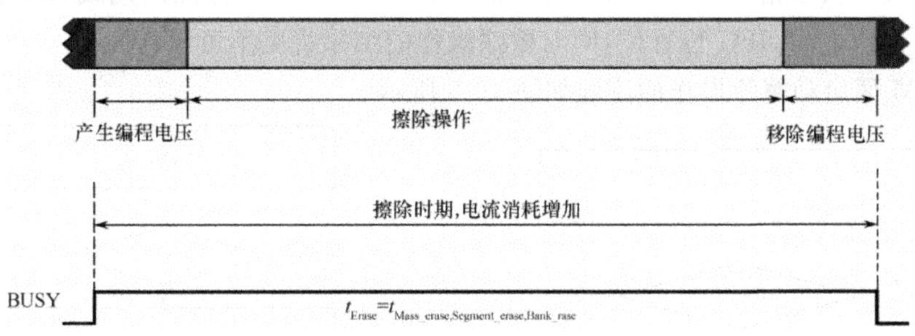

图 10-3　Flash 擦除周期时序

2）主存储器的擦除

主存储器包含一个或者多个扇区。每个扇区可以被单独擦除（扇区擦除）。在主存擦除模式下，所有的主存储器扇区被擦除。

3）信息存储器或者 Flash 段的擦除

信息存储器 A 到 D，以及引导装载段 A 到 D 可以在段擦除模式下被擦除。在扇区擦除或者主擦除时，它们不能被擦除。

4）从 Flash 存储区启动擦除

一个擦除周期可以从 Flash 存储器初始化。在扇区擦除时，代码可以从 Flash 或者 RAM 开始执行。执行的代码不能被装载入将擦除的扇区。

在段擦除时，CPU 被挂起直到擦除周期完毕。在擦除周期结束后，CPU 将按照空写之后的指令恢复代码的执行。

当从 Flash 存储区启动擦除周期时，可能会清除擦除操作之后要执行的代码。如果这种情况发生，CPU 在擦除操作之后的操作将是不可预料的。

从 Flash 存储区启动擦除操作的流程如图 10-4 所示。

```
;从 Flash 擦除段。
;假设为程序存储器、信息存储器或 BSL。
;需要清除 LOCKINFO 位。
;假设 ACCVIE= NMIIE= OFIE= 0。
MOV # WDTPW+ WDTHOLD,&WDTCTL;禁用 WDT
L1  BIT # BUSY,&FCTL3                ;查 BUSY 位
```

```
JNZ  L1;BUSY= 1;循环
MOV # FWKEY,&FCTL3;清 LOCK 位
MOV # FWKEY+ ERASE,&FCTL1;启用段擦除
CLR  &0FC10h;假写
L2  BIT # BUSY,&FCTL3;查 BUSY 位
JNZ  L2;BUSY= 1,循环
MOV # FWKEY+ LOCK,&FCTL3;完成,置 LOCK= 1
……;重新启用 WDT?
```

5) 从 RAM 区启动擦除操作

擦除操作可以从 RAM 区启动。在这种情况下,CPU 不会被挂起,继续从 RAM 区执行代码。当从 RAM 区执行代码时主存擦除操作(所有的主存储扇区)启动。BUSY 位用于指示擦除操作的结束。如果 Flash 正忙于完成扇区擦除,另外一个不同扇区的 Flash 地址能够用于读数据或者获取指令。当 Flash 处于忙碌状态,开始一个擦除周期或者编程周期将引起一个非法操作,ACCIFG 位置位,同时擦除操作的结果将是不可预料的。

从 RAM 区启动擦除操作的流程如图 10-5 所示。

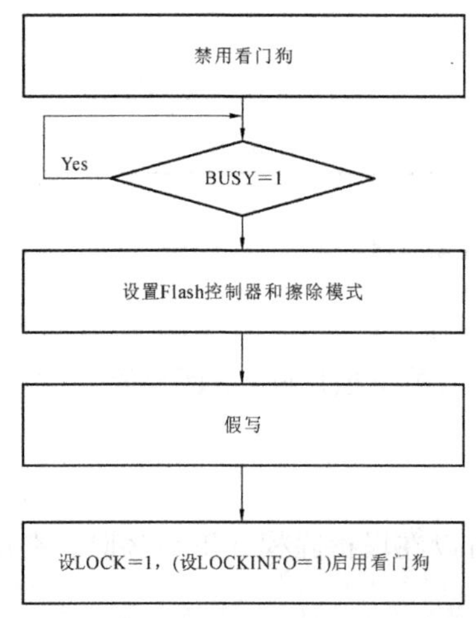

图 10-4　从 Flash 存储区启动擦除操作的流程

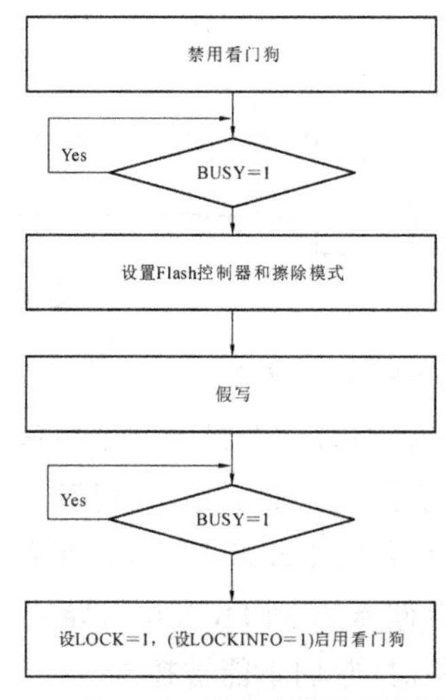

图 10-5　从 RAM 区启动擦除操作的流程

```
;从 RAM 擦除段。
;假设为程序存储器、信息存储器或 BSL。
;需要清除 LOCKINFO 位。
;假设 ACCVIE= NMIIE= OFIE= 0。
MOV # WDTPW+ WDTHOLD,&WDTCTL;禁用 WDT
L1  BIT# BUSY,&FCTL3;查 BUSY 位
JNZ  L1;BUSY= 1;循环
MOV # FWKEY,&FCTL3;清 LOCK 位
MOV # FWKEY+ ERASE,&FCTL1;启用页面擦除
CLR &0FC10h;假写
L2  BIT # BUSY,&FCTL3;查 BUSY 位
JNZ  L2;BUSY= 1,循环
MOV # FWKEY+ LOCK,&FCTL3;完成,置 LOCK= 1
……;重新启用 WDT?
```

2. Flash 存储器的写入

写模式由 WRT 和 BLKWRT 位选择，如表 10-2 所示。

表 10-2　写模式配置列表

BLKWRT	WRT	写　模　式
0	1	字节/字写入
1	0	长字写入
1	1	长字块写入

写入模式使用一系列特有的写入指令。使用长字写入模式的速度大概是字节/字写入模式的两倍。使用长字块写入模式的速度大约是字节/字写入模式的四倍，因为电压发生器在块写入期间均保持高电平，长字写入是并行的。在字节/字写入模式、长字写入模式或者长字块写入模式下，任何修改目的操作数的指令均能用于修改 Flash 的地址。

当写入操作正在运行时，BUSY 位置位，当操作完成后，BUSY 位清零。如果写操作从 RAM 区启动，当 BUSY 位为 1 时，CPU 不能访问 Flash。否则，非法操作将发生，ACCVIFG 位置位，同时 Flash 写操作将是不可预料的。

1）字节/字写入

单个字节/字写入操作可以从内部 Flash 存储器或者从 RAM 区启动。当从内部 Flash 存储器启动时，在写操作完成之前，CPU 是挂起的。写操作完成后，CPU 将会按照写入之后的指令执行代码。字节/字写入的时序如图 10-6 所示。

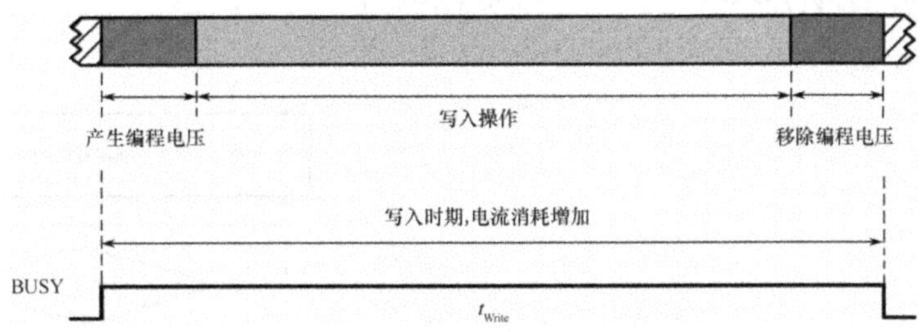

图 10-6　字节/字/长字写入的时序

当字节/字写入从 RAM 区执行时，CPU 继续从 RAM 区执行代码。在 CPU 再次访问 Flash 前，BUSY 位必须为 0，否则一个非法操作将发生，ACCVIFG 将置位，同时写入结果也是不可预料的。

在字节/字写入模式下，内部产生的编程电压在整个 128 字节的块写入中均供电。累计编程时间 t_{CPT} 不能超过任何块的总编程时间。每个字节或者字的写入时间增加到该段的累计编程时间中。如果达到或者超过最大累计时间，该段必须被擦除。进一步对其编程或者使用其数据都会返回无法预料的结果。

(1) 从 Flash 存储器启动字节/字写入。

从 Flash 存储器启动字节/字写入的流程如图 10-7 所示。

```
;从 Flash 存储器启动字节/字写入。
;假设 0x0FF1Eh 已被擦除
;假设 ACCVIE= NMIIE= OFIE= 0。
MOV # WDTPW+ WDTHOLD,&WDTCTL;禁用 WDT
```

```
MOV # FWKEY,&FCTL3;清 LOCK 位
MOV # FWKEY+ WRT,&FCTL1;启用写入
MOV # 0123h,&0FF1Eh;0123h 送 0x0FF1Eh
MOV # FWKEY,&FCTL1;完成,清除 WRT 位
MOV # FWKEY+ LOCK,&FCTL3;置 LOCK= 1
……;重新启用 WDT?
```

(2) 从 RAM 区启动字节/字写入。

从 RAM 区启动字节/字写入的流程如图 10-8 所示。

```
;从 RAM 区启动字节/字写入。
;假设 0x0FF1Eh 已被擦除。
;假设 ACCVIE= NMIIE= OFIE= 0。
MOV # WDTPW+ WDTHOLD,&WDTCTL      ;禁用 WDT
L1  BIT # BUSY,&FCTL3                        ;查 BUSY 位
JNZ  L1                                    ;BUSY= 1,循环
MOV # FWKEY,&FCTL3                     ;清 LOCK 位
MOV # FWKEY+ WRT,&FCTL1                ;启用写入
MOV # 0123h,&0FF1Eh;0123h 送 0x0FF1Eh
L2  BIT # BUSY,&FCTL3                        ;查 BUSY 位
JNZ  L2                                    ;BUSY= 1,循环
MOV # FWKEY,&FCTL1                     ;清 WRT 位
MOV # FWKEY+ LOCK,&FCTL3               ;置 LOCK= 1
…...;重新启用 WDT?
```

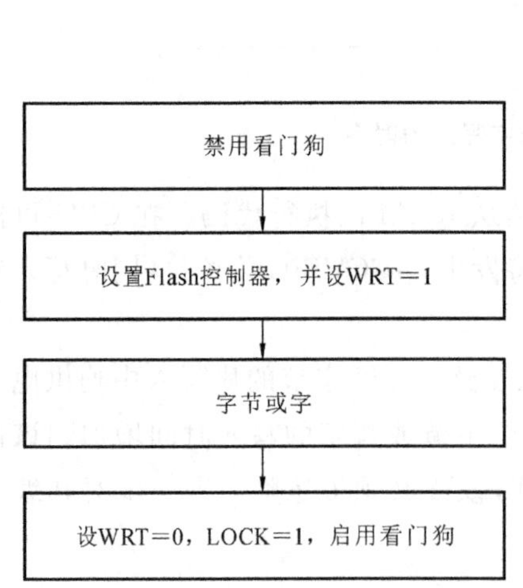

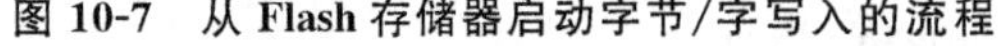

图 10-7 从 Flash 存储器启动字节/字写入的流程

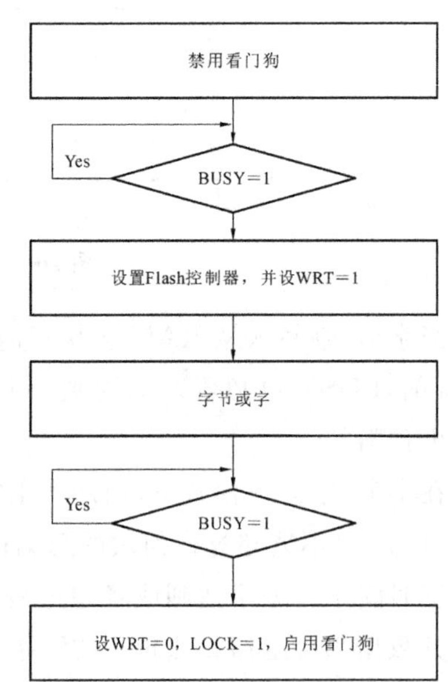

10-8 从 RAM 区启动字节/字写入的流程

2) 长字写入

长字写入操作可以从内部的 Flash 存储器启动,也可以从 RAM 区启动。在 32 位数据写入 Flash 控制器,编程周期开始后,BUSY 位置 1。当从内部的 Flash 存储器启动时,在写入完成前,CPU 挂起。写入操作完成后,CPU 将会按照写入之后的指令执行代码。长字写

入操作的时序如图 10-6 所示。

一个长字包括相当于 32 位地址的 4 个连续字节(只有低两位地址不相同)。字节可以任何指令或者字节和字的组合写入。如果一个字节或者字写入多于一次,写入的 4 个字节的最后的数据将被存储在 Flash 寄存器中。

如果在四个字节写入有效前,写入 Flash 存储器的 32 位地址超出 Flash 的地址范围,则当前写入的数据被丢弃,同时最后写入的字节/字决定了新的 32 位对齐地址。

当 32 位的数据是有效的,写周期执行。当从 RAM 区执行时,CPU 继续执行代码。在 CPU 再次访问 Flash 前,BUSY 位必须为 0,否则一个非法操作将会发生,ACCVIFG 位置位,同时写入的结果也是不可预料的。

在长字写入模式下,内部产生的编程电压在整个 128 字节的块写入中均供电。累计编程时间 t_{CPT} 不能超过任何块的编程时间。每个字节或者字的写入时间增加到该段的累计编程时间中。如果达到或者超过最大累计时间,该段必须被擦除。进一步对其编程或者使用其数据都会返回无法预料的结果。

对于每个字节或者字的写入,该块所需的时间受编程电压累计的约束。如果累计的编程时间达到或者超出,在进一步编程或者使用之前,该块必须被擦除,详见具体芯片数据手册的说明。

(1) 从 Flash 存储器启动长字写入。

从 Flash 存储器启动长字写入的流程如图 10-9 所示。

```
;从 Flash 存储器启动长字写入。
;假设 0x0FF1Ch 和 0x0FF1Eh 已被擦除。
;假设 ACCVIE= NMIIE= OFIE= 0。
MOV # WDTPW+ WDTHOLD,&WDTCTL;禁用 WDT
MOV # FWKEY,&FCTL3                          ;清 LOCK 位
MOV # FWKEY+ BLKWRT,&FCTL1                  ;启用 2 字写入
MOV # 0123h,&0FF1Ch;0123h 送 0x0FF1Ch
MOV # 45676h,&0FF1Eh;04567h 送 0x0FF1Eh
MOV # FWKEY,&FCTL1                          ;完成,清 BLKWRT 位
MOV # FWKEY+ LOCK,&FCTL3;置 LOCK= 1
…...      ;重新启用 WDT?
```

(2) 从 RAM 区启动长字写入。

从 RAM 区启动长字写入的流程如图 10-10 所示。

```
;从 RAM 区启动长字写入。
;假设 0x0FF1Ch 和 0x0FF1Eh 已被擦除。
;假设 ACCVIE= NMIIE= OFIE= 0。
MOV # WDTPW+ WDTHOLD,&WDTCTL;禁用 WDT
L1  BIT # BUSY,&FCTL3                                    ;查 BUSY 位
JNZ  L1                                                ;BUSY= 1,循环
MOV # FWKEY,&FCTL3                                ;清 LOCK 位
MOV # FWKEY+ BLKWRT,&FCTL1                    ;启用写入
MOV # 0123h,&0FF1Ch;0123h 送 0x0FF1Ch
MOV # 4567h,&0FF1Eh;4567h 送 0x0FF1Eh
L2  BIT # BUSY,&FCTL3                                      ;查 BUSY 位
```

```
JNZ   L2                                   ;BUSY= 1,循环
MOV # FWKEY,&FCTL1                         ;清 WRT 位
MOV # FWKEY+ LOCK,&FCTL3                   ;置 LOCK= 1
……;重新启用 WDT?
```

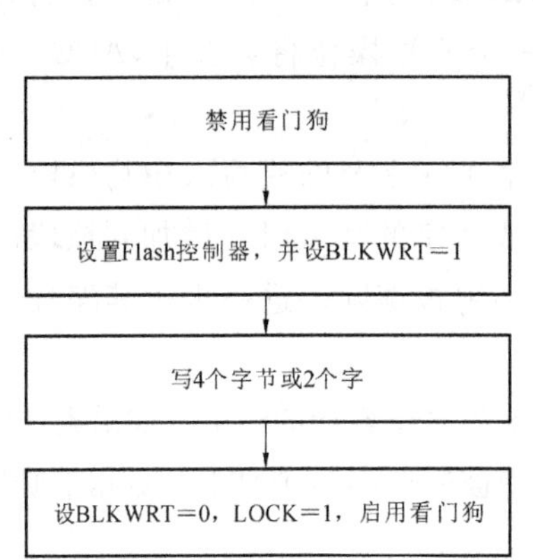

图 10-9　从 Flash 存储器启动长字写入的流程

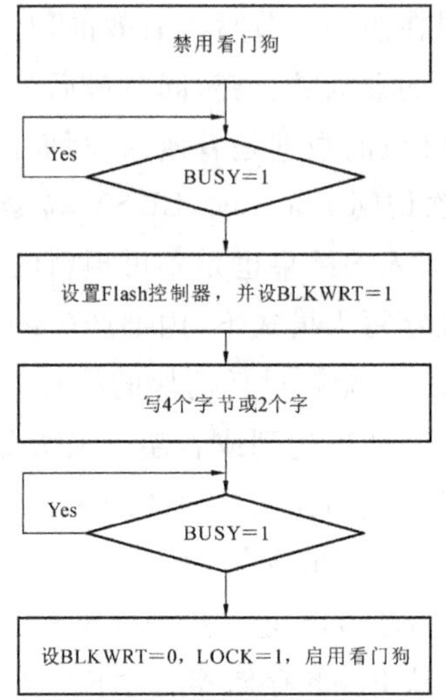

图 10-10　从 RAM 区启动长字写入的流程

3）长字块写入

当有许多连续的字节或者字需要编程写入时，长字块写入能够用于提高 Flash 写入的速度。对于 128 个字节块进行写入的过程中，Flash 编程电压一直保持。累计编程时间 t_{CPT} 不能超过该块的总写入时间。

长字块写入不能从内部的 Flash 存储器启动。长字块写入必须从 RAM 区启动。在整个块写入过程中，BUSY 位置位。在该块写入每四个字节或者每两个字之间必须检查 WAIT 位。当 WAIT 位置位，4 个字节或者两个 16 位的字可以被写入。当进行连续的长字块写入时，在当前块完成之后，BLKWRT 位必须清零。在 Flash 的恢复时间 t_{END} 之后，启动下一个块的写入时 BLKWRT 位必须置位。BUSY 位在每个块写入完成之后清零，以指示下一个块的写入。图 10-11 展示了长字块写入的时序图。

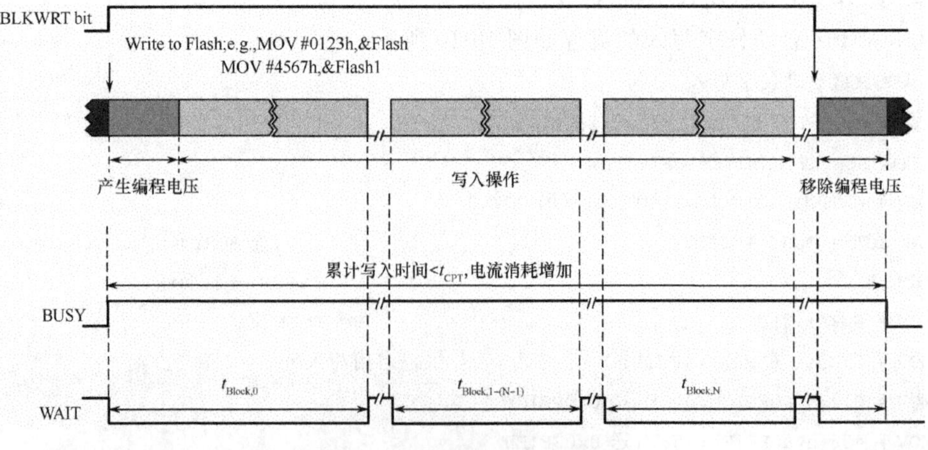

图 10-11　长字块写入的时序图

长字块写入的流程如图 10-12 所示。

```
;从 0F000h 写入一个块。
;必须从 RAM 区执行,假设 Flash 已被删除。
;假设 ACCVIE= NMIIE= OFIE= 0。
MOV # 32,R5;用作写计数器
MOV # 0F000h,R6;写指针
MOV # WDTPW+ WDTHOLD,&WDTCTL;禁用 WDT
L1  BIT # BUSY,&FCTL3                         ;查 BUSY 位
JNZ  L1                                    ;BUSY= 1,循环
MOV # FWKEY,&FCTL3                         ;清 LOCK 位
MOV # FWKEY+ BLKWRT+ WRT,&FCTL1          ;启用块写入
L2  MOVWrite_Value1,0(R6)                        ;写第一个字
MOVWrite_Value2,2(R6)                        ;写第二个字
L3  BIT # WAIT,&FCTL3                                    ;查 WAIT 位
JZ  L3                                                ;WAIT= 0,循环
INCD R6;指向下一个字
DEC R5;计数器减一
JNZ  L2                                               ;块结束?
MOV # FWKEY,&FCTL1                              ;清 WRT、BLKWRT 位
L4  BIT # BUSY,&FCTL3                                    ;查 BUSY 位
JNZ  L4                                               ;BUSY= 1,循环
MOV # FWKEY+ LOCK,&FCTL3                         ;置 LOCK= 1
……;如果需要,重新启用 WDT
```

3. 写入或者擦除期间的 Flash 存储器访问

当 BUSY=1,写入或者擦除操作从 RAM 区启动时,CPU 不能写 Flash 存储器。否则,一个非法操作将发生,ACCVIFG 位置位,结果将是不可预料的。

当写操作从内部 Flash 存储器启动时,在写周期完成后(BUSY=0),CPU 继续执行下面的代码。

操作代码 3FFFh 是 JMP PC 指令。它引起 CPU 循环直到 Flash 操作完成。当操作完成,同时 BUSY=0 时,Flash 控制器允许 CPU 取出操作代码,继续执行代码。

Flash 操作期间,中断自动关闭。

在 Flash 擦除周期前,看门狗定时器(在看门狗模式下)应该关闭。复位将中止擦除操作,并且结果将会是不可预料的。在擦除周期完成之后,可以重新使能看门狗。

4. 停止写或者擦除周期

任何写入或者擦除操作在正常完成之前可以通过紧急退出位 EMEX 退出。设置紧急退出位 EMEX 立即停止活动的操作,停止 Flash 控制器。所有的 Flash 操作停止,Flash 返回读模式,FCTL3 的 LOCK 位置位。预计的操作结果将是不可靠的。

5. 配置和访问 Flash 存储控制器

FCTLx 寄存器是一个 16 位的,有安全键值保护的读/写寄存器。任何读或者写操作必须使用字指令,写操作必须在高字节加入安全键值 0A5h。任何对于 FCTLx 寄存器的写入,

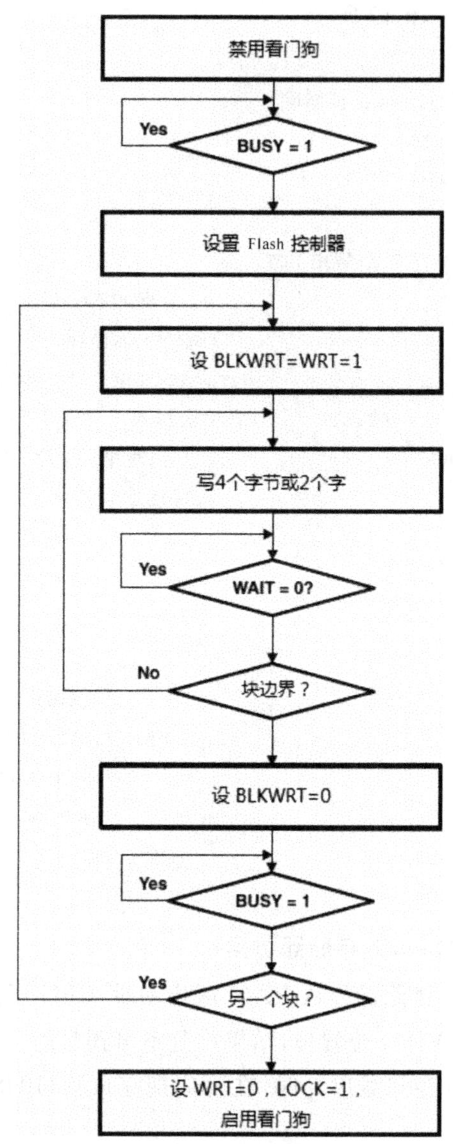

图 10-12　长字块写入的流程

其高字节如果是 0A5h 以外的值将引起键值错误，KEYV 标志将置位，触发一个 PUC 系统复位。任何对 FCTLx 寄存器的读操作其高字节为 096h。

在擦除或者字节/字/双字写入操作时对于 FCTL1 的写入将会引起一个非法操作，ACCVIFG 将置位。在块写入模式下，当 WAIT＝1 时，允许对 FCTL1 进行写操作，但是在块写入模块下，当 WAIT＝0 时，对 FCTL1 的写操作将会引起非法操作，ACCVIFG 将置位。

当 BUSY＝1 时，对 FCTL2（该寄存器当前未被执行）的写入操作将会引起一个非法操作。

当 BUSY＝1 时，FCTLx 寄存器可以被读。读操作不会引起非法操作。

6. Flash 存储控制器中断

Flash 存储控制器有两个中断来源：KEYV 和 ACCVIFG。当一个非法操作发生时，ACCVIFG 位置位。在写入或者擦除之后，ACCVIE 位重新置位后，置位的 ACCVIFG 标志将产生一个中断请求。

ACCVIFG 源自 NMI 中断向量，所以 ACCVIFG 申请的中断不受 GIE 是否置位的影响。ACCVIFG 也可以用软件检测以确定是否有一个非法操作发生。ACCVIFG 必须由软件清零。

错误键值标志 KEYV，在任何 Flash 控制器被写入一个错误的安全键值时置位。当这种情况发生时，PUC 立即发生，芯片复位。

7. Flash 存储器的编程

对于 MSP430 Flash 型芯片有三种编程方法。所有方式都支持在线编程：

(1) 通过 JTAG 接口编程；

(2) 通过引导加载程序编程；

(3) 通过自定义方式编程。

1) 通过 JTAG 接口编程 Flash 存储器

MSP430 芯片能够通过 JTAG 接口编程。JTAG 接口需要 4 根信号线(在 20 脚或者 28 脚的芯片中需要 5 根信号线)、地、可选的 V_{CC} 和/RST/NMI。

JTAG 接口由熔丝进行保护。烧断熔丝将会完全关闭 JTAG 口，并且是不可逆的。进一步通过 JTAG 口访问芯片是不可能的。

2) 通过引导加载程序编程 Flash 存储器

每个 MSP430 Flash 型芯片都包含一个引导加载区。BSL 通过 UART 串行接口使用户能够读或者编程 Flash 存储器或者 RAM。通过 BSL 访问 MSP430 的 Flash 存储器由用户自定义的 256 字节的口令进行保护。

3) 通过自定义方式编程 Flash 存储器

MSP430 CPU 对其自己的 Flash 存储器的写入允许在线和外部用户自定义编程写入，如图 10-13 所示。用户可以选择通过任何手段(UART、SPI 等)给 MSP430 提供数据。用户开发的软件可以接收数据，可以对 Flash 存储器进行编程。由于这种类型的解决方案是由用户开发的，它能够完全用户化，从而适应编程、擦除或者更新 Flash 存储器的应用需求。

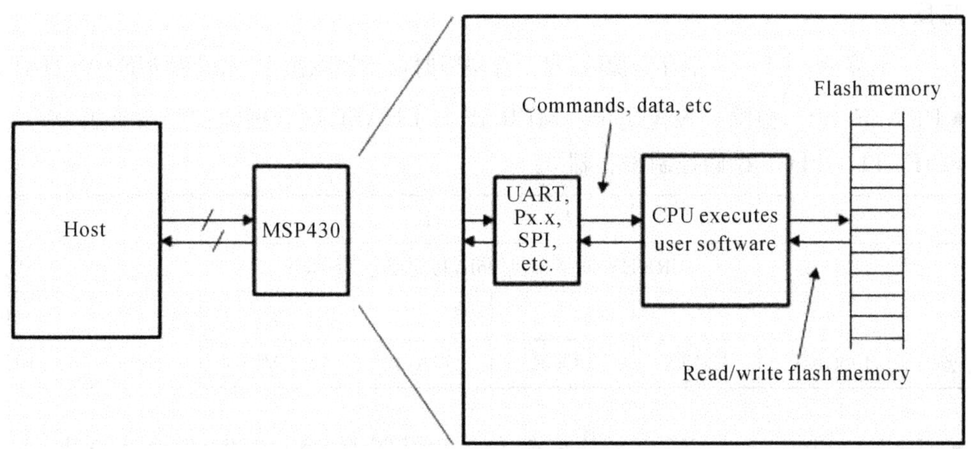

图 10-13　用户自定义编程方式

10.2.4 Flash 存储寄存器

Flash 存储寄存器列于表 10-3 中。基地址可以在具体芯片的数据手册里面查到。在表 10-3 中给出了偏移地址。

表 10-3 Flash 存储寄存器

寄存器	缩写	读写类型	地址	初始状态
Flash 存储控制寄存器 1	FCTL1	读/写	0000h	9600h
Flash 存储控制寄存器 3	FCTL3	读/写	0004h	9658h
Flash 存储控制寄存器 4	FCTL4	读/写	0006h	9600h
中断使能寄存器 1	IE1	读/写	000Ah	0000h
中断标志寄存器 1	IFG1	读/写	000Ch	0000h

(1)FCTL1,Flash 存储控制寄存器 1:

15	14	13	12	11	10	9	8
FRKEY 读结果是 96h,写时必须为 A5h							
7	6	5	4	3	2	1	0
BLKWRT	WRT	SWRT	保留	保留	MERAS	ERASE	保留

- FRKEY:Bits15～8,FCTLx 的密钥位。读结果是 96h,写时必须是 A5h,否则引起 PUC。
- BLKWRT:Bit7,块编程位。BLKWRT 位与 WRT 位一起使用。
- WRT:Bit6,编程位。BLKWRT 位与 WRT 位与写模式的关系如表 10-2 所示。

SWRT:Bit5,智能写。假如该位置位,编程时间会缩短。编程质量必须由边沿读模式确认。

MERAS:Bit2,主存擦除控制位。该位控制 Flash 主存储器 0～n 段一起被擦除,但不包含信息段。

0　不擦除; | 1　主存全擦除,对主存空写时启动擦除操作,完成后 MERAS 自动复位。

- ERASE:Bit1,擦除一段控制位。MERAS 与 ERASE 联合擦除控制参见表 10-1。

(2)FCTL3,Flash 存储控制寄存器 3:

15	14	13	12	11	10	9	8
FRKEY 读结果是 96h,写时必须为 A5h							
7	6	5	4	3	2	1	0
保留	LOCKA	EMEX	LOCK	WAIT	ACCVIFG	KEYV	BUSY

- FRKEY:Bits15～8,FCTLx 的密钥位。读结果是 96h,写时必须是 A5h,否则引起 PUC。
- LOCKA:Bit6,锁信息 A 段。对该位写 1 能改变该位状态。写 0 无效。

0　信息 A、B、C、D 被解锁；　|　1　信息 A 段被写保护。

● EMEX：Bit5，紧急退出位。对 Flash 的操作失控时使用该位作紧急处理。

0　无作用；　|　1　立即停止对 Flash 的操作。

● LOCK：Bit4，上锁位。该位对 Flash 的写和擦除操作进行解锁。该位可以字/字节写的任意时刻置位。在快写模式中，当 BLKWRT＝WAIT＝1，LOCK 置位时，BLKWRT 和 WAIT 会立即复位，该模式终止。

0　解锁；　|　1　上锁。

● WAIT：Bit3，检测当前字/字节是否已经写完毕，确认是否可以启动下一个字/字节的写操作。

0　Flash 没有准备好下一个字/字节的写操作；　|　1　Flash 准备好下一个字/字节的写操作。

● ACCVIFG：Bit2，非法访问中断标志。

0　没有中断产生；　|　1　中断产生。

● KEYV：Bit1，Flash 安全键值出错位。该位指示了一个不正确的 FCTLx 安全键值被写入到 Flash 控制寄存器中，KEYV 会置位，并触发 PUC。KEYV 位必须被软件复位。

0　FCTLx 安全键值写入正确；　|　1　FCTLx 安全键值写入不正确。

● BUSY：Bit0，忙标志位。该位指示 Flash 是否正忙于当前的擦除或者编程操作。

0　不忙；　|　1　忙。

(3)FCTL4，Flash 存储控制寄存器 4：

15	14	13	12	11	10	9	8
FRKEY 读结果是 96h，写时必须为 A5h							
7	6	5	4	3	2	1	0
LOCKINFO	保留	MRG1	MRG0	保留			VPE

● FRKEY：Bits15～8，FCTLx 安全键值位。读操作为 096h，写操作为 0A5h，否则将发生 PUC。

● LOCKINFO：Bit7，信息段锁定位。如果该位置位，信息存储区不能在段擦除模式下擦 除，也不能够被写入。

● MRG1：Bit5，边沿读 1 模式位。该位使能边沿读 1 模式。仅当从 Flash 存储区读时，边沿读 1 位才是有效的。在存取周期内，边沿模式自动关闭。如果 MRG1 和 MRG0 都置位，则 MRG1 有效，MRG0 被忽略。

0　边沿读 1 模式关闭；　|　1　边沿读 1 模式使能。

● MRG0：Bit4，边沿读 0 模式位。该位使能边沿读 0 模式。仅当从 Flash 存储区读时，边沿读 0 位才是有效的。在存取周期内，边沿模式自动关闭。如果 MRG1 和 MRG0 都置位，则 MRG1 有效，MRG0 被忽略。

0　边沿读 0 模式关闭；　|　1　边沿读 0 模式使能。

● VPE：Bit0，编程期间电压改变错误位。该位被软件置位，只能被软件清除。如果在编程期间 DV_{CC} 改变很大，该位置位指示一个无效的结果。如果 VPE 置位，则 ACCVIFG 位也置位。

(4)IE1，中断使能寄存器 1：

15	14	13	12	11	10	9	8
7	6	5	4	3	2	1	0
		ACCVIE					

● ACCVIE：Bit5，Flash 存储器非法访问中断使能位。该位使能 ACCVIFG 中断。由于 IE1 的其他位被其他模块使用，建议使用 BIS. B 或者 BIC. B 指令置位或者清除该位，而不用 MOV. B 或者 CLR. B 指令。

0　不允许中断；｜ 1　允许中断。

10.2.5 应用举例

例 10-1　编写擦除单段数据的函数。

```
/*******************************************
* 名    称:FlashErase()
* 功    能:擦除单段数据
* 入口参数:擦除段的首地址
* 出口参数:无
*******************************************/
void FlashErase(unsigned int adr)
{
  unsigned char * p0= (unsigned char * )adr;      //定义字节型指针指向目标段
  while(FCTL3 & BUSY);                            //如果处于忙,则等待
  FCTL3= FWKEY;                                   //清除 LOCK 锁定位
  FCTL1= FWKEY+ ERASE;          //置位 ERASE 位,使能单段擦除操作
  _DINT();                                        // Flash 操作期间不允许中断,否则将导致不可预
                                                  计的错误
  * p0= 0;                      //向段内地址写 0,即空写入,启动擦除操作
  while(FCTL3 & BUSY);                            //等待擦除完成
  _EINT();                                        //启动全局中断
  FCTL1= FWKEY;                                   //清除 ERASE 位
  FCTL3= FWKEY+ LOCK;                   //置位 LOCK 标志,保护数据
}
```

例 10-2 编写向目的地址写入 1 字节的函数。

```
/* * * * * * * * * * * * * * * * * * * * * * * * * * * * * * * * * * * * *
* 名    称:FlashWB()
* 功    能:向目的地址写入 1 字节
* 入口参数:Adr:写入地址,DataB:写入的字节
* 出口参数:无
* * * * * * * * * * * * * * * * * * * * * * * * * * * * * * * * * * * * * /
void FlashWB(unsigned int Adr,unsigned char DataB)
{
  FCTL3= FWKEY;                                     //清除 LOCK 位
  FCTL1= FWKEY+ ERASE;                  //置位 ERASE 位,使能单段擦除操作
  _DINT();                                      // Flash 操作期间不允许中断,否则将导致不可
                                                   预计的错误
  * ((unsigned char * )Adr)= 0;       //向段内地址写 0,即空写入,启动擦除操作
  while(FCTL3 & BUSY);                              //等待擦除完成
  FCTL1= FWKEY+ WRT;                     //置位 WRT 位,使能字节/字写操作
  * ((unsigned char * )Adr)= DataB;                      //向目的地址写入数据
  while(FCTL3 & BUSY);                              //等待写入完成
  _EINT();                                           //启动全局中断
  FCTL1= FWKEY;                                    //清除 WRT 位
  FCTL3= FWKEY+ LOCK;                     //置位 LOCK 标志,保护数据
}
```

例 10-3 编写程序向 Flash 信息存储器 D 段写入一个长字。

```
# include < msp430f5529.h>
void main(void)
{
  unsigned long *  Flash_ptrD;          //定义指向信息存储器 D 段的指针
  unsigned long value;
  WDTCTL= WDTPW+ WDTHOLD;                   //关闭看门狗
  Flash_ptrD= (unsigned long * ) 0x1800;    //初始化指针
  value= 0x12345678;                         //初始化需写入的长字
  FCTL3= FWKEY;                               //清除 Flash 锁定位
  FCTL1= FWKEY+ ERASE;                        //设置擦除控制位
  _DINT();            // Flash 操作期间不允许中断,否则将导致不可预计的错误
  * Flash_ptrD= 0;                 //向段内地址写 0,即空写入,启动擦除操作
  while(FCTL3 & BUSY);                         //等待擦除操作完成
  FCTL1= FWKEY+ BLKWRT;                      //使能长字写入操作
  * Flash_ptrD= value;                         //将长字写入目的 Flash 段
  while(FCTL3 & BUSY);                         //等待写入操作完成
  _EINT();                                       //启动全局中断
  FCTL1= FWKEY;                                  // Flash 退出写模式
  FCTL3= FWKEY+ LOCK;                  //恢复 Flash 的锁定位,保护数据
```

```
    while(1);                        //主循环,可在此处设置断点查看内存空间
  }
```

10.3 DMA 控制器

10.3.1 DMA 控制器结构

DMA 控制器可以在整个寻址范围内把数据从一个地址传输到另外一个地址,无须 CPU 干预。例如:DMA 控制器可以把 ADC12_A 转换结果寄存器中的值直接传输到 RAM 中。

使用 DMA 控制器将增加外设的效率,也可以减少系统的功耗,通过允许 CPU 在低功耗的模式下,无须唤醒 CPU 来完成数据在外设间的传输。

DMA 控制器的结构框架如图 10-14 所示。DMA 控制器包含以下功能模块。

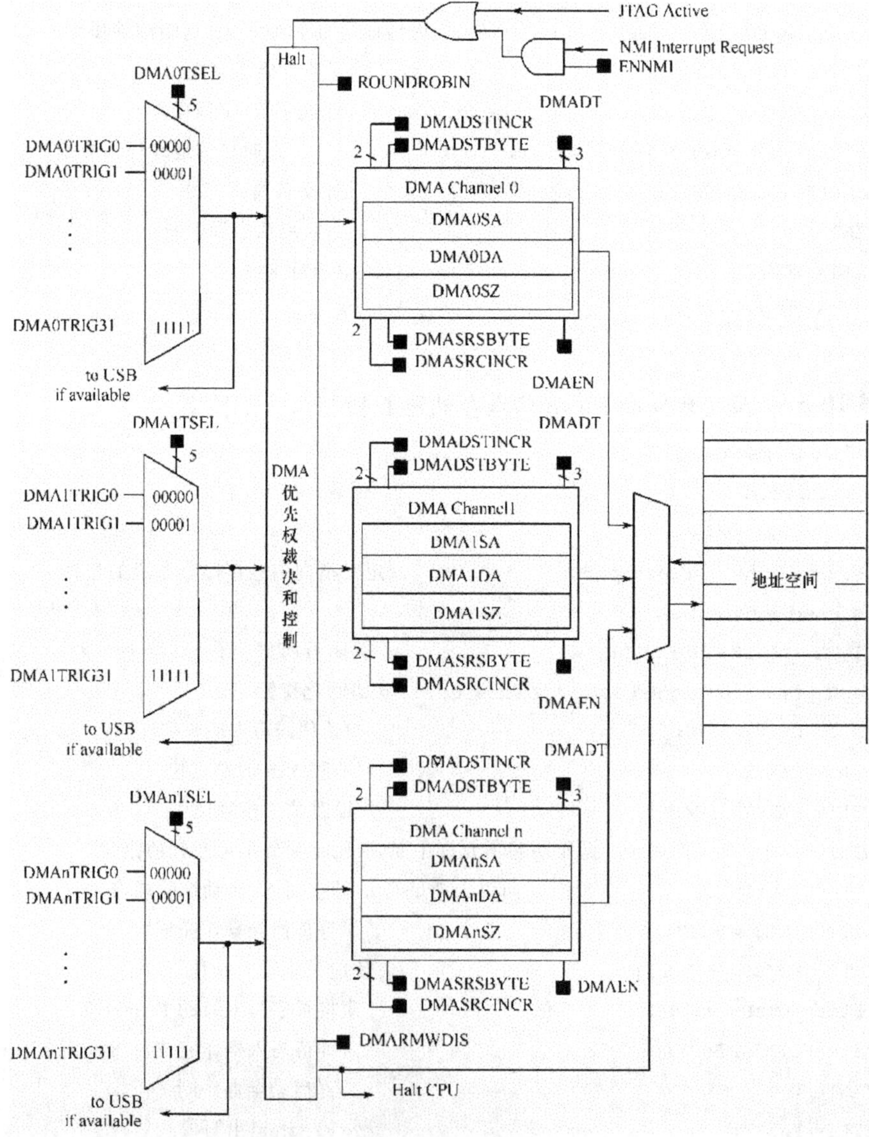

图 10-14 DMA 控制器结构框架图

（1）8个独立的传输通道：每个通道都有源地址寄存器、目的地址寄存器、传输数据长度寄存器和控制寄存器。每个通道的触发请求可以分别允许和禁止。

（2）可配置通道优先权：优先权裁决模块对同时有触发请求的通道进行优先级裁决，确定哪个通道的优先级最高，可以采用固定优先级和循环优先级。

（3）程序命令控制模块：每个DMA通道开始传输之前，CPU要编程给定相关命令和模式控制，以决定DMA通道传输的类型。

（4）可配置的传输触发器：触发源可来自软件触发、外部触发、Timer_A、Timer_B、USCI、USB、硬件乘法器、DAC12、ADC12等片外设备，还具有触发源扩展能力。

DMA控制器具有如下特性：① 最多高达8个独立的传输通道；② 可配置的DMA通道的优先级；③ 每次传输仅需要两个MCLK时钟周期；④ 字节、字和字与字节混合传输特性；⑤ 字区大小高达65536个字或字节；⑥ 可配置的传输触发源选择；⑦ 可选择的跳变沿触发或电平触发方式；⑧ 四种寻址方式；⑨ 单次、块或者突发块传输模式。

10.3.2 DMA控制器操作

1. DMA寻址方式

DMA控制器有四种寻址方式。对于每个DMA通道的寻址方式都是独立可配置的。例如：通道0可以在两个固定的地址间传输，而通道1可在两个块地址间传输。这四种寻址方式如图10-15所示。

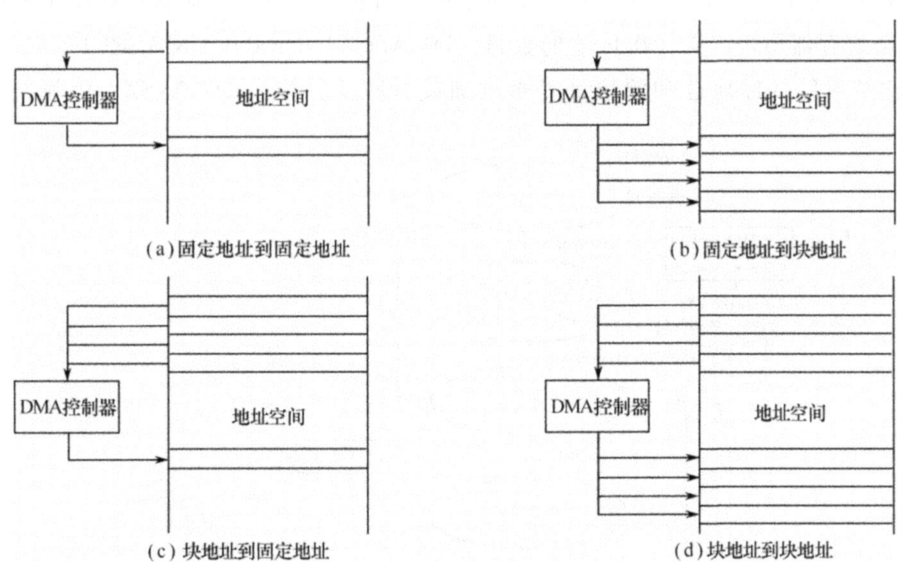

图10-15 DMA寻址方式

这四种寻址方式具体如下：① 固定地址到固定地址；② 固定地址到块地址；③ 块地址到固定地址；④ 块地址到块地址。

寻址方式由DMASRCINCRx和DMADSTINCRx控制位配置。DMASRCINCRx位选择在每次传输结束后源地址是不变、增加还是减少。DMADSTINCRx位选择在每次传输结束后目标地址是不变、增加还是减少。

传输可以是字节到字节、字节到字、字到字节或者字到字。当字到字节传输时，只有源的低字节被传输。当传输是字节到字时,目标字的高字节始终是 0。

2. DMA 传输模式

如表 10-4 所示,DMA 控制器有六种传输模式,由 DMADTx 位选择。每个通道都可以独立地配置其传输模式。例如:通道 0 可以配置为单次传输模式,而通道 1 可以配置为突发块传输模式,通道 2 配置为重复块传输模式。传输模式的配置和寻址方式是独立的。任何寻址方式都可以使用每种传输模式。

表 10-4 DMA 传输模式

DMADTx	传输模式	描述
000	单次传输	每次传输都需要一个单独的触发
001	块传输	触发一次后整个块都被传输。传输结束后 DMAEN 自动复位
010,011	突发块传输	传输是在 CPU 交叉存取下的块传输。DMAEN 位会在突发块传输结束后自动清除
100	重复单次传输	每次传输需要一个触发。DMAEN 保持使能状态
101	重复块传输	一个完整的块传输需要一个触发。DMAEN 保持使能状态
110、111	重复突发块传输	传输是在 CPU 交叉存取下的块传输。DMAEN 保持使能状态

1) 单次传输

在单次传输模式中,每次传输都需要一个单独的触发。单次传输状态如图 10-16 所示。DMAxSZ 寄存器用来定义每次传输的数目。DMADSTINCRx 和 DMASRCINCRx 用来选择在传输结束后目标地址和源地址是否增加或者减少。如果 DMAxSZ=0,则没有传输发生。

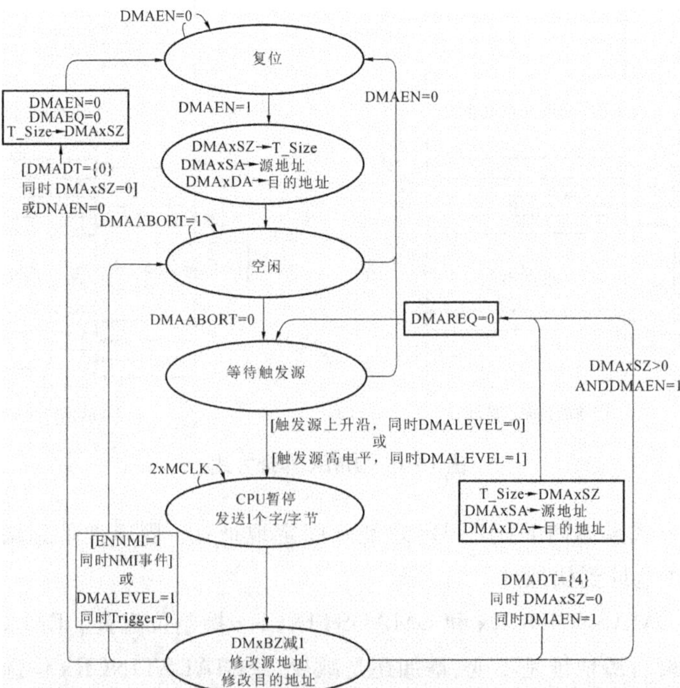

图 10-16 单次传输状态图

DMAxSA、DMAxDA 和 DMAxSZ 都会被复制到临时寄存器中。在每次传输结束后 DMAxSA 和 DMAxDA 的临时值都会增加或者减少。在每次传输结束后 DMAxSZ 寄存器中的值会减少。当 DMAxSZ 寄存器的值减少至 0 时将会从临时寄存器中重载并且相应的 DMAIFG 标志将会置位。当 DMADTx＝0 时，DMAEN 位将会被自动清除。当 DMAxSZ 减至 0 时必须为下一次传输的发生而重新设置。

在单次重复传输模式中，当 DMAEN＝1 时 DMA 控制器始终保持允许状态，在每次触发条件发生后，传输工作就会发生。

2）块传输

在块传输模式中，一个整块的数据将会在触发后传输。当 DMADTx＝{1}时，在一次块传输结束后 DMAEN 位将会被清除，并需要重新置位以便下一次块传输被触发。在一个块传输被触发后，在传输的过程中其他的触发将会被忽略。块传输状态如图 10-17 所示。

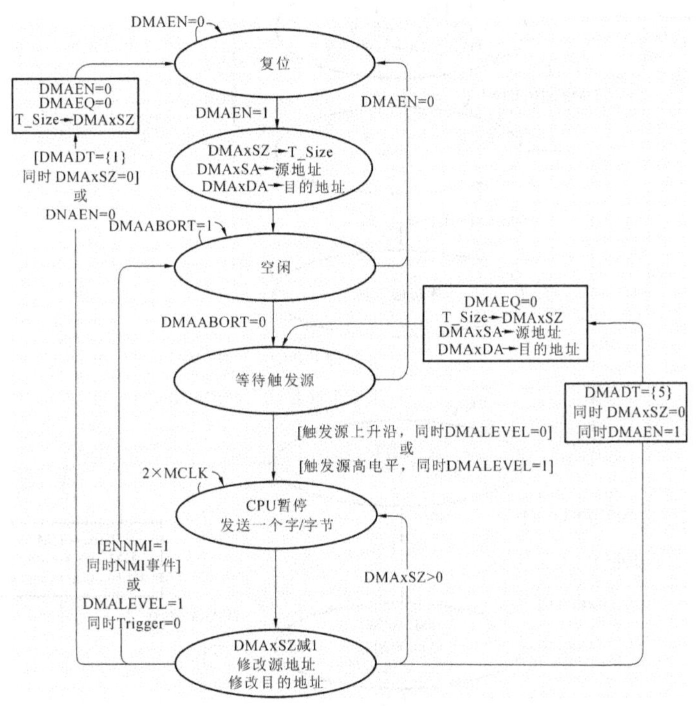

图 10-17　块传输状态图

DMAxSZ 寄存器用来定义块的大小，DMADSTINCRx 和 DMASRCINCRx 用来选择在每次块传输结束后目标地址和源地址是否增加或者减少。如果 DMAxSZ＝0，则没有块传输发生。

DMAxSA、DMAxDA 和 DMAxSZ 都会被复制到临时寄存器中。在每次块传输结束后 DMAxSA 和 DMAxDA 的临时值都会增加或者减少。在每次块传输结束后 DMAxSZ 寄存器中的值会减少并且指示块中还剩余多少数据。当 DMAxSZ 寄存器的值减少至 0 时将会从临时寄存器中重载并且相应的 DMAIFG 标志将会置位。

在一个块传输中，块传输完成前 CPU 将会停止。块传输将会在 2×MCLK×DMAxSZ 个时钟周期内完成。在块传输结束后 CPU 将会以其先前的状态运行。

在重复块传输模式中，在每个块传输结束后 DMAEN 位将保持置位。一个重复块传输结束后的下一个触发信号将触发另一个块传输。

3）突发块传输

在突发块传输模式中，传输是在 CPU 交叉存取下的块传输。在一个块中每传输四个字节/字，CPU 将运行 2 个 MCLK 时钟。在突发块传输结束后，CPU 将会在 100%的容量下运行并且 DMAEN 位将被清除。DMAEN 位需要重新置位以便下一次块突发传输被触发。在一个突发块传输被触发后，在传输的过程中其他的触发将会被忽略。突发块传输状态如图 10-18 所示。

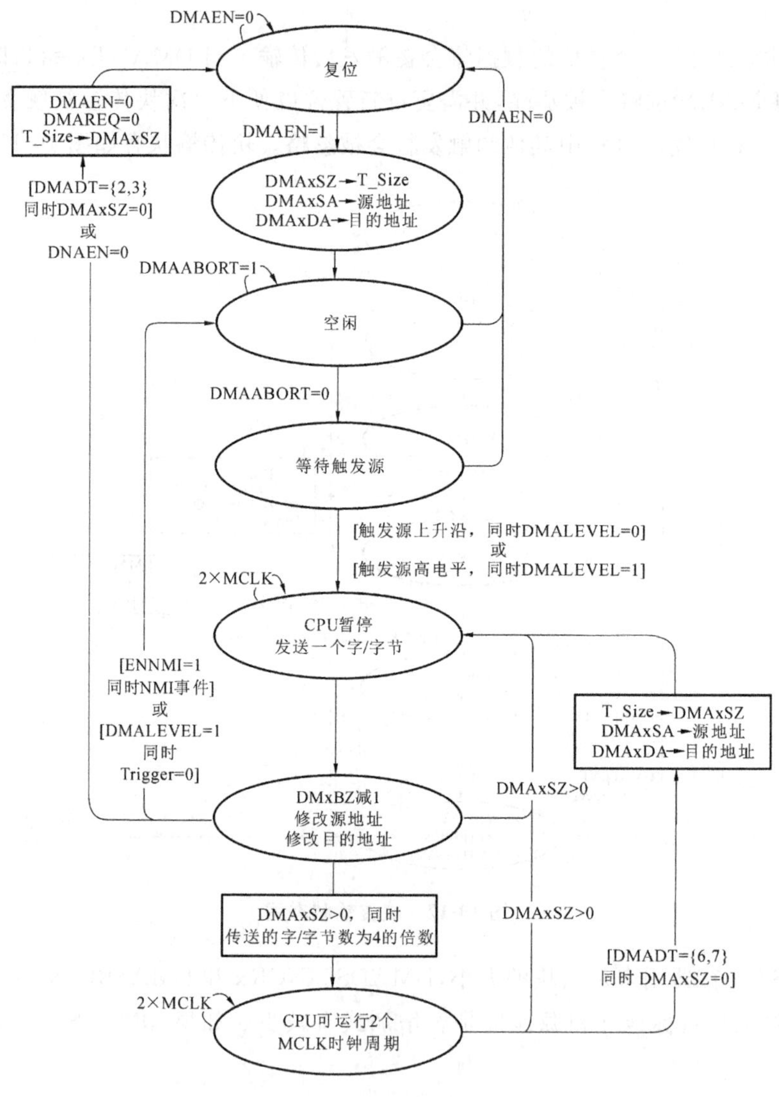

图 10-18　突发块传输状态图

DMAxSZ 寄存器用来定义块的大小，DMADSTINCRx 和 DMASRCINCRx 用来选择在每次块传结束后目标地址和源地址是否增加或者减少。如果 DMAxSZ＝0，就不会发生突发块传输。

DMAxSA、DMAxDA 和 DMAxSZ 都会被复制到临时寄存器中。在每次块传输结束后 DMAxSA 和 DMAxDA 的临时值都会增加或者减少。在每次突发块传输结束后 DMAxSZ

寄存器中的值会减少并且指示块中还剩余多少数据。当DMAxSZ寄存器的值减少至0时将会从临时寄存器中重载并且相应的DMAIFG标志将会置位。

在重复突发块传输模式中，在每个突发块传输结束后DMAEN位将保持置位并且不再需要额外的触发信号来启动另一次突发块传输。另一次突发块传输将在前一个突发块传输结束后直接进行。如此，传输必须通过清除DMAEN位或者不可屏蔽中断指令来停止。在重复突发块传输模式中CPU不断在20%的容量下运行直到重复突发块传输停止。

3. 启动DMA传输

每个DMA通道都可以独立地由DMAxTSELx配置触发源。DMAxTSELx位应该在DMACTLxDMAEN位为0时被改写，否则可能会引发不可预料的DMA触发条件产生。表10-5描述了每种模块类型的触发操作。

当选择触发条件时，必须确保触发条件还未发生否则传输将不会发生。

1）跳变触发

当DMALEVEL=0时，跳变触发将被选择并且由上升沿触发信号启动传输。在单次传输模式中，每次传输都需要一次触发。当使用块或者突发块模式时，仅需要一个触发来启动块或者突发块传输。

2）电平触发

当DMALEVEL=1时，电平触发将被选择。为了方便操作，电平触发仅用在当外部触发DMAE0被选做触发源时。只要触发源信号为高电平并且DMAEN位置位，就会触发DMA传输。

为了保证块或突发块传输结束，在传输过程中触发信号必须始终保持高电平。在块或突发块传输时，如果触发信号变低，DMA控制器将会保持在当前状态直到触发源信号重新变高或者直到DMA寄存器被软件修改。如果触发信号再次变高时，DMA寄存器没有被软件修改，传输将会恢复到触发信号变低前的状态。

当DMALEVEL=1时，建议DMADTx={0,1,2,3}时选择传输模式，因为DMAEN位是在配置传输结束后自动复位的。

DMA传输的终止执行指令：DMARMWDIS位作为DMA传输的停止控制位。DMARMWDIS=0时，当接收到触发信号传输开始时，CPU会立即被停止。在这种情况下，CPU读或写操作将会被DMA传输打断。当DMARMWDIS=1时，DMA控制寄存器将会在CPU完成当前的读写操作指令之后才停止CPU运行，然后才启动传输。DMA传输终止指令如表10-5所示。

表10-5 DMA传输终止指令

模　块	操　作
DMA	当DMAREQ位被置位时传输被触发。传输开始后DMAREQ自动复位。当DMAxIFG标志置位时传输被触发。DMA0IFG触发通道1，DMA1IFG触发通道2，DMA2IFG触发通道0。传输开始后没有DMAxIFG标志会自动复位。一次传输由外部触发源DMAE0触发
Timer_A	当TACCR0CCIFG标志被置位时传输被触发。传输开始后TACCR0CCIFG标志自动复位。如果TACCR0CCIE被置位，TACCR0CCIFG标志不会触发传输。当TACCR2CCIFG标志被置位时传输被触发。传输开始后TACCR2CCIFG标志自动复位。如果TACCR2CCIE被置位，TACCR2CCIFG标志不会触发传输

续表

模　块	操　作
Timer_B	当 TBCCR0CCIFG 标志被置位时传输被触发。传输开始后 TBCCR0CCIFG 标志自动复位。如果 TBCCR0CCIE 被置位，TBCCR0CCIFG 标志不会触发传输。当 TBCCR2CCIFG 标志被置位时传输被触发。传输开始后 TBCCR2CCIFG 标志自动复位。如果 TBCCR2CCIE 被置位，TBCCR2CCIFG 标志不会触发传输
USCI_Ax	当 USCI_Ax 收到一个新的数据时触发一次传输。传输开始后 UCAxRXIFG 自动复位。如果 UCAxRXIE 被置位，UCAxRXIFG 不会触发传输。当 USCI_Ax 准备好传输一个新的数据时触发一次传输。传输开始后 UCAxRXIFG 自动复位。如果 UCAxRXIE 被置位，UCAxRXIFG 不会触发传输
USCI_Bx	当 USCI_Bx 收到一个新的数据时触发一次传输。传输开始后 UCBxRXIFG 自动复位。如果 UCBxRXIE 被置位，UCBxRXIFG 不会触发传输。当 USCI_Bx 准备好传输一个新的数据时触发一次传输。传输开始后 UCBxRXIFG 自动复位。如果 UCBxRXIE 被置位，UCBxRXIFG 不会触发传输
DAC12_A	当 DAC12_xCTL0DAC12IFG 标志被置位时传输被触发。传输开始后 DAC12_xCTL0DAC12IFG 标志自动复位。如果 DAC12_xCTL0DAC12IE 被置位，DAC12_xCTL0 DAC12IFG 标志不会触发传输
ADC12_A	传输由 ADC12IFGx 标志触发，当一个单通道转换完成后，相应的 ADC12IFGx 被触发。如果用到序列转换，ADC12IFGx 在转换序列的最后一次被触发。在一次转换结束后传输被触发并且 ADC12IFGx 被置位。软件设置 ADC12IFGx 不会触发传输。当相关的 ADC12MEMx 寄存器被 DMA 控制器访问时，所有的 ADC12IFGx 标志自动复位
MPY	在硬件乘法器准备一个新的操作数时
保留	没有传输被触发

4. 停止 DMA 传输

有下列两种方法可以停止正在进行的 DMA 传输。

(1) 如果 DMACTL1 寄存器的 ENNMI 位被置位，单次传输、块传输和突发块传输可以被 NMI 中断所停止。

(2) 可以通过清除 DMAEN 位来停止突发块传输。

5. DMA 通道优先级

默认的 DMA 通道优先权顺序是从 DMA0 到 DMA7。如果两三个触发同时发生或者未被解决，最高优先权的通道将会首先完成传输(单次传输、块传输或者突发块传输)，然后是第二优先权的通道，最后是第三优先权的通道。即使较高优先权的通道被触发了也不会停止当前正在传输的通道。等到进行中的传输结束之后较高优先权的传输才开始。

DMA 通道的优先权由 ROUNDROBIN 位来配置。当 ROUNDROBIN 位被置位时，传输完成的通道的优先权变为最低。通道的优先权总保持相同，如表 10-6 中所示的 DMA0-DMA1-DMA2 三个通道。

表 10-6　通道的优先权

DMA 优先级	发生的传输	新的 DMA 优先级
DMA0-DMA1-DMA2	DMA1	DMA2-DMA0-DMA1
DMA2-DMA0-DMA1	DMA2	DMA0-DMA1-DMA2
DMA0-DMA1-DMA2	DMA0	DMA1-DMA2-DMA0

当 ROUNDROBIN 被清除时，通道的优先权将回到默认状态。

6. DMA 传输周期

在每个单次传输、块传输或者突发块传输时 DMA 控制器需要一个或两个 MCLK 时钟周期来同步。同步后每个字节/字需要两个 MCLK 时钟周期来传输，传输后有一个周期的等待时间。因为 DMA 控制器使用 MCLK，所以 DMA 周期取决于 MSP430 的操作模式和时钟系统的设置。

如果 MCLK 时钟活动，但是 CPU 关闭，DMA 控制器将使用 MCLK 时钟来完成每次传输，无须重新使能 CPU。当 MCLK 时钟关闭时，DMA 控制器将临时开启 MCLK 时钟，以 DCOCLK 为时钟源，从而完成单次传输、块传输或者突发块传输。在每次传输结束后，CPU 继续保持关闭，MCLK 关闭。各种操作模式下的最大 DMA 周期见表 10-7。

表 10-7　各种操作模式下的最大 DMA 周期

CPU 操作模式时钟源	最大 DMA 周期
活动模式 MCLK＝DCOCLK	4MCLK 周期
活动模式 MCLK＝LFXT1CLK	4MCLK 周期
低功耗模式 LPM0/1 MCLK＝DCOCLK	5MCLK 周期
低功耗模式 LPM3/4 MCLK＝DCOCLK	5MCLK 周期＋5μs①
低功耗模式 LPM0/1 MCLK＝LFXT1CLK	5MCLK 周期
低功耗模式 LPM3 MCLK＝LFXT1CLK	5MCLK 周期
低功耗模式 LPM4 MCLK＝LFXT1CLK	5MCLK 周期＋5μs①

① 外加的 5μs 是启动 DCOCLK 的时间。

7. 系统中断下使用 DMA

DMA 传输不会被系统中断所打断。系统中断将会被挂起直到传输完成。当 ENNM 位被置位时 NMI 中断可以打断 DMA 传输。

系统中断服务程序将会被 DMA 传输打断。如果系统中断服务程序或者其他程序必须在没有中断的情况下运行，DMA 控制器必须在这段程序执行前被禁止。

8. DMA 控制器中断

每个 DMA 通道都有自己的 DMAIFG 标志。当相应的 DMAxSZ 计数到 0 时，每个 DMAIFG 标志都可以在任何模式下被设置。如果相应的 DMAIE 位和 GIE 位被设置，则会产生一个中断请求。

所有的 DMAIFG 标志都是有优先级顺序的，DMA0IFG 优先级最高，并且和一个单独的中断向量结合。高优先级允许中断，在 DMAIV 寄存器里产生一个值。这个值可以用来评估或者自动地加到 PC 上，使之能进入恰当的程序分支。禁止 DMA 中断不会影响 DMAIV 的值。

任何访问，读或者写 DMAIV 寄存器都会自动复位高优先级挂起的中断标志。如果又有一个中断标志被设置，则该中断会在原先的中断服务程序结束后立刻响应。例如，假设 DMA0 有最高的中断优先权。如果 DMA0IFG 和 DMA2IFG 都处于置位状态，这时中断服务程序访问了 DMAIV 寄存器后，DMA0IFG 会被自动复位。当中断服务程序执行完 RETI 指令时，DMA2IFG 将会触发另一个中断。

9. 在 DMA 控制器下使用 USCI_B I^2C 模块

USCI_B I^2C 为 DMA 控制器提供两个触发源。当 USCI_B I^2C 模块需要接收数据和发送数据的时候,均可触发 DMA 的传输。

10. 在 DMA 控制器下使用 ADC12

内部集成 DMA 控制器的 MSP430 器件,可以自动地从 ADC12MEMx 寄存器移动数据到另一个位置。DMA 传输可以在没有 CPU 的干预下完成,并且不受任何低功耗模式的影响。DMA 模块增加了 ADC12 模块的数据吞吐量,并且当数据传输发生的时候允许 CPU 保持在关闭状态以提高低功耗应用的性能。

DMA 传输可以被 ADC12IFGx 标志触发。当 CONSEQx={0,2}时,被用作转换的 ADC12MEMx 的 ADC12IFGx 标志可以触发一次 DMA 传输。当 CONSEQx={1,3}时,在序列转换中最后的 ADC12MEMx 的 ADC12IFGx 标志可以触发一次 DMA 传输。当 DMA 控制器访问相应的 ADC12MEMx 的时候,任何 ADC12IFGx 标志都会被自动清除。

11. 在 DMA 控制器下使用 DAC12

内部集成 DMA 控制器的 MSP430 器件,可以自动地把数据移动到 DAC12_xDAT 寄存器中。DMA 传输可以在没有 CPU 的干预下完成并且不受任何低功耗模式的影响。DMA 模块增加了 DAC12 模块的数据吞吐量,并且当数据传输发生的时候,允许 CPU 保持在关闭状态以提高低功耗应用的性能。

在应用中需要产生一个周期性的波形时,利用 DMA 控制器下的 DAC12 是很方便的。例如,在一个应用中产生正弦波可以把正弦波的值存储在表格中。DMA 控制器可以在特殊的时间间隔,将数据自动并且连续不断地传输到 DAC12 以产生正弦波,并且不占用 CPU 的资源。当 DMA 控制器访问 DAC12_xDAT 寄存器的时候,DAC12_xCTL 的 DAC12IFG 标志位将会自动清除。

10.3.3 DMA 寄存器

DMA 模块的寄存器如表 10-8 所示。基地址可以在器件的特殊数据表中找到。每个通道在其各自的基地址开始传输。基地址的偏移量如表 10-8 所示。

表 10-8 DMA 寄存器

寄存器	缩写	寄存器类型	访问形式	偏移地址	初始状态
DMA 控制寄存器 0	DMACTL0	读/写	字	00H	0000h
DMA 控制寄存器 1	DMACTL1	读/写	字	02H	0000h
DMA 控制寄存器 2	DMACTL2	读/写	字	04H	0000h
DMA 控制寄存器 3	DMACTL3	读/写	字	06H	0000h
DMA 控制寄存器 4	DMACTL4	读/写	字	08H	0000h
DMA 中断向量寄存器	DMAIV	只读	字	0EH	0000h
DMA 通道 0 控制寄存器	DMA0CTL	读/写	字	00H	0000h
DMA 通道 0 源地址寄存器	DMA0SA	读/写	字,双字	02H	未定义
DMA 通道 0 目标地址寄存器	DMA0DA	读/写	字,双字	06H	未定义
DMA 通道 0 传输大小寄存器	DMA0SZ	读/写	字	0AH	未定义
DMA 通道 1 控制寄存器	DMA1CTL	读/写	字	00H	0000h
DMA 通道 1 源地址寄存器	DMA1SA	读/写	字,双字	02H	未定义
DMA 通道 1 目标地址寄存器	DMA1DA	读/写	字,双字	06H	未定义
DMA 通道 1 传输大小寄存器	DMA1SZ	读/写	字	0AH	未定义

续表

寄存器	缩写	寄存器类型	访问形式	偏移地址	初始状态
DMA 通道 2 控制寄存器	DMA2CTL	读/写	字	00H	0000h
DMA 通道 2 源地址寄存器	DMA2SA	读/写	字,双字	02H	未定义
DMA 通道 2 目标地址寄存器	DMA2DA	读/写	字,双字	06H	未定义
DMA 通道 2 传输大小寄存器	DMA2SZ	读/写	字	0AH	未定义
DMA 通道 3 控制寄存器	DMA3CTL	读/写	字	00H	0000h
DMA 通道 3 源地址寄存器	DMA3SA	读/写	字,双字	02H	未定义
DMA 通道 3 目标地址寄存器	DMA3DA	读/写	字,双字	06H	未定义
DMA 通道 3 传输大小寄存器	DMA3SZ	读/写	字	0AH	未定义
DMA 通道 4 控制寄存器	DMA4CTL	读/写	字	00H	0000h
DMA 通道 4 源地址寄存器	DMA4SA	读/写	字,双字	02H	未定义
DMA 通道 4 目标地址寄存器	DMA4DA	读/写	字,双字	06H	未定义
DMA 通道 4 传输大小寄存器	DMA4SZ	读/写	字	0AH	未定义
DMA 通道 5 控制寄存器	DMA5CTL	读/写	字	00H	0000h
DMA 通道 5 源地址寄存器	DMA5SA	读/写	字,双字	02H	未定义
DMA 通道 5 目标地址寄存器	DMA5DA	读/写	字,双字	06H	未定义
DMA 通道 5 传输大小寄存器	DMA5SZ	读/写	字	0AH	未定义
DMA 通道 6 控制寄存器	DMA6CTL	读/写	字	00H	0000h
DMA 通道 6 源地址寄存器	DMA6SA	读/写	字,双字	02H	未定义
DMA 通道 6 目标地址寄存器	DMA6DA	读/写	字,双字	06H	未定义
DMA 通道 6 传输大小寄存器	DMA6SZ	读/写	字	0AH	未定义
DMA 通道 7 控制寄存器	DMA7CTL	读/写	字	00H	0000h
DMA 通道 7 源地址寄存器	DMA7SA	读/写	字,双字	02H	未定义
DMA 通道 7 目标地址寄存器	DMA7DA	读/写	字,双字	06H	未定义
DMA 通道 7 传输大小寄存器	DMA7SZ	读/写	字	0AH	未定义

(1) DMACTL0,DMA 控制寄存器 0:

15	14	13	12	11	10	9	8
保留			DMA1TSEL				
7	6	5	4	3	2	1	0
保留			DMA0TSEL				

- DMA1TSEL:Bits12~8,DMA 触发选择位。这几位用来选择 DMA 传输触发条件。

00000　DMA1TRIG0;

00001　DMA1TRIG1;

⋮

11110　DMA1TRIG30;

11111　DMA1TRIG31。

- DMA0TSEL:Bits4~0,同 DMA1TSEL。

(2) DMACTL1,DMA 控制寄存器 1:

15	14	13	12	11	10	9	8
保留			DMA3TSEL				
7	6	5	4	3	2	1	0
保留			DMA2TSEL				

- DMA3TSEL：Bits12～8，DMA 触发选择位。这几位用来选择 DMA 传输触发条件。

00000　　DMA3TRIG0；
00001　　DMA3TRIG1；
⋮
11110　　DMA3TRIG30；
11111　　DMA3TRIG31。

- DMA2TSEL：Bits4～0，同 DMA3TSEL。

(3) DMACTL2，DMA 控制寄存器 2：

15	14	13	12	11	10	9	8
保留			DMA5TSEL				
7	6	5	4	3	2	1	0
保留			DMA4TSEL				

- DMA5TSEL：Bits12～8，DMA 触发选择位。这几位用来选择 DMA 传输触发条件。

00000　　DMA5TRIG0；
00001　　DMA5TRIG1；
⋮
11110　　DMA5TRIG30；
11111　　DMA5TRIG31。

- DMA4TSEL：Bits4～0，同 DMA5TSEL。

(4) DMACTL3，DMA 控制寄存器 3：

15	14	13	12	11	10	9	8
保留			DMA7TSEL				
7	6	5	4	3	2	1	0
保留			DMA6TSEL				

- DMA7TSEL：Bits12～8，DMA 触发选择位。这几位用来选择 DMA 传输触发条件。

00000　　DMA7TRIG0；
00001　　DMA7TRIG1；
⋮
11110　　DMA7TRIG30；
11111　　DMA7TRIG31。

- DMA6TSEL：Bits4～0，同 DMA7TSEL。

(5) DMACTL4，DMA 控制寄存器 4：

15	14	13	12	11	10	9	8
保留							
7	6	5	4	3	2	1	0
保留					DMAR MWDIS	ROUNDROBIN	ENNMI

- DMARMWDIS：Bit2，禁止读和改写。当此位置位时，禁止任何发生在 CPU 读写操作

时的 DMA 传输。

0	CPU 读写操作时允许发生 DMA 传输；	1	CPU 读写操作时禁止发生 DMA 传输。

- ROUNDROBIN：Bit1，循环特性。此位指示 DMA 通道优先级的循环特性。

0	DMA 通道的优先级是 DMA0－DMA1－DMA2－…－DMA7；	1	DMA 通道优先级在每次传输后改变。

- ENNMI：Bit0，使能 NMI。此位使能由 NMI 中断引起的 DMA 传输中断。NMI 中断一次 DMA 传输的时候，当前的传输一般会正常完成，下一个传输将会被阻止，并且 DMAABORT 会置位。

0	NMI 中断不中断 DMA 传输；	1	NMI 中断中断 DMA 传输。

（6）DMAxCTL，DMA 通道 x 控制寄存器：

15	14	13	12	11	10	9	8
保留	DMADTx			DMADSTINCRx		DMASRCINCRx	
7	6	5	4	3	2	1	0
DMADSTBYTE	DMASRCBYTE	DMALEVEL	DMAEN	DMAIFG	DMAIE	DMAABORT	DMAREQ

- DMADTx：Bits14～12，DMA 传输模式位。

000	单次传输；	011	突发块传输；	110	重复突发块传输；
001	块传输；	100	重复单次传输；	111	重复突发块传输。
010	突发块传输；	101	重复块传输；		

- DMADSTINCRx：Bits11～10，DMA 目标增量位。此位选择当一个字节/字传输完成后目标地址自动增加或者减小。当 DMADSTBYTE＝1 时，目标地址加/减 1。当 DMADSTBYTE＝0 时，目标地址加/减 2。DMAxDA 被复制到一个临时的寄存器中，这个临时寄存器将会加或者减。DMAxDA 的值不会增加或者减小。

00	目标地址不变；	01	目标地址不变；
10	目标地址减小；	11	目标地址增加。

- DMASRCINCRx：Bits9～8，DMA 源增量位。此位选择当一个字节/字传输完成后源地址自动增加或者减小。当 DMASRCBYTE＝1 时，源地址加/减 1。当 DMASRCBYTE＝0 时，源地址加/减 2。DMAxSA 被复制到一个临时的寄存器中，这个临时寄存器将会加或者减。DMAxSA 的值不会增加或者减小。

00	源地址不变；	01	源地址不变；
10	源地址减小；	11	源地址增加。

- DMADSTBYTE：Bit7，DMA 目标字节位。此位选择目标数据存放单元是字还是字节。

0	字；	1	字节。

- DMASRCBYTE：Bit6，DMA 源字节位。该位选择源数据单元是字还是字节。

0	字；	1	字节。

● DMALEVEL:Bit5,DMA 电平位。该位选择是边沿触发还是电平触发。

0	边沿触发;	1	电平触发。

● DMAEN:Bit4,DMA 使能位。

0	禁止;	1	使能。

● DMAIFG:Bit3,DMA 中断标志位。

0	没有中断产生;	1	有中断产生。

● DMAIE:Bit2,DMA 中断使能位。

0	禁止;	1	使能。

● DMAABORT:Bit1,DMA 异常中断位。该位表明 DMA 在传输过程中有无被 NMI 打断。

0	DMA 在传输过程中没有被打断;	1	DMA 在传输过程中有被打断过。

● DMAREQ:Bit0,DMA 请求位。软件控制 DMA 启动,该位会自动复位。

0	没有启动 DMA;	1	启动 DMA。

(7) DMAxSA,DMA 源地址寄存器:

31	30	29	28	27	26	25	24
保留							
23	22	21	20	19	18	17	16
保留				DMAxSA			
15	14	13	12	11	10	9	8
DMAxSA							
7	6	5	4	3	2	1	0
DMAxSA							

● DMAxSA:Bits15～0,DMA 源地址位。源地址寄存器指向单次传输 DMA 的源地址,或者指向块传输的首源地址。源地址寄存器的值在块传输或者突发块传输中保持不变。DMAxSA 寄存器有两个字。位 31～20 保留并且读出总为 0。读或者写位 19～16 需要使用扩展指令。使用字指令写 DMAxSA 的时候,位 19～16 会被清零。

(8) DMAxDA,DMA 目标地址寄存器:

31	30	29	28	27	26	25	24
保留							
23	22	21	20	19	18	17	16
保留				DMAxDA			
15	14	13	12	11	10	9	8
DMAxDA							
7	6	5	4	3	2	1	0
DMAxDA							

● DMAxDA:Bits15～0,DMA 目标地址位。目标地址寄存器指向单次传输 DMA 的目标地址或者指向块传输的首目标地址。目标地址寄存器的值在块传输或者突发块传输中保持不变。DMAxDA 寄存器有两个字。位 31～20 保留并且读出总为 0。读或者写位 19～16 需要使用扩展指令。当使用字指令写 DMAxDA 的时候,位 19～16 会被清零。

(9) DMAIV,DMA 中断向量寄存器:

15	14	13	12	11	10	9	8
7	6	5	4	3	2	1	0
DMAIV							

● DMAIV:Bits15～0,DMA 中断向量值。其值如表 10-9 所示。

表 10-9 DMA 中断向量值

DMAIV 值	中 断 源	中 断 标 志	优 先 级
00h	无中断产生	—	
02h	DMA 通道 0	DMA0IFG	最高
04h	DMA 通道 1	DMA1IFG	
06h	DMA 通道 2	DMA2IFG	
08h	DMA 通道 3	DMA3IFG	
0Ah	DMA 通道 4	DMA4IFG	
0Ch	DMA 通道 5	DMA5IFG	
0Eh	DMA 通道 6	DMA6IFG	
10h	DMA 通道 7	DMA7IFG	最低

10.3.4 应用举例

例 10-4 利用 DMA0 通道采用重复块传输模式将大小为 16 字的数据块从 1C00h～1C1Fh 单元传输到 1C20h～1C3Fh 单元中。程序中每次传输时 P1.0 都为高电平,之后通过置位 DMAREQ 控制位启动 DMA 块传输,传输完毕后将 P1.0 设置为低电平。

程序代码如下:

```
# include < msp430f5529.h>
void main(void)
{
  WDTCTL= WDTPW+ WDTHOLD;                    //关闭看门狗
  P1DIR |= 0x01;                                    //将 P1.0 设为输出
//设置源地址
  __data16_write_addr((unsigned short) &DMA0SA,(unsigned long) 0x1C00);
//设置目标地址
  __data16_write_addr((unsigned short) &DMA0DA,(unsigned long) 0x1C20);
  DMA0SZ= 16;                                  //设置传输块大小
//重复块传输、源地址和目标地址自动增计数模式
  DMA0CTL= DMADT_5+ DMASRCINCR_3+ DMADSTINCR_3;
  DMA0CTL |= DMAEN;                          //使能 DMA 通道 0
  while(1)
  {
    P1OUT |= 0x01;                              //置位 P1.0
    DMA0CTL |= DMAREQ;                      //启动块传输
    P1OUT &= ~ 0x01;                            //拉低 P10
  }
}
```

例 10-5 利用 DMA0 通道采用重复单次传输模式将 ADC12 的 A0 通道采样的数据保存到全局变量中。ADC12 采样触发信号由 TB0 定时器定时产生，ADC12IFG0 标志位触发 DMA 传输。

程序代码如下：

```
# include < msp430f5529.h>
unsigned int DMA_DST;                      //定义全局变量用于存储 A0 采样结果
void main(void)
{
  WDTCTL= WDTPW+ WDTHOLD;                                //关闭看门狗
  P1DIR |= BIT0;                                          // P1.0 设为输出
  P1OUT &= ~ BIT0;                                        // P1.0 输出低电平
  P5SEL |= BIT7;                                   // P5.7 设为定时器 TB 输出功能
  P5DIR |= BIT7;                                          // P5.7 设为输出
  P6SEL |= BIT0;                                          //使能 A0 输入通道
  TBCCR0= 0xFFFE;
  TBCCR1= 0x8000;
  TBCCTL1= OUTMOD_3;                           // CCR1 工作在置位/复位模式
  TBCTL= TBSSEL_2+ MC_1+ TBCLR;           //参考时钟为 SMCLK，TB 工作在增/减计数模式下
  ADC12CTL0= ADC12SHT0_15+ ADC12MSC+ ADC12ON;    //打开 ADC，设置采样时间
  ADC12CTL1= ADC12SHS_3+ ADC12CONSEQ_2;       // TBOUT 作为采样触发信号，单通道多次采样
  ADC12MCTL0= ADC12SREF_0+ ADC12INCH_0;// V+ = AVcc V- = AVss,
  ADC12CTL0 |= ADC12ENC;
  DMACTL0= DMA0TSEL_24;                 // DMA 触发事件选择 ADC12IFGx
  DMACTL4= DMARMWDIS;
  DMA0CTL &= ~ DMAIFG;
  DMA0CTL= DMADT_4+ DMAEN+ DMADSTINCR_3+ DMAIE;    // DMA 工作在重复单次传输模式，使能
                                                      DMA 传输，目标地址自动增，使能 DMA
                                                      中断
  DMA0SZ= 1;                                            //传输大小为 1 个字
//设置源地址
__data16_write_addr((unsigned short)&DMA0SA,(unsignedlong)&ADC12MEM0);
//设置目标地址
__data16_write_addr((unsigned short)&DMA0DA,(unsigned long)&DMA_DST);
  __bis_SR_register(LPM0_bits+ GIE);                //进入 LPM0 并使能全局中断
}
# pragma vector= DMA_VECTOR                              // DMA 中断服务程序
__interrupt void DMA_ISR(void)
{
switch(__even_in_range(DMAIV,16) )
  {case 0:break;
    case 2:                                     // DMA0IFG= DMA Channel 0
      P1OUT ^= BIT0;                     //可在此处设置断点，查看 ADC 采样的数据和 DMA_DST
                                           变量的值
      break;
```

```
    case 4:break;                          // DMA1IFG= DMA Channel 1
    ......
    default:break;
  }
}
```

本章小结

MSP430 单片机的 RAM 控制器可实现对每段 RAM 存储器的开关控制。为了降低功耗，RAM 控制器可以关闭不需要的 RAM 空间；Flash 控制器主要用来实现对 Flash 存储器的烧写程序、写入数据和擦除功能，可对 Flash 存储器进行字节/字/长字(32 位)的寻址和编程；DMA 控制器主要用来将数据从一个地址传输到另外一个地址而无须 CPU 的干预，这种方式可提高系统执行应用程序的效率。本章详细讲解了 MSP430 单片机存储器控制模块的结构、原理及功能；通过本章的学习使学生掌握存储器控制器的工作原理与相关操作。

思考题

1. Flash 存储器的存储空间是怎样分布的？可以用来存储什么类型的信息？
2. Flash 存储器的时序发生器可以产生哪些操作必需的信号？这些信号的用途是什么？
3. Flash 存储器为什么需要地址/数据锁存器？
4. Flash 存储器有哪些主要操作？这些操作的一般过程是什么？
5. 试将内部 RAM 0220H 单元内容写入 MSP430F5529 Flash 存储单元 0FF0AH 中。
6. Flash 存储器有几种擦除方式？试编程实现擦除 MSP430F5529 中 Flash 存储器的信息段。
7. MSP430F5xx 系列单片机 DMA 控制器的功能是什么？
8. MSP430F5xx 系列单片机 DMA 控制器有哪些触发器？
9. MSP430F5xx 系列单片机 DMA 控制器和系统低功耗有什么关系？
10. DMA 控制器有哪几种触发方式和哪几种传输方式？是如何进行设置的？

第11章 MSP430通信接口

数据通信是单片机系统与外界联系的重要手段，每种型号的MSP430单片机均具有数据通信的功能。本章详细讲述通用串行通信接口(USCI)里的UART模块、SPI模块和I^2C模块，以及通用串行总线(USB)通信模块的结构、原理及功能，并给出了其数据通信的相关例程。

11.1 USCI模块概述

MSP430F5xx/6xx通用串行通信接口(USCI)在一个硬件模块下支持多种串行通信接口。不同的USCI支持不同的模式。每一个不同的USCI模式分别以不同的字母命名。例如，USCI_A就与USCI_B不同，等等。如果在一个器件上应用多于一种能被识别出来的USCI模块，这些模块的名字就随着数量的增加而被命名。例如，如果一个器件有两种USCI_A模块，那么它们将被命名为USCI_A0和USCI_A1。如果这种情况出现的话，可参看特殊器件的数据手册来确定哪种器件使用哪种模块。

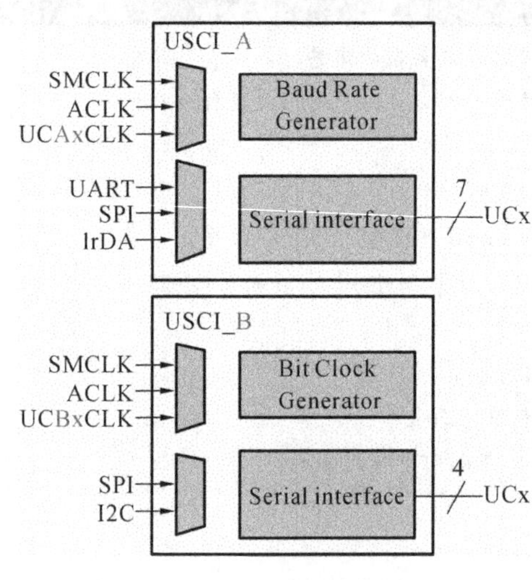

图11-1 USCI模块结构

USCI模块结构如图11-1所示。USCI模块包含USCI_Ax系列模块和USCI_Bx系列模块。

USCI_Ax模块支持：① UART模块；② 脉冲整形的IrDA通信；③ 自动波特率检测的LIN通信；④ SPI模式。

USCI_Bx模块支持：① I^2C模式；② SPI模式。

11.2 通用串行通信接口(USCI)——UART模式

11.2.1 USCI概述：UART模式

在异步模式下，USCI_Ax模块通过两个外部引脚UCAxRXD和UCAxTXD连接MSP430和外部系统。当UCSYNC位清零时，UART被选择。

USCI 模块(USCI_Ax)配置为 UART 模式时的结构如图 11-2 所示。在 UART 模式下,USCI 模块由串行数据接收逻辑(图中①)、波特率发生器(图中②)和串行数据发送逻辑(图中③)3 个部分组成。

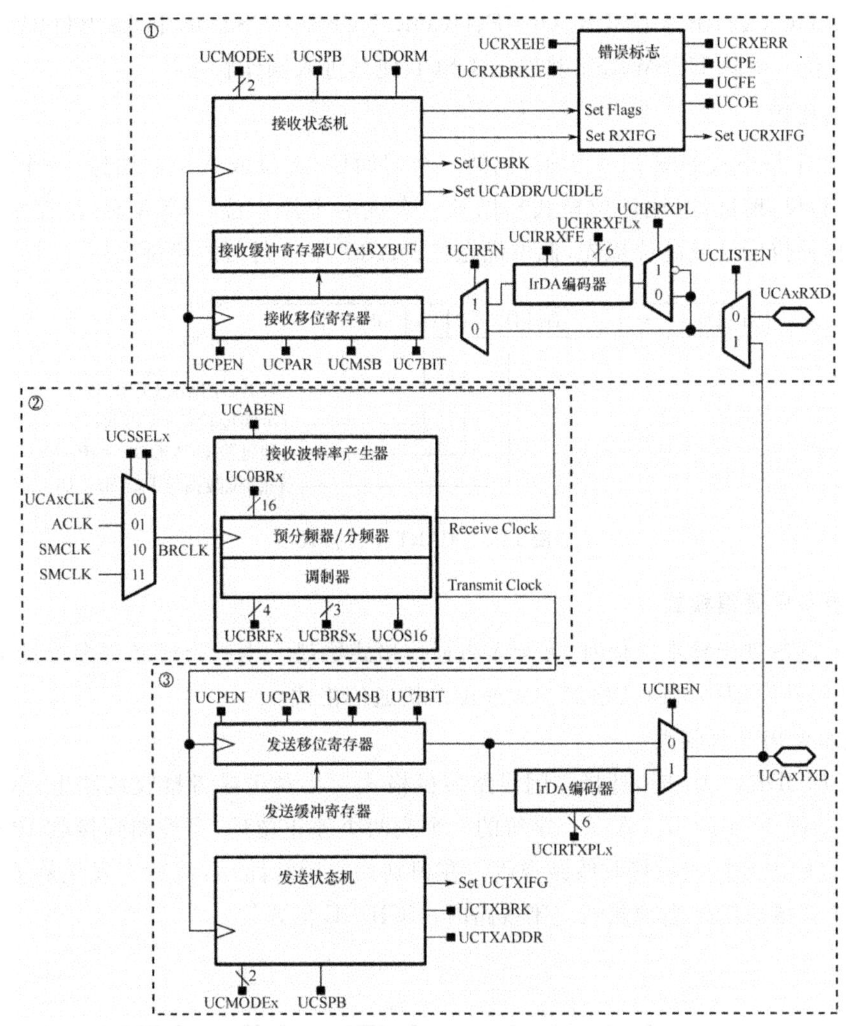

图 11-2　UART 模式下的 USCI_Ax 结构框图(UCSYNC=0)

UART 模块的特点如下:① 7 位或者 8 位数据,奇校验、偶校验或者无校验;② 独立的发送和接收移位寄存器;③ 独立的发送和接收缓冲寄存器;④ 最低位优先或者最高位优先的数据发送和接收;⑤ 内置线路空闲和地址位通信协议的多处理器系统;⑥ 接收机起始边沿检测自动从 LPMx 模式唤醒;⑦ 可编程的和小数调整的波特率支持;⑧ 状态标志位用于错误检测和抑制;⑨ 状态标志位用于地址检测;⑩ 独立发送和接收中断的能力。

11.2.2　USCI 操作:UART 模式

在 UART 串口模式下,USCI 以一个比特的速率和其他的设备之间进行异步的传送和接收数据。发送每一个字符的时间是由 USCI 选择的波特率决定的。发送和接收功能使用相同的波特率。

1. USCI 初始化和复位

PUC 或 UCSWRST 位置位而使 USCI 复位。在 PUC 之后，UCSWRST 位自动置位，使 USCI 保持在复位状态。置位时，UCSWRST 位用来复位 UCRXIE、UCTXIE、UCRXIFG、UCRXERR、UCBRK、UCPE、UCOE、UCFE、UCSTOE 和 UCBTOE 位，并置位 UCTXIFG 位。清除 UCSWRST 将释放 USCI，使其进入操作状态。

2. 字符格式

UART 字符格式如图 11-3 所示，包括一个起始位、七位或八位数据位、一个奇校验/偶检验/无校验位、地址位（地址位模式），以及一个或两个停止位。UCMSB 位控制着传送的方向和选择低位优先或高位优先，低位优先是 UART 串口通信的典型应用。

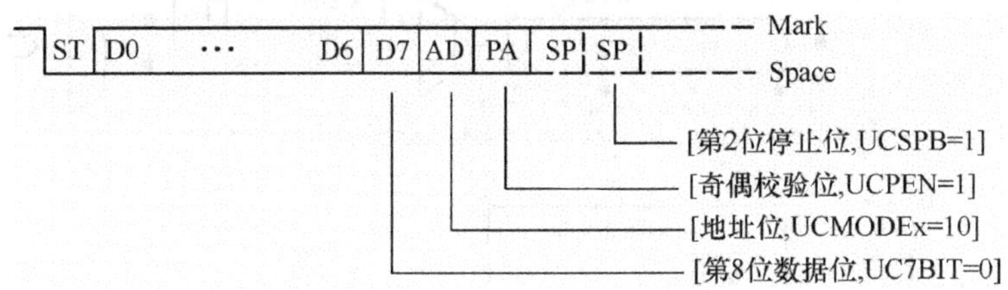

图 11-3 UART 字符格式

3. 异步多机通信模式

当两个设备进行异步通信时，无须多机通信格式协议。当三个或者更多个设备通信时，USCI 支持线路空闲多机通信格式和地址位多机通信格式。

1）线路空闲多机模式

当 UCMODEx＝01 时，选择空闲线路多机格式。在发送或者接收线路上，数据块被空闲位隔开，如图 11-4 所示。在一个字符的一个或两个停止位后，当检测到接收 10 个或更多的连续的 1（标志）时，表示接收线路空闲。在识别到空闲线路后，波特率发生器关闭直到检测到下一个开始边沿。当检测到空闲线路时，UCIDLE 位置位。

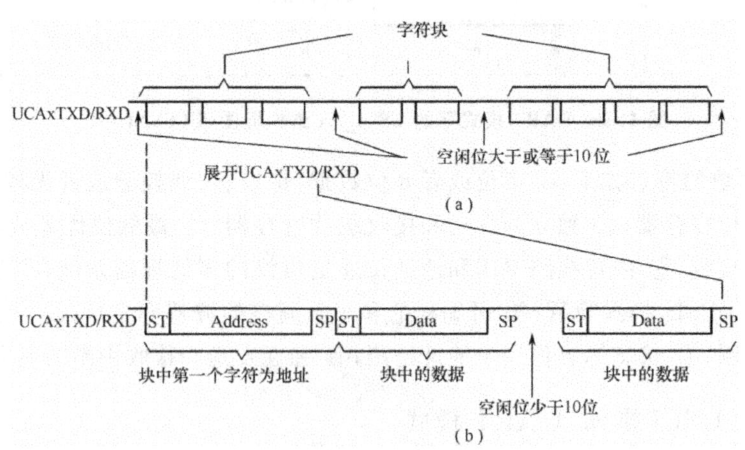

图 11-4 空闲线路格式

在空闲线路时期后接收到的第一个字符是地址符。对于每一个字符块来说，UCIDLE 位是被作为地址标签使用的。在空闲线路多机格式下，该位在收到一个地址符时置位。

在空闲线路多机格式中，UCDORM 位用来控制数据的接收。当 UCDORM＝1，所有的非地址字符都被拼装但是并不传送到 UCAxRXBUF 中，也不产生中断。当接收到地址字符时，该字符被传送到 UCAxRXBUF 中，UCRXIFG 位置位，当 UCRXEIE＝1 时，任何可用的错误标志也置位。当 UCRXEIE＝0 并且接收到地址字符但是有帧错误或奇偶校验错误时，该字符不被传送到 UCAxRXBUF 中，同时 UCRXIFG 位也不置位。

如果接收到地址，用户软件可以验证该地址并且复位 UCDORM 以继续接收数据。如果 UCDORM 保持置位，只有地址字符才可以被接收到。如果在接收一个字符期间清除 UCDORM，接收中断标志将会在该接收完成时置位。UCDORM 位不会被 USCI 的硬件自动修改。

在空闲线路多机模式下的地址传送中，在 UCAxTXD 上产生地址符识别的 USCI 会产生一个精确的空闲周期。双缓冲标志 UCTXADDR 指示是否下一个载入 UCAxTXBUF 的字符是以一个空闲线路的 11 位为前缀的。当起始位产生时，UCTXADDR 自动清除。

发送一个空闲帧指示在相关数据之前的地址符的过程如下。

（1）置位 UCTXADDR，然后向 UCAxTXBUF 写入地址字符。UCAxTXBUF 必须为新数据准备好（UCTXIFG＝1）。

这会产生一个 11 的空闲周期，其后才是地址字符。当地址字符从 UCAxTXBUF 发送到移位寄存器后，UCTXADDR 自动复位。

（2）将期望的数据字符写入 UCAxTXBUF。UCAxTXBUF 必须为新数据准备好（UCTXIFG＝1）。

只要移位寄存器为新数据准备好，写入 UCAxTXBUF 的数据就会发送到移位寄存器，并且被发送出去。在发送的地址和数据之间或者发送的数据之间，空闲线路时间不能超时。否则，发送的数据将被误认为是一个地址。

2）地址位多机模式

当 UCMODEx＝10 时，选择地址位多机模式。每个处理过的字符都包括一个作为地址识别的附加位，如图 11-5 所示。字符块的第一个字符带有一个置位的地址位，指示该字符为一个地址。当接收到的字符的地址位置位时，USCI 的 UCADDR 置位，同时将接收到的字符发送到 UCAxRXBUF。

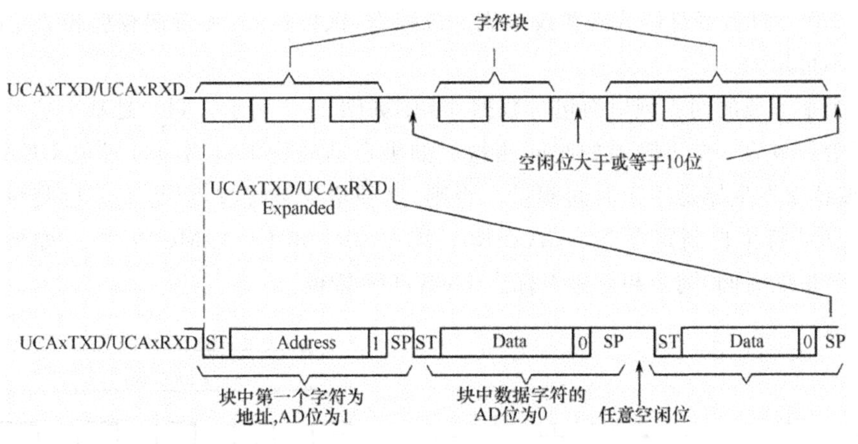

图 11-5　地址位多机模式

在地址位多机模式下，UCDORM 用于控制数据的接收。当 UCDORM 位置位，地址位为 0 的数据字符被拼装但是并不传送到 UCAxRXBUF 中，也不产生中断。当包含一个置位的地址位的字符被接收时，地址被发送到 UCAxRXBUF，UCRXIFG 位置位，当 UCRXEIE=1 时，任何可用的错误标志也置位。当 UCRXEIE=0 并且接收到包含一个置位的地址位的字符但是有帧错误或奇偶校验错误时，该字符不被传送到 UCAxRXBUF 中，同时 UCRXIFG 位也不置位。

如果接收到地址，用户软件可以验证该地址并且复位 UCDORM 以继续接收数据。如果 UCDORM 保持置位，只有地址位为 1 的地址字符才可以被接收到。UCDORM 位不会被 USCI 的硬件自动修改。

当 UCDORM=0，所有接收的字符都将置位接收中断标志 UCRXIFG。如果 UCDORM 在接收一个字符期间清零，在接收完成后，接收中断标志将置位。

在地址位多机模式下的地址传送中，一个字符的地址位由 UCTXADDR 位控制。装载在字符的地址位的 UCTXADDR 的值从 UCAxTXBUF 发送到移位寄存器。当开始位产生时，UCTXADDR 自动清零。

在 UCMODEx 等于 00、01 或者 10 的情况下，无论奇偶校验位、地址模式，或者其他字符如何设置，当所有的数据奇偶校验位以及停止位为低电平时，接收机检测到一个中断，则 UCBRK 位置位。如果中断使能位 UCBRKIE 置位，接收中断标志 UCRXIFG 将也置位。在这种情况下，由于所有的数据为 0，UCAxRXBUF 里的值就为 0h。

要发送一个中断，就应置位 UCTXBRK 位，然后将 0h 写入 UCAxTXBUF。UCAxTXBUF 必须为新数据准备好(UCTXIFG=1)。这将产生一个开始位为低电平的中断。当开始位产生时，UCTXBRK 自动清零。

4. 自动波特率检测

当在 UART 模式下设置 UCMODEx=11 时，选择自动波特率检测。对于自动波特率检测，一个数据帧将以一个包含打断和同步域的同步序列为前缀。当收到 11 个或者更多个连续的 0 时，一个中断被检测到。如果中断的长度超过 21 位时长时，中断超时错误标志 UCBTOE 置位。当接收到中断/同步域时，USCI 不能发送数据。中断之后的同步域如图 11-6所示。

对于 LIN 通信，字符格式需要设置成 8 位数据，低位优先，无奇偶校验位，一个停止位。地址位是不可用的。

在一个字节域的同步域里面包含数据 055h，如图 11-7 所示。同步是基于这种格式的第一个下降沿和最后一个下降沿的时间测量。如果自动波特率检测通过置位 UCABDEN 使能，发送波特率发生器是用于时间测量。否则，这种格式被接收，但是不进行测量。测量的结果发送到波特率控制寄存器 UCAxBR0、UCAxBR1 和 UCAxMCTL 中。如果同步域的长度超出测量的时间，同步超时错误标志 UCSTOE 置位。

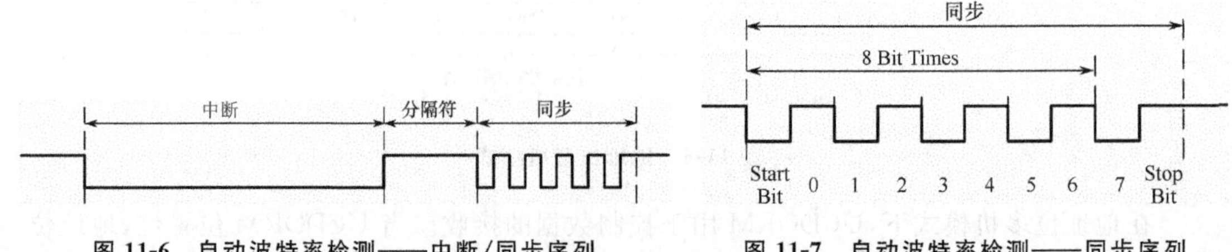

图 11-6 自动波特率检测——中断/同步序列

图 11-7 自动波特率检测——同步序列

在这种模式下，UCDORM 位用于控制数据的接收。当 UCDORM 置位，所有字节被接收，但是不发送到 UCAxRXBUF，也不产生中断。当一个中断/同步域被检测到时，UCBRK 标志置位。在中断/同步域之后的字符被发送到 UCAxRXBUF，同时 UCRXIFG 中断标志置位，任何可用的错误标志也置位。如果 UCBRKIE 置位，中断/同步的接收置位 UCRXIFG。UCBRKIE 通过软件复位，或者通过读接收缓冲器 UCAxRXBUF 复位。

当一个中断/同步域被接收时，用户软件必须复位 UCDORM 以继续接收数据。如果 UCDORM 保持置位，只有在中断/同步域的下一个接收之后的字符才可以被接收。UCDORM 位不会被 USCI 的硬件自动修改。

当 UCDORM=0，所有的接收字符将会置位接收中断标志 UCRXIFG。如果在一个字符接收期间，UCDORM 清零，在字符接收完之后，接收中断标志将置位。

计数器用于检测波特率限制在 07FFFh(32767) 值。这意味着在过采样模式下，检测的最小波特率为 488 波特，而在低频模式下为 30 波特。

自动波特率检测模式能够在一些具有限制的全双工通信系统中应用。当接收到一个中断/同步域时，USCI 不能发送数据，如果在帧错误下接收到一个 0h 字节时，此时任何的数据的发送将受到破坏。后一种情况可以通过检测接收的数据和 UCFE 位来发现。

发送一个中断/同步域的过程如下。

(1) 设置 UMODEx=11，置位 UCTXBRK。

(2) 在 UCAxTXBUF 里写入 055h。UCAxTXBUF 必须为新数据准备好(UCTXIFG=1)。

这会产生一个 13 位的中断域，随后是一个中断分隔符和同步字符。中断分隔符的长度由 UCDELIMx 位控制。当同步字符由 UCAxTXBUF 发送到移位寄存器时，UCTXBRK 自动复位。

(3) 将期望的数据字符写入 UCAxTXBUF。UCAxTXBUF 必须为新数据准备好(UCTXIFG=1)。

只要移位寄存器为新数据准备好，写入 UCAxTXBUF 的数据将被发送到移位寄存器，且发送出去。

5. IrDA 编码和解码

当 UCIREN 位置位时，将会使能 IrDA 编码器和解码器，并对 IrDA 通信提供硬件编码和解码。

1) IrDA 编码

编码器会给来自 UART 的每一个发送位发送一个脉冲，如图 11-8 所示。脉冲持续时间由 UCIRTXPLx 位决定，这些位具体规定了来自 UCIRTXCLK 源的半时钟的数目。

为了设置由 IrDA 标准要求的 3/16 位周期的脉冲时间，BITCLK16 时钟设置为 UCIRTXCLK=1，脉冲长度通过 UCIRTXPLx=6−1=5 设置为 6 个半时钟周期。

当 UCIRTXCLK=0，基于 BRCLK 的脉冲长度 t_{PULSE} 的计算公式如下：

$$\text{UCIRTXPLx} = t_{PULSE} \times 2 \times f_{BRCLK} - 1$$

当 UCIRTXCLK=0，分频因子必须设置为大于或者等于 5 的值。

2) IrDA 解码

当 UCIRRXPL=0 时，解码器检测高电平，否则它检测低电平。除了模拟尖峰滤波器，

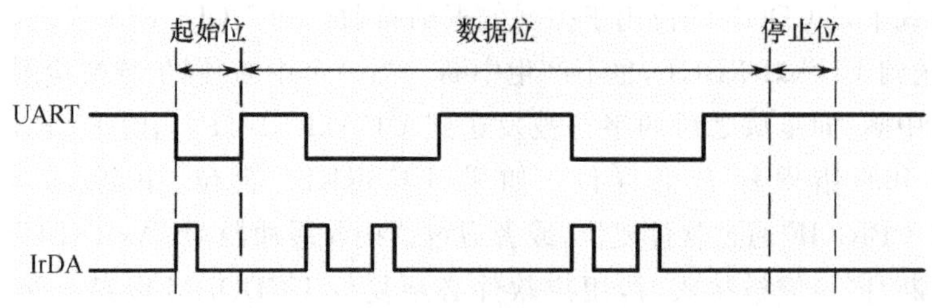

图 11-8　UART 和 IrDA 的数据格式

通过置位 UCIRRXFE 可以使能一个另外的可编程数字滤波器。当 UCIRRXFE 置位，只有超过编程的滤波长度的脉冲才可以通过。短脉冲被忽略。编程的滤波长度 UCIRRXFLx 的计算公式如下：

$$\text{UCIRRXFLx}=(t_{\text{PULSE}}-t_{\text{WAKE}})\times 2\times f_{\text{BRCLK}}-4$$

式中：t_{PULSE}＝最小接收脉冲宽度；

t_{WAKE}＝从任何低功耗模式的唤醒时间。当 MSP430 处于活动模式时为 0。

6. 自动错误检测

抑制尖峰脉冲可以防止 USCI 意外启动。任何在 UCAxRXD 上的短于抗尖峰脉冲 t_{t}（大约 150ns）的脉冲将会被忽略。详细的参数请参阅具体设备的数据手册。

当在 UCAxRXD 上的低电平时间超过 t_{t}，多数表决原则对开始位进行表决。如果多数表决没有检测到一个有效的开始位，USCI 停止字符的接收，等待在 UCAxRXD 上的下一个低电平。多数表决原则也用于字符的每一位，以阻止位错误。

在接收字符时，USCI 模块自动检测帧错误，奇偶校验错误，溢出错误和中断状态。当位 UCFE，UCPE，UCOE 和 UCBRK 各自的条件被检测到时，它们置位。当错误标志 UCFE，UCPE 或者 UCOE 置位时，UCRXERR 也置位。接收错误状态如表 11-1 所描述。

表 11-1　接收错误状态

错误条件	错误标志	描　　述
帧错误	UCFE	当检测到一个低电平的停止位时，帧错误发生。当使用两个停止位时，两个位都用来检测帧错误。当帧错误被检测到，UCFE 位置位
奇偶校验错误	UCPE	奇偶校验位错误是字符中 1 的个数与奇偶校验位的值不匹配。当一个地址位包含在字符中时，地址位也包括在校验计算里。当一个奇偶校验错误被检测到时，UCPE 位置位
溢出错误	UCOE	当一个字符写 UCAxRXBUF，前一个字符还没有被读出时，一个溢出错误发生时。当溢出错误发生，UCOE 位置位
中断	UCBRK	当没有使用自动波特率检测功能时，当所有的数据、校验位和停止位为低电平时，一个中断被检测到。当中断状态被检测到，UCBRK 位将会置位。如果中断使能位 UCBRKIE 置位的话，中断状态也会置位中断标志 UCRXIFG

当 UCRXEIE＝0 时一个帧错误或者奇偶校验错误被检测到时，UCAxRXBUF 不会接收字符。当 UCRXEIE＝1，字符被接收到 UCAxRXBUF 里，任何可用的错误位将置位。

当 UCFE、UCPE、UCOE、UCBRK 或者 UCRXERR 中的任何一位置位，它将保持置位直到用户软件复位它或者 UCAxRXBUF 被读出。UCOE 必须通过读 UCAxRXBUF 复位。否则，它将不能正常工作。检测溢出建议采用下面的流程。在一个字符被接收以及

UCAxRXIFG 置位后，首先读 UCAxSTAT 以检测错误标志，包括溢出标志 UCOE。接着读 UCAxRXBUF。在读 UCAxSTAT 和 UCAxRXBUF 期间 UCAxRXBUF 被重写，将会清除所有的错误标志，包括 UCOE。因此，UCOE 标志应该在读取 UCAxRXBUF 之后被检查，以检测溢出状态。注意，在这种情况下 UCRXERR 标志不会置位。

7. USCI 接收使能

USCI 模块通过清除 UCSWRST 位使能，接收机准备接收数据，并处于空闲状态。接收波特率发生器处在就绪状态，但是没有时钟，也不会产生任何时钟。起始位的下降沿使能波特率发生器，UART 状态机检查有效的起始位。如果没有检测到有效的起始位，UART 状态机将回到空闲状态，同时波特率发生器再次关闭。如果检测到一个有效的起始位，一个字符也将被接收。

当设置 UCMODEx＝01 选择空闲线路多机模式时，UART 状态机将在接收到一个字符之后检测空闲线路。如果检测到一个起始位，另外一个字符将会被接收。否则在接收到 10 个 0 之后，UCIDLE 标志置位，UART 状态机将回到空闲状态，波特率发生器关闭。

抑制尖峰脉冲可以防止 USCI 意外启动。任何在 UCAxRXD 上的短于抗尖峰脉冲 t_t（大约 150ns）的脉冲将会被 USCI 忽略，然后进行初始化，如图 11-9 所示。详细的参数请参阅具体设备的数据手册。

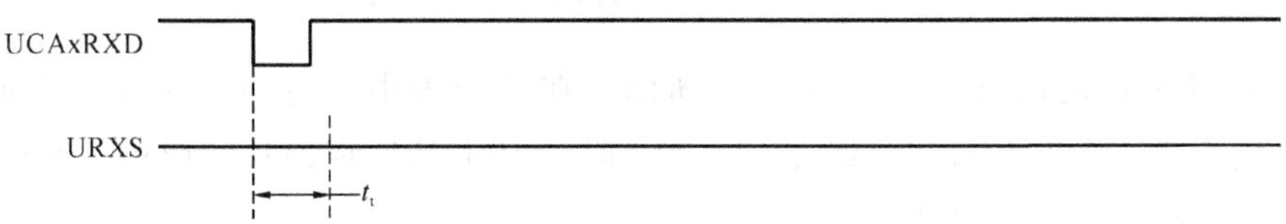

图 11-9 尖峰抑制，USCI 接收未开始

当 UCAxRXD 的一个尖峰脉冲时间比 t_t 长，或者一个有效的起始位发生，USCI 接收操作开始，多数表决原则开始进行表决，如图 11-10 所示。如果多数表决没有检测到一个有效的开始位，USCI 将停止字符的接收。

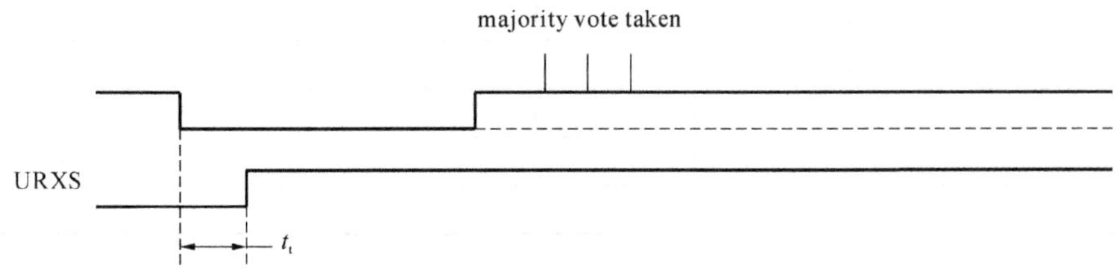

图 11-10 尖峰抑制，USCI 是活动的

8. USCI 发送使能

USCI 波特率发生器可以从非标准源频率产生标准波特率。它将通过 UCOS16 位提供两种操作模式。

1）低频波特率的产生

当 UCOS16＝0 时选择低频模式。该模式允许从低频时钟源产生波特率（例如从 32768 Hz晶振产生 9600 波特）。通过使用低频的输入频率，模块的功耗降低。在高频和高分频下使用这种模式，将会使多数表决作用在更小的时间窗口内，因此降低了多数表决的优势。

在低频模式下，波特率发生器使用一个分频计数器和一个调整器产生位时钟时序。这种组合支持波特率发生的分频因子。在这种模式下，最大的 USCI 波特率是 UART 时钟源频率 BRCLK 的 1/3。

每一位的时序如图 11-11 所示。对于每一位的接收，多数表决原则确定该位的值。这些采样发生在 $N/2-1/2$、$N/2$ 和 $N/2+1/2$ 的 BRCLK 周期处，在这里，N 是每个 BITCLK 中 BRCLKs 的数目。

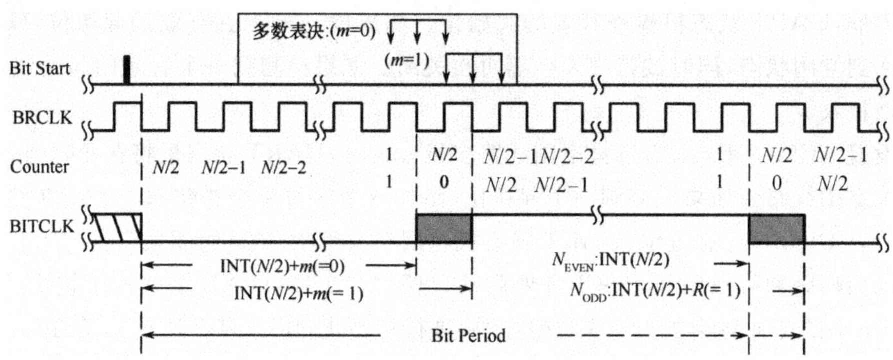

图 11-11　在 UCOS16＝0 时的 BITCLK 波特率时序

基于 UCBRSx 的调整设置如表 11-2 所示。在这个表中，1 个 1 表示 $m=1$ 时相应的 BITCLK 周期是一个 BRCLK 周期，它比 $m=0$ 时的 BITCLK 周期长。调整在 8 位后进行，但是在新的开始位后重新启动。

表 11-2　BITCLK 调整模式

UCBRSx	Bit0	Bit1	Bit2	Bit3	Bit4	Bit5	Bit6	Bit7
0	0	0	0	0	0	0	0	0
1	0	1	0	0	0	0	0	0
2	0	1	0	0	0	1	0	0
3	0	1	0	1	0	1	0	0
4	0	1	0	1	0	1	0	1
5	0	1	1	1	0	1	0	1
6	0	1	1	1	0	1	1	1
7	0	1	1	1	1	1	1	1

2）过采样波特率的产生

当 UCOS16＝1 时，选择过采样模式。该模式支持在较高的输入时钟频率下采样 UART 位。在多数表决原则下的结果常常是在一个位时钟周期的 1/16 位置。当 IrDA 编码器和解码器使能时，这种模式也很容易支持在 3/16 位时的 IrDA 脉冲。

该模式使用一个分频器和调整器产生 BITCLK16 时钟，该时钟比 BITCLK 快 16 倍。附加的分频器和调整器从 BITCLK16 产生 BITCLK。这种组合方式支持 BITCLK16 和 BITCLK 产生分数分频的波特率发生。在这种情况下，最大的 USCI 波特率是 UART 时钟源频率 BRCLK 的 1/16。当 UCBRx 设置为 0 或者 1 时，第一分频器和调整器被旁路，BRCLK 等于 BITCLK16。在这种情况下，BITCLK16 没有调整的可能，因此 UCBRFx 位被忽略。

BITCLK16 的调整是基于 UCBRFx 的设置，如表 11-3 所示。在这个表中，1 个 1 表示 $m=1$ 时相应的 BITCLK16 周期是一个 BRCLK 周期，它比 $m=0$ 时的 BITCLK16 周期长。调整在每一个新位时序后重新开始。

BITCLK 的调整是基于 UCBRSx 的设置，如表 11-2 所示，其描述如前。

表 11-3　BITCLK16 调整模式

UCBRFx	在上一个 BITCLK 的下降沿后 BITCLK16 位的次序															
	0	1	2	3	4	5	6	7	8	9	10	11	12	13	14	15
00h	0	0	0	0	0	0	0	0	0	0	0	0	0	0	0	0
01h	0	1	0	0	0	0	0	0	0	0	0	0	0	0	0	0
02h	0	1	0	0	0	0	0	0	0	0	0	0	0	0	0	1
03h	0	1	1	0	0	0	0	0	0	0	0	0	0	0	0	1
04h	0	1	1	0	0	0	0	0	0	0	0	0	0	0	1	1
05h	0	1	1	1	0	0	0	0	0	0	0	0	0	0	1	1
06h	0	1	1	1	0	0	0	0	0	0	0	0	0	1	1	1
07h	0	1	1	1	1	0	0	0	0	0	0	0	0	1	1	1
08h	0	1	1	1	1	0	0	0	0	0	0	0	1	1	1	1
09h	0	1	1	1	1	1	0	0	0	0	0	0	1	1	1	1
0Ah	0	1	1	1	1	1	0	0	0	0	0	1	1	1	1	1
0Bh	0	1	1	1	1	1	1	0	0	0	0	1	1	1	1	1
0Ch	0	1	1	1	1	1	1	0	0	0	1	1	1	1	1	1
0Dh	0	1	1	1	1	1	1	1	0	0	1	1	1	1	1	1
0Eh	0	1	1	1	1	1	1	1	0	1	1	1	1	1	1	1
0Fh	0	1	1	1	1	1	1	1	1	1	1	1	1	1	1	1

9. 设置波特率

对于给定的 BRCLK 时钟源，波特率用于决定分频因子 N：

$$N = f_{\mathrm{BRCLK}}/\mathrm{Baudrate}$$

分频因子 N 通常不是一个整数值，因此至少一个分频器和一个调整器被用来分频因子，使其尽可能接近。

如果 N 值等于或者大于 16，通过置位 UCOS16 可以选择过采样波特率发生模式。

1）低频波特率模式设置

在低频模式下，通过分频器实现的分频因子的整数部分为：

$$\mathrm{UCBRx}=\mathrm{INT}(N)$$

通过调整器实现的分数部分的公式如下：

$$\mathrm{UCBRSx}=\mathrm{round}((N-\mathrm{INT}(N))\times 8)$$

通过一个计数增加或者减小 UCBRSx 的值会对任何给定的位给一个较低的极限位错误。为了检测是否是这种情况，UCBRSx 设置的每一位都必须经过详细的错误计算。

2）过采样波特率模式设置

在过采样模式下分频器设置为：

$$\mathrm{UCBRx}=\mathrm{INT}(N/16)$$

第一阶段的调整器设置为：

$$\mathrm{UCBRFx}=\mathrm{round}\{[(N/16)-\mathrm{INT}(N/16)]\times 16\}$$

当需要更高的精度时，UCBRSx 调整器的值可以用 0 到 7 的值实现。为了发现任何给定位的最低极限位错误的设置，对于 UCBRSx 从 0 到 7 的设置，UCBRFx 的初始设置以及通过加 1 减 1 的 UCBRFx 设置，都必须经过详细的错误计算。

波特率设置也可直接参考表 11-4 和表 11-5，更多设置请查看芯片用户手册。

表 11-4　波特率设置速查表(UCOS16=0)

波特率/bps	时钟源 BRCLK=32768 Hz			时钟源 BRCLK=1048576 Hz		
	UCBRx	UCBRSx	UCBRFx	UCBRx	UCBRSx	UCBRFx
1200	27	2	0	873	13	0
2400	13	6	0	436	15	0
4800	6	7	0	218	7	0
9600	3	3	0	109	2	0
19200	—	—	—	54	5	0
38400	—	—	—	27	2	0
57600	—	—	—	18	1	0
115200	—	—	—	9	1	0

表 11-5　波特率设置速查表(UCOS16=1)

波特率/bps	时钟源 BRCLK=1048576 Hz			时钟源 BRCLK=4000000 Hz		
	UCBRx	UCBRSx	UCBRFx	UCBRx	UCBRSx	UCBRFx
9600	6	0	13	26	0	1
19200	3	1	6	13	0	0
38400	—	—	—	6	0	8
57600	—	—	—	4	5	3
115200	—	—	—	2	3	2

10. USCI 异步方式中断

USCI 只有一个发送和接收共用的中断向量。USCI_Ax 和 USC_Bx 不共用中断向量。

1) UART 发送中断操作

发送端置位 UCTXIFG 中断标志表明 UCAxTXBUF 已经准备好接收下一个字符。如果 UCTXIE 和 GIE 也置位的话，一个中断请求发生。如果一个字节写入 UCAxTXBUF，UCTXIFG 将会自动复位。

在一次 PUC 后或者 UCSWRST=1 时，UCTXIFG 置位。在一次 PUC 后或者 UCSWRST=1 时，UCTXIE 复位。

2) UART 接收中断操作

每次一个字符被接收同时载入 UCAxRXBUF，UCRXIFG 中断标志置位。如果 UCTXIE 和 GIE 也置位的话，一个中断请求发生。UCRXIFG 和 UCRXIE 通过一次系统复位 PUC 信号或者 UCSWRST=1 复位。当 UCAxRXBUF 被读出时，UCRXIFG 自动复位。

其他的中断控制特征包括以下几点。

(1) 当 UCAxRXEIE=0 时错误字符将不会置位 UCRXIFG。

(2) 当 UCDORM=1，在多机模式下的非地址字符将不会置位 UCRXIFG。

(3) 当 UCBRKIE=1，中断情况将会置位 UCBRK 位和 UCRXIFG 标志。

3) UCAxIV，中断向量发生器

USCI 中断标志按照优先次序结合源于一个中断向量。中断向量寄存器 UCAxIV 被使用以决定哪个标志位申请一个中断。使能的最高优先级的中断在 UCAxIV 寄存器里产生一个数字，它可以被计算或者加到程序计数器里自动跳转到相应的软件子程序里。禁止中断不会影响 UCAxIV 的值。

任何对 UCAxIV 寄存器的访问，读或者写，将会自动复位挂起的最高优先级的中断标志。如果另一个中断标志置位，在完成第一个中断后，另外一个中断立即发生。

4) UCAxIV 程序示例

下面的软件示例演示了 UCAxIV 的建议使用方法。下面是对 USCI_A0 的例子。UCAxIV 的值被加到 PC 自动跳转到相应的中断服务子程序。

```
USCI_UART_ISR
ADD &UCA0IV,PC                    ;向跳转表添加偏移量
RETI;向量 0:没有中断
JMP  RXIFG_ISR                    ;向量 2:RXIFG
TXIFG_ISR;向量 4:TXIFG
……;任务从这里开始
RETI;返回
RXIFG_ISR;向量 2
……;任务从这里开始
RETI;返回
```

11. UART 模式在低功耗模式下的使用

USCI 模块提供在低功耗模式下的自动时钟激活功能。由于设备处于低功耗模式下，USCI 时钟源是不活动的。当在需要时，USCI 模块将会激活时钟源，无论控制位是否设置它。时钟保持激活一直到 USCI 模块返回到空闲状态。在 USCI 模块返回到空闲状态后，对时钟源的控制恢复到控制位的设置状态。

11.2.3 USCI 寄存器:UART 模式

在 UART 模式下可应用的 USCI_Ax 寄存器如表 11-6 所示。

表 11-6 USCI_Ax 寄存器

寄存器	缩写	读写类型	访问方式	偏移地址	初始状态
USCI_Ax 控制寄存器 0	UCAxCTL0	读/写	字节访问	01h	00h
USCI_Ax 控制寄存器 1	UCAxCTL1	读/写	字节访问	00h	01h
USCI_Ax 波特率控制寄存器 0	UCAxBR0	读/写	字节访问	06h	00h
USCI_Ax 波特率控制寄存器 1	UCAxBR1	读/写	字节访问	07h	00h
USCI_Ax 调整控制寄存器	UCAxMCTL	读/写	字节访问	08h	00h
USCI_Ax 状态寄存器	UCAxSTAT	读/写	字节访问	0Ah	00h
USCI_Ax 接收缓冲寄存器	UCAxRXBUF	读/写	字节访问	0Ch	00h
USCI_Ax 发送缓冲寄存器	UCAxTXBUF	读/写	字节访问	0Eh	00h
USCI_Ax 自动波特率控制寄存器	UCAxABCTL	读/写	字节访问	10h	00h
USCI_Ax IrDA 发送控制寄存器	UCAxIRTCTL	读/写	字节访问	12h	00h
USCI_Ax IrDA 接收控制寄存器	UCAxIRRCTL	读/写	字节访问	13h	00h
USCI_Ax 中断使能寄存器	UCAxIE	读/写	字节访问	1Ch	00h
USCI_Ax 中断标志寄存器	UCAxIFG	读/写	字节访问	1Dh	00h
USCI_Ax 中断向量寄存器	UCAxIV	读	字访问	1Eh	0000h

(1) UCAxCTL0，USCI_Ax 控制寄存器 0：

7	6	5	4	3	2	1	0
UCPEN	UCPAR	UCMSB	UC7BIT	UCSPB	UCMODEx		UCSYNC

● UCPEN:Bit7,奇偶检验位允许位。

0	校验位禁止;	1	校验位允许。

校验位由 UCAxTXD 产生,由 UCAxRXD 接收。在地址位多处理器模式下,地址位包含校验计算。

● UCPAR:Bit6,校验位选择位。当校验位禁止时,不使用 UCPAR。

0	奇校验;	1	偶检验。

● UCMSB:Bit5,高位优先选择位。控制发送和接收移位寄存器的方向。

0	低位优先;	1	高位优先。

● UC7BIT:Bit4,字符长度位。选择 7 位或者 8 位的字符长度。

0	8 位数据;	1	7 位数据。

● UCSPB:Bit3,停止位选择位。停止位的个数。

0	一个停止位;	1	两个停止位。

● UCMODEx:Bits2～1,USCI 模式位。当 UCSYNC=0 时,UCMODEx 选择异步模式。

00	UART 模式;	01	空闲线路多处理器模式;
10	地址位多处理器模式;	11	自动波特率检测的 UART 模式。

● UCSYNC:Bit0,同步/异步模式位。

0	异步模式;	1	同步模式。

(2) UCAxCTL1,USCI_Ax 控制寄存器 1:

7	6	5	4	3	2	1	0
UCSSELx		UCRXEIE	UCBRKIE	UCDORM	UCTXADDR	UCTxBRK	UCSWRST

● UCSSELx:Bits7～6,USCI 时钟源选择。这些位选择 BRCLK 的时钟源。

00	UCLK;	01	ACLK;
10	SMCLK;	11	SMCLK。

● UCRXEIE:Bit5,接收字符错误中断使能位。

0	不接收出错字符不置位 UCRXIFG;	1	不接收出错字符置位 UCRXIFG。

● UCBRKIE:Bit4,接收中断字符中断使能

0	接收中断字符不置位 UCRXIFG;	1	接收中断字符置位 UCRXIFG。

● UCDORM:Bit3,睡眠模式位。使 USCI 进入睡眠模式。

0　不睡眠。所有接收字符都会置位 UCRXIFG。

1　睡眠。只有在空闲线路的字符或者地址位的字符将置位 UCRXIFG。在自动波特率检测的 UART 模式下,只有中断和同步域的组合可以置位 UCRXIFG。

● UCTXADDR:Bit2,发送地址位。当在多机模式下,下一帧发生的那个数据将会被标记为地址。

0	发送的下一帧是数据;	1	发送的下一帧是地址。

● UCTxBRK：Bit1，发送中断位。下次写入发送缓冲期的时候发送一个中断。在自动波特率检测的 UART 模式下，要产生要求的中断/同步域，055h 必须被写入 UCAxTXBUF。否则在发送缓冲器里必须写入 0h。

0	发送的下一帧不是中断；	1	发送的下一帧是一个中断或者中断/同步。

● UCSWRST：Bit0，软件复位使能位。

0	禁止。USCI 复位释放操作。	1	使能。USCI 在复位后逻辑电平保持不变。

(3) UCAxBR0，USCI_Ax 波特率控制寄存器 0：

7	6	5	4	3	2	1	0
UCBRx							

(4) UCAxBR1，USCI_Ax 波特率控制寄存器 1：

7	6	5	4	3	2	1	0
UCBRx							

● UCBRx：波特率发生器的时钟分频因子。

$$UCBRx = UCAxBR1 \times 2^8 + UCAxBR0$$

(5) UCAxMCTL，USCI_Ax 调整控制寄存器：

7	6	5	4	3	2	1	0
UCBRFx				UCBRSx			UCOS16

● UCBRFx：Bits7～4，第一调整阶段选择位。

当 UCOS16＝1 时，这些位确定 BITCLK16 的调整模式。当 UCOS16＝0 时，这些位被忽略。

● UCBRSx：Bits3～1，第二调整阶段选择位。这些位确定 BITCLK 的调整模式。

● UCOS16：Bit0，过采样模式使能位。

0	禁止；	1	使能。

(6) UCAxSTAT，USCI_Ax 状态寄存器：

7	6	5	4	3	2	1	0
UCLISTEN	UCFE	UCOE	UCPE	UCBRK	UCRXERR	UCADDR	UCBUSY

● UCLISTEN：Bit7，侦听使能位。该位置位就选择一个闭环回路模式。

0	禁止；	1	使能。UCAxTXD 端发送的数据返回给数据接收端。

● UCFE：Bit6，帧错误标志位。

0	没有错误；	1	接收到的字符以低电平的 STOP 位结束。

● UCOE：Bit5，溢出错误标志位。当之前接收缓存 UCAxBUF 内的数据没有被读取，新的数据又被装进去时会导致该位置位。UCOE 会在读取了接收缓存后自动复位，所以不要用软件清零以免发生功能失常的现象。

0	没有溢出错误；	1	发生溢出错误。

● UCPE：Bit4，奇偶校验错误位。

0　没有奇偶校验错误；｜1　出现奇偶校验错误。

● UCBRK：Bit3，中断检测标志位。

0　没有出现中断条件；｜1　发生了中断条件。

● UCRXERR：Bit2，接收错误标志位。该位表明接收该字符时出现错误。当该位置位时，UCRXERR 会在接收缓存被读之后自动清零。

0　没有检测到接收错误；｜1　检测到接收错误。

● UCADDR：Bit1，在地址位多机模式中，接收到了地址。当接收缓存 UCAxRXBUF 被读取时，UCADDR 位自动复位。

0　接收到的字符为数据；｜1　接收到的字符为地址。

● UCBUSY：Bit0，USCI 忙状态位。该位表明的是当前 USCI 接收或者发送数据的状况。

0　USCI 空闲；｜1　USCI 忙碌状态(正在接收或者发送数据)。

(7) UCAxRXBUF，USCI_Ax 接收缓冲寄存器：

7	6	5	4	3	2	1	0
UCRXBUFx							

● UCRXBUFx：Bits7～0，数据接收缓冲器是用户可以访问的，包含从接收移位寄存器收到的最后的字符。读 UCAxRXBUF 将复位接收错误标志位、UCADDR 或者 UCIDLE 位，以及 UCRXIFG。在 7 位数据模式下，UCAxRXBUF 是低位优先的，最高位通常是复位的。

(8) UCAxTXBUF，USCI_Ax 发送缓冲寄存器：

7	6	5	4	3	2	1	0
UCTXBUFx							

● UCTXBUFx：Bits7～0，数据发送缓冲器是用户可以访问的，它保持数据直到被移入发送移位寄存器并发送数据到 UCAxTXD。写数据发送缓冲器将清除 UCTXIFG 位。在 7 位模式下，最高位未使用，处于复位状态。

(9) UCAxIRTCTL，USCI_Ax IrDA 发送控制寄存器：

7	6	5	4	3	2	1	0
UCIRTXPLx						UCIRTXCLK	UCIREN

● UCIRTXPLx：Bits7～2，发送脉冲长度位。脉冲长度计算如下：

$$脉冲长度\ t_{PULSE}=(UCIRTXPLx+1)/(2\times f_{IRTXCLK})$$

● UCIRTXCLK：Bit1，IrDA 发送脉冲时钟选择位。

0　BRCLK；｜1　当 UCOS16=1 时为 BITCLK16。否则为 BRCLK。

● UCIREN：Bit0，IrDA 编码器/解码器使能位。

0　IrDA 编码器/解码器禁止；｜1　IrDA 编码器/解码器使能。

(10) UCAxIRRCTL，USCI_Ax IrDA 接收控制寄存器：

7	6	5	4	3	2	1	0
UCIRRXFLx						UCIRRXPL	UCIRRXFE

- UCIRRXFLx：Bits7～2，接收滤波器长度位。接收的最小的脉冲长度计算如下：

$$t_{MIN} = (UCIRRXFLx + 4)/(2 \times f_{IRTXCLK})。$$

- UCIRRXPL：Bit1，IrDA 接收输入 UCAxRXD 极性。

0　当检测到一个光脉冲时 IrDA 发送器发送一个高电平；

1　当检测到一个光脉冲时 IrDA 发送器发送一个低电平。

- UCIRRXFE：Bit0，IrDA 接收滤波器使能位。

0　接收滤波器禁止； | 1　接收滤波器使能。

(11) UCAxABCTL，USCI_Ax 自动波特率控制寄存器：

7	6	5	4	3	2	1	0
保留		UCDELIMx		UCSTOE	UCBTOE	保留	UCABDEN

- UCDELIMx：Bits5～4，中断/同步分隔符长度位。
- UCSTOE：Bit3，同步域超时错误位。

0　没有错误； | 1　同步域的长度超出可测量时间。

- UCBTOE：Bit2，中断超时错误位。

0　没有错误； | 1　中断域的长度超出 22 位时长。

- UCABDEN：Bit0，自动波特率检测使能位。

0　波特率检测禁止。不测量中断和同步域的长度。

1　波特率检测使能。测量中断和同步域的长度，波特率的设置据此而改变。

(12) UCAxIE，USCI_Ax 中断使能寄存器：

7	6	5	4	3	2	1	0
保留						UCTXIE	UCRXIE

- UCTXIE：Bit1，发送中断使能位。

0　中断关闭； | 1　中断使能。

- UCRXIE：Bit0，接收中断使能位。

0　中断关闭； | 1　中断使能。

(13) UCAxIFG，USCI_Ax 中断标志寄存器：

7	6	5	4	3	2	1	0
保留						UCTXIFG	UCRXIFG

- UCTXIFG：Bit1，发送中断标志位。当 UCAxTXBUF 为空时 UCTXIFG 置位。

0　没有中断挂起； | 1　中断挂起。

- UCRXIFG：Bit0，接收中断标志位。当 UCAxRXBUF 已经收到一个完整的字符时，

UCRXIFG 置位。

0　没有中断挂起；　|　1　中断挂起。

(14) UCAxIV,USCI_Ax 中断向量寄存器：

15	14	13	12	11	10	9	8
0	0	0	0	0	0	0	0
7	6	5	4	3	2	1	0
0	0	0	0	0	UCIVx		0

- UCIVx:Bits2～1,中断向量值。取值如表 11-7 所示。

表 11-7　USCI 中断向量值

UCAxIV 值	中　断　源	中 断 标 志	中断优先级
000h	无中断	—	
0002h	数据接收	UCRXIFG	最高
0004h	发送缓存为空	UCTXIFG	最低

11.2.4 应用举例

例 11-1　在 MSP430 单片机中，使用 ACLK 作为 UART 时钟源，波特率设为 4800bps。

分析　在 ACLK＝32768 Hz 时产生 4800bps 波特率，需要的分频系数是 $N=32768/4800=6.83$。整数部分为 6，小数部分为 0.83。将整数部分赋给 UCA0BR 寄存器，调制器分频余数为 0.83 乘以 8，为 6.64，取最接近的整数 7，因此将 7 赋给 UCBRS 控制位。

程序代码如下：

```
UCA0CTL1 |= UCSSEL_1;                       //串口时钟源为 ACLK
UCA0BR0= 0x06;                              //整数分频系数为 6
UCA0BR1= 0x00;
UCA0MCTL |= UCBRS_7+ UCBRF_0;    //调制器分频 UCBRSx= 7,UCBRFx= 0
```

例 11-2　在 MSP430 单片机中，使用 SMCLK 作为 UART 时钟源，波特率设置为 9600bps。

分析　在 SMCLK＝1048576 Hz 时产生 9600bps 波特率，需要的分频系数 $N=1048576/9600=109.23$，大于 16 分频，因此应选择过采样波特率产生模式，预分频 UCBR 应设置为 $\mathrm{INT}(N/16)=\mathrm{INT}(6.83)=6$。调制器 UCBRF 应设置为 $\mathrm{round}\{[(N/16)-\mathrm{INT}(N/16)]\times 16\}=13$。

程序代码如下：

```
UCA0CTL1 |= UCSSEL_2;                                  // SMCLK
UCA0BR0= 6;                                            //整数分频系数为 6
UCA0BR1= 0;
UCA0MCTL= UCBRS_0+ UCBRF_13+ UCOS16;        //调制器分频 UCBRFx= 13,选择过采样模式
```

例 11-3　编写 MSP430 串口收发程序，要求利用串口收发中断，波特率设为 2400bps，不阻塞 CPU 的运行。

```
# include < msp430f5529.h>
void main(void)
{
  P3SEL= BIT3+ BIT4;                          // P3.3,P3.4 选择串口收发功能
  UCA0CTL1 |= UCSWRST;                              //复位寄存器配置
  UCA0CTL1 |= UCSSEL_1;                   //波特率发生器参考时钟选择 ACLK
  UCA0BR0= 0x0D;                                  //将波特率设为 2400bps
  UCA0BR1= 0x00;
  UCA0MCTL |= UCBRS_6+ UCBRF_0;                        //调制器配置
  UCA0CTL1 &= ~ UCSWRST;                          //完成 USCI 初始化配置
  UCA0IE |= UCRXIE+ UCTXIE;                        //使能接收和发送中断
  _EINT();                                          //打开全局中断
  While(1)
  {
//用户可在此处编写功能程序或进入低功耗模式
    ……
  }
}
// USCI_A0 中断服务程序
# pragma vector= USCI_A0_VECTOR
__interrupt void USCI_A0_ISR(void)
{
  switch(__even_in_range(UCA0IV,4) )
  {
  case 0:break;                                    //中断向量 0—无中断
  case 2:                                        //中断向量 2—接收中断
/* 在这里写接收中断服务程序代码,如将数据从接收缓冲区中读取等操作* /
    ……
    break;
  case 4:                                        //中断向量 4—发送中断
/* 在这里写发送中断服务程序代码,如将数据压入发送缓冲区等操作* /
    ……
    break;
  default:break;
  }
}
```

11.3 通用串行通信接口(USCI)——SPI 模式

11.3.1 USCI 概述:SPI 模式

在同步模式下,USCI 通过 3 个或者 4 个引脚把 MSP430 和一个外部系统连接,这些引

脚分别是:UCxSIMO,UCxSOMI,UCxCLK 和 UCxSTE。当 UCSYNC 位置位选择 SPI 模式;根据 UCMODEX 位确定 SPI 模式的位来选择用 3 个或者 4 个引脚。

USCI 模块配置为 SPI 模式时的结构如图 11-12 所示。在 SPI 模式下,USCI 模块由 3 个部分组成:SPI 接收逻辑(图中①)、SPI 时钟发生器(图中②)和 SPI 发送逻辑(图中③)。

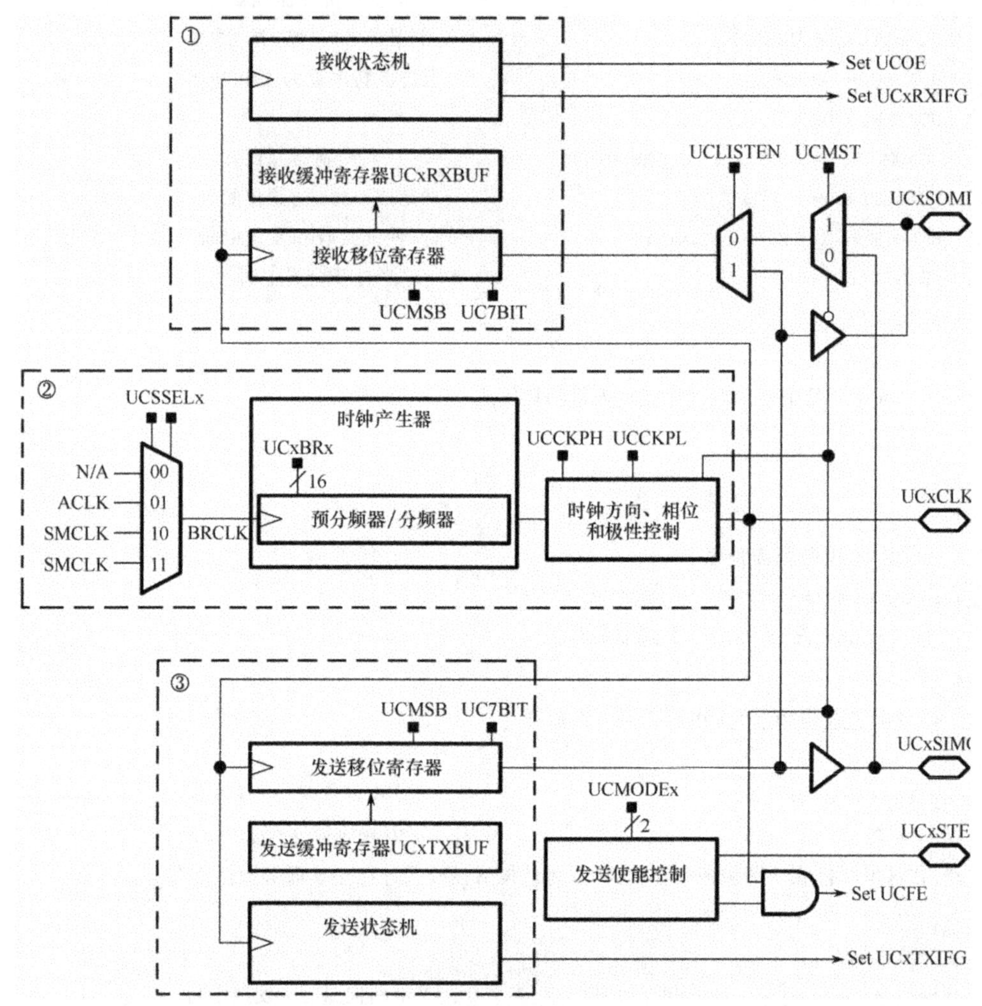

图 11-12 USCI 模块结构框图——SPI 模式

SPI 模式具有如下特性:① 7~8 位的数据长度;② 最高有效位在前或者最低有效位在前的数据发送和接收;③ 3 引脚或者 4 引脚 SPI 的运行;④ 主/从模式;⑤ 独立的发送和接收移位寄存器;⑥ 分离的发送和接收缓冲寄存器;⑦ 连续地进行发送和接收;⑧ 极性和相位控制可选的时钟;⑨ 主模式下可编程的时钟频率;⑩ 对接收和发送的独立的中断能力;⑪ LPM4 下的从模式工作。

11.3.2 USCI 的运行:SPI 模式

在 SPI 模式下,器件之间数据的发送和接收是由主机提供时钟运行。一个额外的引脚:UCxSTE,它由主机控制,用来使能一个器件能够执行接收和发送数据功能。

三个或四个信号用于 SPI 的数据交换。

(1) UCxSIMO 从模式输入,主模式输出:主模式下 UCxSIMO 是数据输出线;从模式下 UCxSIMO 是数据输入线。

(2) UCxSOMI 从模式输出,主模式输入:主模式下 UCxSOMI 是数据输入线;从模式下 UCxSOMI 是数据输出线。

(3) USCI SPI 的时钟主模式:UCxCLK 是一种输出;从模式:UCxCLK 是一种输入。

(4) UCxSTE:从模式下的发送使能端。用于 4 个引脚的模式中,且允许在一条单总线上有多个主机,但不用于 3 脚模式。表 11-8 描述了 UCxSTE 运行模式。

表 11-8 UCxSTE 运行模式

UCMODEx	UCxSTE 有效状态	UCxSTE	从　机	主　机
01	高	0	不活动	活动
01	高	1	活动	不活动
10	低	0	活动	不活动
10	低	1	不活动	活动

1. 通用串行通信接口的初始化和复位

通用串行通信接口的复位功能是由一个 PUC 或者由 UCSWRST 位来完成。在 PUC 之后,USCI 保持在一个复位的情况下,UCSWRST 位会自动置位。当 UCSWRST 位被置位时,它会使 UCRXIE、UCTXIE、UCRXIFG、UCOE 和 UCFE 位复位,同时令 UCTXIFG 位置位。清除 UCSWRST 位会使 USCI 处于运行状态。

2. 字符格式

在 SPI 模式下的 USC 模块支持由 UC7BIT 位选择的 7～8 位字符长度。在 7 位数据模式下,UCXRXBUF 由 LSB 来调整,而 MSB 则一直是 0。UCNSB 位控制着数据发送的方向且选择低位在前还是高位在前。

3. 主模式

MSP430 单片机的 USCI 模块作为 SPI 通信功能使用时,作为主机与另一具有 SPI 接口的 SPI 从机设备的连接图如图 11-13 所示。

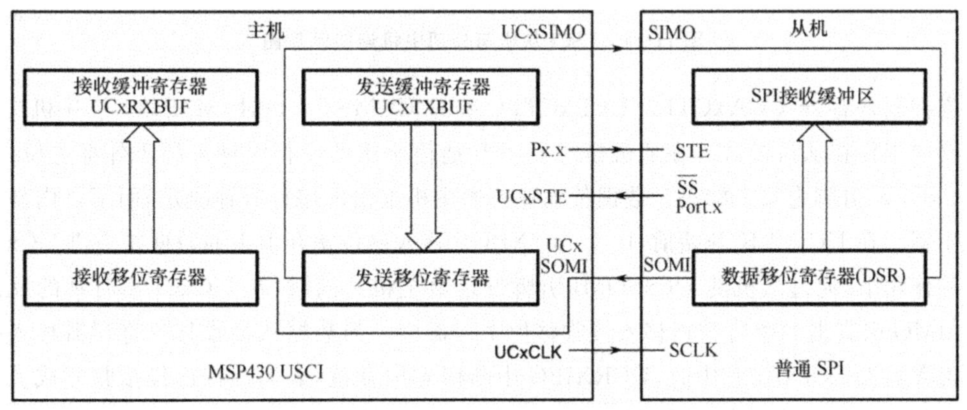

图 11-13 USCI 主机与外部从机连接示意图

当控制寄存器 UCAxCTL0/UCBxCTL0 中的 UCMST=1 时,MSP430 单片机的 SPI 通信模块工作在主机模式。USCI 模块通过在 UCxCLK 引脚上的时钟信号控制串行通信。

串行通信发送工作由发送缓冲区 UCxTXBUF、发送移位寄存器和 UCxSIMO 引脚完成。当移位寄存器为空，已写入发送缓冲区的数据将移入发送移位寄存器，并启动在 UCxSIMO 引脚的数据发送，该数据发送是最高有效位还是最低有效位在前，取决于 UCMSB 控制位的设置。串行通信接收工作由 UCxSOMI 引脚、接收移位寄存器和接收缓冲区 UCxRXBUF 完成。UCxSOMI 引脚上的数据在与发送数据时相反的时钟沿处移入接收移位寄存器，当接收完所有选定位数时，接收移位寄存器中的数据移入接收缓冲寄存器 UCxRXBUF 中，并置位接收中断标志位 UCRXIFG，这标志着数据的接收/发送已经完成。

在 4 线制的主模式中，UCxSTE 用于防止与另一个主机发生冲突并控制本主机，如表 11-8中所述。当 UCxSTE 处于主模式不工作的状态中时：

（1）UCxSIMO 和 UCxCLK 被设置为输入状态，并且不再驱动 SPI 总线；

（2）出错位 UCFE 被置位，来报告通信整体性的错误需要用户处理；

（3）内部的状态器复位，并且移位操作被终止。

在 3 线制主机模式下，UCxSTE 是保留的。

4. 从模式

MSP430 单片机的 USCI 模块作为 SPI 通信功能使用时，作为从机与另一具有 SPI 接口的 SPI 主机设备的连接图如图 11-14 所示。

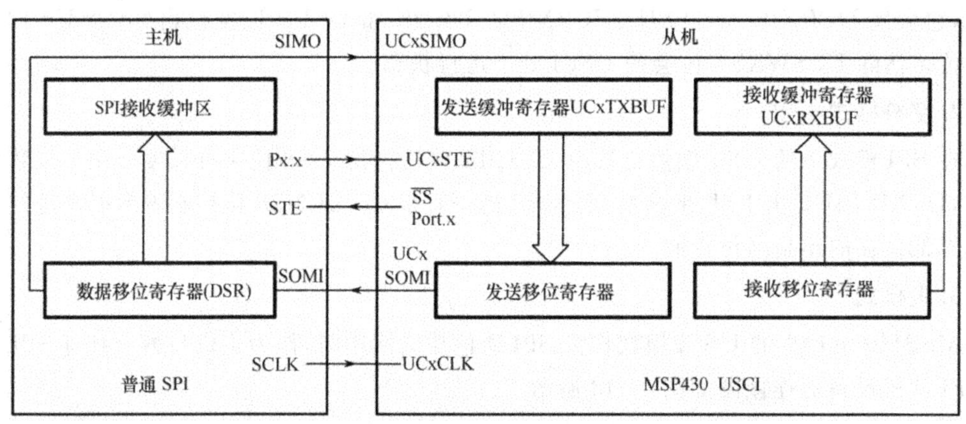

图 11-14　USCI 从机与外部主机连接示意图

当控制寄存器 UCAxCTL0/UCBxCTL0 中的 UCMST＝0 时，MSP430 单片机的 SPI 通信模块工作在从机模式。在从机模式下，SPI 通信所用的串行时钟来源于外部主机，从机的 UCxCLK 引脚为输入状态。数据传输速率由主机发出的串行时钟决定，而不是内部的时钟发生器。在 UCxCLK 开始前，由 UCxTXBUF 移入移位寄存器中的数据在主机 UCxCLK 信号的作用下，通过从机的 UCxSOMI 引脚发送给主机。同时，在 UCxCLK 时钟的反向沿 UCxSIMO 引脚上的串行数据移入接收移位寄存器中。当数据从接收移位寄存器移入接收缓冲寄存器 UCxRXBUF 中时，UCRXIFG 中断标志位置位，表明数据已经接收完成。当新数据被写入接收缓冲寄存器时，前一个数据还没有被取出，则溢出标志位 UCOE 将被置位。

在 4 线制从模式下，UCxSTE 位用来使能接收或者发送操作，该位状态由主机决定。当 UCxSTE 处于从模式活动状态时，从机工作正常。

当 UCxSTE 处于停止状态时：① 任何在 UCxSIMO 口的接收操作立即被终止；②

UCxSOMI 被设置为输入方向;③ 移位操作停止,直到 UCxSTE 转换到从模式下的活动状态。

UCxSTE 输入信号不用于 3 线制从机模式。

5. SPI 使能

清除 UCSWRST 位使能 USCI 模块工作后,它已经准备好了数据的接收和发送。主模式下,这位时钟产生器已经准备完毕,但它并不产生任何时钟。从模式下,位时钟发生器被禁止而由主机来提供时钟。

UCBUSY=1 说明发送或者接收操作正在进行。

PUC 或者令 UCSWRST=1 将会使 USCI 立即被禁止,任何传输操作将被终止。

1) 发送使能

在主模式下,向发送数据的缓冲区写数据,会激活位时钟产生器,并且开始发送数据。

从模式下,当一个主机提供一个时钟时,数据才开始发送,而且在 4 线模式中,还得需要 UCxSTE 处于从模式活动状态。

2) 接收使能

当发送处于激活状态时,SPI 接收数据。接收和发送数据同时进行。

6. 串行时钟控制

UCxCLK 由 SPI 总线上的主机提供。在主机模式(UCMST=1) 时,位时钟是由 USCI 的位时钟发生器产生并由 UCxCLK 引脚输出。UCSSELx 位用来选择位时钟发生器的时钟源。当在从机模式(UCMST=0)时,USCI 时钟是由主机的 UCxCLK 引脚提供,此时位时钟产生器没有使用,UCSSELx 位也不使用。SPI 的数据接收器和发送器使用同一个时钟源,可以同时并行工作。

在位速率控制寄存器(UCxxBR1 和 UCxxBR0)中的 16 位 UCBRx 是影响 USCI 时钟源的关键因素。主模式下产生的最大的位时钟是 BRCLK。在 SPI 模式中不使用调制器。如果使用的是 USCI_A 内的 SPI 模式,那么 UCAxMCTL 寄存器应该被清零。

UCAxCLK/UCBxCLK 的频率公式如下:

$$f_{\mathrm{BITCLOCK}} = f_{\mathrm{BRCLK}} / \mathrm{UCBRx}$$

UCxCLK 的极性和相位可通过 USCI 的 UCCKPL 和 UCCKPH 控制位单独配置。每种情况下的时钟如图 11-15 所示。

7. SPI 中断

USCI 只有一个中断向量且发送和接收共享。USCI_Ax 和 USCI_Bx 不共享同一个中断向量。

1) SPI 发送中断操作

发送中断标志位 UCTXIFG 是由发送器置位的,当其置位时表明发送缓冲区 UCxTXBUF 已经做好接收下一个字符的准备。如果 UCTXIE 和 GIE 也被置位,那么当发生一个中断请求的时候就会产生中断。如果一个字符被写入发送数据缓冲区那么 UCTXIFG 就会被自动复位。PUC 之后或者 UCSWRST=1 时 UCTXIFG 被置位并且 UCTXIE 被复位。

2) SPI 接收中断操作

每次当接收一个字符并把字符装载到数据接收缓冲区时接收中断标志位 UCRXIFG 就

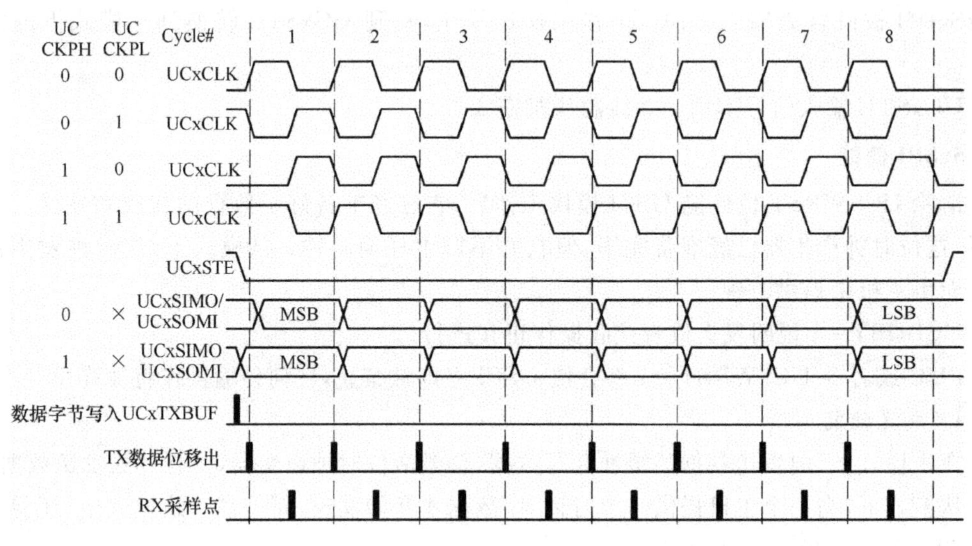

图 11-15　USCI SPI UCMSB＝1 时序

会被置位。当 UCRXIE 和 GIE 被置位时也会有一个中断请求的发生。PUC 复位信号或者 UCSWRST 置 1 的时候就会复位 UCRXIFG 和 UCRXIE。当读取接收数据缓冲区时接收中断标志位会自动复位。

3）UCxIV，中断向量发生器

USCI 是个多源中断，它们具有不同的优先级，但是它们共用一个中断向量。中断向量寄存器 UCxIV 被用来决定哪个标志位请求中断。最高优先级的标志位会产生一个数字偏移量，这个偏移量保存在 UCxIV 寄存器中，当这个偏移量累加到程序计数器 PC 上即可让程序跳转到相应的服务分支内。禁止中断并不会改变 UCxIV 寄存器内的值。

任何访问、读、写 UCxIV 寄存器都会复位最高的优先级的中断标志位。假如别的中断标志置位，在执行完之前的中断服务程序后，就会立刻响应新的中断请求。

4）UCxIV 软件编程实例

下列程序是 TI 的推荐用法。以下实例以 USCI_B0 模块为例，UCxIV 内的值被累加到 PC 跳转到相应的程序路径。

```
USCI- SPI- ISR
ADD &UCB0IV,PC                          ;把偏移地址加到跳转的表格上
RETI:向量 0:没有中断
JUMP  RXIFG- ISR                          :向量 2:接收中断标志位
TXIFG- ISR                                :向量 4:发送中断标志位
……:中断任务开始执行
RETI:返回
RXIFG- ISR:向量 2
……:中断任务开始执行
RETI:返回
```

8. SPI 模式在低功耗模式下的使用

为了适合低功耗的应用，USCI 模块内的时钟有自动使能和禁止的功能。当 USCI 的时钟源由于器件在低功率模式下而被禁止时，USCI 模块在需要的时候就会自动激活相应的时

钟，无论时钟源的相应控制位状态如何。在USCI模块回到空闲状态之前，时钟源一直保持激活状态。USCI模块回到空闲状态后，时钟源的控制权会还给其相应的控制位。

在SPI从模式下不需要内部时钟源，因为时钟是由外部的主机提供的。所以即使器件在LPM4模式，所有的时钟都失效的情况下，从机仍可以被唤醒。从机的接收和发送中断都可以将CPU从任何低功耗模式下唤醒。

11.3.3 USCI寄存器：SPI模式

在SPI模式下可用的USCI_Ax寄存器如表11-9所示。由于USCI_Ax寄存器和USCI_Bx寄存器的类型和功能类似，在此只列出USCI_Ax寄存器并对其每位的含义进行讲解。若用户使用的为USCI_Bx模块，可参考USCI_Ax寄存器进行理解和配置。

表11-9 USCI_Ax寄存器

寄存器	缩写	读/写类型	访问方式	偏移地址	初始状态
USCI_Ax控制寄存器1	UCAxCTL1	读/写	字节	00h	01h
USCI_Ax控制寄存器0	UCAxCTL0	读/写	字节	01h	00h
USCI_Ax位速率控制寄存器0	UCAxBR0	读/写	字节	06h	00h
USCI_Ax位速率控制寄存器1	UCAxBR1	读/写	字节	07h	00h
USCI_Ax模块控制寄存器	UCAxMCTL	读/写	字节	08h	00h
USCI_Ax状态寄存器	UCAxSTAT	读/写	字节	0Ah	00h
USCI_Ax接收缓冲寄存器	UCAxRXBUF	读/写	字节	0Ch	00h
USCI_Ax发送缓冲寄存器	UCAxTXBUF	读/写	字节	0Eh	00h
USCI_Ax中断使能寄存器	UCAxIE	读/写	字节	1Ch	00h
USCI_Ax中断标志寄存器	UCAxIFG	读/写	字节	1Dh	00h
USCI_Ax中断向量寄存器	UCAxIV	读	字	1Eh	0000h

(1) UCAxCTL0，USCI_Ax控制寄存器0：

7	6	5	4	3	2	1	0
UCCKPH	UCCKPL	UCMSB	UC7BIT	UCMST	UCMODEx		UCSYNC

- UCCKPH：Bit7，时钟相位选择位。

0	在UCLK的第一个边沿变化在另一个边沿捕获；	1	在UCLK的第一个边沿捕获在另一个边沿变化。

- UCCKPL：Bit6，时钟极性选择位。

0	空闲时为低电平；	1	空闲时为高电平。

- UCMSB：Bit5，MSB选择位。该位控制接收或者发送移位寄存器的方向。

0	LSB优先；	1	MSB优先。

- UC7BIT：Bit4，字符长度选择位。选择字符长度为8位或者7位。

0	8位数据位；	1	7位数据位。

- UCMST：Bit3，主机模式选择位。

0	从机模式；	1	主机模式。

- UCMODEx：Bits2～1，USCI工作模式位。当UCSYNC=1时，UCMODEx位选择的是同步模式。

00　3 线 SPI；
01　四线 SPI、UCxSTE 高电平有效：当 UCxSTE＝1 时从机使能；
10　四线 SPI、UCxSTE 低电平有效：当 UCxSTE＝0 时从机使能；
11　I^2C 模式。

- UCSYNC：Bit0，同步模式使能位。

0　异步模式；｜ 1　同步模式。

(2) UCAxCTL1，USCI_Ax 控制寄存器 1：

7	6	5	4	3	2	1	0
UCSSELx		保留					UCSWRST

- UCSSELx：Bits7～6，USC 时钟源选择位。这些位选择在主模式下使用 BRCLK 时钟源。UXCLK 则用于从模式下。

00　NA； ｜ 01　ACLK；
10　SMCLK；｜ 11　SMCLK。

- UCSWRST：Bit0，软件复位使能位。

0　禁止，USCI 复位释放。｜ 1　使能，USCI 在复位状态下，保持其逻辑状态。

(3) UCAxBR0，USCI_Ax 位速率控制寄存器 0：

7	6	5	4	3	2	1	0
UCBRx(低字节)							

(4) UCAxBR1，USCI_Ax 位速率控制寄存器 1：

7	6	5	4	3	2	1	0
UCBRx(高字节)							

- UCBRx：Bits7～0，时钟预分频值位。
- $(UCxBR0+UCxBR1\times2^8)$的 16 位值组成 UCBRx 的分频值。

(5) UCAxMCTL，USCI_Ax 模块控制寄存器：

7	6	5	4	3	2	1	0
0	0	0	0	0	0	0	0

Bits7～0，写入 0。

(6) UCAxSTAT，USCI_Ax 状态寄存器：

7	6	5	4	3	2	1	0
UCLISTEN	UCFE	UCOE	保留				UCBUSY

- UCLISTEN：Bit7，侦听使能位。该位置位就选择一个闭环回路模式。

0　禁止；｜ 1　使能。UCAxTXD 端发送的数据就返回给数据接收端。

- UCFE：Bit6，帧错误标志位。

0　没有错误；｜ 1　接收到的字符以低电平的 STOP 位结束。

- UCOE:Bit5,溢出错误标志位。当之前接收缓存 UCAxBUF 内的数据没有被读取,新的数据又被装进去时会导致该位置位。UCOE 会在读取了接收缓存自动复位,所以不要用软件清零以免发生功能失常的现象。

0　没有溢出错误; | 1　出现溢出错误。

- UCBUSY:Bit0,SCI 忙状态位。该位表明的是当前 USCI 接收或者发送数据的状况。

0　USCI 空闲; | 1　USCI 忙碌状态(正在接收或者发送数据)。

(7) UCAxRXBUF,USCI_Ax 接收缓冲寄存器:

7	6	5	4	3	2	1	0
UCRXBUFx							

- UCRXBUFx:Bits7~0,数据接收缓冲器是用户可以访问的,包含从接收移位寄存器收到的最后的字符。读 UCxRXBUF 将复位接收错误标志位,以及 UCRXIFG 位。在 7 位数据模式下,UCxRXBUF 是低位优先的,最高位通常是复位的。

(8) UCAxTXBUF,USCI_Ax 发送缓冲寄存器:

7	6	5	4	3	2	1	0
UCTXBUFx							

- UCTXBUFx:Bits7~0,数据发送缓冲器是用户可以访问的,它保持数据直被移入发送移位寄存器并发送。写数据发送缓冲器将清除 UCTXIFG 位。在 7 位模式下,最高位未使用,处于复位状态。

(9) UCAxIE,USCI_Ax 中断使能寄存器:

7	6	5	4	3	2	1	0
保留						UCTXIE	UCRXIE

- UCTXIE:Bit1,发送中断使能位。

0　中断禁止; | 1　中断使能。

- UCRXIE:Bit0,接收中断使能位。

0　中断禁止; | 1　中断使能。

(10) UCAxIFG,USCI_Ax 中断标志寄存器:

7	6	5	4	3	2	1	0
保留						UCTXIFG	UCRXIFG

- UCTXIFG:Bit1,发送中断标志位。当发送缓存 UCxTXBUF 为空时,该标志位置位。

0　无中断产生; | 1　产生中断。

- UCRXIFG:Bit0,接收中断标志位。UCxRXBUF 已经接收了一个完整的字符,则该标志位置位。

0　没有中断发生; | 1　发生中断。

(11) UCAxIV,USCI_Ax 中断向量寄存器:

15	14	13	12	11	10	9	8
0	0	0	0	0	0	0	0
7	6	5	4	3	2	1	0
0	0	0	0	0	UCIVx		0

- UCIVx:Bits2~1,USCI 中断向量值。取值如表 11-10 所示。

表 11-10 USCI 中断向量值

UCAxIV 值	中 断 源	中 断 标 志	中断优先级
000h	无中断	—	
0002h	数据接收	UCRXIFG	最高
0004h	发送缓存为空	UCTXIFG	最低

11.3.4 应用举例

例 11-4 编程实现两块 MSP430F5529 单片机之间的三线制 SPI 通信。其中一块单片机作为主机,另一块单片机作为从机。主机从 0x01 开始发送递增字节,从机将接收到的字节再原封不动地发送给主机,主机判断接收到的字节与之前发送的字节是否一致。若一致表示接收正确,使 P1.0 输出高电平,用于指示(P1.0 引脚外可接一个 LED 指示灯);若接收错误,则使 P1.0 输出低电平。

(1) MSP430F5529 单片机作为主机的 SPI 通信程序如下:

```
# include < msp430f5529.h>
unsigned char MST_Data,SLV_Data;
unsigned char temp;
void main(void)
{
  volatile unsigned int i;
  WDTCTL= WDTPW+ WDTHOLD;                          //关闭看门狗
  P1OUT |= 0x02;                                      // P1.1 用于从机复位
  P1DIR |= 0x03;                                   //将 P1.0 和 P1.1 设为输出
  P3SEL |= BIT3+ BIT4;                           // P3.3 和 P3.4 选择 SPI 通信功能
  P2SEL |= BIT7;                                   // P2.7 设为 UCLK 时钟输出
  UCA0CTL1 |= UCSWRST;                               //软件复位 SPI 模块
  UCA0CTL0 |= UCMST+ UCSYNC+ UCCKPL+ UCMSB;      //工作模式:三线 SPI,8 位数据 SPI 主机,
                                                   不活动状态为高电平,高位在前
  UCA0CTL1 |= UCSSEL_2;                //时钟发生器参考时钟选择 SMCLK
  UCA0BR0= 0x02;                                         //分频系数为 2
  UCA0BR1= 0;
  UCA0MCTL= 0;                                          //无须调制
  UCA0CTL1 &= ~ UCSWRST;                             //完成寄存器配置
  UCA0IE |= UCRXIE;                               //使能 USCI_A0 接收中断
  P1OUT &= ~ 0x02;
  P1OUT |= 0x02;                                           //初始化从机
```

```
    for(i= 50;i> 0;i- - );                              //等待从机完成初始化
    MST_Data= 0x01;                                     //发送数据值
    SLV_Data= 0x00;                                //用于判断接收是否正确
    while (! (UCA0IFG&UCTXIFG));// 等待发送缓冲寄存器为空
    UCA0TXBUF= MST_Data;                                //发送 0x01
    _ _bis_SR_register(LPM0_bits+ GIE);        //进入低功耗模式 0,并启用中断
  }
  # pragma vector= USCI_A0_VECTOR
  _ _interrupt void USCI_A0_ISR(void)
  {
    volatile unsigned int i;
    switch(_ _even_in_range(UCA0IV,4) )
    {
      case 0:break;                              // Vector 0:没有中断
      case 2:                                    // Vector 2:RXIFG
        while (! (UCA0IFG&UCTXIFG));          //等待发送缓冲寄存器为空
        if (UCA0RXBUF= = SLV_Data)              //检测接收字符是否正确
          P1OUT |= 0x01;                      //如果正确,使 P1.0 输出高电平
        else
          P1OUT &= ~ 0x01;                    //如果错误,使 P1.0 输出低电平
        MST_Data+ + ;                                 //数据递增
        SLV_Data+ + ;
        UCA0TXBUF= MST_Data;                  //发送下一个字符
        for(i= 20;i> 0;i- - );                //延迟,确保从机能完成接收发送工作
        break;
      case 4:break;                              // Vector 4:TXIFG
      default:break;
    }
  }
```

(2) MSP430F5529 单片机作为从机的 SPI 通信程序如下:

```
  # include < msp430f5529.h>
  void main(void)
  {
    WDTCTL= WDTPW+ WDTHOLD;                           //关闭看门狗
    while(! (P2IN&0x80));                     //检测 UCLK 时钟线上是否有输入
    P3SEL |= BIT3+ BIT4;                       // P3.3 和 P3.4 选择 SPI 通信功能
    P2SEL |= BIT7;                                // P2.7 选择 UCLK 功能
    UCA0CTL1 |= UCSWRST;                          //软件复位 SPI 模块
    UCA0CTL0 |= UCSYNC+ UCCKPL+ UCMSB;          //工作模式:三线 SPI,8 位数据,SPI 从机,不活
                                                  动状态为高电平,高位在前
    UCA0CTL1 &= ~ UCSWRST;                        //完成寄存器配置
    UCA0IE |= UCRXIE;                          //使能 USCI_A0 接收中断
    _ _bis_SR_register(LPM4_bits+ GIE);      //进入低功耗模式 4 并使能全局中断
```

```
}
# pragma vector= USCI_A0_VECTOR
__interrupt void USCI_A0_ISR(void)
{
  switch(__even_in_range(UCA0IV,4) )
  {
    case 0:break;                              // Vector 0:没有中断
    case 2:                                    // Vector 2:RXIFG
      while (! (UCA0IFG&UCTXIFG));             //等待发送缓冲器为空
      UCA0TXBUF= UCA0RXBUF;    //将接收的字符送至发送缓冲寄存器
      break;
    case 4:break;                              // Vector 4:TXIFG
    default:break;
  }
}
```

11.4 通用串行通信接口(USCI)—— I²C 模式

11.4.1 USCI 概述:I²C 模式

在 I²C 模式中,USCI 模块通过两线式 I²C 串行总线给 MSP430 和 I²C 兼容设备提供了一个互联接口。挂在 I²C 总线上的外扩设备通过两线式 I²C 接口实现与 USCI 模块之间串行数据的接收与发送。

USCI 模块配置为 I²C 模式时的结构如图 11-16 所示。在 I²C 模式时,通过 UCxSDA 和 UCxSCL 引脚与外部器件进行通信。I²C 模块由 4 个部分组成:I²C 接收逻辑(图中①)、I²C 状态机(图中②)、I²C 发送逻辑(图中③)和 I²C 时钟发生器(图中④)。

I²C 模块的主要特性如下:① 遵循 Philips 半导体公司的 I²C 规范 v2.1;② 7 位和 10 位的设备寻址方式;③ 广播模式;④ 开始/重新开始/停止;⑤ 多主机发送/接收模式;⑥ 从设备接收/发送模式;⑦ 支持标准模式为 100kbps 和高达 400kbps 的高速模式;⑧ 主设模式下可编程 UCxCLK 频率;⑨ 低功耗设计;⑩ 从设备检测到开始信号将自动唤醒 LPMx 模式;⑪ LPM4 模式下从设备操作。

11.4.2 USCI 操作:I²C 模式

USCI 模块内的 I²C 模式与其他器件的标准 I²C 兼容。图 11-17 给出了一个 I²C 总线的例子。每个 I²C 设备都有唯一的地址可供识别,并可以以发送器或者接收器的模式工作。当进行数据传输时,I²C 总线上的设备可以被视为主设备或者是从设备。主设备启动数据的发送并产生时钟信号 SCL。任一能被主设备寻址到的设备都可视为一个从设备。

I²C 数据通过串行数据线(SDA)和串行时钟线(SCL)进行传输。SDA 和 SCL 均为双向的,它们必须通过一个上拉电阻连接到供电电源的正极。

1. USCI 的初始化和复位

通过 PUC 信号或者对 UCSWRST 置位都可以对 USCI 进行复位。一旦出现 PUC 信

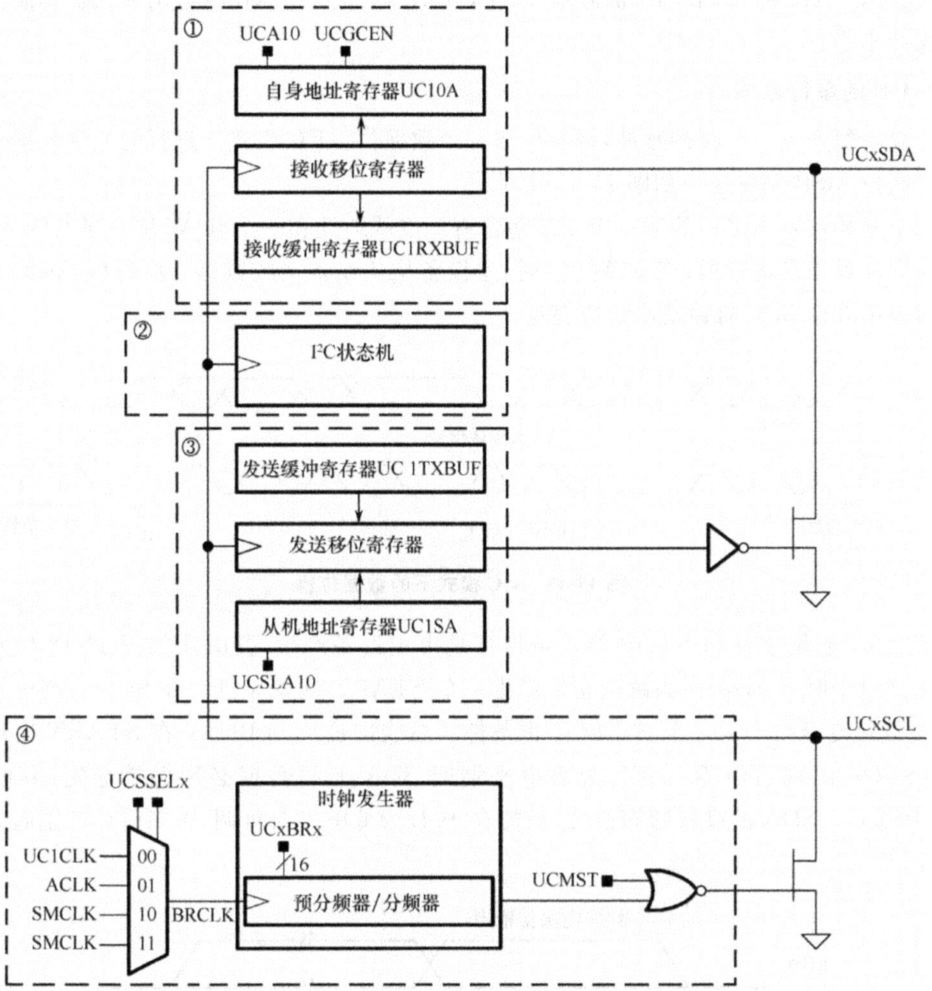

图 11-16　USCI 模块框图——I²C 模式

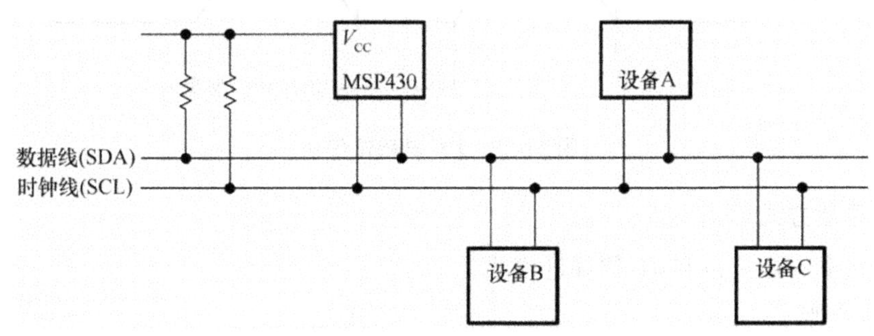

图 11-17　I²C 总线连接图

号，CSWRST 位将自动置位，并使 USC 一直保持在复位状态。为选择 I²C 操作模式，UCMODEx 位必须设置成 11。当完成模块初始化后，即可进行数据的发送或接收。清除 UCSWRST 可以释放 USCI，使其进入操作状态。为避免不可预测行为的出现，当对 USCI 模块进行配置或者重新配置时，UCSWRST 位应该置位。在 I²C 模式下，置位 UCSWRST 有下列作用：① I²C 通信停止；② SDA 和 SCL 处于高阻态；③ UCBxI2CSTAT 的第 0～6 位清零；④ UCTXIE 和 UCRXIE 被清零；⑤ UCTXIFG 和 UCRXIFG 被清零；⑥ 其他位和寄存器保持不变。

2. I^{2}C 的串行数据

主设备每产生一个时钟脉冲，都会传输一个数据位。I^{2}C 模式下进行的是字节操作。数据的最高位 MSB 先发送。如图 11-18 所示。

每个起始位发出之后的第一个字节包含有 7 位从地址和一个 R/$\overline{W}$ 位。当 R/$\overline{W}$=0 时，主设备向从设备发送数据；当 R/$\overline{W}$=1 时，主设备从从设备接收数据。应答位 ACK 是接收方在对应第九个 SCL 时钟发出的应答位。

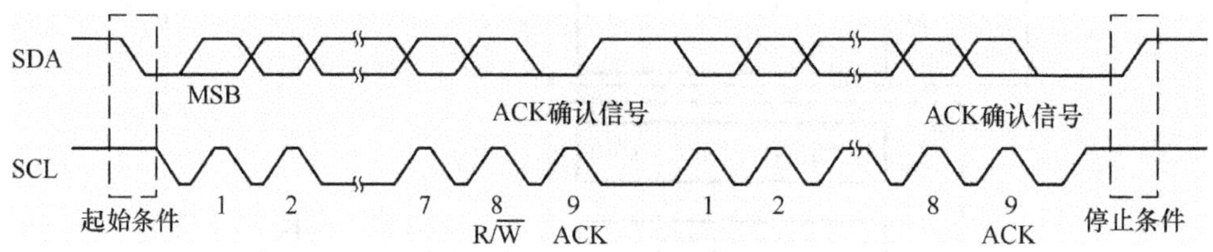

图 11-18　I^{2}C 模式下的数据传输

START 起始条件和 STOP 停止条件都是由主设备产生，其时序如图 11-18 所示。在 SCL 为高电平时将 SDA 由高跳变至低产生一个 START 起始条件。在 SCL 为高电平时将 SDA 由低跳变至高产生一个 STOP 停止条件。总线忙位 UCBBUSY 在 START 出现后置位，在 STOP 出现后清零。SCL 为高电平期间 SDA 上的数据必须保持稳定，其时序如图 11-19所示。SDA 的高低状态改变，只能在 SCL 为低电平时可调，否则将会产生起始和停止条件。

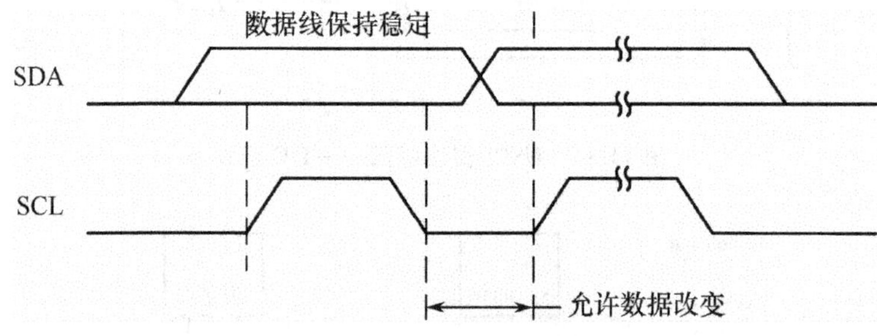

图 11-19　I^{2}C 总线位传输

3. I^{2}C 寻址方式

I^{2}C 模式下支持 7 位和 10 位寻址模式。

1) 7 位寻址

7 位寻址的格式如图 11-20 所示，第一个字节包括 7 位的从地址和一个 R/$\overline{W}$ 读写控制位。应答位 ACK 是接方，每接收到一个字节后发出应答信号。

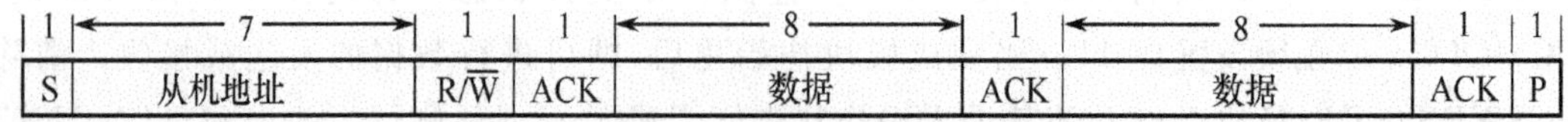

图 11-20　I^{2}C 模块 7 位寻址格式

2）10 位寻址

10 位寻址的格式如图 11-21 所示，第一个字节数据由 11110b 加上 10 位从地址的高两位和 $R/\overline{W}$ 标志位构成。每个字节结束后由接收方发送 ACK 应答信号。下一个发送字节是 10 位从地址中剩下的低 8 位数据，在这之后是 ACK 应答信号和 8 位数据。

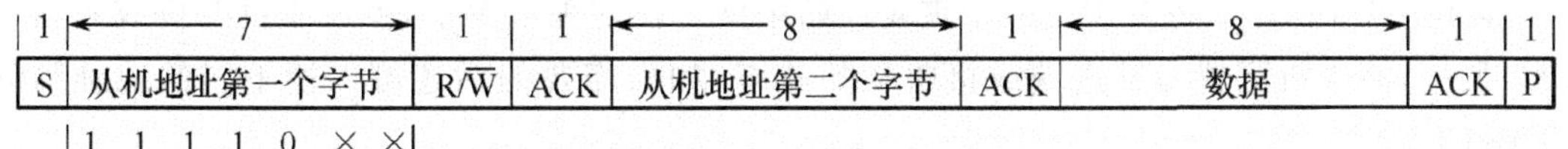

图 11-21　I^{2}C 模块 10 位寻址格式

3）重新起始条件

主设备可以在不停止当前传输状态的情况下，通过再次发送一个起始位来改变 SDA 上数据流的传输方向。这被称为再次起始。再次起始位产生后，从设备的地址和标示数据流方向的 $R/\overline{W}$ 位需要重新发送。再次起始条件格式如图 11-22 所示。

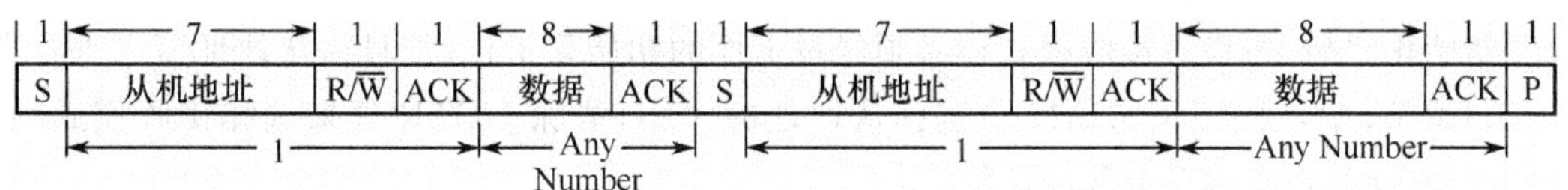

图 11-22　I^{2}C 模块再次起始条件的寻址格式

4. I^{2}C 模式下的主从操作

在 I^{2}C 模式下 USCI 模块可以工作在主发送模式、主接收模式、从发送模式，或者从接收模式。下面对这些模式进行详细介绍。

1）主机模式

选择 I^{2}C 模式的同时设置 UCMODEx＝11，USCYNC＝1，并置位 UCMST 位，可以使 USCI 模块工作在 I^{2}C 主模式。当主机是一个多主机系统的一部分时，必须对 UCMM 置位，并将其自身地址写入寄存器 UCBxI^{2}COA 中。当 UCA10＝0 时，选择 7 位寻址模式。当 UCA10＝1 时，选择 10 位寻址模式。若要响应广播可以置位 UCGCEN 位。

（1）I^{2}C 主机发送模式。

初始化之后，主发送模块还需要一些必要的初始化工作：把目标从地址写入寄存器 UCBxI^{2}CSA 中，通过 UCSLA10 位选择从地址的大小，置位 UCTR 来选择发送模式，置位 UCTXSTT 来产生一个起始条件。

USCI 模块首先检测总线是否空闲，然后产生一个起始条件，传送从地址。当 START 条件产生时 UCTXIFG 将会置位，并将要发送的数据写进 UCBxTXBUF。一旦从设备对地址做出应答 UCTXSTT 位即刻清零。

在从机地址的发送过程中，如果总线仲裁没有失效，那么写入 UCBxTXBUF 中的数据会被发送。一旦数据由缓冲区转移到移位寄存器，UCTXIFG 将重新置位。如果在应答周期到来之前 UCBxTXBUF 中没有装载新数据，那么总线将被挂起，SCL 将保持拉低状态，直到数据被写入缓存器 UCBxTXBUF。

从机下一个应答信号到来之后，主机置位 UCTXSTP 可以产生一个 STOP 条件。如果在从机的地址传送过程中或者是 USCI 模块等待 UCBxTXBUF 写入数据的过程中，置位

UCTXSTP,则即使没有数据发送给从设备依旧会产生一个 STOP 条件。如果传送的是单字节数据时,在字节传送过程中或者在数据传输开始后必须置位 UCTXSTP,不要将任何新的数据写入 UCBxTXBUF。否则,会造成只有地址被传送。当数据由发送缓冲器转移到发送移位寄存器时,UCTXIFG 将会被置位,这标志着数据传输已经开始,可以置位 UCTXSTP 了。

置位 UCTXSTT 将会产生一个重复起始条件。在这种情况下,可以通过复位或者置位 UCTR 位,将主机配置为发送端或接收端的状态,如果需要的话还可以把不同的地址写入 UCBxI^{2}CSA。

如果从机没有响应发送的数据,则主机的未响应中断标志位 UCNACKIFG 置位。主机必须发送一个 STOP 条件或者以重新起始条件的方式来响应。如果已经有数据被写入 UCBxTXBUF 那么当前数据被丢弃。如果在一个重新起始条件后,这个数据还要发送出去,那么必须重新将之写入 UCBxTXBUF。当然之前置位 UCTXSTT 的信息同样会被放弃。若要产生一个重复起始条件,UCTXSTT 需要被重新置位。

(2) I^{2}C 主机接收模式。

初始化之后,主设备接收模式还必须经过下面的初始化工作,把目标从地址写入寄存器 UCBxI^{2}CSA 中,通过 UCSLA10 位选择从地址的大小,清除 UCTR 位来选择接收模式,置位 UCTXSTT 来产生一个起始条件。

USCI 模块首先检测总线是否空闲,然后产生一个起始条件,发送从地址。一旦从设备对地址做出应答主机的 UCTXSTT 位即刻清零。

当主机接收到从设备对地址的应答信号后,主设备将接收到从设备发送的第一个数据字节并发送应答信号,同时置位 UCRXIFG 标志位。在接收从设备数据的过程中,UCTXSTP 和 UCTXSTT 不会被置位。若主设备没有读取 UCBxRXBUF,那么主设备将在接收最后一个数据位时,挂起总线,直到 UCBxRXBUF 被读取。如果从设备没有响应主机发送的地址,则未响应中断标志位 UCNACKIFG 置位。主设备必须发送一个 STOP 条件或者以重新起始条件来做出响应。

置位 UCTXSTP 将会产生一个停止条件。置位 UCTXSTP 操作后,主设备将在接收完从设备传送的数据后发出一个 NACK,并紧接着发送一个停止位,或者如果在 USCI 模块正在等待读取 UCBxRXBUF 的情况下,停止位立即产生。

如果主设备只想接收一个单字节数据,那么接收字节的过程中必须将 UCTXSPT 置位。在这种情况下,通过查询 UCTXSTT 位才能决定该位何时被清除。

置位 UCTXSTT 将会产生一个重复起始条件。在这种情况下,可以通过对 UCTR 的置位或复位来将其配置为发送端或接收端,如果需要的话还可以把不同的地址写入 UCBxI^{2}CSA。

(3) I^{2}C 主机 10 位寻址模式。

当 UCSLA10=1 时选择 10 位寻址模式。在 10 位寻址模式下,主机发送/接收模式通信示意图如图 11-23 所示。

2) 从机模式

通过设置 UCMODEx=11,USCYNC=1,并复位 UCMST 位,可以配置 USCI 模块工作在 I^{2}C 从机模式。首先,必须复位 UCTR 位,使 USCI 工作在接收模式下,才能接收到主机发送的 I^{2}C 从机地址。之后,从机是进行发送还是接收操作则由从机接收到的 R/$\overline{\text{W}}$ 位决定。

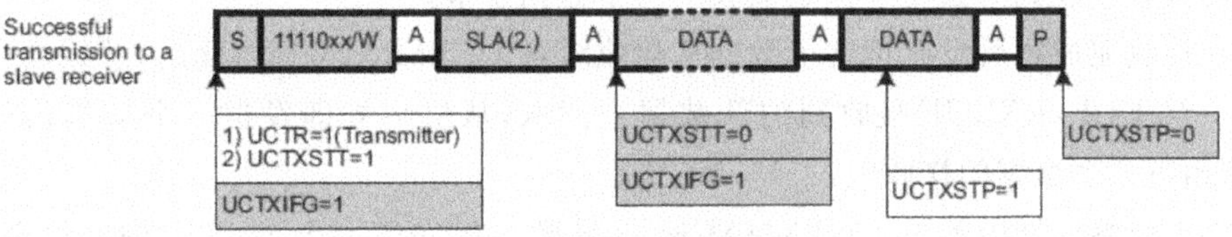

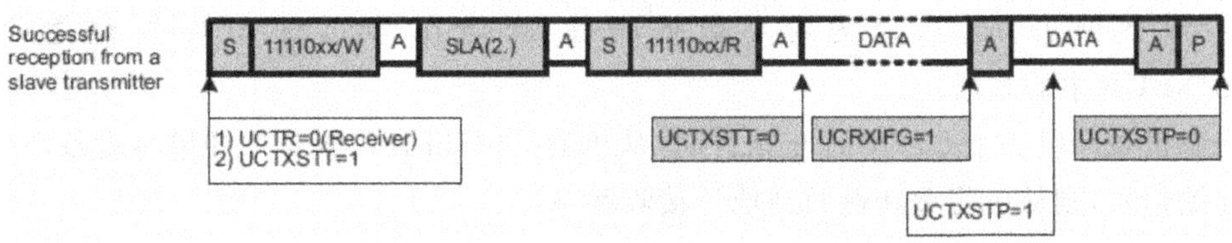

图 11-23　I²C 模块主机 10 位寻址模式

USCI 模块中的 UCBxI²COA 寄存器是用来设置从机自身地址的。而 UCA10 位则是用来选择几位寻址方式；当 UCA10＝0，选用 7 位寻址方式；当 UCA10＝1，选用 10 位寻址方式。若要响应广播可以置位 UCGCEN 位。

当在总线上检测到起始信号时，USCI 模块将会接收传送过来的地址，并将之与存储在 UCBxI²C0A 中的本器件地址相比较。若接收地址与本器件地址一致，则置位 UCSTTIFG 位。

(1) I²C 从机发送模式。

当主机发送的从地址和其本地地址相匹配并且 R/$\overline{W}$ 为 1 时，从机进入发送模式。从机依靠主机产生的时钟脉冲信号在 SDA 上传输串行数据。从机本身不能产生时钟，但是当从机发送完一个字节后需要 CPU 的干预时，从机能够拉低 SCL 从而暂停向主机传送数据。

如果主机向从设备请求数据，则 USCI 模块将会被自动配置为发送模式，并置位 UCTR 和 UCTXIFG。在数据未被写入到发送缓存 UCBxTXBUF 之前，SCL 时钟线是一直被拉低的。当地址被响应后(即从机收到自己的地址，并确认是和自己通信)，清除 UCSTTIFG 标志，然后开始数据传输。一旦数据被转移到移位寄存器之后，UCTXIFG 将再次被置位。从机发送了一个字节的数据并被主机接收响应之后，写入到 UCBxTXBUF 中的下一个数据便开始传输，若此时发送缓冲区为空，则从机会在应答周期内挂起总线，SCL 一直保持低电平，直到新的数据被写进 UCBxTXBUF。假如主机在发送停止位 STOP 之前发送了一个 NACK 信号，则从机的 UCSTPIFG 置位。如若 NACK 发送之后，主机发送的是一个重复起始位 START，则从机重新返回到地址接收状态。

(2) I²C 从机接收模式。

当接收到主机发送的从地址和其本地地址相匹配，并且 R/$\overline{W}$ 为 0 时从机进入接收模式。从机接收模式下，从机根据主机产生的时钟脉冲信号，在 SDA 上接收串行数据。从设备不能产生时钟脉冲，但是当一个字节接收完毕需要 CPU 的干预时，从机可拉低 SCL 时钟线。

如果从机需要接收主机发送过来的数据，则 USCI 模块将会被自动配置为接收模式，并将 UCTR 位复位。在接收完第一个数据字节后，接收中断标志位 UCRXIFG 置位。USCI 模块会自动应答接收到的数据并开始接收下一个数据字节。

如果在接收完成之后没有把这个数据从接收缓存 UCBxRXBUF 内读走，总线会一直拉低 SCL。一旦 UCBxRXBUF 接收到的新数据被读取，从机会立即发送一个应答信号给主机，然后开始下一个数据的接收。

在下一个应答周期内置位 UCTXNACK，会导致从机发送一个 NACK 信号给主机，即使从机的 UCBxRXBUF 还没有准备好接收新的数据，从机也会立即发送 NACK 给主机。如果在 SCL 为低电平时，置位 UCTXNACK 将会释放总线，并马上发送一个 NACK 信号给主机，同时 UCBxRXBUF 将加载最后一次接收到的数据。由于先前的数据还没有被读出，这将造成数据丢失。所以为避免数据的丢失，应在 UCTXNACK 置位之前读出 UCBxRXBUF 中的数据。

当主设备产生一个 STOP 停止条件时，从机的 UCSTPIFG 置位。如果主设备产生一个重复起始信号，则从机将重新返回到地址接收状态。

(3) I^2C 从接收模式下的 10 位寻址模式。

当 UCA10=1 时选用 10 位寻址模式。在 10 位寻址模式下，从机在接收到完整地址后处于接收模式。USCI 模块通过在 UCTR 位清零时设置 UCSTTIFG 标志来指示这一点。要将从机切换到发送器模式，主机会将重复的起始条件与地址的第一个字节一起发送，且 $R/\overline{W}$ 位置 1。如果此前已通过软件清除，则设置 UCSTTIFG 标志，并且 USCI 模块在 UCTR=1 时切换到发送器模式。在 10 位寻址模式下，从机接收/发送模式通信示意图如图 11-24 所示。

5. 总线仲裁

当两个或两个以上的主发送设备在总线上同时传送数据时，总线仲裁机制就被启动。图 11-25 对两个设备间的仲裁进程进行了举例说明。总线仲裁使用的数据就是相互竞争的设备发送到 SDA 上的数据。第一个主发送设备产生的逻辑高电平，将被和其竞争的主发送设备发送逻辑低电平覆盖。总线仲裁进程是，发送二进制数据最低的串行数据设备将获得总线的优先权。失去总线控制权的主发送设备将转换成从接收模式，并置位总线仲裁失去标志位 UCALIFG。如果两个以上的设备发送的第一个字节的内容相同，则总线仲裁机制会在后续字节中继续发挥作用。

如果在总线仲裁进程中，在 SDA 上有重复起始条件或者停止条件在传送，那么在总线仲裁进程中的所有主发送设备都必须在帧格式中的同一个位置发送重复起始或者停止条件。

总线仲裁不会在下列几组间发生：① 重复起始条件和数据位之间；② 停止条件和数据位之间；③ 重复起始条件和停止条件之间。

6. I^2C 时钟发生与同步

I^2C 总线上的时钟 SCL 由主设备产生。当 USCI 处于主设备发送模式下时，BITCLK 由 USCI 位时钟发生器提供，同时通过 UCSSELx 位选择时钟源。在从模式下位时钟发生器不启用，而且 UCSSELx 位无效。寄存器 UCBxBR1 和 UCBxBR0 中 UCBRx 的 16 位数据是 USCI 时钟源 BRCLK 的分频因子。在单主机模式下，可用的最大位时钟为 $f_{BRCLK}/4$。在多主设备模式下最大位时钟为 $f_{BRCLK}/8$。位时钟 BITCLK 的频率可由下面公式得到：

$$f_{BITCLK} = f_{BRCLK}/UCBRx$$

SCL 时钟信号产生的最小高低电平宽度为：

Slave Receiver

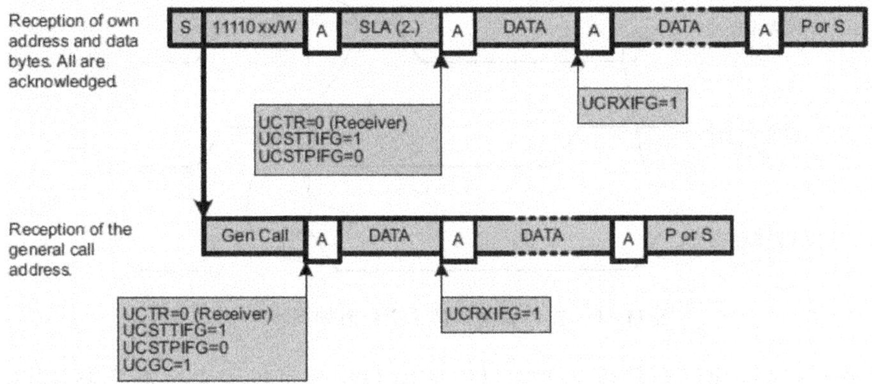

Slave Transmitter

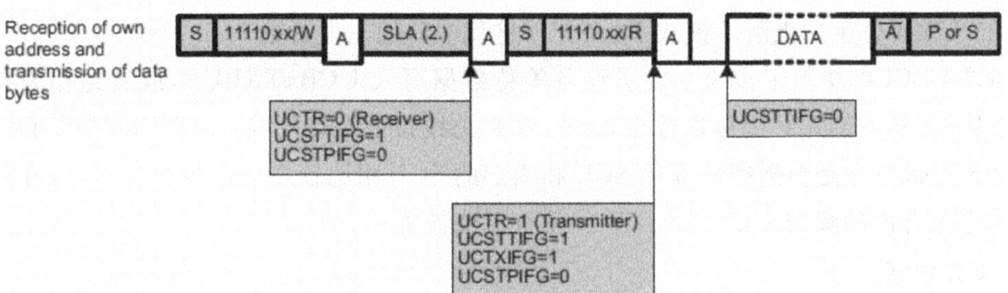

图 11-24　I^2C 从机 10 位寻址模式

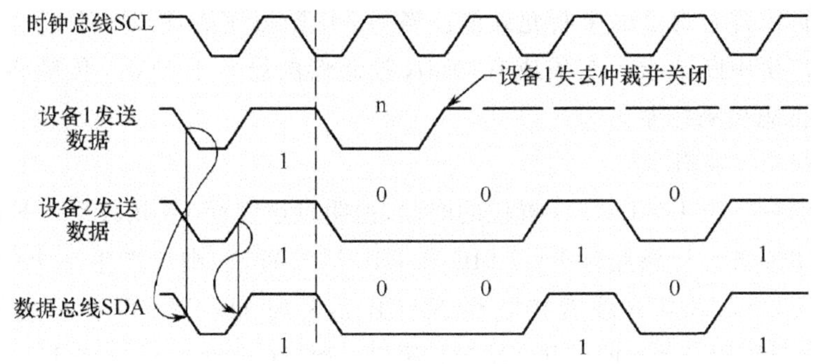

图 11-25　在两个发送主机之间的仲裁

当 UCBRx 为偶数时，$t_{LOW,MIN}=t_{HIGH,MIN}=(UCBRx/2)/f_{BRCLK}$；

当 UCBRx 为奇数时，$t_{LOW,MIN}=t_{HIGH,MIN}=(UCBRx-1/2)/f_{BRCLK}$。

USCI 时钟源频率和 UCBRx 的分频因子设置，必须根据 I^2C 总线协议规定的最小高低电平周期间隔来选择。

在总线仲裁进程中，不同主机的时钟源之间必须进行同步处理。在 SCL 总线上第一个发送低电平周期的主设备，将会强制其他设备同时传送低电平。SCL 总线将会由低电平发送时间最长的设备拉低。其他设备必须等待 SCL 释放后，才能传输高电平周期。图 11-26 给出了一个时钟同步的示例。这个过程允许低速设备把高速设备速度拉低。

USCI 模块支持时钟扩展并可以和上述的操作模式中描述的一样进行使用。在下列几

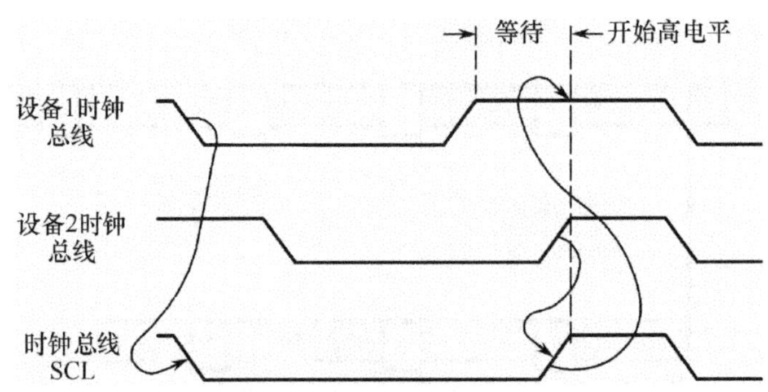

图 11-26　在仲裁期间两个 I²C 时钟同步

种情况下如果 USCI 模块已经释放了 SCL，UCSCLLOW 位可以用来检查是否有其他的设备拉低 SCL：

(1) USCI 处于主机活动模式下，一个连接的从设将 SCL 拉低时。

(2) USCI 处于主机活动模式下，在仲裁进程中其他主设备把 SCL 拉低。

如果 USCI 模块由于作为主发送设备等待数据写入 UCBxTXBUF，或者是作为接收设备等待从 UCBxRXBUF 中读取数据，而把 SCL 总线拉低时，UCSCLLOW 位同样可用。

由于逻辑检查是根据把外部的 SCL 和内部的 SCL 相比较之后产生 SCL，所以在每一个 SCL 产生上升沿的瞬间 UCSCLLOW 位就有可能被置位。

7. I²C 中断

USCI 模块只有一个中断向量，该中断向量由发送、接收以及状态变换复用。USCI_Ax 和 USCI_Bx 不是使用同一个中断向量。

每个中断标志都有自己的中断允许位。当一个中断被使能，同时 GIE 位置位时，一个中断标志位将会产生中断请求。在集成有 DMA 控制器的设备上 DMA 传输将由 UCTXIFG 和 UCRXIFG 标志位来控制。

1) I²C 发送中断操作

当发送中断标志位 UCTXIFG 置位的时候，说明发送缓存 UCBxTXBUF 已经为发送下一个字符做好了准备。如果此时 UCTXIE 和 GIE 同时置位，则会产生一个中断请求信号。当有字符写入 UCBxTXBUF 或者接收到 NACK 信号时 UCTXIFG 会自动复位。当选择 I²C模式并且 UCSWRST＝1 时，UCTXIFG 置位。而 PUC 产生后或者 UCSWRST＝1 时 UCTXIE 是处于复位状态的。

2) I²C 接收中断操作

当接收到一个字节并装载到 UCBxRXBUF 时，中断标志位 UCRXIFG 置位。如果此时 UCRXIE 和 GIE 都置位后，就会产生一个中断请求信号。当一个 PUC 产生后或者 UCSWRST＝1 时，UCRXIFG 和 UCTXIE 会被复位。在读接收缓存 UCxRXBUF 之后，UCRXIFG 会自动复位，此时会产生一个中断请求信号。当一个 PUC 产生后或者 UCSWRST＝1 时，UCRXIFG 和 UCTXIE 会被复位。在读接收缓存 UCxRXBUF 之后，UCRXIFG 会自动复位。

3) I²C 状态改变中断操作

I²C 状态改变中断标志位及其说明如表 11-11 所示。

表 11-11　I²C 状态转换中断标志

中断标志	中断条件
UCALIFG	仲裁丢失标志位。仲裁丢失可能发生在两个或两个以上的主发送设备同时发送数据时，或者是当 USCI 模块工作在主模式，但对于系统中其他主机作为从设备来寻址时。当仲裁丢失时 UCALIFG 位置位。当 UCALIFG 位置位时，UCMST 位清零，同时 I²C 模块变成一个从设备
UCNACKIFG	无应答中断标志位。当接收不到预期返回的应答信号时此标志位置位。当接收到一个 START 起始条件，此标志位自动清零
UCSTTIFG	起始条件检测到标志位。在从模式下当 I²C 模块检测到带有其本地地址的起始条件的到来时 UCSTTIFG 位置位。UCSTTIFG 位只能在从模式下使用并且在接收到停止条件时自动清零
UCSTPIFG	停止条件检测到标志位。在从模式下当 I²C 模块检测到停止条件到来时 UCSTPIFG 位置位。UCSTPIFG 位只能在从模式下使用并且在接收到起始条件时自动清零

4) UCBxIV，中断向量发生器

USCI 中的中断标志位是有优先级的，它们被组合后触发的是同一个中断向量。中断向量寄存器 UCBxIV 用来决定哪个标志位请求了中断。最高优先级的中断会在 UCBxIV 寄存器内产生一个数字偏移量，这个偏移量可以累积到程序计数器 PC 上，使之跳转到相应的服务分支程序。禁止中断不会影响 UCBxIV 寄存器的值。

5) UCBxIV 的程序示例

下面的软件示例给出了 UCBxIV 推荐使用的例子。此示例用的是 USCI_B0。UCBxIV 值加到 PC 上来实现自动跳转到合适的程序中。

```
USCI_I2C_ISR
ADD &UCB0IV,PC                  ;将偏移地址加到跳转表
RETI                            ;向量 0:没有中断
JMP   ALIFG_ISR                 ;向量 2:ALIFG
JMP   NACKIFG_ISR               ;向量 4:NACKIFG
JMP   STTIFG_ISR                ;向量 6:STTIFG
JMP   STPIFG_ISR                ;向量 8:STPIFG
JMP   RXIFG_ISR                 ;向量 10:RXIFG
TXIFG_ISR                       ;向量 12
……                              ;任务从这里开始
RETI                            ;返回
ALIFG_ISR                       ;向量 2
……                              ;任务从这里开始
RETI                            ;返回
NACKIFG_ISR                     ;向量 4
……                              ;任务从这里开始
RETI                            ;返回
STTIFG_ISR                      ;向量 6
……...                           ;任务从这里开始
RETI                            ;返回
STPIFG_ISR                      ;向量 8
```

```
……                                    ;Taskstartshere
RETI                          ;返回
RXIFG_ISR                        ;向量 10
……                                    ;任务从这里开始
RETI                          ;返回
```

8. I²C 模式在低功耗模式下的使用

在低功耗模式下,USCI 模块提供了时钟自动激活功能。如果因为器件处于低功耗状态下,导致 USCI 模块的时钟源关断时,如果需要,USCI 模块可忽略时钟源控制位设置而自动激活。然后直到 USCI 模块重新回到空闲状态,否则时钟源都会保持激活状态。USCI 恢复空闲状态后,时钟源的控制权返回到相应的时钟控制位。

在 I²C 从模式下,由于时钟是由外部主设备提供,所以内部时钟源并不需要工作。在器件处于 LPM4 状态下并且所有内部时钟源被禁止时,USCI 可以工作在 I²C 从模式下。接收或者发送中断可以将 CPU 从任何一种低功耗状态下唤醒。

11.4.3 USCI 寄存器:I²C 模式

I²C 模式下可用的 USCI_Bx 寄存器如表 11-12 所示。

表 11-12 USCI_Bx 寄存器(I²C 模式)

寄存器	缩写	类型	访问方式	地址偏移	初始状态
USCI_Bx 控制寄存器 0	UCBxCTL0	读/写	字节	01h	01h
USCI_Bx 控制寄存器 1	UCBxCTL1	读/写	字节	00h	01h
USCI_Bx 波特率控制寄存器 0	UCBxBR0	读/写	字节	06h	00h
USCI_Bx 波特率控制寄存器 1	UCBxBR1	读/写	字节	07h	00h
USCI_Bx 状态寄存器	UCBxSTAT	读/写	字节	0Ah	00h
USCI_Bx 接收缓冲寄存器	UCBxRXBUF	读/写	字节	0Ch	00h
USCI_Bx 发送缓冲寄存器	UCBxTXBUF	读/写	字节	0Eh	00h
USCI_BxI²C 本机地址寄存器	UCBxI²COA	读/写	字	10h	0000h
USCI_BxI²C 从机地址寄存器	USBxI²CSA	读/写	字	12h	0200h
USCI_Bx 中断使能寄存器	UCBxIE	读/写	字节	1Ch	00h
USCI_Bx 中断标志寄存器	UCBxIFG	读/写	字节	1Dh	02h
USCI_Bx 中断向量寄存器	UCBxIV	读	字	1Eh	0000h

(1) UCBxCTL0,USCI_Bx 控制寄存器 0:

7	6	5	4	3	2	1	0
UCA10	UCSLA10	UCMM	保留	UCMST	UCMODEx		UCYNC

- UCA10:Bit7,主机地址模式选择位。

0　非主机地址模式; | 1　主机地址模式。

- UCSLA10:Bit6,从机地址模式选择位。

0　非从机地址模式; | 1　从机地址模式。

- UCMM:Bit5,多主机环境的选择位。

0　单主机环境。该系统内没有别的主机。地址比较单元禁止。

1　多主机环境。

● UCMST：Bit3，主机模式选择位。当一个主机在多主机环境下的总线仲裁中丢失控制权后，UCMST 位就会自动复位，把自己设置成从机模式。

0　从机模式；　|　1　主机模式。

● UCMODEx：Bits2～1，USCI 模块工作模式位。当 UCSYNC=1 时，UCMODEx 位选择的是同步模式。

00　3 线 SPI；

01　四线 SPI、UCxSTE 高电平有效：当 UCxSTE=1 时从机使能；

10　四线 SPI、UCxSTE 低电平有效：当 UCxSTE=0 时从机使能；

11　I2C 模式。

● UCYNC：Bit0，同步模式使能位。

0　异步模式；　|　1　同步模式。

（2）UCBxCTL1，USCI_Bx 控制寄存器 1：

7	6	5	4	3	2	1	0
UCSSELx		保留	UCTR	UCTXNACK	UCTXSTP	UCTXSTT	UCSWRST

● UCSSELx：Bits7～6，USCI 时钟源选择位。这些位选择 BRCLK 的时钟源。

00　UCLK；　|　01　ACLK；

10　SMCLK；　|　11　SMCLK。

● UCTR：Bit4，发送/接收位。

0　接收；　|　1　发送。

● UCTXNACK：Bit3，发送一个 NACK。当一个 NACK 发送完毕时，UCTXNACK 自动复位。

0　正常应答；　|　1　产生 NACK 信号。

● UCTXSTP：Bit2，在主模式下发送停止条件位。在主模式下该位忽略。在主接收模式下，NACK 信号在停止条件之前。在停止产生后 UCTXSTP 自动清零。

0　无停止条件产生；　|　1　产生停止条件。

● UCTXSTT：Bit1，在主模式下发送起始条件位。在从模式下该位忽略。在住接收模式下，NACK 信号在重复起始条件之前。当起始条件和地址信息发送后该位自动复位。

0　无起始位；　|　1　发送起始位。

● UCSWRST：Bit0，软件复位使能位。

0　禁止。USCI 复位操作。　|　1　使能。在复位状态中 USCI 保持其逻辑状态。

（3）UCBxBR0，USCI_Bx 波特率控制寄存器 0：

7	6	5	4	3	2	1	0
UCBRx（高字节）							

(4) UCBxBR1,USCI_Bx 波特率控制寄存器 1:

7	6	5	4	3	2	1	0
UCBRx(高字节)							

- UCBRx:Bits7～0,时钟预分频值位。
- (UCxBR0+UCxBR1×2^8)的 16 位值组成 UCBRx 的分频值。

(5) UCBxSTAT,USCI_Bx 状态寄存器:

7	6	5	4	3	2	1	0
保留	UCSCLLOW	UCGC	UCBBUSY	保留			

- UCSCLLOW:Bit6,SCL 低电平位。

0　SCL 为高电平; | 1　SCL 为低电平。

- UCGC:Bit5,接收到广播地址位。当接收到起始信号的时候自动复位。

0　没有接收到广播地址; | 1　接收到广播地址。

- UCBBUSY:Bit4,总线忙位。

0　总线空闲; | 1　总线忙。

(6) UCBxRXBUF,USCI_Bx 接收缓冲寄存器:

7	6	5	4	3	2	1	0
UCRXBUFx							

- UCRXBUFx:Bits7～0,数据接收缓冲器是用户可以访问的,包含从接收移位寄存器收到的最后的字符。读 UCxRXBUF 将复位 UCRXIFG 位。

(7) UCBxTXBUF,USCI_Bx 发送缓冲寄存器:

7	6	5	4	3	2	1	0
UCTXBUFx							

- UCTXBUFx:Bits7～0,数据发送缓冲器是用户可以访问的,它保持数据直到被移入发送移位寄存器并发送。写数据发送缓冲器将清除 UCTXIFG 位。

(8) UCBxI²COA,USCI_Bx I²C 本机地址寄存器:

15	14	13	12	11	10	9	8
UCGCEN	0	0	0	0	0	I²COAx	
7	6	5	4	3	2	1	0
I²COAx							

- UCGCEN:Bit15,广播响应使能位。

0　不影响广播; | 1　响应广播。

- I²COAx:Bits9～0,I²C 本机地址位。在 7 位寻址模式下,Bit6 是 MSB,Bit7～Bit9 可以忽略。在 10 位寻址模式下,Bit9 是 MSB。

(9) UCBxI²CSA,USCI_Bx I²C 从机地址寄存器:

15	14	13	12	11	10	9	8
0	0	0	0	0	0	I^2CSAx	
7	6	5	4	3	2	1	0
I^2CSAx							

● I^2CSAx：Bits9～0，I^2C 从机地址位。I^2CSAx 包含了 USCI_Bx 寻址的外扩设备的从地址。这些位只有在 USCI_Bx 模块设置为主机模式下才可用。在 7 位寻址模式下，Bit6 是 MSB，Bit7～Bit9 可以忽略。在 10 位寻址模式下，Bit9 是 MSB。

(10) UCBxIE，USCI_Bx I^2C 中断使能寄存器：

7	6	5	4	3	2	1	0
保留	保留	UCNACKIE	UCALIE	UCTXNACK	UCSTTIE	UCTXIE	UCRXIE

● UCNACKIE：Bit5，未响应中断使能位。

0　中断禁止；　|　1　中断使能。

● UCALIE：Bit4，仲裁丢失中断使能位。

0　中断禁止；　|　1　中断使能。

● UCTXNACK：Bit3，停止条件中断使能位。

0　中断禁止；　|　1　中断使能。

● UCSTTIE：Bit2，起始条件中断使能位。

0　中断禁止；　|　1　中断使能。

● UCTXIE：Bit1，发送中断使能位。

0　中断禁止；　|　1　中断使能。

● UCRXIE：Bit0，接收条件中断使能位。

0　中断禁止；　|　1　中断使能。

(11) UCBxIFG，USCI_Bx I^2C 中断标志寄存器：

7	6	5	4	3	2	1	0
保留	保留	UCNACKIFG	UCALIFG	UCSTPIFG	UCSTTIFG	UCTXIFG	UCRXIFG

● UCNACKIFG：Bit5，未响应中断标志位。UCNACKIFG 会在接收到起始位之后自动复位。

0　没有中断产生；　|　1　产生中断。

● UCALIFG：Bit4，总线仲裁失效中断标志位。

0　没有中断产生；　|　1　产生中断。

● UCSTPIFG：Bit3，接收到停止位中断标志位。UCSTPIFG 在接收到起始信号之后自动复位。

0　没有中断产生；　|　1　产生中断。

● UCSTTIFG：Bit2，起始条件中断标志位。UCSTTIFG 在接收到停止信号之后自动复位。

0	没有中断产生；	1	产生中断。

● UCTXIFG：Bit1，USCI 发送中断标志位。UCTXIFG 在发送缓存 UCBxTXBUF 为空时就置位。

0	没有中断产生；	1	产生中断。

● UCRXIFG：Bit0，接收中断标志位。UCRXIFG 会在接收完一个字符之后置位，在读接收缓存之后复位。

0	没有中断产生；	1	产生中断。

(12) UCBxIV，USCI_Bx 中断向量寄存器：

15	14	13	12	11	10	9	8
0	0	0	0	0	0	0	0
7	6	5	4	3	2	1	0
0	0	0	0	UCIVx			0

● UCIVx：Bits3～1，USCI 中断向量值位。取值如表 11-13 所示。

表 11-13　USCI 中断向量值(I^2C 模式)

UCBxIV 值	中　断　源	中 断 标 志	中断优先级
000h	无中断源		
002h	仲裁失效	UCALIFG	最高
004h	无应答	UCNACKIFG	
006h	起始条件	UCSTTIFG	
008h	停止条件	UCSTPIFG	
00Ah	接收到数据	UCRXIFG	
00Ch	发送缓存为空	UCTXIFG	最低

11.4.4　应用举例

例 11-5　编写程序实现两块 MSP430F5529 单片机之间的单字节 I^2C 通信。

分析　一块 MSP430F5529 单片机作为主机工作在主接收模式，另一块单片机作为从机工作在从发送模式。从机接收到起始信号后，从 0x00 开始发送缓冲寄存器中的数据，当单字节发送完毕后，会接收到主机发送的停止信号。在停止条件中断服务程序中，将下次发送的单字节数据自动加 1，这样从机会不断发送递增单字节数据。主机接收从机发送的单字节数据，并且判断接收的数据是否正确。若正确就一直接收，直到数据接收错误为止。在数据接收错误后，置高 P1.0 引脚，程序进入 while(1) 死循环。

(1) MSP430F5529 单片机在主接收模式下的单字节 I^2C 通信程序如下：

```
# include < msp430f5529.h>
unsigned char RXData;
unsigned char RXCompare;
void main(void)
{
  WDTCTL= WDTPW+ WDTHOLD;        // 关闭看门狗
```

```
    P1OUT &= ~ 0x01;        // P1.0 输出低电平
    P1DIR |= 0x01;       // P1.0 设为输出模式
    P3SEL |= 0x03;            // 将 P3.0 和 P3.1 设置为 I²C 通信功能
    UCB0CTL1 |= UCSWRST;   // 使能软件复位
    UCB0CTL0= UCMST+ UCMODE_3+ UCSYNC;  // I²C 主机,同步模式
    UCB0CTL1= UCSSEL_2+ UCSWRST;     // 参考时钟选择 SMCLK,SMCLK= 1048576 Hz
    UCB0BR0= 12;   //对参考时钟进行 12 分频,f_SCL= SMCLK/12≈100 kHz
    UCB0BR1= 0;
    UCB0I2CSA= 0x48;// 将需通信的从机地址设为 048h
    UCB0CTL1 &= ~ UCSWRST;// 清除软件复位,完成设置
    UCB0IE |= UCRXIE;           // 使能接收中断
    RXCompare= 0x0;                          //用于检测接收数据是否正确
  while (1)
    {
      while (UCB0CTL1 & UCTXSTP);        // 确保停止条件发送完成
      UCB0CTL1 |= UCTXSTT;        // 发送 I²C 起始条件
      while(UCB0CTL1 & UCTXSTT);// 确保起始条件发送完成
      UCB0CTL1 |= UCTXSTP;        // 发送 I²C 停止条件
      __bis_SR_register(LPM0_bits+ GIE);       // 进入 LPM0 并启用全局中断
      if (RXData ! = RXCompare)              //检测接收到的数据是否正确
      {
        P1OUT |= 0x01;                     //若接收错误,拉高 P1.0 引脚
        while(1);
      }
      RXCompare+ + ;   // 接收判断字节递增
    }
  }
  // USCI_B0 中断服务程序
  # pragma vector= USCI_B0_VECTOR
  __interrupt void USCI_B0_ISR(void)
  {
    switch(__even_in_range(UCB0IV,12) )
    {
    case  0:break;  // 向量 0:没有中断
    case  2:break;      // 向量 2:ALIFG
    case  4:break;     // 向量 4:NACKIFG
    case  6:break;     // 向量 6:STTIFG
    case  8:break;    // 向量 8:STPIFG
    case 10:   // 向量 10:RXIFG
      RXData= UCB0RXBUF;                   //读取接收的单字节数据
      __bic_SR_register_on_exit(LPM0_bits);   // 退出低功耗模式 0
      break;
    case 12:break;          // 向量 12:TXIFG
```

```
    default:break;
    }
}
```

(2) MSP430F5529 单片机在从发送模式下的单字节 I^2C 通信程序如下:

```
# include < msp430f5529.h>
unsigned char TXData;
unsigned char i= 0;
void main(void)
{
  WDTCTL= WDTPW+ WDTHOLD;            // 关闭看门狗
  P3SEL |= 0x03;                     //将 P3.0 和 P3.1 配置为 I²C 通信功能
  UCB0CTL1 |= UCSWRST;   // 使能软件复位
  UCB0CTL0= UCMODE_3+ UCSYNC;   // I²C 从机,同步模式
  UCB0I2COA= 0x48;                  //本身地址设为 048h,用于主机寻址
  UCB0CTL1 &= ~ UCSWRST;                //清除软件复位,完成设置
  UCB0IE |= UCTXIE+ UCSTTIE+ UCSTPIE;         // 使能发送、起始条件、停止条件中断
  TXData= 0;                            //用于存储需发送的单字节数据
  __bis_SR_register(LPM0_bits+ GIE);// 进入低功耗模式 0,并使能全局中断
}
// USCI_B0 中断服务程序
# pragma vector= USCI_B0_VECTOR
__interrupt void USCI_B0_ISR(void)
{
  switch(__even_in_range(UCB0IV,12) )
  {
case  0:break;                                    // 向量 0:没有中断
  case  2:break;     // 向量 2:ALIFG
  case  4:break;     // 向量 4:NACKIFG
  case  6:  // 向量 6:STTIFG
     UCB0IFG &= ~ UCSTTIFG;                //清除起始条件中断标志位
     break;
  case  8:   // 向量 8:STPIFG
    TXData++ ;// TXData 递增
    UCB0IFG &= ~ UCSTPIFG;                //清除停止条件中断标志位
    break;
  case 10:break;        // 向量 10:RXIFG
  case 12:      // 向量 12:TXIFG
    UCB0TXBUF= TXData;          //将需发送的数据传送给发送缓冲寄存器
    break;
  default:break;
  }
}
```

11.5 通用串行总线(USB)模块

11.5.1 USB 模块概述

MSP430 的 USB 模块是一个全功能全速并且完全符合 USB2.0 协议的一个设备。USB 模块的结构如图 11-27 所示。由结构图可以看出,USB 模块由 USB 电源系统、USB 收发器、USB 锁相环(PLL)时钟发生器、USB 引擎、USB 时间标识发生器和 USB 缓冲器组成。

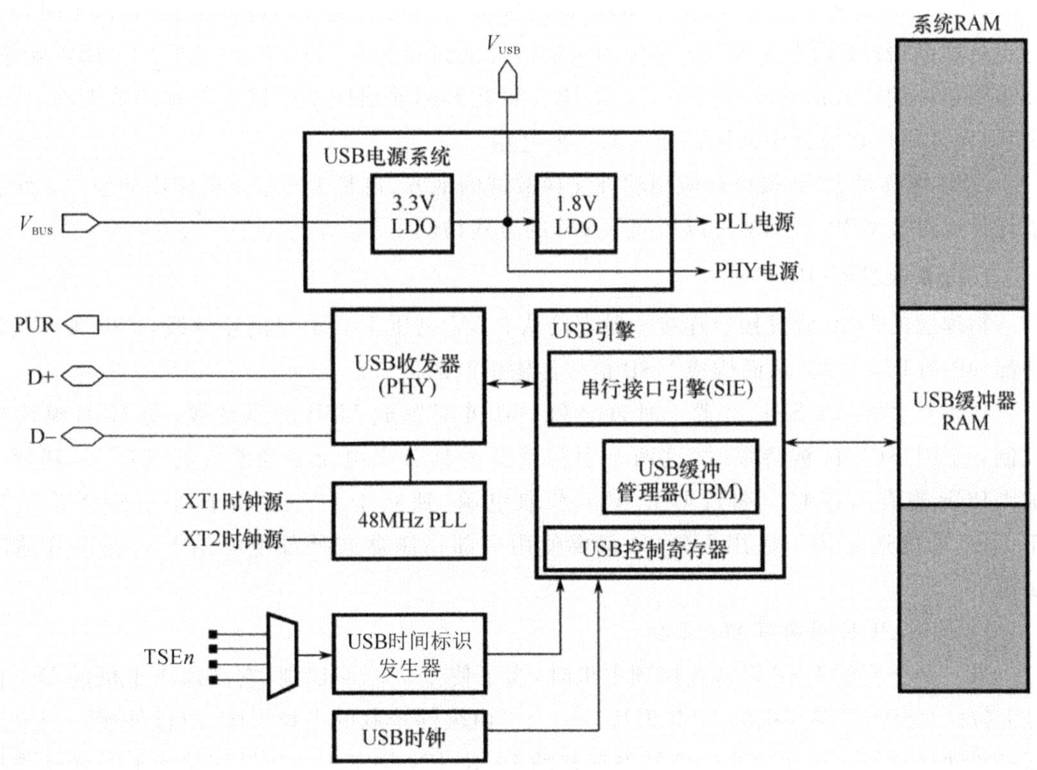

图 11-27　USB 通信模块结构框图

USB 模块具有以下一些特性:

(1) 完全符合 USB2.0 规范:① 集成 12Mbps 全速 USB 收发器——最多 8 个输出和 8 个输入节点;② 支持控制、中断和块传输模式;③ 支持 USB 挂起、恢复和远程唤醒。

(2) 拥有独立于 PMM 模块的电源系统,有以下特性:① 支持 USB 挂起、恢复和远程唤醒;② 集成了 3.3 V 输出的低功耗线性稳压器,该稳压器从 5 V 的 V_{BUS}取电,输出足够驱动整个 MSP430 工作;③ 集成了 1.8 V 输出的低功耗线性稳压器,该稳压器为 PHY 和 PLL 模块供电;④ 可工作于总线供电或自供电模式;⑤ 具有 3.3 V 输出的线性稳压器电流限制功能;⑥ 拥有 USB 上电时自唤醒功能(系统没上电时)。

(3) 拥有内部 48 MHz 的 USB 时钟:有以下特性:① 集成可编程锁相环(PLL);② 高度自由化的输入时钟频率,可使用低成本晶振。

(4) 拥有 1904 字节独立 USB 端点缓存，可以每 8 个字节为单位进行配置。

(5) 内置 62.5ns 精度的时间标识发生器。

(6) 当 USB 模块禁止时具有以下特性：① 缓存空间被映射到通用 RAM 空间，为系统提供额外 2KB 的 RAM；② USB 功能脚变为具有高电流驱动能力的通用 I/O 口。

11.5.2 USB 操作

USB 引擎完成所有 USB 相关的数据传输，它由 USB 串行接口引擎和 USB 缓冲管理器组成。USB 接收到的所有数据包被重新整理合并后放入接收缓存的 RAM 中，而在缓存中被标识准备就绪的数据被打包放入一系列的数据包后发送给其他 USB 主机。

USB 引擎需要一个精确的 48 MHz 的时钟信号供采样输入的数据流使用，这个时钟信号由外部晶振源(XT1 或 XT2) 产生的时钟信号通过锁相环后得到，但是要产生所需频率，要求锁相环的输入信号频率大于 1.5 MHz。锁相环的输出频率可以在很宽的范围内，非常灵活，允许用户在设计中使用低成本的晶振电路。

USB 缓存是 USB 接口和应用软件交换数据的地方，也是 7 个节点被调用的地方。缓存被设计成可被 CPU 或 DMA 以访问 RAM 的方式访问。

1. USB 收发器(PHY)

物理层的 USB 收发接口连接一对直接从 3.3V 电压 V_{BUS}取电的差分线，数据线连接到外部 DP 和 DM 引脚，从而构成 USB 信号传输机制的接口。

当寄存器的 PUSEL 位置 1 时，DP 和 DM 被配置成 USB 的驱动线，受 USB 模块的控制，当 PUSEL 位被清零时，这两个引脚就变为具有强电流驱动能力的端口 U，其行为被 UPCR 寄存器控制。端口 U 从 V_{USB}获取电源，独立于 DV_{CC}。这两个引脚无论是用于 USB 功能还是用作通用 I/O 口，都要使用内部稳压器或外部电源给 V_{BUS}提供合适的供电。

1) 使用 PUR 引脚将 D+上拉

当一个全速的 USB 设备连接到主机时，为了使主机能够识别，它必须将主机的 D+信号上拉。MSP430 单片机的 USB 模块有一个可由软件控制的上拉引脚，通过外接一个电阻即可实现该功能。该功能通过控制寄存器的 PUR_EN 位实现。如果该功能不需要软件控制，可以将 D+接至 V_{BUS}完成上拉。

2) 电流过载时的保护

USB 设备必须能够忍受接入具有破坏性的线路时而不被损坏，因此，人们在供电线 GND 和 V_{BUS}上采取了保护措施。USB 设备的电气和物理特性应该能够不被此类事件所破坏。为此，MSP430 单片机的 USB 供电系统采用了一套电流限制机制来保证当此类短路事件发生时通过收发器的电流不会过大，有了这套机制，接口本身就不需要实现电流限制的功能了。注意，如果 V_{BUS}是使用外部供电源而非内部稳压器输出，那么该外部源就要有一套自己的电流限制功能，为 USB 接口实现同样的保护功能。

3) 端口 U 的控制

当 PUSEL 被清零时，端口 U(PU0、PU1 或 DP、DM)用作具有高电流驱动能力的通用 I/O 口，PUDIR 控制着端口 U 的输出使能。该端口既可用于输出，也可用于输入，当配置为输入时，读取 PUIN0/1 的值可以获得输入值；如果用作输出，输出的值也会反映在 PUIN0/

1中。

当 PUDIR 置位时，端口 U 都被配置为输出口，使用 PUOUT0 和 PUOUT1 控制。当输出高电平时，输出和 V_{BUS}同轨（电平一致），电流驱动能力比普通的 I/O 口要高很多，具体参数请参考相应芯片手册。PUDIR 的缺省值是 0，因此 PU0 和 PU1 在 USB 模块禁用时呈高阻态。

2. USB 供电系统

USB 模块的供电系统内含双稳压器（3.3V 和 1.8V），当 5V 的 V_{BUS}可用时，允许整个 MSP430 从 V_{BUS}供电。作为可选的，供电系统可以只为 USB 模块供电，也可以在一个自供电设备中完全不被使用。供电系统的结构如图 11-28 所示。

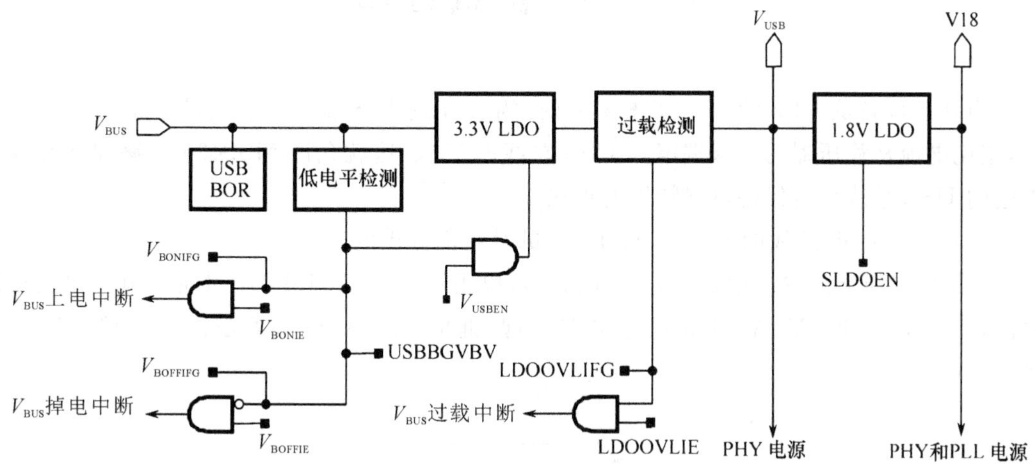

图 11-28　供电系统的结构

内部 3.3V 稳压器从 5V 的 V_{BUS}取电并供给收发器和外部 V_{USB}引脚。使用该稳压器能够避免使用外部供电时高负载通过收发器和锁相环，因此该稳压器在电池供电设备中非常有用。

内部 1.8 V 稳压器取电于 V_{USB}引脚（V_{USB}引脚取电于内部 3.3 V 稳压器或外部源），并给 USB 的锁相环和收发器提供电源。1.8 V 的稳压器独立于 MSP430 电源管理模块内部的稳压器。

稳压器模块的输入/输出引脚 V_{BUS}、V_{USB}和 V18 需要连接外部的电容。V18 引脚仅仅设计成用来挂接一个外部负载电容，而不具备给其他模块供电的能力。

1）使能/禁止

3.3V 的稳压器通过设置 V_{USBEN}来使能或禁止。但是如果检测到 V_{BUS}的电压过低或不存在，即使稳压器使能也会挂起。当 V_{BUS}电压升高至 USB 电源最低水平时，稳压器的电压参考和低电压检测将会工作。当 V_{BUS}电压升至更高，达到起始电压 V_{launch}时，稳压器模块正常工作，如图 11-29 所示。

1.8 V 稳压器可以通过设置 SLDOEN 控制使能和禁止。默认状态下，SLDOEN 自动随着 V_{BUS}的电压是否可用变化，这项特征通过 SLDOAON 控制。如果 V_{USB}不是从内部 3.3 V 稳压器而是从外部源取电，请谨记如果 V_{BUS}没有和外部 5 V 电源连接，1.8 V 的稳压器不会自动工作，这种情况下，V_{BUS}必须连接至 USB 总线电源，或 SLDOAON 位清零、SLDOEN

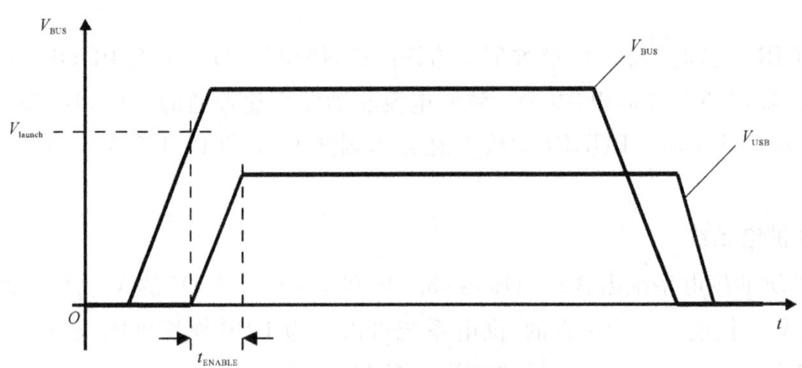

图 11-29　USB 稳压器模块工作电压

置位。

当外部设备从 USB 的 V_{BUS}获得电源时，需要在进入终端设备前经过一个肖特基二极管，避免电流从稳压器的输入端窜入 USB 总线的 V_{BUS}，这就允许 MSP430 能够和挂起或未上电的 USB 总线设备保持电气特性的连接。

(1) 通过 USB 总线的 V_{BUS}为 MSP430 的其余部分供电。

3.3 V 稳压器的输出达到与 DV_{CC}同轨，可以用于为整个 MSP430 设备供电。要实现该功能，要求 V_{USB} 和 DV_{CC} 在外部被连接在一起，此时 3.3 V 稳压器输出供电给 DV_{CC}，如图 11-30所示。

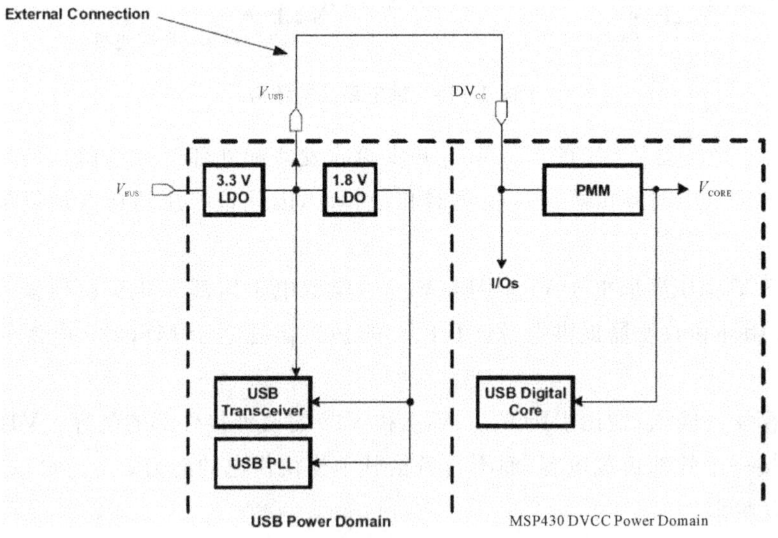

图 11-30　V_{BUS}为整个 MSP430 供电

当 MSP430 这样连接，V_{BUS}上的电压上升到 V_{launch}及其以上时，如果 V_{CORE}信号没有电压供给，就意味着单片机系统尚未上电工作，3.3V 稳压器和 1.8V 稳压器会自动开始工作，给单片机系统提供电源。

注意：如果单片机使用这种从 V_{BUS}取电的方式，当试图把单片机置于低功耗模式 LPM5 时，会导致系统立刻重启。这是因为当进入 LPM5 时，创造了上面所描述的自治条件的特性(V_{core}无电压而 V_{BUS}可用)，于是会引起系统立刻重启。

如果 DV_{CC} 从 V_{BUS} 获得电源，就要求从 V_{BUS} 上取得的电流的总大小小于 I_{DET}。

(2) 通过 USB 总线的 V_{BUS} 为 MSP430 外部组件供电。

MSP430 内部 3.3 V 的稳压器不仅能提供整个单片机正常工作的电流，而且有充足的余量通过 V_{USB} 引脚为 MSP430 外部的组件供电。

如果整个系统的工作总是伴随着 USB 的工作，系统就不再需要其他的电源。但如果系统的 USB 只是偶尔被连接使用并且系统由电池来供电，3.3 V 的稳压器就能够接替电池的负载。再者，如果电池是可充电的，则 V_{BUS} 还可以对其进行充电。

2) 限流和过载保护

内置 3.3 V 稳压器的电流限制功能在线路短路时可以起到保护收发器的作用。短路或过载事件(当稳压器的输出电流达到或超过 I_{DET} 时)通过 $V_{UOVLIFG}$ 标志位传递给软件。当该事件发生时，由于电流的供应不足，USB 设备的操作是不可靠的，此时软件很可能要终止 USB 操作，USB 模块提供了该功能，设置 OVLAOFF 位，USB 操作就通过 V_{USBEN} 清零自动被终止了。

在过载条件下，V_{BUS} 和 V18 电压都会低于正常输出水平。如果 DV_{CC} 仅从 V_{BUS} 取电，系统会不断重复地被触发重启(只要短路或过载条件存在)。因此，固件应该在检测到过载后避免重新使能 USB 设备，直到该错误消失。

USB 系统的 V_{BUS} 和 DV_{CC} 都配有降压电路，它们承载着更高的电压。最后，使用者应注意保证从 V_{BUS} 获取的电流不会超过 I_{DET}。

3. USB 锁相环(PLL)

PLL 锁相环模块为 USB 操作提供高精度低抖动 48 MHz 的时钟。PLL 结构框图如图 11-31 所示。

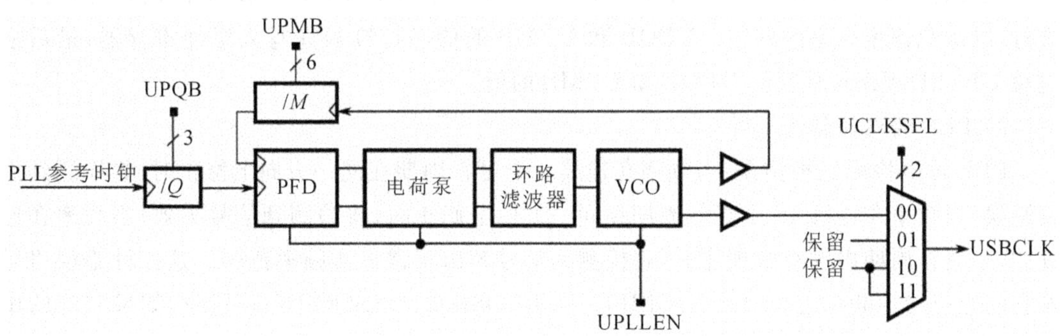

图 11-31 PLL 结构框图

外部的参考时钟通过 UPCS 位进行选择，允许使用两个外部晶振之一作为参考时钟源。一个受 UPQB 位控制四位的预分频计数器允许对参考时钟进行分频产生 PLL 的更新时钟。UPMB 位控制着反馈回路上的分频因子和 PLL 的倍频因子。PLL 产生时钟频率的计算公式如下：

$$f_{OUT} = f_{CLKSEL} \times \frac{DIVM}{DIVQ}$$

且

$$\frac{CLKSEL}{DIVQ} = f_{UPD} \geqslant 1.5\ MHz$$

式中：f_{CLKSEL} 是所选的参考时钟源频率(f XT1CLK 或 f XT2CLK)；DIVQ 的值取自表 11-14；DIVM 代表寄存器中 UPMB 域的值。

表 11-14　USB-PLL 预分频值

UPQB	DIVQ
000	1
001	2
010	3
011	4
100	6
101	8
110	13
111	16

如果 USB 设备的操作是在总线供电的模式下，为了使 USB 的电流消耗小于 500μA，有必要禁止 PLL 工作，通过 UPLLEN 位可使能或禁止 PLL。为使能鉴相器，PFDEN 位必须置位。信号失锁、输入信号无效和超出正常工作频率会反映在对应的中断标志位 OOLIFG、LOSIFG 和 OORIFG 上。

UCLKSEL 默认值为零，并一直保持该状态，且所有其他可能的组合值都是保留的，以备以后扩展所使用。

1）修改分频器分频系数

在设置所需 PLL 的频率时，更新 UPQB(DIVQ)和 UPMB(DIVM)值的动作必须同步进行，以避免寄生频率的残留。UPQB 和 UPMB 的值经计算后先写入缓冲寄存器；最后通过写 UPLLDIVB 同时更新 UPQB 和 UPMB 的值。

2）PLL 错误的标志

PLL 可以检测三种错误：当频率在连续 4 个更新周期在同一方向上修正时，将检测到失锁错误；当频率在连续 16 个更新周期在同一方向上修正时，将检测到信号失效；当频率在连续 32 个更新周期内没有被锁住时，将检测到信号超出正常工作频率范围。这三种错误将触发它们对应的中断标志位(USBOOLIFG、USBLOSIFG、USBOORIFG)置位，如果对应的中断使能位(USBOOLIE、USBLOSIE、USBOORIE)置位，将触发相应的中断。

3）PLL 启动顺序

推荐使用下面的操作顺序以获得最快的 PLL 启动：

(1) 使能 V_{BUS}和 V18；

(2) 等待外部电容充电 2μs，以使 V_{USB}就位(在这期间可以初始化 USB 寄存器和缓存)；

(3) 激活 PLL，使用所需的分频值；

(4) 等待 2μs 并检查 PLL，如果仍然保持锁定状态，就可以被使用了。

4. USB 控制器引擎

USB 控制器引擎将到达 USB 设备的数据包转移到 USB 缓冲空间中，同时将有效数据从缓冲空间发送给 USB 接口。控制引擎拥有专用固定的缓冲空间为输入端点 0 和输出接点 0 所使用，端点 0 是默认的 USB 传输控制接点。

其余的 14 个端点(7 个输入，7 个输出)可能被指派一个或更多的 USB 缓冲空间，所有的缓冲空间都位于 USB 的缓冲存储器中，USB 缓冲存储器被设计成可多端口访问的，既可以被 USB 控制器访问，同时也可以被 CPU 和 DMA 访问。

每个端点都有一个专用的描述寄存器用来描述该端点的使用情况。各端点的配置通过设置对应的描述寄存器完成，这种包含下一次收发操作将要用到的缓存地址的数据结构存放于 USB 缓冲存储器中。给一个端点指派 1 个或 2 个 64 字节的数据缓存块，在配置后不需要额外的软件干预，但如果需要指派 3 个或更多的数据缓存块，软件就必须在数据传输过程中改变描述寄存器的地址指针。缓存中数据的空状态和满状态通过确认标志位同步，所有的事件都通过设置标志位并在中断使能时引发中断来告知。且发送事件的告知可以单独地被使能。

1) USB 串行接口引擎(SIE)

SIE 逻辑单元管理着 USB 总线上数据收发的协议。对于收到的数据包，SIE 将其数据包标志 PID 区域解码并依据 PID 判断其是否有效，同时判断数据包的类型。针对收到的数据包及其特征，SIE 计算其 CRC 校验值并与数据包中的 CRC 值进行比较来判断数据在传输过程中是否出错。针对将要发送的数据包及其特征，SIE 计算其 CRC 校验值并和数据包一起传输出去。对于发送出去的每个数据包，SIE 会在数据包前附上 8bit 的同步字节。另外，SIE 还会对所有将要发送出去的数据包生成对应的 PID。SIE 另外一个重要的功能是负责所有收发数据的串并转换。

2) USB 缓冲管理(UBM)

USB 模块的缓冲管理 UBM 提供 SIE 到 USB 端点缓冲的控制逻辑。UBM 的一个主要功能是将 USB 功能地址译码，并以此来决定 USB 主机是否在访问特定的设备。另外，通过端点的地址和方向信号译码可以判断哪个 USB 端点正在被寻址访问。基于传输的方向信息和端点号，UBM 可以在对应 USB 端点的数据缓冲上写入或读取数据包。

3) USB 缓冲存储器

缓存包含了所有端点的数据缓冲和 SETUP 数据包。因为端点 1～7 的缓冲是灵活可变的，因此就有相应的缓冲配置寄存器来定义它们，这些寄存器也位于缓存中(端点 0 特殊，被定义在 USB 控制寄存器空间)。把这些寄存器信息存于普通的存储空间，允许高效、高度灵活的应用，具有可针对特定应用进行高度灵活定制的特点。

该缓冲存储器被设计成“多端口存储器”，因此既可以被 USB 缓冲管理器访问，也可以被 CPU 和 DMA 访问。但 CPU 和 DMA 的访问优先级在此低于 SIE，如果 CPU/DMA 访问和 SIE 访问相冲突，CPU/DMA 访问将会进入等待状态进行延时。

当 USB 模块被禁止时(USBEN＝0)，该缓存的行为和普通 RAM 一样。当改变 USBEN 位的状态时(使能或禁止 USB 模块)，要保证该 USB 缓存在之前的 4 个时钟周期和之后的 8 个时钟周期内不被访问，改变后，USB 缓存的访问方式将发生变化。

每个端点都被 6 个配置“寄存器”所定义(基于 RAM，严格来讲并不是真正的寄存器)。这些寄存器指定了端点的类型、缓冲的地址、缓冲的大小和数据包的字节数。它们定义和划分了一个大小是 1904 字节的端点缓冲空间。另有 24 字节分配给了剩下的模块——EP0_IN 缓冲、EP0_OUT 缓冲和 SETUP 包缓冲。USB 缓冲存储器内存分配表如表 11-15 所示。

表 11-15　USB 缓冲存储器内存分配表

内存分配名称	缩　写	访问类型	偏移地址
开始缓冲区	STABUFF	读/写	0000h
1904 字节可配置缓冲区	…	读/写	…
结束缓冲区	TOPBUFF	读/写	076Fh
端点 0 输出缓冲区	USBOEP0BUF	读/写	0770h
		读/写	…
端点 0 输入缓冲区	USBIEP0BUF	读/写	0778h
		读/写	…
		读/写	077Fh
SETUP 包缓冲区	USBSUBLK	读/写	0780h
		读/写	…
		读/写	0787h

软件可依据端点的需要来配置各个缓冲，每个端点都可以配置成单缓冲或双缓冲空间。

不像端点 1～7 的描述寄存器都定义在 USB 的 RAM 中，端点 0 被 USB 控制寄存器中的四个寄存器所描述(2 个输出，2 个输入)，因为这些寄存器的地址都是硬件固定的，因此端点 0 没有基址寄存器，端点 n(n 从 1 到 7) 的选择被封装成选择寄存器对应位的设置。

5. USB 时间标识

USB 模块能够保存与特定 USB 事件相关的时间标识。这可以用于补偿软件响应的延迟。时间标识值基于 USB 模块的内部定时器，由 USBCLK 驱动。USB 时间标识发生器结构构图如图 11-32 所示。

最多可以选择四个事件来生成时间标识，使用 TSESEL 位选择。当它们发生时，USB 定时器的值被传送到时间标识寄存器 USBTSREG 中，因此准确记录了事件发生的时刻。触发选项包括三个 DMA 通道之一或软件驱动事件。USB 定时器不能被直接进行读取访问。

此外，USB 定时器的值可用于产生周期性中断。由于 USBCLK 的频率可能与其他系统时钟不同，因此这为周期性系统中断提供了另一种选择。UTSEL 位从 USB 时钟中选择分频器。必须设置 UTIE 才能触发中断向量。

时间标识寄存器在收到一个完整帧和一个伪帧起始时应该归零，通过 TSGEN 位可使能和禁止时间标识发生器。

1) 挂起/恢复逻辑

USB 挂起/恢复逻辑检测 USB 总线上的挂起和恢复条件。这些事件分别在 SUSRIFG 和 RESRIFG 中标记，如果中断使能(SUSRIE 和 RESRIE)，它们将触发专用中断。

通过设置 USBCTL 寄存器的 RWUP 位触发远程唤醒机制，其中 USB 设备可以将 USB 主机唤醒并恢复设备。

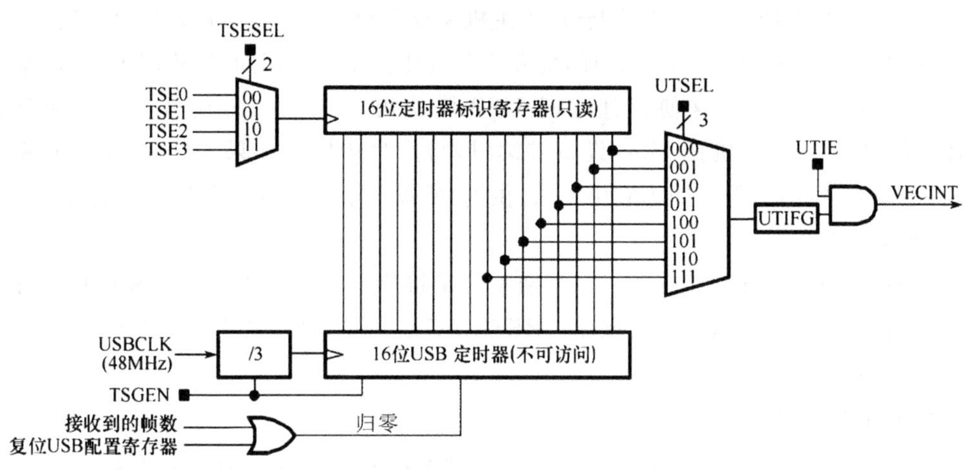

图 11-32　USB 时间标识发生器结构框图

2）复位逻辑

PUC 重置 USB 模块逻辑。当 FRSTE＝1 时，当 USB 主机触发总线上发生 USB 复位事件时，逻辑也会复位（USB 复位也会置位 RSTRIFG 标志）。USB 缓冲存储器不会因 USB 复位而重置。

6. USB 功耗

USB 功能消耗的电能比它获取电能的 MSP430 系统的功耗还大，因为 MSP430 的应用场合大多是功耗敏感的，因此 MSP430 的 USB 模块被设计成从 V_{BUS}取电，并且只有连接到 USB 总线时才会出现高功耗的负载，这样有效地保护了电池。

USB 模块的两个最耗电的组件是收发器和 PLL。收发器在传输时会消耗大量的电能，但当处在不活动状态时，不进行数据的收发，此时将消耗极小的电流，这个量被定义成 IIDLE。这个量非常小，以至于在总线供电的应用中，收发器可以在挂起模式下仍保持活动状态而不带来任何问题。幸运的是，收发器在获得收发所需的电流时会访问 V_{BUS}电源。

PLL 组件消耗很大一部分电流，不过它只需要在连接到主机时被激活，并且由主机的 USB 总线供电，当 PLL 禁止时（例如在 USB 挂起时），USBCLK 自动选择 VLO 作为时钟源。

7. 挂起和恢复

所有的 USB 设备必须具有挂起和恢复的能力。若 USB 总线空闲时间超过 3ms，则 USB 主机将挂起 USB 设备。若一个 USB 设备被挂起，则根据 USB 协议规定，该 USB 设备从 USB 总线获取的功耗应小于 500 μA。一个被挂起的 USB 设备需要循环监测 USB 总线上是否产生恢复事件，若产生恢复事件，USB 设备恢复通信功能。

1）进入挂起模式

当主机将 USB 设备挂起时，将产生一个挂起中断（SUSRIFG）。从此刻开始，软件有 10ms 的时间来保证 USB 设备从 V_{BUS}获得的电流小于 500 μA。

对于大多数情况，使用集成的 3.3V LDO。在这种情况下，应当采取下面的措施。

（1）通过清除 UPLLEN（UPLLEN＝0）来禁止 PLL。

（2）限制所有来自 V_{BUS} 的电流，使来自 V_{BUS} 的总电流等于 500 μA 减去挂起电流 $I_{SUSPEND}$。

(3) 置位RESRIE中断允许控制位，当主机恢复USB设备时，可触发恢复中断。

禁止PLL，消除了来自V_{BUS}电源的最大片上消耗。在挂起期间，USBCLK自动将VLO(VLOCLK)作为时钟源，这使得挂起时USB模块可以检测恢复信号。最好同时保证RESRIE位也置位，当主机使USB设备继续时，将产生中断。如果需要，为了节省系统功耗，也可禁止高频晶振，但是因为它由DV_{CC}供电，所以并不会影响来自V_{BUS}的电源。

2) 进入恢复模式

当USB设备处于挂起状态时，挂起/恢复逻辑将检测到主机端上包括复位信号在内的任何非空闲信号，设备将恢复进行操作。RESRIFG位置位，这将产生一个USB中断。中断服务程序可用于恢复USB操作。

8. USB中断向量

USB模块使用单一的中断向量寄存器来处理多种USB中断。所有和USB相关的中断源触发中断向量，然后在USBVECINT中保存一个6位的向量用来标识中断源。每个中断源都产生一个不同的偏移值，没有中断挂起时中断向量返回0。

中断向量寄存器和对应的标识寄存器在读取后将被更新和清零。读取中断向量寄存器时，优先级最高的中断将返回0002h，优先级最低的返回003Eh，并且写该寄存器将清除所有的中断标志。

每个USB输入或输出的端点设备都有一个中断告知使能位，软件必须设置该位来定义它们对中断事件是否进行标志。为了产生一个中断，对应的中断使能位必须被置位。

USB中断向量表如表11-16所示。

表11-16 USB中断向量表

中断源标识值	中断源	中断标志位	中断使能控制位	中断使能标志位有效条件
0000h	无中断	—	—	—
0002h	USB过载中断源	USBPWRCTL. VUOVLIFG	USBPWRCTL. VUOVLIE	—
0004h	PLL失锁故障中断源	USBPLLIR. USBPLLOOLIFG	USBPLLIR. USBPLLOOLIE	—
0006h	PLL信号失效故障中断源	USBPLLIR. USBPLLOSIFG	USBPLLIR. USBPLLLOSIE	—
0008h	PLL出界故障中断源	USBPLLIR. USBPLLOORIFG	USBPLLIR. USBPLLOORIE	—
000Ah	V_{BUS}上电中断源	USBPWRCTL. VBONIFG	USBPWRCTL. VBONIE	—
000Ch	V_{BUS}掉电中断源	USBPWRCTL. VBONIFG	USBPWRCTL. VBOFFIE	—
000Eh	保留	—	—	—
0010h	USB时间标识事件中断源	USBMAINTL. UTIFG	USBMAINTL. UTIE	—
0012h	端点0输入中断源	USBIEPIFG. EP0	USBIEPIE. EP0	USBIEPCNFG_0. USBIIE
0014h	端点0输出中断源	USBOEPIFG. EP0	USBOEPIE. EP0	USBOEPCNFG_0. USBIIE

续表

中断源标识值	中 断 源	中断标志位	中断使能控制位	中断使能标志位有效条件
0016h	USB 复位中断源	USBIFG. RSTRIFG	USBIE. RSTRIE	—
0018h	USB 挂起中断源	USBIFG. SUSRIFG	USBIE. SUSRIE	—
001Ah	USB 恢复中断源	USBIFG. RESRIFG	USBIE. RESRIE	—
001Ch	保留	—	—	—
001Eh	保留	—	—	—
0020h	SETUP 包接收中断源	USBIFG. SETUPIFG	USBIE. SETUPIE	—
0022h	SETUP 包覆盖中断源	USBIFG. STPOWIFG	USBIE. STPOWIE	—
0024h	端点 1 输入中断源	USBIEPIFG. EP1	USBIEPIE. EP1	USBIEPCNF_1. USBIIE
0026h	端点 2 输入中断源	USBIEPIFG. EP2	USBIEPIE. EP2	USBIEPCNF_2. USBIIE
0028h	端点 3 输入中断源	USBIEPIFG. EP3	USBIEPIE. EP3	USBIEPCNF_3. USBIIE
002Ah	端点 4 输入中断源	USBIEPIFG. EP4	USBIEPIE. EP4	USBIEPCNF_4. USBIIE
002Ch	端点 5 输入中断源	USBIEPIFG. EP5	USBIEPIE. EP5	USBIEPCNF_5. USBIIE
002Eh	端点 6 输入中断源	USBIEPIFG. EP6	USBIEPIE. EP6	USBIEPCNF_6. USBIIE
0030h	端点 7 输入中断源	USBIEPIFG. EP7	USBIEPIE. EP7	USBIEPCNF_7. USBIIE
0032h	端点 1 输出中断源	USBOEPIFG. EP1	USBOEPIE. EP1	USBOEPCNF_1. USBIIE
0034h	端点 2 输出中断源	USBOEPIFG. EP2	USBOEPIE. EP2	USBOEPCNF_2. USBIIE
0036h	端点 3 输出中断源	USBOEPIFG. EP3	USBOEPIE. EP3	USBOEPCNF_3. USBIIE
0038h	端点 4 输出中断源	USBOEPIFG. EP4	USBOEPIE. EP4	USBOEPCNF_4. USBIIE
003Ah	端点 5 输出中断源	USBOEPIFG. EP5	USBOEPIE. EP5	USBOEPCNF_5. USBIIE
003Ch	端点 6 输出中断源	USBOEPIFG. EP6	USBOEPIE. EP6	USBOEPCNF_6. USBIIE
003Eh	端点 7 输出中断源	USBOEPIFG. EP7	USBOEPIE. EP7	USBOEPCNF_7. USBIIE

11.5.3 USB 传输方式

USB 通信模块支持控制、批量和中断传输方式。根据 USB 通信协议，端点 0 为双向传输，包括输入端点 0 和输出端点 0。该端点仅可作为控制传输端点。除了控制传输端点 0 以外，MSP430 单片机的 USB 通信模块还可支持 7 个输出和 7 个输入端点。这些端点支持中断或批量传输方式。通过软件可以控制处理所有的控制、批量和中断端点的数据传输。

1. 控制传输

控制传输用于主机与 USB 设备间的配置、命令和状态通信。到 USB 设备的控制传输使用输入端点 0 和输出端点 0。控制传输的 3 种类型为控制写、没有数据阶段的控制写和控制读。注意在将 USB 设备连接到 USB 前必须初始化控制端点。

1）控制写传输

主机使用控制写传输向 USB 设备写数据。控制写传输的阶段如下。

（1）启动阶段传输。

① 通过适当配置 USB 端点来配置模块，初始化输入端点 0 和输出端点 0。这需要进行以下设置：使能端点中断（USBIIE＝1）和使能端点（UBME＝1）。输入端点 0 和输出端点 0 的 NAK 位必须清零。

② 主机发送启动令牌包，地址到输出端点 0 的启动数据包紧随其后。如果无误地接收到数据，UBM 将把数据写入启动缓冲器，将 USB 状态寄存器内的启动阶段传输位置为 1，向主机返回一个 ACK 握手信号，启动阶段传输中断。请注意：只要启动传输位（SETUP）置位，不论端点 0 的 NAK 或 STALL 位值为多少，UBM 将为任何数据阶段或状态阶段传输返回一个 NAK 握手信号。

③ 软件响应中断，从缓冲器内读取启动数据包，对命令进行译码。对于不支持或无效的命令，在清除启动阶段传输位之前，软件应当将输出端点 0、输入端点 0、配置寄存器的 STALL 位置位。这将使设备在数据阶段或状态阶段传输时返回一个 STALL 握手信号。对于控制写传输来说，主机用作第一次输出的数据包 ID 将会是 DATA1 包 ID，TOGGLE 位必须匹配。

（2）数据阶段传输。

① 主机发送一个 OUT 令牌包，地址为输出端点 0 的数据包紧随其后。如果无误地接收到数据包，UBM 将把数据写入输出端点缓冲器（USBOEP0BUF），更新数据计数值，翻转 TOGGLE 位，置位 NAK 位，向主机返回 ACK 握手信号，置位输出端点中断 0 标志（OEPIFG0）。

② 软件响应中断，从输出端点缓冲器内读取数据包。为了读取数据包，软件首先需要获得 USBOEPBCNT_0 寄存器内的数据计数值。读取数据包以后，为了允许接收来自主机的下一个数据包，软件应当清除 NAK 位。

③ 如果接收数据包时 NAK 位置位，UBM 将简单向主机返回一个 NAK 握手信号。如果接收数据包时 STALL 位置位，UBM 将简单向主机返回一个 STALL 握手信号。如果接收数据包时产生 CRC 或位填充错误，将没有握手信号返回到主机。

（3）状态阶段传输。

① 对输入端点 0，为使能向主机发送数据包，软件置位 TOGGLE 位，清除 NAK 位。注意对于状态阶段传输，将向逐句发送一个带 DATA1 ID 的空数据包。

② 主机发送一个地址为输入端点 0 的 IN 令牌包。接收到 IN 令牌包以后，UBM 向主

机发送空数据包。如果主机无误地接收到数据包,将返回 ACK 握手信号。UBM 然后将翻转 TOGGLE 位,置位 NAK 位。

③ 如果当接收到 IN 令牌包时,NAK 位置位,UBM 将简单向主机返回一个 NAK 握手信号。如果当接收到 IN 令牌包时,STALL 位置位,UBM 将简单向主机返回一个 STALL 握手信号。如果没有接收到主机发送的握手信号,UBM 将再次发送同一数据包。

2) 没有数据阶段的控制写传输

没有数据阶段的控制写传输由启动阶段传输和输入状态阶段传输组成。对于这种类型的传输,写入 USB 设备的数据包含在启动阶段传输数据包内的两个字节值字段内。

没有数据阶段传输的控制写传输过程如下。

(1) 启动阶段传输。

① 通过适当配置 USB 端点配置模块,初始化输入端点 0 和输出端点 0。这需要进行以下设置:使能端点中断(USBIIE=1) 和使能端点(UBME=1)。输入端点 0 和输出端点 0 的 NAK 位必须清零。

② 主机发送启动令牌包,地址到输出端点 0 的启动数据包紧随其后。如果无误地接收到数据,UBM 将把数据写入启动缓冲器,将 USB 状态寄存器内的启动阶段传输位置为 1,向主机返回一个 ACK 握手信号,启动阶段传输中断。请注意:只要启动传输位(SETUP)置位,不论端点 0 的 NAK 或 STALL 位值为多少,UBM 将为任何数据阶段或状态阶段传输返回一个 NAK 握手信号。

③ 软件响应中断,从缓冲器内读取启动数据包,对命令进行译码。对于不支持或无效的命令,在清除启动阶段传输位之前,软件应当将输出端点 0、输入端点 0、配置寄存器的 STALL 位置位。这将使设备在数据阶段或状态阶段传输时返回一个 STALL 握手信号。读取数据包及对命令解码以后,软件应当清除中断,这将自动清除启动阶段传输状态位。软件也应当置位输入端点 0 配置寄存器内的 TOGGLE 位。对于控制读传输来说,主机用作第一次输入数据包的数据包 ID 将会是 DATA1 包 ID。

(2) 输入状态阶段传输。

① 对输出端点 0,为使能向主机发送数据包,软件置位 TOGGLE 位,清除 NAK 位。注意对于状态阶段传输,将向逐句发送一个带 DATA1 ID 的空数据包。

② 主机发送一个地址为输入端点 0 的 IN 令牌包。接收到 IN 令牌包以后,UBM 向主机发送空数据包。如果主机无误地接收到数据包,将返回 ACK 握手信号。然后,UBM 将翻转 TOGGLE 位,置位 NAK 位,置位端点中断标志。

③ 如果当接收到 IN 令牌包时,NAK 位置位,UBM 将简单向主机返回一个 NAK 握手信号。如果当接收到 IN 令牌包时,STALL 位置位,UBM 将简单向主机返回一个 STALL 握手信号。如果没有接收到主机发送的握手信号,UBM 将再次发送同一数据包。

3) 控制读传输

主机使用控制读传输,从 USB 设备读取数据。控制读传输由启动阶段传输、至少一个输入数据阶段传输和一个输入状态阶段传输组成。

控制读传输的阶段如下。

(1) 启动阶段传输。

① 通过适当配置 USB 端点来配置模块,初始化输入端点 0 和输出端点 0。这需要进行

以下设置：使能端点中断(USBIIE=1) 和使能端点(UBME=1)。输入端点 0 和输出端点 0 的 NAK 位必须清零。

② 主机发送启动令牌包，地址到输出端点 0 的启动数据包紧随其后。如果无误地接收到数据，UBM 将把数据写入启动缓冲器，将 USB 状态寄存器内的启动阶段传输位置为 1，向主机返回一个 ACK 握手信号，启动阶段传输中断。请注意：只要启动传输位(SETUP)置位，不论端点 0 的 NAK 或 STALL 位值为多少，UBM 将为任何数据阶段或状态阶段传输返回一个 NAK 握手信号。

③ 软件响应中断，从缓冲器内读取启动数据包，对命令进行译码。对于不支持或无效的命令，在清除启动阶段的传输位之前，软件应当将输出端点 0、输入端点 0、配置寄存器的 STALL 位置位。这将使设备在数据阶段或状态阶段传输时返回一个 STALL 握手信号。读取数据包及对命令解码以后，软件应当清除中断，这将自动清除启动阶段传输状态位。软件也应当置位输入端点 0 配置寄存器内的 TOGGLE 位。对于控制读传输来说，主机用作第一次输入数据包的数据包 ID 将会是 DATA1 包 ID。

(2) 数据阶段传输。

① 通过软件将发送到主机的数据包写入输入端点 0 缓冲器。为了能将数据发送到主机，软件需更新数据计数值，然后清除输入端点 0 的 NAK 位。

② 主机发送一个地址为输入端点 0 的 IN 令牌包。接收到 IN 令牌后，UBM 将数据包传输到主机。如果主机无误地接收到数据包，将返回 ACK 握手信号。UBM 将置位 NAK 位，置位端点中断标志。

③ 软件响应中断，准备向主机发送下一个数据包。

④ 如果当接收到 IN 令牌包时，NAK 位置位，UBM 将简单地返回一个 NAK 握手信号到主机。如果当接收到 IN 令牌包时 STALL 置位，UBM 将简单地返回一个 STALL 握手信号到主机。如果没有接收到来自主机的握手信号包，UBM 将准备再次发送同一数据包。

⑤ 软件继续发送数据包直到将所有数据发送到主机。

(3) 状态阶段传输。

① 对输出端点 0，为了能向主机发送数据包，软件需置位 TOGGLE 位，清除 NAK 位。

② 主机发送一个地址为输出端点 0 的 OUT 令牌包。如果无误地接收到数据包，UBM 将更新数据计数值，翻转 TOGGLE 位，置位 NAK 位，向主机返回一个 ACK 握手信号，置位端点中断标志。

③ 软件响应中断。如果成功完成状态阶段传输，软件应当清除中断和 NAK 位。

④ 如果当接收到输入数据包时 NAK 置位，UBM 将简单地向主机返回一个 NAK 握手信号。如果当接收到输入数据包时 STALL 置位，UBM 将简单地向主机返回一个 STALL 握手信号。如果接收到数据包时产生 CRC 或位填充错误，将没有握手信号返回到主机。

2. 中断传输

USB 模块支持主机传入及传出两个方向的中断数据传输。如果设备具有一定的响应周期且需要发送或接收较小数量的数据，选择中断传输类型最适合。输入端点 1～7 和输出端点 1～7 可配置为中断端点。

1）中断输出传输

中断输出传输步骤如下。

（1）通过软件对适当的端点配置块进行编程，将输出端点的其中之一初始化为批量输出端点。这需要进行以下设置：编程配置缓冲器大小和缓冲器基地址、选择缓冲器模式、使能端点中断、初始化翻转位、使能端点及置位 NAK 位。

（2）主机发送输出令牌包，定位到输出端点的数据包紧随该令牌包。如果无误地接收到数据，UBM 将把数据写入端点缓冲器，更新数据计数值，翻转翻转位，置位 NAK 位，返回 ACK 握手信号到主机且置位端点中断标志。

（3）软件响应中断，从缓冲器读取数据。为了读取数据包，软件首先需要得到数据计数值。读取数据包后，为了允许接收下一个来自主机的数据包，软件应当清除中断及 NAK 位。

（4）如果接收数据包时 NAK 置位，UBM 将简单地返回一个 NAK 握手信号给主机。如果接收数据包时 STALL 置位，UBM 将简单地返回一个 STALL 握手信号给主机。如果接收数据包时产生 CRC 或位填充错误，将没有握手信号返回到主机。

在双缓冲模式下，UBM 在以翻转位值为基础的 X 和 Y 缓冲器之间选择。如果翻转位为 0，UBM 将会从 X 缓冲器读取数据包。如果翻转位为 1，UBM 将会从 Y 缓冲器读取数据包。当接收到数据包时，软件通过读取翻转值可以确定哪个缓冲器包含数据包。然而，当使用双缓冲模式时，软件对端点中断做出反应前，接收到数据包并将其写入 X 和 Y 缓冲器的可能性是存在的。在这种情况下，简单地使用翻转位来确定哪个缓冲器包含数据包是行不通的。所以在双缓冲模式下，软件应当读取 X 缓冲 NAK 位、Y 缓冲 NAK 位和翻转位来确定缓冲器的状态。

2）中断输入传输

中断输入传输的步骤如下。

（1）通过软件对适当的端点配置块进行编程，将输入端点的其中之一初始化为输入中断端点。这需要进行以下设置：编程配置缓冲器大小和缓冲器基地址、选择缓冲器模式、使能端点中断、初始化翻转位、使能端点及置位 NAK 位。

（2）通过软件将发送到主机的数据包写入缓冲器。为了能发送数据包到主机，软件也更新了数据计数值，清除了 NAK 位。

（3）主机发送一个地址为输入端点的 IN 令牌包。接收到 IN 令牌包以后，UBM 发送数据包到主机。如果数据包被主机无误地接收，将返回一个 ACK 握手信号。UBM 再对翻转位进行翻转，置位 NAK 位，置位端点中断标志。

（4）软件响应中断并准备将下一个数据包发送到主机。

（5）如果接收 IN 令牌包时 NAK 置位，UBM 将简单地返回一个 NAK 握手信号给主机。如果接收数据包时 STALL 置位，UBM 将简单地返回一个 STALL 握手信号给主机。如果没有接收到主机发送的握手信号，UBM 将准备再次发送同一个数据包。

在双缓冲模式下，UBM 在以翻转位值为基础的 X 和 Y 缓冲器之间选择。如果翻转位为 0，UBM 将会从 X 缓冲器读取数据包。如果翻转位为 1，UBM 将会从 Y 缓冲器读取数据包。

3. 批量传输

USB 模块支持主机传入及传出两个方向的批量数据传输。如果设备没有适当带宽却需要发送或接收大量数据，选择批量传输类型最适合。输入端点 1～7 和输出端点 1～7 都可以配置为批量端点。

1）批量输出传输

批量输出传输步骤如下。

(1) 通过软件对适当的端点配置块进行编程，将输出端点的其中之一初始化为批量输出端点。这需要进行以下设置：编程配置缓冲器大小和缓冲器基地址、选择缓冲器模式、使能端点中断、初始化翻转位、使能端点及置位 NAK 位。

(2) 主机发送输出令牌包，定位到输出端点的数据包紧随该令牌包。如果无误地接收到数据，UBM 将把数据写入端点缓冲器，更新数据计数值，翻转翻转位，置位 NAK 位，返回 ACK 握手信号到主机且置位端点中断标志。

(3) 软件响应中断，从缓冲器读取数据。为了读取数据包，软件首先需要得到数据计数值。读取数据包后，为了允许接收下一个来自主机的数据包，软件应当清除中断及 NAK 位。

(4) 如果接收数据包时 NAK 置位，UBM 将简单地返回一个 NAK 握手信号给主机。如果接收数据包时 STALL 置位，UBM 将简单地返回一个 STALL 握手信号给主机。如果接收数据包时产生 CRC 或位填充错误，将没有握手信号返回到主机。

在双缓冲模式下，UBM 在以翻转位值为基础的 X 和 Y 缓冲器之间选择。如果翻转位为 0，UBM 将会从 X 缓冲器读取数据包。如果翻转位为 1，UBM 将会从 Y 缓冲器读取数据包。当接收到数据包时，软件通过读取翻转值可以确定哪个缓冲器包含数据包。然而，当使用双缓冲模式时，软件对端点中断做出反应前，接收到数据包并将其写入 X 和 Y 缓冲器的可能性是存在的。在这种情况下，简单地使用翻转位来确定哪个缓冲器包含数据包是行不通的。所以在双缓冲模式下，软件应当读取 X 缓冲 NAK 位、Y 缓冲 NAK 位和翻转位来确定缓冲器的状态。

2）批量输入传输

批量输入传输步骤如下。

(1) 通过软件对适当的端点配置块进行编程，将输入端点的其中之一初始化为批量输入端点。这需要进行以下设置：编程配置缓冲器大小和缓冲器基地址、选择缓冲器模式、使能端点中断、初始化翻转位、使能端点及置位 NAK 位。

(2) 通过软件将发送到主机的数据包写入缓冲器。为了能发送数据包到主机，软件也更新了数据计数值，清除了 NAK 位。

(3) 主机发送一个地址为输入端点的 IN 令牌包。接收到 IN 令牌包以后，UBM 发送数据包到主机。如果数据包被主机无误地接收，将返回一个 ACK 握手信号。UBM 再对翻转位进行翻转，置位 NAK 位，置位端点中断标志。

(4) 软件响应中断且准备将下一数据包发送到主机。

(5) 如果接收到 IN 令牌包时 NAK 位置位，UBM 将简单地返回一个 NAK 握手信号给主机。如果接收到 IN 令牌包时 STALL 位置位，UBM 将简单地返回一个 STALL 握手信号给主机。如果没有接收到主机的握手信号，UBM 将再次传输同一个数据包。

在双缓冲模式下，UBM 在以翻转位值为基础的 X 和 Y 缓冲器之间选择。如果翻转位为 0，UBM 将会从 X 缓冲器读取数据包。如果翻转位为 1，UBM 将会从 Y 缓冲器读取数据包。

11.5.4 USB 寄存器

USB 寄存器空间可分成 USB 配置寄存器、USB 控制寄存器和 USB 缓冲存储器。配置和控制寄存器为分布在外围存储器内的物理寄存器，缓冲寄存器则位于 RAM 内。这些寄存器组的基地址请参考芯片的数据手册。

只有在使能 USB 模块时，可以对 USB 控制寄存器进行写操作。当禁止 USB 模块时，它不再使用 RAM 缓冲存储器。该存储器作为 2KB 的 RAM 块进行操作，可以被 CPU 和 DMA 没有任何限制地使用。

1. USB 配置寄存器

配置寄存器控制需要 USB 连接的硬件功能，包括 PHY、PL 和 LDO。使用 USBKEYPID 寄存器，可以控制允许或不允许访问配置寄存器。该寄存器可用密码锁定，当写入恰当的值 9628h 时，解除对配置寄存器的锁定且使能访问。当寄存器值保持不变时，写入任何其他值将禁止访问。配置完成以后，要将其锁定。USB 配置寄存器如表 11-17 所列。所有的地址以偏移量形式表示，基地址可在具体芯片的数据手册中找到。所有的寄存器都可以字节和字的方式访问。

表 11-17 USB 配置寄存器

寄存器	缩写	寄存器类型	地址偏移	初始状态
USB 密钥寄存器	USBKEYPID	读/写	00h	0000h
USB 配置寄存器	USBCNF	读/写	02h	0000h
USBPHY 控制寄存器	USBPHYCTL	读/写	04h	0000h
USBPWR 控制寄存器	USBPWRCTL	读/写	08h	1850h
USBPLL 控制寄存器	USBPLLCTL	读/写	10h	0000h
USBPLL 分频缓冲寄存器	USBPLLDIVB	读/写	12h	0000h
USBPLL 中断寄存器	USBPLLIR	读/写	14h	0000h

(1) USBKEYPID，USB 密钥寄存器：

15	14	13	12	11	10	9	8
USBKEY(读出值为 A5h，写入时必须为 96h)							
7	6	5	4	3	2	1	0
USBKEY(读出/写入值为 28h)							

- USBKEY：Bits15～0，密钥值位。为了将其识别为有效密钥，写入值必须为 9628h。该位将配置寄存器“解除锁定”。如果写入其他值，寄存器将被“锁定”。如果寄存器未锁定，读取时返回 A528h。

(2) USGCNF,USB 配置寄存器:

15	14	13	12	11	10	9	8
保留							
7	6	5	4	3	2	1	0
			FNTEN	BLKRDY	PUR_IN	PUR_EN	USB_EN

● FNTEN:Bit4,DMA 传输时的帧数接收触发使能位。

0　帧数接收触发受阻； | 1　帧数接收触发通过 DMA 门控。

● BLKRDY:Bit3,批量传输准备位,作为 DMA 传输信号。

0　禁止 DMA 触发； | 1　USB 总线接口能接收新的写传输时,即可触发 DMA。

● PUR_IN:Bit2,PUR 输入值。该位反映 PUR 上的输入值。该位可能用作开始 USB－BSL 编程的指示。PUR 输入逻辑部分由 V_{USB} 供电。当 V_{USB} 为 0 时,PUR_IN 返回 0。

● PUR_EN:Bit1,PUR 管脚使能位。

0　PUR 脚处于高阻状态； | 1　PUR 脚驱动为高电平。

● USB_EN:Bit0,USB 模块使能位。

0　禁止 USB 模块； | 1　使能 USB 模块。

(3) USBPHYCTL,USBPHY 控制寄存器:

15	14	13	12	11	10	9	8
保留							
7	6	5	4	3	2	1	0
PUSEL	保留	PUDIR	保留	PUIN1	PUIN0	PUOUT1	PUOUT0

● PUSEL:Bit7,USB 端口功能选择位。该位选择 PU0/DP 和 PU1/DM 管脚功能。

0　选择 PU0 和 PU1 功能(通用 I/O)； | 1　选择 DP 和 DM 功能(USB 终端)。

● PUDIR:Bit5,USB 端口方向位。该位控制 PU0 和 PU1 的方向。该位只有当 PUSEL＝0 时有效。

0　禁止 PU0 和 PU1 输出驱动； | 1　使能 PU0 和 PU1 输出驱动。

● PUIN1:Bit3,PU1 输入数据位。该位反映 PU1 终端的逻辑值。

● PUIN0:Bit2,PU0 输入数据位。该位反映 PU0 终端的逻辑值。

● PUOUT1:Bit1,PU1 输出数据位。当 PU1 配置成端口功能及 PUDIR＝1 时,该位定义 PU1 的值。

● PUOUT0:Bit0,PU0 输出数据位。当 PU0 配置成端口功能及 PUDIR＝1 时,该位定义 PU0 的值。

(4) USBPWRCTL,USBPWR 控制寄存器:

15	14	13	12	11	10	9	8
USBBGVBV			SLDOEN	VUSBEN	VBOFFIE	VBONIE	VUOVLIE
7	6	5	4	3	2	1	0
USBBGVBV	SLDOAON	OVLAOFF	USBDETEN	保留	VBOFFIFG	VBONIFG	VUOVLIFG

- SLDOEN：Bit12，1.8V（第二个）LDO 使能位。当该位置位时，使能 LDO。
- VUSBEN：Bit11，3.3V LDO 使能位。当该位置位时，使能 LDO。
- VBOFFIE：Bit10，V_{BUS}"要关闭"中断使能位。

0　禁止中断；｜ 1　使能中断。

- VBONIE：Bit9，V_{BUS}"要打开"中断使能位。

0　禁止中断；｜ 1　使能中断。

- VUOVLIE：Bit8，V_{USB}超载指示中断使能位。

0　禁止中断；｜ 1　使能中断。

- SLDOAON：Bit6，1.8V LDO 自动打开使能位。

0　LDO 需要通过 SLDOEN 手动打开；｜ 1　"V_{BUS}要打开"转变置位 SLDOEN。

- OVLAOFF：Bit5 LDO 超载自动关闭使能位。

0　3.3V LDO 超载时，LDO 自动进入限流模式并保持直到信号停止。

1　超载指示清除 VUSBEN 位。

- USBDETEN：Bit4，V_{BUS}开/关使能位。

0　USB 模块将不检测 USB-PWR V_{BUS}开关；

1　USB 模块将检测 USB-PWR V_{BUS}开关。

- USBBGVBV：Bit3，V_{BUS}有效位。

0　V_{BUS}无效；｜ 1　V_{BUS}有效且在允许范围内。

- VBOFFIFG：Bit2，V_{BUS}"要关闭"中断标志位。该位表明 V_{BUS}低于启动电压。当读取 USB 中断寄存器相应的向量或在中断向量寄存器内写入值时，该位自动清零。

0　无中断挂起；｜ 1　中断挂起。

- VBONIFG：Bit1，V_{BUS}"要打开"中断标志位。该位表明 V_{BUS}增大到启动电压以上。当读取 USB 中断向量寄存器的相应向量或在中断向量寄存器内写入值时，该位自动清零。

0　无中断挂起；｜ 1　中断挂起。

- VUOVLIFG：Bit0，V_{USB}超载中断标志位。该位表明 3.3V LDO 进入到超载的情况。

0　无中断挂起；｜ 1　中断挂起。

（5）USBPLLCTL，USBPLL 控制寄存器：

15	14	13	12	11	10	9	8
保留			UPCS	保留		UPFDEN	UPLLEN
7	6	5	4	3	2	1	0
UCLKSEL		保留					

- UPCS：Bit12，PLL 时钟选择位。

0　选择 XT1CLK 作为参考时钟；｜ 1　选择 XT2CLK 作为参考时钟。

- UPFDEN：Bit9，相位鉴频器（PFD）使能位。

0　禁止 PFD；｜ 1　使能 PFD。

● UPLLEN：Bit8，PLL 使能位。

0　禁止 PLL；　|　1　使能 PLL。

● UCLKSEL：Bits7～6，USB 模块时钟选择位。必须总是写入 00。

00　PLLCLK(默认)；　|　01　保留；
10　保留；　|　11　保留。

(6) USBPLLDIVB，USBPLL 分频缓冲寄存器：

15	14	13	12	11	10	9	8
保留					UPQB		
7	6	5	4	3	2	1	0
保留		UPMB					

● UPQB：Bits10～8，PLL 预分频缓冲寄存器。这些位选择预分频值。该寄存器值写入后立即传送到 UPQB。

000　$f_{UPD}=f_{REF}$　|　100　$f_{UPD}=f_{REF}/6$
001　$f_{UPD}=f_{REF}/2$　|　101　$f_{UPD}=f_{REF}/8$
010　$f_{UPD}=f_{REF}/3$　|　110　$f_{UPD}=f_{REF}/12$
011　$f_{UPD}=f_{REF}/4$　|　111　$f_{UPD}=f_{REF}/16$

● UPMB：Bits5～0，USB PLL 反馈分频缓冲寄存器。这些位选择反馈分频器的值。当 UPQB 写入数据时，该寄存器的值自动传送到 UPMB。

000000　反馈分频率：1；
000001　反馈分频率：2；
⋮
111111　反馈分频率：64。

(7) USGPLLIR，USBPLL 中断寄存器：

15	14	13	12	11	10	9	8
保留					USBOORIE	USBLOSIE	USBOOLIE
7	6	5	4	3	2	1	0
保留					USBOORIFG	USBLOSIFG	USBOOLIFG

● USBOORIE：Bit10，PLL 超出范围中断使能位。

0　禁止中断；　|　1　使能中断。

● USBLOSIE：Bit9，PLL 信号损失中断使能位。

0　禁止中断；　|　1　使能中断。

● USBOOLIE：Bit8，PLL 失锁中断使能位。

0　禁止中断；　|　1　使能中断。

● USBOORIFG：Bit2，PLL 超出范围中断标志位。

0　无中断挂起；　|　1　中断挂起。

● USBLOSIFG：Bit1，PLL 信号损失中断标志。

0　无中断挂起；　|　1　中断挂起。

- USBOOLIFG：Bit0，PLL 失锁中断标志。

0　无中断挂起；　|　1　中断挂起。

2. USB 控制寄存器

控制寄存器影响对任何 USB 连接很重要的内核 USB 操作。这包括端点 0、中断、总线地址、帧及时间标识。操作寄存器内存在端点 0 以外的控制。与操作寄存器不同，控制寄存器实际上是物理寄存器，操作寄存器存在于 RAM，也可重新分配作通用。控制寄存器列在表 11-18 中。所有的地址以偏移量方式表达，基地址可以在具体芯片的数据手册中找到。所有的寄存器可以字节和字方式访问。

表 11-18　USB 控制寄存器

寄存器		缩写	寄存器类型	地址偏移	初始状态
端点 0 配置	输入端点 0：配置	USBIEPCNF_0	读/写	00h	00h
	输入端点 0：字节计数	USBIEPCNT_0	读/写	01h	80h
	输出端点 0：配置	SBOEPCNF_0	读/写	02h	00h
	输出端点 0：字节计数	USBOEPCNT_0	读/写	03h	00h
中断	输入端点中断使能	USBIEPIE	读/写	0Eh	00h
	输出端点中断使能	USBOEPIE	读/写	0Fh	00h
	输入端点中断标志	USBIEPIFG	读/写	10h	00h
	输出端点中断标志	USBOEPIFG	读/写	11h	00h
	中断向量寄存器	USBVECINT	读/写	12h	00h
时间标识	时间标识保持寄存器	USBMAINT	读/写	16h	0000h
	时间标识寄存器	USBTSREG	读/写	18h	0000h
基本 USB 控制	USB 帧数	USBFN	读/写	1Ah	0000h
	USB 控制寄存器	USBCTL	读/写	1Ch	0000h
	USB 中断使能寄存器	USBIE	读/写	1Dh	00h
	USB 中断标志寄存器	USBIFG	读/写	1Eh	00h
	功能地址寄存器	USBFUNADR	读/写	1Fh	00h

(1) USBIEPCNF_0，USB 输入端点 0 配置寄存器：

7	6	5	4	3	2	1	0
UBME	保留	TOGGLE	保留	STALL	USBIIE	保留	

- UBME：Bit7，UBM 输入端点 0 使能。

0　UBM 不能使用该端点；　|　1　UBM 可以使用该端点。

- TOGGLE：Bit5，翻转位。由于配置端点不需要翻转，读取返回 0。
- STALL：Bit3，USB 安装信号位。当置位时，对任何发送到端点 0 的传输，硬件自动返回一个安装握手信号到主机。下一次启动传输将自动清除安装位。

0	表明没有安装；	1	表明有安装。

● USBIIE：Bit2，USB 传输中断标志使能位。为了定义中断是否标志化，软件可能将该位置位。为了产生中断，相应的中断标志必须置位（OEPIE）。

0	相应的中断标志将不置位；	1	相应的中断标志将置位。

(2) USBIEPCNT_0，USB 输入端点 0 字节计数寄存器：

7	6	5	4	3	2	1	0
NAK	保留			CNT			

● NAK：Bit7，无应答状态位。为表明 EP_0 输入缓冲器为空，成功由端点 0 传输到 USB 的 UBM 将该位置位。当该位置位时，随后所有来自端点 0 的传输将产生一个与 USB 主机之间的握手信号。为了再次使能这个端点发送另一个数据包到主机，该位必须由软件清零。

0	缓冲器内包含对主机有效的数据包；	1	缓冲器为空（随后发到主机请求接收到 NAK 信号）。

● CNT：Bits3～0，字节计数位。当将新数据包写入缓冲器时，软件将置位 EP-0 缓冲器数据计数值。该 4 位数值包含数据包内的字节数。

0000b 到 1000b，对于发送的 0 到 8 字节有效；

1001b 到 1111b 为保留值（如果使用到，默认为 8）。

(3) USBOEPCNF_0，USB 输出端点 0 配置寄存器：

7	6	5	4	3	2	1	0
UBME	保留	TOGGLE	保留	STALL	USBIIE	保留	

● UBME：Bit7，UBM 输出端点 0 使能位。

0	UBM 不能使用该端点；	1	UBM 可以使用该端点。

● TOGGLE：Bit5，翻转位。由于配置端点不需要翻转，读取返回 0。

● STALL：Bit3，USB 安装信号位。当置位时，对任何发送到端点 0 的传输，硬件自动返回一个安装握手信号到主机。下一次启动传输将自动清除安装位。

0	表明没有安装；	1	表明有安装。

● USBIIE：Bit2，USB 传输中断标志使能位。为了定义中断是否标志化，软件可能将该位置位。为了产生中断，相应的中断标志必须置位（OEPIE）。

0	相应的中断标志将不置位；	1	相应的中断标志将置位。

(4) USBOEPCNT_0，USB 输出端点 0 字节计数寄存器：

7	6	5	4	3	2	1	0
NAK	保留			CNT			

● NAK：Bit7，无应答状态位。为表明 EP_0 缓冲器包含有效数据包及缓冲器数据计数值有效，成功由 USB 传输到端点 0 末尾处的 UBM 将该位置位。当该位置位时，随后所有到

端点 0 的传输将产生一个与 USB 主机之间的握手信号。为了在此时使能这个端点从主机接收另一个数据包,该位必须由软件清零。

0　缓冲器内没有有效数据。缓冲器已经准备好接收主机发出数据;

1　缓冲器包含来自主机的尚未获取的有效数据包(随后主机发出的请求接收到 NAK 信号)。

● CNT:Bits3～0,字节计数位。当接收到端点 0 发送的新数据包时,UBM 将该位置位。该 4 位数值包含数据缓冲器内接收到的字节数。

(5) USBIEPIE,输入端点中断使能寄存器:

7	6	5	4	3	2	1	0
IEPIE7	IEPIE6	IEPIE5	IEPIE4	IEPIE3	IEPIE2	IEPIE1	IEPIE0

IEPIEn:Bits7～0,输入端点中断使能位。这些位启用/禁用事件是否可以触发中断;它们无须影响事件是否被标记。使用中断指示启用/禁用此功能启用端点描述符中的位。

0　事件不会产生中断;　|　1　事件会产生中断。

(6) USBOEPIE,输出端点中断使能寄存器:

7	6	5	4	3	2	1	0
OEPIE7	OEPIE6	OEPIE5	OEPIE4	OEPIE3	OEPIE2	OEPIE1	OEPIE0

● OEPIEn:Bits7～0,输出端点中断使能位。这些位启用/禁用事件是否可以触发中断;它们不影响事件是否被标记。使用中断启用/禁用此功能,指示启用端点描述符中的位。

0　事件不会产生中断;　|　1　事件会产生中断。

(7) USBIEPIFG,输入端点中断标志寄存器:

7	6	5	4	3	2	1	0
IEPIFG7	IEPIFG6	IEPIFG5	IEPIFG4	IEPIFG3	IEPIFG2	IEPIFG1	IEPIFG0

● IEPIFGn:Bits7～0,输入端点中断标志位。当成功完成输入端点的事务时,这些位由 UBM 设置。置位时,会产生 USB 中断。当 MCU 从与该中断对应的 USBVECINT (USBIV)寄存器中读取值时,或者将任何值写入中断向量寄存器时中断标志被清除。中断标志也可以通过向该位位置写入零末被清除。

(8) USBOEPIFG,输出端点中断标志寄存器:

7	6	5	4	3	2	1	0
OEPIFG7	OEPIFG6	OEPIFG5	OEPIFG4	OEPIFG3	OEPIFG2	OEPIFG1	OEPIFG0

● OEPIFGn:Bits7～0,输出端点中断标志位。当成功完成输出端点的事务时,UBM 将特定 USB 输出端点中断标志位设置为“1”。当某位置 1 时,会产生 USB 中断。当 MCU 从与该中断对应的 USBVECINT(USBIV)寄存器中读取值或将任何值写入中断向量寄存器时,中断标志清零。也可以通过向该位位置写入零来清除中断标志。

(9) USBVECINT,中断向量寄存器:

15	14	13	12	11	10	9	8
0	0	0	0	0	0	0	0
7	6	5	4	3	2	1	0
0	0	USBIV					0

● USBIV:Bits15～0,USB中断向量值。如表11-19所示。该寄存器仅作为一个向量值访问。当一个中断挂起时,读取该寄存器会产生一个值,该值可以添加到程序计数器来处理相应的事件。写入该寄存器会清除所有待处理的USB中断标志,而与USBEN的状态无关。

表11-19　USB中断向量值

USBIV	中　断　源	中 断 标 志	中断优先级
00h	无中断挂起	—	—
02h			最高
3Eh			最低

(10) USBMAINT,时间标识保持寄存器:

15	14	13	12	11	10	9	8
UTSEL			保留	TSE3	TSESEL		TSGEN
7	6	5	4	3	2	1	0
保留						UTIE	UTIFG

● UTSEL:Bits15～13,选择USB定时器位。

000	4096 μs(～250 Hz);	100	256 μs(～4 kHz);
001	2048 μs(～500 Hz);	101	128 μs(～8 kHz);
010	1024 μs(～1 kHz);	110	64 μs(～16 kHz);
011	512 μs(～2 kHz);	111	32 μs(～31 kHz)。

● TSE3:Bit11,时间标识事件#3位。该位允许软件驱动的时间标识事件的触发(当TSESEL=11)。

0　没有TSE3事件信号;　|　1　有TSE3事件信号。

● TSESEL:Bits10～9,选择时间标识事件位。如果在数据手册中没有注明,TSE[2:0]连接到DMA控制器的3个DMA通道。

00　TSE0(DMA0)信号是有效的时间标识事件;

01　TSE1(DMA1)信号是有效的时间标识事件;

10　TSE2(DMA2)信号是有效的时间标识事件;

11　软件驱动时间标识事件。

● TSGEN:Bit8,使能时间标识发生器。

0　禁止时间标识机制;　|　1　使能时间标识机制。

● UTIE:Bit1,USB 定时器中断使能位。

0　禁止 USB 定时器中断；｜ 1　使能 USB 定时器中断。

● UTIFG:Bit0,USB 定时器中断标志位。

0　无中断挂起；｜ 1　有中断挂起。

(11) USBTSREG,USB 时间标识寄存器：

15	14	13	12	11	10	9	8
TVAL							
7	6	5	4	3	2	1	0
TVAL							

● TVAL:Bits15～0,时间标识高寄存器位。时间标识值由 USB 定时器的硬件进行更新。有效的时间标识触发信号使得当前定时器值锁存到寄存器。

(12) USBFN,USB 帧数寄存器：

15	14	13	12	11	10	9	8
保留					USBFN		
7	6	5	4	3	2	1	0
USBFN							

● USBFN:Bits10～0,USB 帧数寄存器位。帧数位由硬件进行更新;接收到的 USB 帧起始包内带有帧数字段值的每个 USB 帧。帧数可以用作时间戳。如果 MSP430 的帧定时器没有锁定到 USB 主机的帧计时器,当产生伪起始帧时,帧数将从前值自动增加。

(13) USBCTL,USB 控制寄存器：

7	6	5	4	3	2	1	0
保留	FEN	RWUP	FRSTE	保留			DIR

● FEN:Bit6,功能使能位。为了使能 USB 设备对 USB 传输做出反应,该位需要置位。如果该位没有置位,UBM 将忽略所有的 USB 传输。USB 复位可以清除该位(该位主要用于调试)。

0　禁止功能；｜ 1　使能功能。

● RWUP:Bit5,设备远程唤醒请求位。为了请求用于产生 USB 上继续信号流的暂停/继续逻辑,软件对该位进行置位。当产生远程唤醒时,该位用于退出 USB 的低功耗暂停状态。该位可以自动清除。

0　写 0 没有作用；｜ 1　产生远程唤醒脉冲。

● FRSTE:Bit4,使能功能复位连接。该位用于选择是否 USB 的总线复位将造成 USB 模块的内部复位。

0　总线复位不造成模块复位；｜ 1　总线复位造成模块复位。

● DIR:Bit0,数据对启动包中断状态位反应。为反映数据传输方向,软件必须对请求进行解码,对该位进行置位/清除操作。

0　USB 数据输出(从主机到设备)；｜ 1　USB 数据输入(从设备到主机)。

(14) USBIE,USB 中断使能寄存器:

7	6	5	4	3	2	1	0
RSTRIE	SUSRIE	RESRIE	保留		SETUPIE	保留	STPOWIE

- RSTRIE:Bit7,USB 复位中断使能位。如果 RSTRIFG 位置位,将产生一个中断。

0 禁止功能复位中断; | 1 使能功能复位中断。

- SUSRIE:Bit6,暂停中断使能位。如果 SUSRIFG 位置位,将产生一个中断。

0 禁止暂停中断; | 1 使能暂停中断。

- RESRIE:Bit5,继续中断使能位。如果 RESRIFG 位置位,将产生一个中断。

0 禁止继续中断; | 1 使能继续中断。

- SETUPIE:Bit2,启动中断使能位。如果 SETUPIFG 位置位,将产生一个中断。

0 禁止启动中断; | 1 使能启动中断。

- STPOWIE:Bit0,启动重写中断使能位。如果 STPOWIFG 位置位,将产生一个中断。

0 禁止启动重写中断; | 1 使能启动重写中断。

(15) USBIFG,USB 中断标志寄存器:

7	6	5	4	3	2	1	0
RSTRIFG	SUSRIFG	RESRIFG	保留		SETUPIFG	保留	STPOWIFG

- RSTRIFG:Bit7,USB 复位请求位。通过硬件对主机做出反应该位置 1,这将初始化 USB 端口,使其复位。USB 复位造成 USB 模块逻辑复位,但是不会影响该位。
- SUSRIFG:Bit6,暂停请求位。通过硬件对主机/集线器的反应该位置位,这将造成一个全局性或选择性的暂停信号。
- RESRIFG:Bit5,继续请求位。硬件对主机/集线器做出反应该位置位,导致继续执行。
- SETUPIFG:Bit2,接收到启动传输位。当接收到启动传输时,该位由硬件置位。只要该位置位,不论相应的 NAK 位值如何,端点 0 上 IN 和 OUT 的传输将接收到 NAK。
- STPOWIFG:Bit0,启动重写位。如果启动缓冲器内已有数据包时接收到启动包,该位由硬件置位。

(16) USBFUNADR,USB 操作地址寄存器:

7	6	5	4	3	2	1	0
保留	FA6	FA5	FA4	FA3	FA2	FA1	FA0

- FA[6:0]:Bits6～0,操作地址位(USB 地址 0 到 127)。这些位定义分配给该 USB 设备的当前设备地址。当接收到主机的设置地址命令时,软件必须写入一个从 0 到 127 的值。

3. USB 缓冲寄存器

所有端点的数据缓冲器及定义端点 1～7 的寄存器,存储在 USB RAM 缓冲寄存器内。这样可以高效、弹性地使用该寄存器。该寄存器区域作为 USB 缓冲寄存器,且缓冲器描述符定义它的使用。缓冲寄存器模块如表 11-20 中所列。相关寄存器在表 11-21、表 11-22 中列出。所有的地址以偏移地址表达,基地址可以在具体芯片的数据手册中找到。可以字节和字的形式访问所有的寄存器。

表 11-20　USB 缓冲存储器

寄存器	缩写	访问类型	地址偏移
缓冲器空间开始	USBSTABUFF	读/写	0000h
1904 个字节的可配置缓冲空间	…	读/写	…
缓冲期空间结束	USBTOPBUFF	读/写	076Fh
输出端点_0 缓冲器	USBOEP0BUF	读/写	0770h
		读/写	…
		读/写	0777h
输入端点_0 缓冲器	USBIEP0BUF	读/写	0778h
		读/写	…
		读/写	077Fh
启动包块	USBSUBLK	读/写	0780h
		读/写	…
		读/写	0787h

表 11-21　USB 缓冲存储器(输出端点)

寄存器		缩写	访问类型	地址偏移
输出端点_1	配置寄存器	USBOEPCNF_1	读/写	0788h
	X 缓冲器基地址寄存器	USBOEPBBAX_1	读/写	0789h
	X 字节计数寄存器	USBOEPBCTX_1	读/写	078Ah
	Y 缓冲器基地址寄存器	USBOEPBBAY_1	读/写	078Dh
	Y 字节计数寄存器	USBOEPBCTY_1	读/写	078Eh
	X/Y 缓冲器大小寄存器	USBOEPSIZXY_1	读/写	078Fh
输出端点_2	配置寄存器	USBOEPCNF_2	读/写	0790h
	X 缓冲器基地址寄存器	USBOEPBBAX_2	读/写	0791h
	X 字节计数寄存器	USBOEPBCTX_2	读/写	0792h
	Y 缓冲器基地址寄存器	USBOEPBBAY_2	读/写	0795h
	Y 字节计数寄存器	USBOEPBCTY_2	读/写	0796h
	X/Y 缓冲器大小寄存器	USBOEPSIZXY_2	读/写	0797h
输出端点_3	配置寄存器	USBOEPCNF_3	读/写	0798h
	X 缓冲器基地址寄存器	USBOEPBBAX_3	读/写	0799h
	X 字节计数寄存器	USBOEPBCTX_3	读/写	079Ah
	Y 缓冲器基地址寄存器	USBOEPBBAY_3	读/写	078Dh
	Y 字节计数寄存器	USBOEPBCTY_3	读/写	079Eh
	X/Y 缓冲器大小寄存器	USBOEPSIZXY_3	读/写	079Fh

续表

寄存器		缩写	访问类型	地址偏移
输出端点_4	配置寄存器	USBOEPCNF_4	读/写	07A0h
	X 缓冲器基地址寄存器	USBOEPBBAX_4	读/写	07A1h
	X 字节计数寄存器	USBOEPBCTX_4	读/写	07A2h
	Y 缓冲器基地址寄存器	USBOEPBBAY_4	读/写	07A5h
	Y 字节计数寄存器	USBOEPBCTY_4	读/写	0796h
	X/Y 缓冲器大小寄存器	USBOEPSIZXY_4	读/写	07A7h
输出端点_5	配置寄存器	USBOEPCNF_5	读/写	07A8h
	X 缓冲器基地址寄存器	USBOEPBBAX_5	读/写	07A9h
	X 字节计数寄存器	USBOEPBCTX_5	读/写	07AAh
	Y 缓冲器基地址寄存器	USBOEPBBAY_5	读/写	07ADh
	Y 字节计数寄存器	USBOEPBCTY_5	读/写	07AEh
	X/Y 缓冲器大小寄存器	USBOEPSIZXY_5	读/写	07AFh
输出端点_6	配置寄存器	USBOEPCNF_6	读/写	07B0h
	X 缓冲器基地址寄存器	USBOEPBBAX_6	读/写	07B1h
	X 字节计数寄存器	USBOEPBCTX_6	读/写	07B2h
	Y 缓冲器基地址寄存器	USBOEPBBAY_6	读/写	07B5h
	Y 字节计数寄存器	USBOEPBCTY_6	读/写	07B6h
	X/Y 缓冲器大小寄存器	USBOEPSIZXY_6	读/写	07B7h
输出端点_7	配置寄存器	USBOEPCNF_7	读/写	07B8h
	X 缓冲器基地址寄存器	USBOEPBBAX_7	读/写	07B9h
	X 字节计数寄存器	USBOEPBCTX_7	读/写	07BAh
	Y 缓冲器基地址寄存器	USBOEPBBAY_7	读/写	07BDh
	Y 字节计数寄存器	USBOEPBCTY_7	读/写	07BEh
	X/Y 缓冲器大小寄存器	USBOEPSIZXY_7	读/写	07BFh

表 11-22 USB 缓冲存储器(输入端点)

寄存器		缩写	访问类型	地址偏移
输入端点_1	配置寄存器	USBIEPCNF_1	读/写	07C8h
	X 缓冲器基地址寄存器	USBIEPBBAX_1	读/写	07C9h
	X 字节计数寄存器	USBIEPBCTX_1	读/写	07CAh
	Y 缓冲器基地址寄存器	USBIEPBBAY_1	读/写	07CDh
	Y 字节计数寄存器	USBIEPBCTY_1	读/写	07CEh
	X/Y 缓冲器大小寄存器	USBIEPSIZXY_1	读/写	07CFh

续表

寄存器		缩写	访问类型	地址偏移
输入端点_2	配置寄存器	USBIEPCNF_2	读/写	07D0h
	X 缓冲器基地址寄存器	USBIEPBBAX_2	读/写	07D1h
	X 字节计数寄存器	USBIEPBCTX_2	读/写	07D2h
	Y 缓冲器基地址寄存器	USBIEPBBAY_2	读/写	07D5h
	Y 字节计数寄存器	USBIEPBCTY_2	读/写	07D6h
	X/Y 缓冲器大小寄存器	USBIEPSIZXY_2	读/写	07D7h
输入端点_3	配置寄存器	USBIEPCNF_3	读/写	07D8h
	X 缓冲器基地址寄存器	USBIEPBBAX_3	读/写	07D9h
	X 字节计数寄存器	USBIEPBCTX_3	读/写	07DAh
	Y 缓冲器基地址寄存器	USBIEPBBAY_3	读/写	07DDh
	Y 字节计数寄存器	USBIEPBCTY_3	读/写	07DEh
	X/Y 缓冲器大小寄存器	USBIEPSIZXY_3	读/写	07DFh
输入端点_4	配置寄存器	USBIEPCNF_4	读/写	07E0h
	X 缓冲器基地址寄存器	USBIEPBBAX_4	读/写	07E1h
	X 字节计数寄存器	USBIEPBCTX_4	读/写	07E2h
	Y 缓冲器基地址寄存器	USBIEPBBAY_4	读/写	07E5h
	Y 字节计数寄存器	USBIEPBCTY_4	读/写	07E6h
	X/Y 缓冲器大小寄存器	USBIEPSIZXY_4	读/写	07E7h
输入端点_5	配置寄存器	USBIEPCNF_5	读/写	07E8h
	X 缓冲器基地址寄存器	USBIEPBBAX_5	读/写	07E9h
	X 字节计数寄存器	USBIEPBCTX_5	读/写	07EAh
	Y 缓冲器基地址寄存器	USBIEPBBAY_5	读/写	07EDh
	Y 字节计数寄存器	USBIEPBCTY_5	读/写	07EEh
	X/Y 缓冲器大小寄存器	USBIEPSIZXY_5	读/写	07EFh
输入端点_6	配置寄存器	USBIEPCNF_6	读/写	07F0h
	X 缓冲器基地址寄存器	USBIEPBBAX_6	读/写	07F1h
	X 字节计数寄存器	USBIEPBCTX_6	读/写	07F2h
	Y 缓冲器基地址寄存器	USBIEPBBAY_6	读/写	07F5h
	Y 字节计数寄存器	USBIEPBCTY_6	读/写	07F6h
	X/Y 缓冲器大小寄存器	USBIEPSIZXY_6	读/写	07F7h
输入端点_7	配置寄存器	USBIEPCNF_7	读/写	07F8h
	X 缓冲器基地址寄存器	USBIEPBBAX_7	读/写	07F9h
	X 字节计数寄存器	USBIEPBCTX_7	读/写	07FAh
	Y 缓冲器基地址寄存器	USBIEPBBAY_7	读/写	07FDh
	Y 字节计数寄存器	USBIEPBCTY_7	读/写	07FEh
	X/Y 缓冲器大小寄存器	USBIEPSIZXY_7	读/写	07FFh

(1) USBOEPCNF_n,输出端点_n 配置寄存器:

7	6	5	4	3	2	1	0
UBME	保留	TOGGLE	DBUF	STALL	USBIIE	保留	

● UBME:Bit7,使能 UBM 输出端点_n。该位通过软件置位/清零。

0　UBM 不能使用该端点;　|　1　UBM 可使用该端点。

● TOGGLE:Bit5,翻转位。翻转位由 UBM 控制,且如果接收到有效数据包及数据包的 ID 与预想的 ID 匹配,将在成功进行输出数据传输的结尾处翻转。

● DBUF:Bit4,使能双缓冲器。对于某一输出端点的 USB 传输来说,为了使能 X 和 Y 数据包缓冲器,可使该位置位。该位清零时,只使用单一缓冲器模式。在这种模式下,只使用 X 缓冲器。

0　只有主要缓冲器(只有 X 缓冲器);　|　1　翻转位选择缓冲器。

● STALL:Bit3,USB 安装信号位。为了安装端点传输,可置位该位。当置位时,端点 0 上接收到任何传输时,硬件将自动向主机返回安装的握手信号。安装位可以由下一次安装传输自动清除。

0　表明没有安装;　|　1　表明有安装。

● USBIIE:Bit2,使能 USB 传输中断标识。为定义中断是否有标志标示,可以对该位置位/清除。为了产生中断,相应的中断标志必须置位(OEPIE)。

0　相应的中断标志不置位;　|　1　相应的中断标志置位。

(2) USBOEPBBAX_n,输出端点_n X 缓冲器基地址寄存器:

7	6	5	4	3	2	1	0
ADR							

● ADR:Bits7～0,X 缓冲器及地址。这些是 Y 缓冲器的基地址的高 7 位。11 位总数的 3 位低有效位为 0。这个值需要软件置位。UBM 使用该值作为给定传输的起始地址,传输末尾时不改变这个值。

(3) USBOEPBCTX_n,输出端点_n X 字节计数寄存器:

7	6	5	4	3	2	1	0
NAK	CNT						

● NAK:Bit7,无应答状态位。为了表明 USB 的端点_n 缓冲器包含一个有效数据包且缓冲器数据计数值有效,端点的数据传输成功的 USB 末端置位 NAK 状态位。当该位置位时,随后的所有来自那个端口的传输将导致 NAK 与主机的握手回答包。为了再次使能该端口接收来自主机的另一个数据包,该位必须清零。

0　缓冲器没有有效数据。缓冲器准备好接收主机的输出包;

1　缓冲器包含来自主机的有效包,且已经探测出(随后接收到 NAK 的主机发出请求)。

● CNT：Bits6～0，X 缓冲数据计数位。当把新数据包写入 X 缓冲器时，输出 EP_n 数据计数值置位。值设置为数据缓冲器内接收到的字节数。

(4) USBOEPBBAY_n，输出端点_n Y 缓冲器基地址寄存器：

7	6	5	4	3	2	1	0
ADR							

● ADR：Bits7～0，Y 缓冲器及地址。这些是 Y 缓冲器的基地址的高 7 位。11 位总数的 3 位低有效位为 0。这个值需要软件置位。UBM 使用该值作为给定传输的起始地址，传输末尾时不改变这个值。

(5) USBOEPBCTY_n，输出端点_n Y 字节计数寄存器：

7	6	5	4	3	2	1	0
NAK	CNT						

● NAK：Bit7，无应答状态位。为了表明 USB 的端点_n 缓冲器包含一个有效数据包且缓冲器数据计数值有效，端点的数据传输成功的 USB 末端置位 NAK 状态位。当该位置位时，随后所有来自那个端口的传输将导致 NAK 与主机的握手回答包。为了再次使能该端口接收来自主机的另一个数据包，该位必须清零。该位由 USB 的 SW-init 置位。

0　　缓冲器没有有效数据。缓冲器准备好接收主机的输出包。

1　　缓冲器包含来自主机的有效包，且已经探测出(随后的接收到 NAK 的主机发出请求)。

● CNT：Bits6～0，Y 缓冲数据计数位。当把新数据包写入到 X 缓冲器时，输出 EP_n 数据计数值置位。值设置为数据缓冲器内接收到的字节数。

(6) USBOEPSIZXY_n，输出端点_n X/Y 缓冲器大小寄存器：

7	6	5	4	3	2	1	0
保留	SIZx						

● SIZx：Bits6～0，缓冲器大小计数位。为了配置 X 和 Y 数据包缓冲器的大小，该位需要由软件置位。以此值为基础，将两个缓冲器配置成相同大小。000：0000b 到 100：0000b 对于 0 到 64 字节为有效数值。任何大于等于 100：0001b 的值将产生不可预测的结果。

(7) USBIEPCNF_n，输入端点_n 配置寄存器：

7	6	5	4	3	2	1	0
UBME	保留	TOGGLE	DBUF	STALL	USBIIE	保留	

● UBME：Bit7，使能端点_n 的 UBM。该值需要通过软件置位/清零。

0	UBM 不能使用这个端点；	1	UBM 可以使用这个端点。

● TOGGLE：Bit5，翻转位。翻转位由 UBM 控制，如果正在进行有效数据包的传输，在

数据阶段传输的结尾处翻转。如果该位清零,DATA0ID 包含在数据包中传输到主机。如果该位置位,DATA1ID 包含在数据包中传输。

● DBUF:Bit4,使能双缓冲器。对于某一输出端点来说,为了使能 X 和 Y 数据包缓冲器,可使该位置位。该位清零时,只使用单一缓冲器模式。在这种模式下,只使用 X 缓冲器。

0	只有主要缓冲器(只有 X 缓冲器);	1	翻转位选择缓冲器。

● STALL:Bit3,USB 安装信号。为了安装端点传输,可置位该位。当置位时,端点 0 上接收到任何传输时,硬件将自动向主机返回安装的握手信号。安装位可以由下一次安装传输自动清除。

0	表明没有安装;	1	表明有安装。

● USBIIE:Bit2,使能 USB 传输中断标识位。为定义中断是否有标志标示,可以对该位置位/清除。为了产生中断,相应的中断标志必须置位(OEPIE)。

0	相应的中断标志不置位;	1	相应的中断标志置位。

(8) USBIEPBBAX_n,输入端点_n X 缓冲器基地址寄存器:

7	6	5	4	3	2	1	0
ADR							

● ADR:Bits7~0,X 缓冲器基地址位。这些位是 Y 缓冲器基地址的高七位。11 位总数的 3 位低有效位为 0。这个值需要软件置位。UBM 使用该值作为给定传输的起始地址,传输末尾时不改变这个值。

(9) USBIEPBCTX_n,输入端点_n X 字节计数寄存器:

7	6	5	4	3	2	1	0
NAK	CNT						

● NAK:Bit7,无应答状态位。为了表明缓冲器的 EP_n 为空,端点的数据传输成功的 USB 末端置位 NAK 状态位。对中断或块端点来说,当该位置位时,随后的所有来自那个端口的传输将导致 NAK 与主机的握手回答包。为了使能该端口向主机发送另一个数据包,该位必须清零。该位由 USB 的 SW-init 置位。

0	缓冲器包含一个对主机有效的数据包;	1	缓冲器为空(任何接收到 NAK 的主机请求)。

● CNT:Bits6~0,X 缓冲数据计数位。当将新数据包写入缓冲器时,EP_n Y 缓冲数据计数值需要通过软件置位。对中断或块端点传输来说,应该是数据包中字节的数量。000:0000b 到 100:0000b 对于 0 到 64 字节为有效数值。任何大于等于 100:0001b 的值将产生不可预测的结果。

(10) USBIEPBBAY_n,输入端点_n Y 缓冲器基地址寄存器:

7	6	5	4	3	2	1	0
ADR							

● ADR:Bits7～0,Y 缓冲器基地址位。这些位是 Y 缓冲器基地址的高七位。11 位总数的 3 位低有效位为 0。这个值需要软件置位。UBM 使用该值作为给定传输的起始地址,传输末尾时不改变这个值。

(11) USBIEPBCTY_n,输入端点_n Y 字节计数寄存器:

7	6	5	4	3	2	1	0
NAK	CNT						

● NAK:Bit7,无应答状态位。为了表明缓冲器的 EP_n 为空,端点的数据传输成功的 USB 末端置位 NAK 状态位。对中断或块端点来说,当该位置位时,随后的所有来自那个端口的传输将导致 NAK 与主机的握手回答包。为了使能该端口向主机发送另一个数据包,该位必须清零。该位由 USB 的 SW_init 置位。

0	缓冲器包含一个对主机有效的数据包;	1	缓冲器为空(任何接收到 NAK 的主机请求)。

● CNT:Bits6～0,Y 缓冲数据计数位。当将新数据包写入缓冲器时,EP_n Y 缓冲数据计数值需要通过软件置位。对中断或块端点传输来说,应该是数据包中字节的数量。000:0000b 到 100:0000b 对于 0 到 64 字节为有效数值。任何大于等于 100:0001b 的值将产生不可预测的结果。

(12) USBIEPSIZXY_n,输入端点_n X/Y 缓冲器大小寄存器:

7	6	5	4	3	2	1	0
保留	SIZx						

● SIZx:Bits6～0,缓冲器大小计数位。为了配置 X 和 Y 数据包缓冲器,该值需要通过软件设置。以此值为基础,将两个缓冲器配置成相同大小。000:0000b 到 100:0000b 对于 0 到 64 字节为有效数值。任何大于等于 100:0001b 的值将产生不可预测的结果。

本章小结

MSP430 单片机的 USCI 通信模块支持多种串行通信模式,主要包括 UART 异步通信模式、SPI 同步通信模式和 I^2C 通信模式。通过这些串行通信模式,可实现 MSP430 单片机与外部设备之间的信息交换。例如,利用 UART 异步通信模式实现与 PC 的串口通信;利用 SPI 同步通信模式实现 SD 卡内存的读写;利用 I^2C 通信模式调节 ADS1100 增益等。MSP430F5xx/6xx 系列单片机内部集成全速 USB2.0 模块,传输速率可高达 12Mbps,支持控制、中断和批量传输模式,可用于数据记录、高速数据传输或其他需要连接各种 USB 设备的应用。本章详细介绍了 USCI 通信模块和 USB 通信模块的结构、原理及功能,通过本章的学习使学生掌握 USCI 通信模块和 USB 通信模块的工作原理与相关编程操作。

思考题

1. 片内没有串行通信模块的 MSP430 系列单片机，应该如何实现串行通信功能？

2. MSP430 单片机的串行通信分为几种模式？各有什么特点？如何进行设置？

3. MSP430 串行通信的错误标志有哪些？各自在什么情况下置位？

4. MSP430 串行通信模块的波特率发生器是怎样工作的？

5. 波特率寄存器和波特率调整寄存器的作用是什么？

6. 3 线 SPI 和 4 线 SPI 分别使用哪些引脚信号？这些信号的具体含义是什么？

7. SPI 主机模式的发送和接收过程是如何进行的？

8. SPI 从机模式的发送和接收过程是如何进行的？

9. MSP430 的 I^2C 模块如何支持 MSP430 的低功耗特性？

10. MSP430 的 I^2C 模块的总线仲裁过程是什么？

11. 使用 I^2C 模式下的 USCI 时，MSP430 是否有 SDA 与 SCL 引脚电压的限制？

12. 在 I^2C 模式下，如何实现在主机发起多个连续事务时，不使用一个重复的起始条件？

13. 两片 MSP430F5529 之间分别采用同步和异步通信方式，试实现两片单片机之间 0220H 单元到 0230 单元的数据传输。

14. 简述 USB 的 4 种传输类型，并举例说明其应用领域。

15. 简述 USB 设备的枚举过程。

第12章 MSP430 应用系统设计

前面几章介绍了 MSP430 的体系结构、开发环境、常用外部设备和通信接口。本章将围绕 MSP430 应用系统设计与开发的一般问题，介绍基于 MSP430 单片机的低功耗应用系统的一般设计原则，MSP430 单片机的键盘、数字显示和实时时钟等常用接口设计，并列举了使用 MSP430 单片机设计数字温度测试仪、可燃气体测试仪的实例，为读者使用 MSP430 单片机的应用系统开发提供参考。

12.1 超低功耗单片机系统的设计原则

在嵌入式应用中，系统的功耗越来越受到人们的重视，这一点对于需要电池供电的便携式系统尤其明显。降低系统功耗，延长电池的寿命，就是降低系统的运行成本。对于以单片机为核心的嵌入式应用，系统功耗的最小化需要从软、硬件设计两方面入手。

12.1.1 系统硬件设计

选用具有低功耗特性的单片机可以大大降低系统功耗。可以从供电电压、单片机内部结构设计、系统时钟设计和低功耗模式等几方面考察一款单片机的低功耗特性。

1. 微处理器 MCU 的选择

在选择 CPU 内核时切忌一味追求性能。8 位机够用，就没有必要选用 16 位机，选择的原则应该是“够用就好”。现在单片机的运行速度越来越快，但性能的提升往往带来功耗的增加。一个复杂的 CPU 集成度高、功能强，但片内晶体管多，总漏电流大，即使进入 STOP 状态，漏电流也变得不可忽视；而简单的 CPU 内核不仅功耗低，成本也低。

降低单片机的供电电压可以有效地降低其功耗。当前，单片机从与 TTL 兼容的 5V 供电降低到 3.3V、3V、2V 乃至 1.8V 供电。供电电压降下来，要归功于半导体工艺的发展。从原来的 3 μm 工艺到现在的 0.25 μm、0.18 μm、0.13 μm 工艺，CMOS 电路的门限电平阈值不断降低。低电压供电可以大大降低系统的工作电流，但是由于晶体管的尺寸不断减小，管子的漏电流有增大的趋势，这也是对降低功耗不利的一个方面。

目前，单片机系统的电源电压仍以 5V 为主，而过去 5 年中，3V 供电的单片机系统数量增加了 1 倍，2V 供电的系统也在不断增加。再过五年，低电压供电的单片机数量可能会超过 5V 电压供电的单片机。如此看来，供电电压降低将是未来单片机发展的一个重要趋势。

TI 公司的 MSP430 系列单片机是一种超低功耗类型的 16 位单片机。它采用了 RISC 内核结构，特别适合于应用电池的场合或手持设备。同时，该系列单片机将大量的外围模块

(如液晶驱动器、看门狗、A/D 转换器、硬件乘法器、模拟比较器等)集成到片内,特别适合于设计片上系统。

在超低功耗方面,MSP430 能够实现在 1.8～3.6V 电压和 1 MHz 的时钟条件下运行,耗电电流(0.1～400 μA 之间)因不同的工作模式而不同,如在液晶显示的条件下,其耗电只有 0.8 μA。MSP430 在应用中的典型情况有:在 4 kHz、2.2V 条件下工作消耗电流为 2.5 μA;在 1 MHz、2.2V 条件下工作消耗电流为 280 μA;在只有 RAM 数据保持的低功耗模式下工作消耗电流只有 0.1 μA。在运算速度方面,MSP430 系列单片机能在 8 MHz 晶体的驱动下实现 125ns 的指令周期。16 位的数据宽度以及采用多功能的硬件乘法器(能实现乘加),能实现数字信号处理的某些算法,如 FFT 等。

2. 合理选择外围元器件

作为一个完整的单片机应用系统,如果想要整个系统的功耗都得以降低,单靠单片机本身并不能实现,其外围元器件的选择也相当重要。现在各大 IC 生产厂商几乎都在这类产品上有所发展。在模拟电路方面,在满足其性能要求的同时,尽量选用与单片机工作电源相匹配的低电源产品以及专为超低功耗系统设计的器件,如超低功耗电源、A/D 转换器、D/A 转换器、放大器和存储器等。而显示屏自然也要选那些低电源电压和低功耗的液晶显示屏。

超低功耗单片机需要的电源范围一般为 1.2～3.3 V,生产超低功耗电源的厂家很多,有 Holtek 公司、Telcom 公司等。为了满足超低功耗单片机的电源需要,可采用电压变换器。电压变换器可分为升压式 DC-DC 变换器和降压式 DC-DC 变换器。超低功耗 A/D 和 D/A 转换器的生产厂家主要有 MAXIM 公司、AD 公司等,其主要产品有 MAX1277/9、MAX1070/1、ADS1216 和 MAX520、AD5300、DAC8541 等。它们的工作电压基本上都在 2.7～3.6 V。

运算放大器的选择需要多方面的综合考虑。如为了保持低消耗电流,必须选择具有兆欧(MΩ)级阻值的反馈网络电阻器,这就有可能影响放大级的噪声和准确度指标。同时,超低供电电流放大器的运算速度一般都非常慢(低带宽),仅适合于速度较慢的信号,为了获得较大的带宽,就需要消耗更多的功率。在现有的运算放大器当中,当静态电流给定后,可获得的带宽是存在显著差异的,在选择时要引起注意。由于其功耗很低,所以输出电流受到限制,从而导致其容性负载驱动能力下降。另外,极低功耗运算放大器的噪声电平较高,因而极大地限制了其在高精度应用中的推广使用。为了降低功耗,使用中可采取启动(停机)功能来开启和关断放大器。

常用的低电压低功耗的静态程序存储器有很多,有静态存储器 NVRAM、FRAM、FLASH,以及 Cypress 公司的 CY62XXXX 系列、HOLTEK 公司的非挥发存储器 OTP EPROM 系列、3-Wire EEPROM 系列、I^2C EEPROM 系列等。其中,静态存储器 NVRAM 具有掉电保存功能,采用单 5V 或者 3V 供电,功耗小于 5mW,微功耗型电流小于 20 μA,常用的有 DCM 系列、HK 系列和 BS 系列等。新型超低功耗存储器 FRAM 具有掉电数据保存、读写速度快、超低功耗、擦写次数几乎无限等优点,生产这类存储器的厂商很多,有 Ramtron、Motorola、TI、松下、夏普和 NEC 等公司。

对于数字电路,一般都选 HCMOS 器件。仅从功耗角度考虑,对于 74 系列芯片,可选用 74HC 或 74HCT 系列。后者为 74LS 系列的每门功耗的百分之几或千分之几。对于 4000 系列芯片也可选用 HC 或 HCT 系列。MAXIM 公司的比较器 MAX987/991,Philips 公司的PCF8574、PCF8563系列，ATMEL公司的24WC系列I^2C器件等都是微安级产品。

3. 供电管理硬件设计

降低单片机的供电电压可以有效地降低其功耗。当前，单片机从与TTL兼容的5 V供电降低到了3.3 V、3 V、2 V乃至1.8 V。供电电压的下降，主要归功于半导体工艺的发展，从原来的3 μm工艺到现在的0.25 μm、0.18 μm、0.13 μm工艺，CMOS电路的门限电平阈值不断降低。低电压供电可以大大降低系统的工作电流，但是由于晶体管的尺寸不断减小，晶体管的漏电流有增大的趋势，这也是对降低功耗不利的一个方面。在采用单电池电源时应实现多分支电源网络管理，使得系统各功能模块的电源相对独立地供电，在不工作时可以分别断电，以节省功耗。

在供电控制方式中的总线电源开关应选择一些具有导通电阻小、静态功耗小、开关速度快、驱动电流小的器件，如可选择MOSFET。同时还应选择具有可关断的DC-DC模块或电源总线开关。这样可以利用微机做到实时关断控制，有利于独立供电支路功耗的管理。

在电路设计中，应对系统中电源泄漏电流进行检查，其中包括系统电源泄漏、RC泄漏、分布电路泄漏、保护电路泄漏、意外泄漏以及电源关断的防泄漏等。同时还须耐心地进行静态运行的全功耗测定与比较，切实把系统功耗降到最低。除此以外，还有其他一些应注意的问题，如减少电路的分布电容，在正常工作的情况下最大限度地加大各通路的阻抗等。

4. 选择带有低功耗模式的系统

低功耗模式指的是系统的等待和停止模式。处于这类模式下的单片机功耗将大大小于运行模式下的功耗。过去传统的单片机，在运行模式下有Wait和Stop两条指令，可以使单片机进入等待或停止状态，以达到省电的目的。

等待模式下，CPU停止工作，但系统时钟并不停止，单片机的外围I/O模块也不停止工作；系统功耗一般降低有限，相当于工作模式的50%～70%。

停止模式下，系统时钟也将停止，由外部事件中断重新启动系统时钟，进而唤醒CPU继续工作，CPU消耗电流可降到微安级。在停止模式下，CPU本身实际上已经不消耗电流了，要想进一步减小系统功耗，就要尽量将单片机的各个I/O模块关掉。随着I/O模块的逐个关闭，系统的功耗越来越小，进入停止模式的深度也越来越深。进入深度停止模式无异于关机，这时的单片机耗电可以小于20 nA。其中特别要提示的是，片内RAM停止供电后，RAM中存储的数据会丢失，也就是说，唤醒CPU后要重新对系统作初始化。因此在让系统进入深度停止状态前，要将重要系统参数保存在非易失性存储器中，如EEPROM中。深度停止模式关掉了所有的I/O模块，可能的唤醒方式也很有限，一般只能是复位或IRQ中断等。

保留的I/O模块越多，系统允许的唤醒中断源也就越多。单片机的功耗将根据保留唤醒方式的不同，降至1微安至几十微安之间。例如，用户可以保留外部键盘中断，保留异步串行口(SCI)接收数据中断等来唤醒CPU。保留的唤醒方式越多，系统耗电也就会多一些。其他可能的唤醒方式还有实时钟唤醒、看门狗唤醒等。停机状态较浅的情况下，外部晶振电路还是工作的。

以TI的MSP430单片机为例，不同运行模式下的系统功耗是不同的。MSP430是16位单片机，有多个系列，各系列I/O模块数目有所不同，但低功耗模式下的电流消耗大致相同。如图12-1所示。

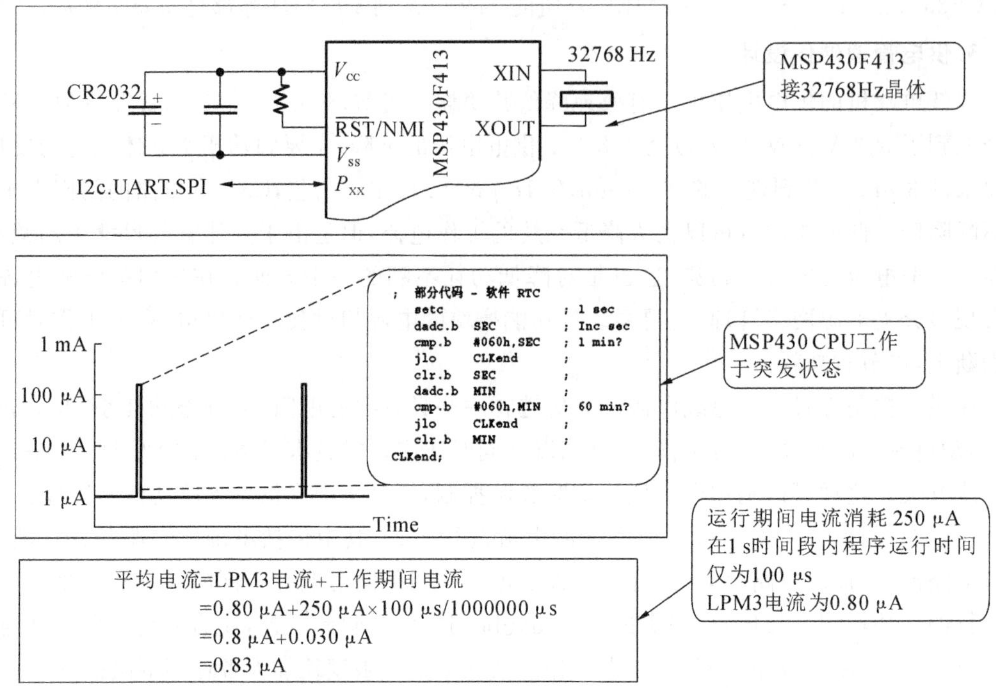

图 12-1　MSP430 单片机各模式下的功耗

5. 选择合适的时钟方案

时钟的选择对于系统功耗相当敏感，设计者需要注意两个方面的问题。

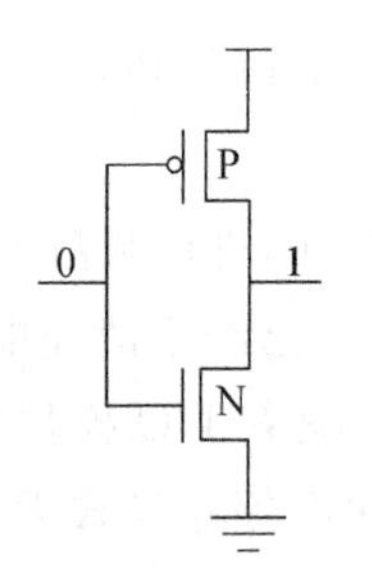

图 12-2　典型的 CMOS 反相器电路

第一是系统总线频率应当尽量低。单片机内部的总电流消耗可分为两部分——运行电流和漏电流。理想的 CMOS 开关电路，在保持输出状态不变时，是不消耗功率的。例如，典型的 CMOS 反相器电路，如图 12-2 所示，当输入端为零时，输出端为 1，P 晶体管导通，N 晶体管截止，没有电流流过。而实际上，由于 N 晶体管存在一定漏电流，且随集成度提高，管基越薄，漏电流会加大。温度升高，CMOS 翻转阈电压会降低，而漏电流则随环境温度的增高变大。

在单片机运行时，开关电路不断由“1”变“0”、由“0”变“1”，消耗的功率是由单片机运行引起的，我们称之为“运行电流”。如图 12-2 所示，在两只晶体管互相变换导通、截止状态时，由于两只管子的开关延迟时间不可能完全一致，在某一瞬间会有两只管子同时导通的情况，此时电源到地之间会有一个瞬间较大的电流，这是单片机运行电流的主要来源。可以看出，运行电流几乎是和单片机的时钟频率成正比的，因此尽量降低系统时钟的运行频率可以有效地降低系统功耗。

第二是时钟方案，也就是是否使用锁相环、使用外部晶振还是内部晶振等问题。新一代的单片机，如 TI 的 MSP430 系列单片机，片内带有内部晶振，可以直接作为时钟源。使用片内晶振的优点是可以省掉片外晶振，降低系统的硬件成本；缺点是片内晶振的精度不高（误差一般在 25%左右，即使校准之后也可能有 2%的相对误差），而且会增加系统的功耗。

现代单片机普遍采用锁相环技术，使单片机的时钟频率可由程序控制。锁相环允许用户在片外使用频率较低的晶振,可以很大程度上减小板级噪声;而且,由于时钟频率可由程序控制,系统时钟可以在一个很宽的范围内调整,总线频率往往能升得很高。但是,使用锁相环也会带来额外的功率消耗。

单就时钟方案来讲,使用外部晶振且不使用锁相环是功率消耗最小的一种。

12.1.2 应用软件设计

之所以使用“应用软件”的说法,是为了区分于“系统软件”或者“实时操作系统”。软件对于一个低功耗系统的重要性常常被人们忽略。一个重要的原因是,软件上的缺陷并不像硬件那样容易发现,同时也没有一个严格的标准来判断一个软件的低功耗特性。尽管如此,设计者仍需尽量将应用的低功耗特性反映在软件中,以避免那些“看不见”的功耗损失。

采用单片机作为控制部件时,会存在低功耗软件设计问题。利用单片机的智能特性,就是尽量用软件替代硬件。这样不仅简化了硬件设计,而且对降低功耗也起到了重要的作用。利用单片机提供的闲置、掉电工作方式,可尽量避免循环、查询、动态扫描等工作。单片机进入“节电”工作方式时,CPU 被冻结,不执行程序,只有中断系统、定时器和外部接口(如串行通信口、数据采集口等)仍在工作,而这些外部接口可在单片机进入“节电”方式前将它们的电源关闭,这样整个系统的功耗可降到正常工作的几百分之一,节能效果非常理想。

低功耗应用软件设计可从以下几方面进行考虑。

1. 功能模块程序设计时尽量做到下列几点

用定时中断实现延时子程序;键盘扫描程序采用外部中断服务程序;尽量减少 CPU 抗干扰中的冗余指令及软件陷阱,散转程序中的逐次比较法等最好不要采用;单片机的看门狗功能与电压侦测功能往往要消耗不少的电流,应尽量取消这类功能,尤其是进入低功耗状态之前,一定要注意这类功能状态的设置。

2. 用“中断”代替“查询”

一个程序使用中断方式还是查询方式对于一些简单的应用并不那么重要,但在其低功耗特性上却相去甚远。使用中断方式,CPU 可以什么都不做,甚至可以进入等待模式或停止模式;而查询方式下,CPU 必须不停地访问 I/O 寄存器,这会带来很多额外的功耗。

3. 用“宏”代替“子程序”

程序员必须清楚,读 RAM 会比读 Flash 带来更大的功耗。正是因为如此,低功耗性能突出的 ARM 在 CPU 设计上仅允许一次子程序调用。因为 CPU 进入子程序时,会首先将当前 CPU 寄存器推入堆栈(RAM),在离开时又将 CPU 寄存器弹出堆栈,这样至少带来两次对 RAM 的操作。因此,程序员可以考虑用宏定义来代替子程序调用。对于程序员,调用一个子程序还是一个宏在程序写法上并没有什么不同,但宏会在编译时展开,CPU 只是按顺序执行指令,避免了调用子程序。唯一的问题似乎是代码量的增加。目前,单片机的片内 Flash 越来越大,对于一些不在乎程序代码量大一些的应用,这种做法无疑会降低系统的功耗。

4. 尽量减少 CPU 的运算量

减少 CPU 运算的工作可以从很多方面入手:将一些运算的结果预先算好,放在

Flash中，用查表的方法替代实时的计算，减少CPU的运算工作量，可以有效地降低CPU的功耗（很多单片机都有快速有效的查表指令和寻址方式，用以优化查表算法）；对于不可避免的实时计算，算到精度够了就结束，避免"过度"计算；尽量使用短的数据类型，例如，尽量使用字符型的8位数据替代16位的整型数据，尽量使用分数运算而避免浮点数运算等。

5. 让I/O模块间歇运行

不用的I/O模块或间歇使用的I/O模块要及时关掉，以节省电能。RS232的驱动需要一定的功率，可以用单片机的一个I/O引脚来控制，在不需要通信时，将驱动关掉。不用的I/O引脚要设置成输出或设置成输入，用上拉电阻拉高。因为如果引脚没有初始化，可能会增大单片机的漏电流。特别要注意有些简单封装的单片机没有把个别I/O引脚引出来，对这些看不见的I/O引脚也不应忘记初始化。

12.2 MSP430系列单片机常用接口设计

12.2.1 键盘接口设计

1. 独立按键式键盘

独立按键式键盘是指使用按键与单片机的I/O口线直接连接的方法构成的单个按键电路，如图12-3所示，3个独立按键直接与3条口线相连形成3按键独立式键盘。

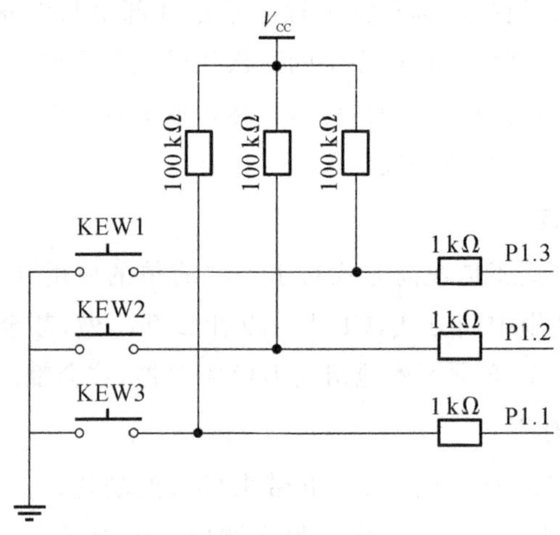

图12-3 独立式键盘连接方式

当某一按键KEY_n（$n=1\sim3$）闭合时，P1.*n*输入为低电平，释放时P1.*n*输入为高电平。由于机械按键的弹簧片存在着轻微的弹跳现象，当再按下一次KEY_n时，P1.*n*的输入波形如图12-4所示。

图12-4中t_1和t_3分别为键闭合和释放过程的抖动期，呈现一串抖动脉冲波，其时间长短与按键的机械特性有关，一般在5～10ms之间。在键闭合的稳定期t_2期间，P1.*n*为低电平，其时间由操作员按键的动作所确定，一般为几百毫秒至几秒。t_0和t_4为按键释放期。为了确保CPU对按键的一次闭合仅作一次处理，必须去除抖动，常用的清除抖动的方法有3

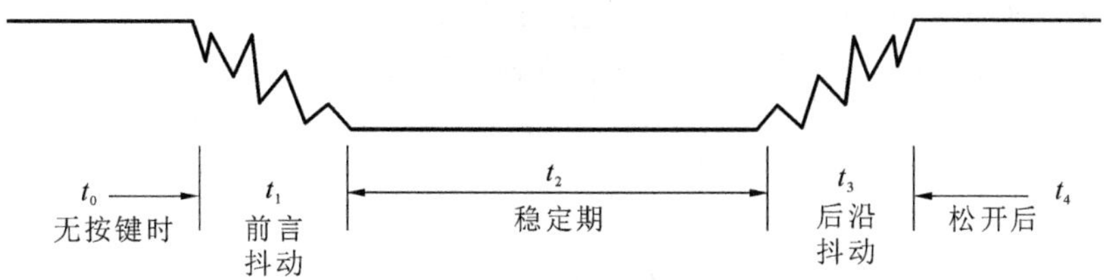

图 12-4　按键抖动波形

种：① R-S 触发器构成的去抖动电路；② 使用电阻和电容构成积分器；③ 使用软件延时。

键盘扫描控制有定时查询法和中断控制法两种。因为 MSP430 的 P0、P1、P2 等 3 个 8 位端口都有中断能力，建议读者使用中断方式，在主程序中须设置 P1 口中断使能。图 12-3 所示的键盘连接的示例中断服务程序如下：

```
# include< msp430x44x.h>
unsigned char keybuf;           // 键值缓存器
unsigned char P1key(void)           // 判键子程序
  {unsigned char x;
x= (P1IN&0x0e);           // P1.3~P1.1 接有按键
return(x);                   // 有按键返回
  }
unsigned char keycode()               // 找哪个按键被按下,查键值子程序
  {
unsigned char x= 0x0e;
if ((P1IN&0x0e)= = 0x0c)           // 是否第一个按键被按下
x= 1;                       // 给出键帽值 1
         else
if ((P1IN&0x0e)= = 0x0a)         // 是否第二个按键被按下
   x= 2;                         // 给出键帽值 2
       else
if ((P1IN&0x0e)= = 0x06)          // 是否第三个按键被按下
  x= 3;                         // 给出键帽值 3
         return(x);
}
# pragma vector= PORT1_VECTOR          // 端口 1 的中断服务程序
__interrupt void port1_vector(void)
{ unsigned int i;
while(P1key()! = 0x0e)
       {
         for (i= 0;i< 100;i+ + );               // 延时消除抖动
       }
while(P1key()! = 0x0e)
       {
         keybuf= keycode();               // 确定有键被按下,找按键的键值
       }
```

```
while(P1key()= = 0x0e)                         // 等待按键松开
        P1IFG= 0x00;                            // 消除中断标志
  }
main ()
{
WDTCTL= WDTPW+ WDTHOLD;                   // 停止看门狗
P1IES |= BIT1+ BIT2+ BIT3;                    // 对应引脚下降沿使相应标志置位
P1IE |= BIT1+ BIT2+ BIT3;                         // 允许对应位中断
_EINT();                                           // 开中断
P5DIR |= BIT1;
  P5OUT &= ~ BIT1;
while(1)
{ //keycode();
  switch (keycode())
  {case 0x0e:break;
case 1:_______                                  // 键 1 的处理
case 2:_______                                  // 键 2 的处理
case 3:_______                                  // 键 3 的处理
}
}
```

2. 矩阵式键盘

独立式按键一般都只能应用在按键用量较少的简单场合，当系统功能较多，用键量较大时就要采用矩阵式键盘结构(行列扫描式键盘)，这样可使用较少的 I/O 口线连接较多的按键。图 12-5 所示为通过 MSP430 的 P1 口接的 12(3×4=12) 个按键(编号为 1～9、a～c)构成的行列扫描式键盘示例。下面分析如何在行列扫描式键盘上实现键盘的 3 个步骤:判断有无按键按下、键码识别、等待按键松开。

1) 判断有无按键按下

在图 12-5 中，P1 口的 7 条 I/O 口线被分成三条行线 P1.3～P1.1，4 条列线 P1.7～P1.4，其中列线分别由电阻上拉到电源。按键的两端分别接在行线和列线上，行线与列线的每一个交界处均有一个按键。如果有按键按下，则与之相连的行线和列线被接通。要想检测是否有按键按下，先使 3 条行线输出低电平，读列线 P1.7～P1.4。因所有的列线经上拉电阻接至 V_{CC}，所以如果有按键按下，则读进来的高 4 位不是 F，与按下按键相接的列线读得的是 0;如果没有按键按下，读进来的高 4 位是 F，由此即可以判断是否有按键被按下。相应程序如下:

```
unsigned char P1key(void)                                  //判键子程序
      {unsigned char x;
x= (P1IN&0xf0);                        //P1.7～P1.4 接有按键，另一端接V cc
return(x);    //有按键返回
      }
```

当使用软件延时，当检测到有按键按下之后，等待 10ms 再检测是否有按键被按下。

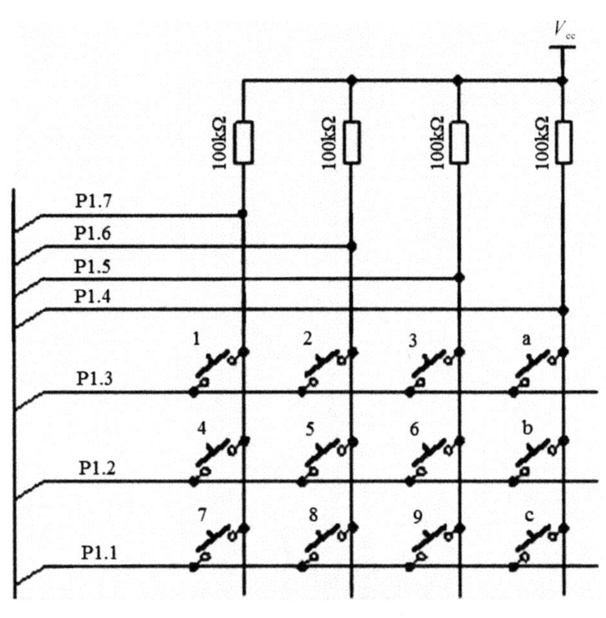

图 12-5　矩阵按键接口

2）键码识别

对于行列式矩阵键盘，常采用扫描的办法识别键码。通过 3 条行线输出低电平，读列线 P1.7～P1.4 的办法来得知是否有按键被按下。可以用同样的方法来确认究竟是哪一个按键被按下。

由图 12-5 可知，如果 3 条行线没有输出低电平，则尽管有按键被按下，从列线读到高电平。利用这一原理进行分时扫描，在行线上分别扫描输出低电平，当在某一条列线上读取到不是“1”时，根据输出“0”电平的行线和读到“0”的列线就可以确定是哪一个按键被按下了，由此可识别出所按之键的键位，键码也可以由此得到。

3）等待按键松开

与独立式按键一样，反复调用键号扫描子程序，直到判断结果为没有按键按下为止。图 12-5 所示矩阵按键连接图的完整的键盘扫描子程序如下：

```
# include< msp430x44x.h>
unsigned char keybuf;                              //键值缓存器
unsigned char P1key(void)                          //键扫描子程序
  {unsigned char x;
x= (P1IN&0xf0);
return(x);     //有按键返回
  }
unsigned char keycode()               //判断是否有按键按下,查键扫描子程序
  {unsigned char x= 0xff;
P1OUT= 0XF7;
if((P1IN&0XF0)= = 0X70)                  //是否第一个按键被按下
  x= 1;                                 //给出键号# 1
    else
if((P1IN&0XF0)= = 0XB0)                  //是否第二个按键被按下
```

```
      x= 2;                                    //给出键号# 2
      else
     if((P1IN&0XF0)= = 0XD0)
      x= 3;
      else
if((P1IN&0XF0)= = 0XE0)
      x= 0x0a;
       else
      {P1OUT= 0XFB;
     if((P1IN&0XF0)= = 0X70)
      x= 4;
      else
if((P1IN&0XF0)= = 0XB0)
      x= 5;
     else
if((P1IN&0XF0)= = 0XD0)
      x= 6;
   else
if((P1IN&0XF0)= = 0XE0)
      x= 0x0b;
   else
     {P1OUT= 0XFD;
if((P1IN&0XF0)= = 0X70)
      x= 7;
     else
if((P1IN&0XF0)= = 0XB0)
   x= 8;
   else
if((P1IN&0XF0)= = 0XD0)
   x= 9;
     else
if((P1IN&0XF0)= = 0XE0)
      x= 0x0c;  else x= 0xff;
      }
        }
   return(x);
}
# pragma vector= PORT1_VECTOR                    //P1 的中断服务程序
_ _interrupt void port1_vector(void)
{ unsigned int i;
     while(P1key()! = 0xf0)
        {
           for (i= 0;i< 100;i+ + );             //延时消除抖动
```

```
        }
      while(P1key()! = 0xf0)
        {
          keybuf= keycode();                //有键按下,找按键值
        }
     while(P1key()= = 0xf0)                      //等待按键松开
       P1IFG= 0x00;                              //消除中断标志
   }
main ()
{
WDTCTL= WDTPW+ WDTHOLD;                   //停止看门狗
P1IES |= BIT7+ BIT6+ BIT5+ BIT4;         //对应引脚下降沿使相应标志置位
P1IE |= BIT7+ BIT6+ BIT5+ BIT4;                     //允许对应位中断
_EINT();                                          //开中断
  P1DIR= 0X0F;
P1OUT= 0XF0;
P5DIR |= BIT1;
  P5OUT &= ~ BIT1;
  while(1)
{ //keycode();
   switch (keycode())
     {case 0xff:break;
       case 1:——;                              //执行 1 号键要处理的程序
       case 2:——;                             //执行 2 号键要处理的程序
       case 3:——;                             //执行 3 号键要处理的程序
       case 4:——;                             //执行 4 号键要处理的程序
       case 5:——;                             //执行 5 号键要处理的程序
     case 6:——;                             //执行 6 号键要处理的程序
       case 7:——;                             //执行 7 号键要处理的程序
     case 8:——;                             //执行 8 号键要处理的程序
     case 9:——;                             //执行 9 号键要处理的程序
       case 0x0a:——;                          //执行 a 号键要处理的程序
       case 0x0b:——;                          //执行 b 号键要处理的程序
       case 0x0c:——;                          //执行 c 号键要处理的程序
   }
   }
}
```

12.2.2 数字显示系统设计

单片机应用系统中,使用的显示器件主要有 LED 数码管(发光二极管)、LCD 液晶显示器和 CRT 显示器。前两种显示器成本低廉,配置灵活,与单片机连接方便。本节主要介绍 LED 和 LCD 显示接口的设计方法。

1. LED 数码管显示接口

LED 显示块是利用发光二极管显示字段的显示器件。LED 显示块具有亮度高、结构简单、全天候的特点，因此在单片机应用系统中应用最广。

1）LED 显示器结构与原理

单片机应用系统中通常使用的是七段 LED，通常七段 LED 显示块由七个发光二极管构成七笔字形“日”与一个发光二极管为圆点形状构成小数点组成。这种显示器有共阴极和共阳极两种。将发光二极管的所有正极并接后组成公共端，8 个发光二极管的负极则各自独立引出，称为共阳显示器，如图 12-6(c)所示。当某个字段的负极加低电平时，对应的字段就点亮。将 8 个发光二极管的负极全部连接在一起组成公共端，8 个发光二极管的正极则各自独立引出，称为共阴显示器，如图 12-6(d)所示。当某个字段的阳极加高电平时，对应的字段就点亮。无论何种形式的 LED 显示器，它们排列成“日”字形的各个笔画段和名称都是相同的，如图 12-6 所示，分别为 a、b、c、d、e、f、g、h，这些笔画段的引脚排列也是统一的。

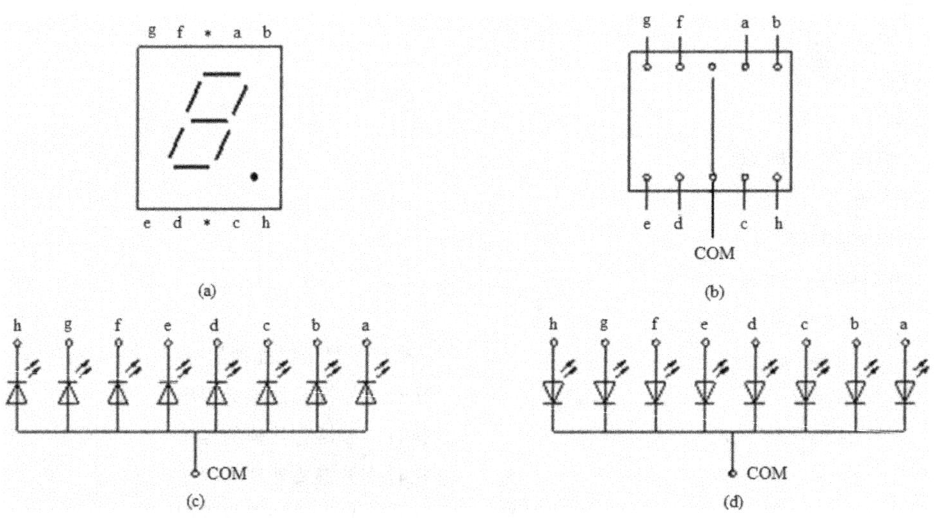

图 12-6　LED 数码显示器

2）LED 显示器的显示方式

在单片机应用系统中使用 LED 显示块可以构成 N 位 LED 显示器。N 位 LED 显示器有 N 根位选线和 $8\times N$ 根段选线。根据显示方式不同，位选线与段选线的连接方法也不同。段选线控制字符选择，位选线控制显示位的亮、暗。

LED 显示器的显示有静态和动态两种方法。所谓静态显示（如图 12-7 所示），是指共阴极或共阳极连接在一起接地或接+5V，每位的段选线与一个 8 位并行口相连，每一位可独立显示，只要在该位的段选线上保持段选码电平，该位就能保持相应的显示字符。如果要在数码管上显示“1”“2”“3”“4”，则只需要在 P1 口输出。

在静态显示中，每一显示位都需要一个 8 位的输出口控制，占用硬件较多，一般仅用于显示器位数较少的场合。

动态显示（如图 12-8 所示）就是一位一位地轮流点亮各位显示器。在多位 LED 显示时，为了简化电路和降低成本，可将所有位的段选线并联在一起，由一个 8 位 I/O 口控制，而共阴极点或共阳极点分别由相应的 I/O 口线控制。要想每位显示不同的字符，必须采用扫

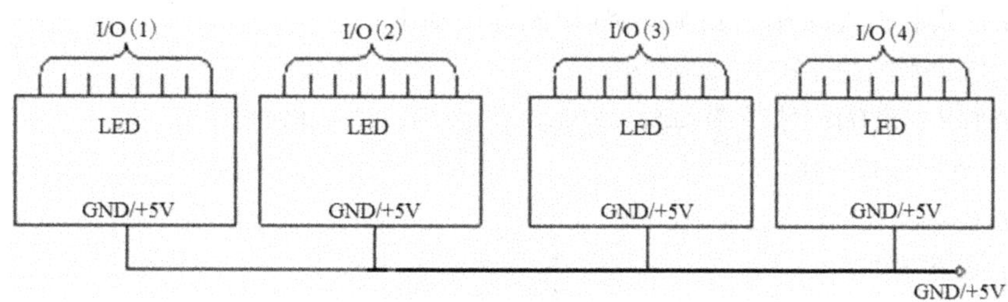

图 12-7　静态显示连接

描显示方式。即在每一瞬间只使某一位显示相应字符。显示位的亮度既跟导通电流有关，也和点亮时间与间隔时间的比例有关。动态显示器因其硬件成本较低，常被使用。

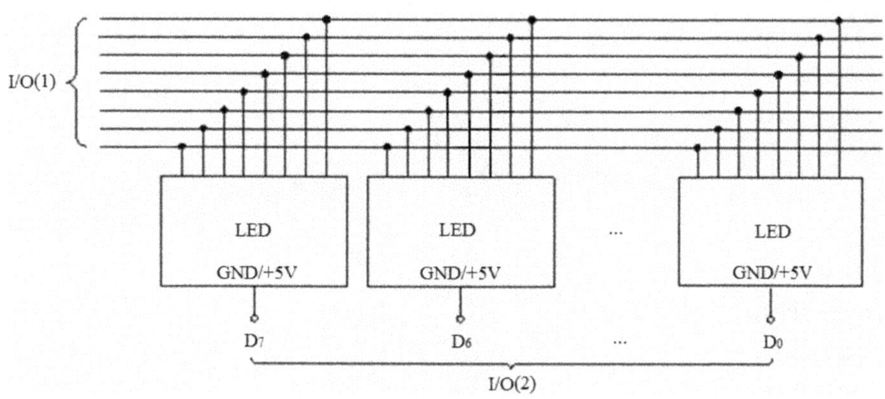

图 12-8　动态显示连接

3) LED 显示器接口实例

LED 显示器接口电路实例如图 12-9 所示，其中，LED 为共阴极数码管，P3.0～P3.7 既为 LED 的段选线，又为 LED 的位选线。其工作方式为：当 P4.1 为低电平时，P3.0～P3.7 为 LED 的段选线，依次对应 LED 的 a、f、b、g、c、h、d、e；当 P4.0 为低电平时，P3.0～P3.5 为 LED 的位选线，依次对应 5D、4D、3D、2D、1D、0D。

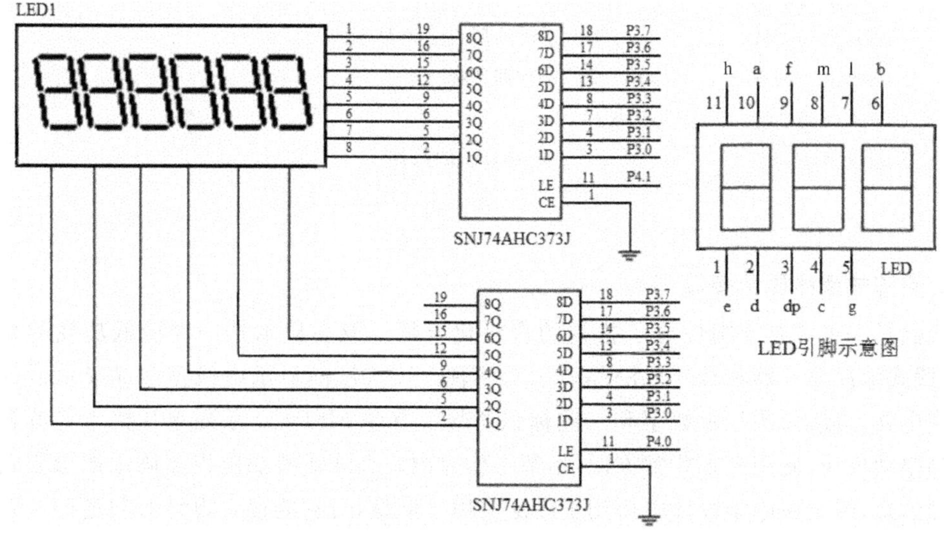

图 12-9　LED 显示器接口电路

如要在数码管的左边第三位显示 8，相关程序如下：

```
/* LED显示程序,左边第三位显示 8* /
/* 数码管从左到右排列依次为 LED1、LED2、LED3、LED4、LED5、LED6* /
# include "msp430x44x.h"
# define LED1 0x3E;
# define LED2 0x3D;
# define LED3 0x3B;
# define LED4 0x37;
# define LED5 0x2F;
# define LED6 0x1F;
int Digit[10]= {0XD7,0X14,0XCD,0X5D,0X1E,0X5B,0XDB,0X15,0XDF,0X5F};
void Delay(int m)
  {while(m- - > 0);}
void Display(int x)
{
P3OUT= Digit[x];
P4OUT= 0X02;
  P4OUT= 0X00;
  P3OUT= LED3;
  P4OUT= 0x01;
  P4OUT= 0X00;
Delay(500);
}
void main(void)
{  WDTCTL= WDTHOLD+ WDTPW;
  while(1)
{
P4DIR= 0X03;
     P3DIR= 0XFF;
     P3OUT= 0X00;                    //清除所有 LED 显示
     P4OUT= 0X02;                    //数据选择
     P4OUT= 0X00;
   Display(8);                        //要显示的数据
}
}
```

2. 点阵式液晶显示接口

液晶是一种具有规则性分子排列的有机化合物。液晶显示是一种极低功耗的显示器件，有段式液晶显示器和点阵式液晶显示器两种。段式液晶显示由段型液晶显示器件和专用集成电路组成，只能显示数字和一些标识符号。有些 MSP430 系列单片机本身就含有段式液晶驱动模块，使用起来非常方便，本节不作介绍。点阵式液晶能以点阵或图形方式显示出各种信息，因此在电子设计中得到了广泛应用。但是，对它的接口设计必须遵循一定的硬件和时序规范，不同的液晶显示驱动器，可能需要采用不同的接口方式和控制指令才能够实现所需信息的显示。

点阵式液晶显示有字符点阵式液晶显示和图形全点阵式液晶显示两种。典型的字符点阵式液晶显示器由控制器、驱动器、字符发生器 ROM、字符发生器 RAM 和液晶屏组成。字符由 5×7 点阵或 5×10 点阵组成。但是在一些高端应用或有图形显示要求的系统中，段式液晶显示器或字符点阵式液晶显示器就不再适用了，因为这两种屏幕只能显示数字或一些外文字母，要想显示中文字或图形信息，可以采用全点阵图形液晶显示器。

全点阵图形液晶显示器一般由控制器、驱动器和全点阵液晶显示屏组成。对于全点阵图形液晶显示器，可以把它看作一张位图画布，对于单色屏幕，其上的每一个点都用一个 bit 来表示，“1”表示点亮，“0”表示熄灭；对于灰度或彩色屏幕，则一个点用若干 bit 来表示。下面以香港信利的 MSC-G12864DGEB-7N 点阵式液晶为例，介绍点阵式图形液晶显示器的设计。

1）MSC-G12864DGEB-7N 点阵式液晶显示芯片简介

MSC-G12864DGEB-7N 是一个带有 LCD 驱动器和控制器的全点阵式液晶显示芯片，其分辨率是 128×64，屏幕共 64 行，分为 8 页，每页 8 行，每行 128 列。其内部结构如图 12-10 所示，该显示芯片主要由液晶屏阵列驱动电路 KS0108B、点阵式显示控制器 KS0107B、LCD 显示器和 LED 背光灯等 4 部分组成。其中 KS0107B 是公共芯片，KS0108B 是通过它产生的时序控制的。两片 KS0108B 是列驱动及控制芯片，分别控制显示屏的两部分。MSC-G12864DGEB-7N 共有 20 个引脚，引脚及其定义如表 12-1 所示。

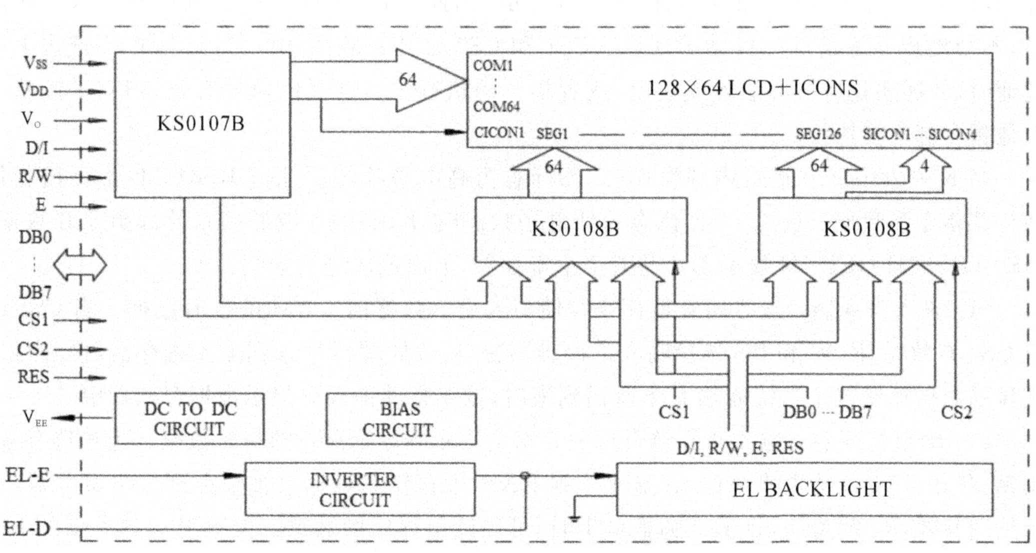

图 12-10 MSC-G12864DGEB-7N 内部结构图

表 12-1 MSC-G12864DGEB-7N 的引脚说明

引脚		说明
名称	序列	
V_{SS}	1	电源(GND)：0 V
V_{DD}	2	电源输入端：5 V
V_O	16	LCD 的显示驱动电压

续表

引　脚		说　明
名　称	序　列	
D/I(RS)	4	高,数字信号;低,指令代码
R/W	5	读写控制信号:高,读;低,写
E	6	使能信号:下降沿有效
DB0～DB7	7～14	外部数据总线
CS1	15	KS0108B(1) 的片选信号:高电平有效
CS2	16	KS0108B(2) 的片选信号:高电平有效
RES	17	复位端:低电平有效
V_{EE}	18	LCD 的输出电压
EL-D	19	背光的使能信号:低电平有效
EL-E	20	背光的驱动电源

2) MSC-G12864DGEB-7N 工作原理

MSC-G12864DGEB-7N 的显示 RAM 保存着被显示内容的点阵信息。显示 RAM 的每一位对应显示屏上的一个点,总共可以存储 128×64 个点的信息。通过选择对应的 RAM 页地址和列地址,微控制器可以访问其中的任何一个点。微控制器对 MSC-G12864DGEB-7N 的显示 RAM 的读/写操作通过 MSC-G12864DGEB-7N 的 I/O 缓冲器进行,并且该读操作和液晶显示屏驱动信号的读取操作是独立的,因此,当显示内存的数据同时被双方访问时,不会出现显示信息的抖动等现象。CS1 和 CS2 是芯片的片选信号,只有 CS1 或者 CS2 选通时,才能实现数据的输入或输出,或者指令的执行。一旦复位信号有效,则除了读状态其他指令都不能执行。

当 KS0108B 正在进行内部操作时,忙标志为高电平状态。此时 KS0108B 不再接收任何外部指令和数据。反之,当忙标志为低电平状态时,KS0108B 能够接收外部指令和数据。MSC-G12864DGEB-7N 显示芯片共有 7 个寄存器,下面依次进行介绍。

(1) 输入寄存器。输入寄存器用来存储写入显示数据前 RAM 的临时数据。当 CS1 或者 CS2 有效时,R/W 和 RS 选择输入寄存器,数据从微处理器写入到输入寄存器,接着写入到显示数据存储器。当使能端 E 下降沿到来时,数据自动锁存到显示数据存储器中。

(2) 输出寄存器。输出寄存器存储的是来自显示数据 RAM 的临时数据。当片选有效,R/W 有效,且 D/I 为电平高时,在显示数据 RAM 中存储的数据会被锁存到输出寄存器中;当片选有效,R/W 为高,且 D/I 为低电平时,可以读出存储的数据。要读显示数据 RAM 中的内容,需要两次读指令,第一次访问,显示数据 RAM 中的数据被锁存到输出寄存器中;第二次访问,微处理器才可以读到已锁存的数据。其功能如表 12-2 所示。

表 12-2　输出寄存器的功能

D/I	R/W	功　能
0	0	指令
	1	读状态
1	0	写数据(从输入寄存器到显示数据存储器)
	1	读数据(从显示数据存储器到输出寄存器)

（3）显示控制触发器。显示控制触发器用于屏幕显示的开关控制。当触发器复位（逻辑低电平）时，显示打开，允许段输出；当触发器置位（逻辑高电平）时，显示关闭。

显示控制触发器可以通过指令改变状态，当复位信号有效时，所有端的显示数据都消失，触发器的状态通过读指令输出到 DB5。

（4）X 页寄存器。X 页寄存器用于指定内部显示数据 RAM 页，它没有计数功能，只能通过指令来设置地址。

（5）Y 地址计数器。Y 地址计数器用来指定内部显示数据 RAM 的地址，可以通过指令来设置，也可以通过读或者写显示数据来自动进行增 1 计数。

（6）显示数据 RAM。显示数据 RAM 用来存储液晶显示器要显示的数据。显示为“1”，关闭为“0”。

（7）显示起始行寄存器。显示起始行寄存器用来说明显示数据 RAM 到液晶显示器的显示顶行的地址。显示开始行的数据位（DB0～DB5）的设置指令是由显示起始行寄存器锁存的，它用来滚动液晶显示屏。

3）MSC-G12864DGEB-7N 显示控制指令

显示控制指令用来控制 KS0108B 内在的状态，微处理器发出的显示控制指令用来完成 KS0108B 的显示控制。

（1）显示开关控制（display ON/OFF）。显示开关设置如下：

RS	R/W	DB7	DB6	DB5	DB4	DB3	DB2	DB1	DB0
0	0	0	0	1	1	1	1	1	display

- Display：控制显示的开或者关，不影响内部状态和显示 RAM 的状态。

0	关闭显示；	1	打开显示。

（2）设置 Y 地址（set address）。地址设置如下：

RS	R/W	DB7	DB6	DB5	DB4	DB3	DB2	DB1	DB0
0	0	0	1	Y 地址					

该指令是将 DB5～DB0 送入 Y 地址寄存器，作为 Y 地址指针。在对显示数据 RAM 进行读/写操作后，Y 地址自动加 1，指向下一个显示数据 RAM 单元。

（3）设置页地址（X 地址）（set page）。页地址（X 地址）设置如下：

RS	R/W	DB7	DB6	DB5	DB4	DB3	DB2	DB1	DB0
0	0	1	0	1	1	1	页（0～7）		

所谓页地址，也就是显示数据的行地址，8 行为一页，所以 64 行共 8 页。D2～D0 表示 0～7 页。该指令用来设置 X 地址到 X 地址寄存器。

(4) 设置起始地址(display start line)。起始地址设置如下：

RS	R/W	DB7	DB6	DB5	DB4	DB3	DB2	DB1	DB0
0	0	1	1	显示的起始地址(0～63)					

将 DB5～DB0 送入起始地址寄存器，起始行可以是 0～63 的任意一行。

(5) 读状态(status read)。读状态时各位定义如下：

RS	R/W	DB7	DB6	DB5	DB4	DB3	DB2	DB1	DB0
0	1	BUSY	0	ON/OFF	RESET	0	0	0	0

- BUSY：表示显示器当前的忙闲状态。

0　准备状态；｜1　忙，工作中。

- ON/OFF：表示显示器的开闭状态。

0　开显示；｜1　关显示。

- RESET：表示显示器当前的工作状态。

0　正常工作；｜1　复位。

(6) 写显示数据(write display data)。写指令将数据 DB7～DB0 写到显示数据 RAM，Y 地址指针自动加 1。写显示数据时各位定义如下：

RS	R/W	DB7	DB6	DB5	DB4	DB3	DB2	DB1	DB0
1	0	写数据							

(7) 读显示数据(read display data)。从显示数据 RAM 中将数据 DB7～DB0 读到数据总线上。读显示数据时各位定义如下：

RS	R/W	DB7	DB6	DB5	DB4	DB3	DB2	DB1	DB0
1	1	读数据							

MSC-G12864DGEB-7N 可以通过 8 位双向数据总线(并行模式下)接收来自微控制器的数据，MSC-G12864DGEB-7N 的片选信号端、读/写信号端以及控制信号端(D/I)和数据线(DB0～DB7)都应该同微控制器的对应端口进行连接。此时 MSC-G12864DGEB-7N 内部显示 RAM 的数据以刷新液晶显示的内容，也可以通过数据总线读取显示内存的内容。

MSP430 系列单片机与 MSC-G12864DGEB-7N 液晶显示屏模块的一般连接方式如图 12-11所示。MSP430 的 I/O 口都是复用端口，因此必须根据需要设置引脚的状态。其中 P3.0 和 P3.1 与 LCD 的片选信号 CS1、CS2 相连，P4.0～P4.3 与 LCD 的 RES、E、R/W 和 D/I 相连，作为 LCD 的控制线；P2 口与 DB0～DB7 相连，作为 LCD 的数据线。

12.2.3　实时时钟芯片 DS1302 的接口设计

1. DS1302 的工作原理

DS1302 时钟芯片是一个带秒、时、分、日、日期、月、年的串行时钟保持芯片，该芯片具有

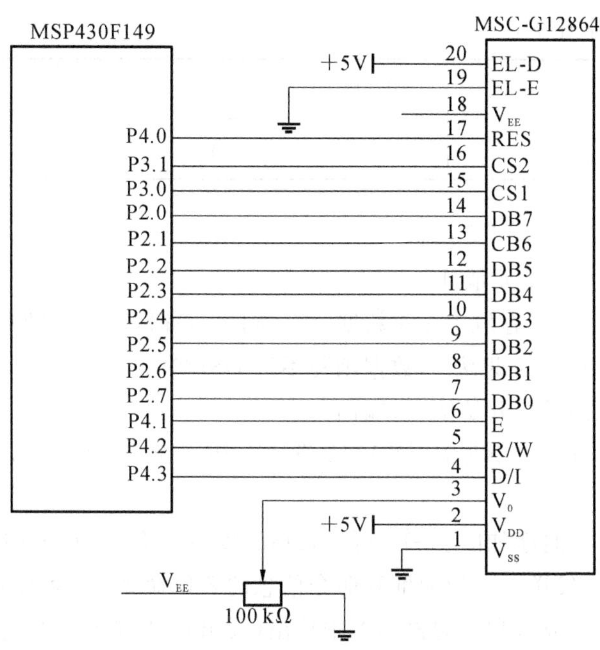

图 12-11　MSP430F149 与 MSC-G12864DGEB-7N 液晶显示屏模块的连接方式

低功耗工作方式,并能够进行每月天数以及闰年的自动调节。

DS1302 的性能特性如下。

(1) 工作电压:2.0～5.5V。

(2) 最大输入串行时钟:2.0V 时,500 Hz;5.0V 时,2 MHz。

(3) 工作电流:2.0V 时,小于 300 nA;5.0 V 时,至少为 1 μA。

(4) 与 TTL 电平兼容。

(5) 串行 I/O 口传送,简单的 3 线接口。

(6) 两种数据传送方式:单字节传送、多字节传送(字符组方式)。

(7) 所有寄存器都以 BCD 码格式存储。

DS1302 时钟的运行可以采用 24h 或带 AM(上午)/PM(下午)的 12h 格式,只需要 3 根线与 CPU 进行同步通信。DS1302 的引脚如图 12-12 所示,该芯片只有 8 个管脚,具体功能如下。

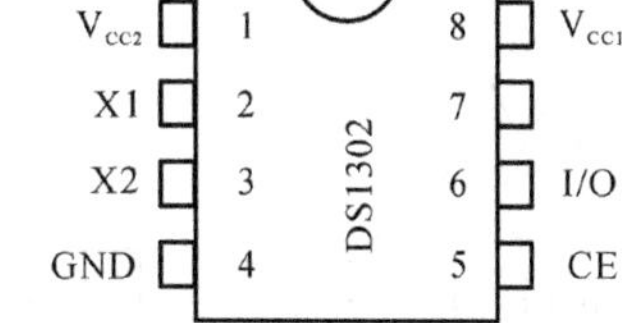

图 12-12　DS1302 芯片管脚图

(1) X1、X2:外接 32 kHz 晶体的管脚。

(2) GND:接地管脚。

(3) CE:复位/片选线。

(4) I/O:数据输入/输出管脚。

(5) SCLK:串行时钟输入管脚。

(6) V_{CC1}、V_{CC2}:电源管脚,其中 V_{CC1} 为备用电源管脚。

DS1302 有主电源/后备电源双电源引脚:V_{CC1} 在单电源系统中提供低电源,并提供低功率的电池备份;V_{CC2} 在双电源系统中提供主电源,在这种运行方式中,V_{CC1} 连接到备份电源,以便在没有主电源的情况下能保存时间信息以及数据。DS1302 由 V_{CC1} 或 V_{CC2} 中较大者供电。当

V_{CC2} 大于 V_{CC1} +0.2V 时，V_{CC2} 给 DS1302 供电；当 V_{CC2} 小于 V_{CC1} 时，V_{CC1} 给 DS1302 供电。

DS1302 的控制字如下：

7	6	5	4	3	2	1	0
1	RAM/CK	A4	A3	A2	A1	A0	R/W

- R/W：为 1 时读，为 0 时写。
- A0～A4：指示操作单元地址。
- RAM/CK：为 1 表示存取 RAM 数据，为 0 则表示存取日历时钟数据。

最高位必须为逻辑 1，如果为 0，数据则写不进 DS1302。

控制字节总是从最低位开始输入/输出。

当命令字节为 1001×××1 时，DS1302 设置在测试模式，这种模式仅在半导体公司测试时使用。

DS1302 数据读/写时序如图 12-13 所示，DS1302 在任何数据输送时都必须先初始化。在进行数据输送时，先发送一个带地址和命令信息的 8 位命令字，紧跟命令之后，时钟/日历数据传至相应的寄存器或从相应的寄存器中传出(读出)。所有数据的输入在 SCLK 的上升沿有效，输出在 SCLK 的下降沿有效。数据传送有单字节和多字节两种方式。单字节传送需要 16 个 SCLK 时钟脉冲，多字节需要 72 个 SCLK 时钟脉冲，数据的输入/输出都是从 0 位开始。如果在数据传送过程中置引脚为低电平，则终止本次数据传送，且 I/O 引脚呈高阻态。只有在 SCLK 为低电平时，才能将 RST 置高电平。

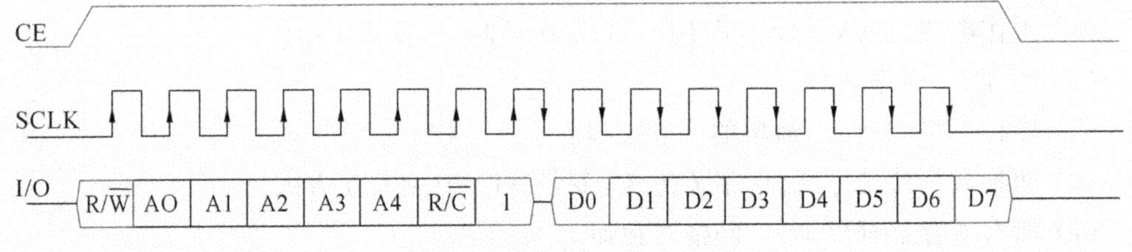

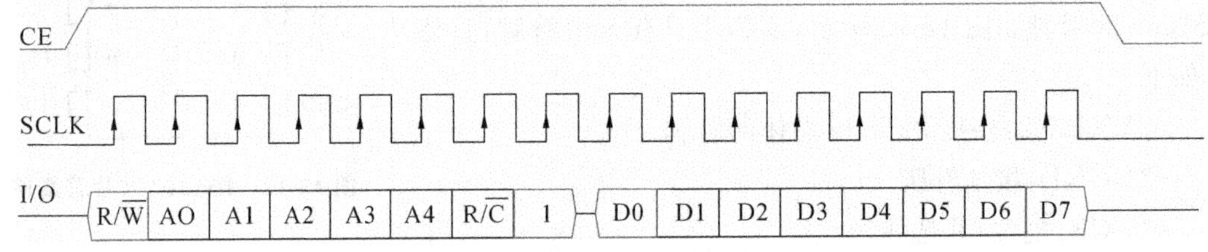

图 12-13　DS1302 数据读/写时序

该器件还包括两个附加位：时钟停止位(CH)和写保护位(WP)。这两位用于控制振荡器的工作和数据能否写入寄存器。当把寄存器的第 7 位(时钟停止位)设置为 1 时，时钟振荡器停止，DS1302 进入低功耗模式；当该位写入 0 时，启动时钟开始。寄存器的地址和数据格式如表 12-3 所示。

表 12-3　内部寄存器地址和内容

寄存器地址	特征	命令地址	读/写控制	数据(BCD)	寄存器定义							
					7	6	5	4	3	2	1	0
0	秒	80	写	00～59	CH	10 秒			秒			
		81	读									
1	分	82	写	00～59	0	10 分			分			
		83	读									
2	12 小时	84	写	01～12	12/24	0	AP	HR	时			
	24 小时	85	读	01～23								
3	日期	86	写	01～31	0	0	10 日期		日期			
		87	读									
4	月	88	写	01～12	0	0	0	10 月	月			
		89	读									
5	日	8A	写	01～07	0	0	0	0	星期			
		8B	读									
6	年	8C	写	00～99	10 年				年			
		8D	读									
7	写保护	8E	写	00～80	WP	通常 0						
		8F	读									

- CH:时钟停止位。

0　振荡器工作允许；| 1　振荡器停止。

- WP:写保护位。

0　寄存器数据能够写入；| 1　寄存器数据不能写入。

- 寄存器 2 的第 7 位:12/24 小时模式转换位。

0　24 小时模式；| 1　12 小时模式。

- 寄存器 2 的第 5 位:AM/PM 定义位。

0　上午模式；| 1　下午模式。

2. DS1302 接口设计

DS1302 应该选用 32.768 kHz 的晶振,电容推荐为 6pF。因为振荡频率较低,也可以不接电容,对计时精度影响不大。DS1302 的外围电路如图 12-14 所示。V_{CC1} 管脚在需要使用时,可以外接电池或者充电电容。DS1302 工作的时候,在 V_{CC2} 和 V_{CC1} 两个管脚中,选择电压高的那个管脚的电源作为工作电源。

需要通过软件设计完成对时钟芯片 DS1302 日历数据的获取。DS1302 内部有"年、月、日、时、分、秒"等寄存器,也有 RAM。由于 DS1302 的"年、月、日、时、分、秒"寄存器里面的内容是按 BCD 编码进行存储的,所以在写程序时需要注意。对 DS1302 的操作分为单字节

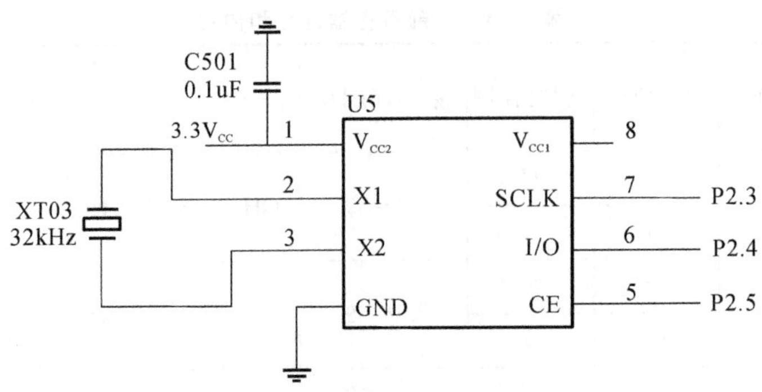

图 12-14　DS1302 的接口电路

和多字节操作。单字节操作时，需要发送一个命令，再进行一个字节读/写。为了提高处理的效率，可采用连续读/写的多字节操作，比如连续读出“年、月、日、时、分、秒”内容。单字节操作和多字节操作区别在于命令不同，并且一次操作的数据个数不同。下面给出图 12-14 所示接口电路的模块功能程序实例。

```
include < MSP430X14x.h>
void CLK_ByteWrite(char Datas)              //往 DS1302 写入 1 Byte 数据
{
    unsigned char i;
    P2DIR|= BIT4;                           //COI
    P2DIR|= BIT3;                           //SCLK
    for(i= 0;i< 8;i+ + )
    {
    if (Datas & 0x01)
           {P2OUT |= BIT4;                  //判断发送位
           }
  else
           {  P2OUT &= ~ BIT4;
           }
  Datas= Datas> > 1;
         P2OUT|= BIT3;                  //CLK_SCLK= 1;
         P2OUT&= ~ BIT3;                //CLK_SCLK= 0;
     }
  }
char CLK_ByteRead(void)                 //从 DS1302 读取 1 Byte 数据
{
  unsigned char i;
  unsigned int TempBit= 0;
  volatile unsigned int TempData= 0;
    P2DIR&= ~ BIT4;
    P2DIR|= BIT3;
      for(i= 0;i< 8;i+ + )
    {
```

```
    if (P2IN&BIT4)
      {
     TempBit= 0x80;
        }
      else
    {
  TempBit= 0x00;
    }
      TempData= (TempData> > 1) |TempBit;
     P2OUT|= BIT3;                              //CLK_SCLK= 1;
     P2OUT&= ~ BIT3;                            //CLK_SCLK= 0;
    }
  return TempData;
  }
  //往 DS1302 写入数据
  void CLK_DataWrite(char Command,char Datas)
  {
   P2DIR|= BIT3;
   P2DIR|= BIT5;
   P2OUT|= BIT5;//CLK_RST= 1;
   P2OUT&= ~BIT3;//CLK_SCLK= 0;
   CLK_ByteWrite(Command);                         //地址,命令
   CLK_ByteWrite(Datas);                        //写 1 Byte 数据
   P2OUT&= ~ BIT5;//CLK_RST= 0;
  }
  char CLK_DataRead(char Command)             //读取 DS1302 某地址的数据
  {
   volatile unsigned char Datas;
   P2DIR|= BIT3;
   P2DIR|= BIT5;
   P2OUT|= BIT5;//CLK_RST= 1;
   Delay(1);
   P2OUT&= ~ BIT3;//CLK_SCLK= 0;
   CLK_ByteWrite(Command);               //地址,命令
   Datas= CLK_ByteRead();           //读 1 Byte 数据
   P2OUT&= ~ BIT5;                            //CLK_RST= 0;
   return(Datas);
  }
  void CLK_init(void)                           //DS1302 初始化
  {
   P2DIR|= BIT5;
   P2OUT&= ~ BIT5;                            //CLK_RST= 0;
   CLK_DataWrite(0x8e,0x00);                  //打开写保护
```

```
    CLK_DataWrite(0x90,0xa5);                    //涓流充电,R1= 2 kΩ
    CLK_DataWrite(0x80,0x00);                    //启动计时
}
```

12.3 MSP430 系列单片机应用设计举例

12.3.1 单片机应用系统方案设计

单片机应用系统设计内容与步骤包括总体设计、功能设计和系统调试等几个步骤。

1. 总体设计

合理的总体设计来自对系统要求的全面分析和实现方法的正确选择。在对系统要求进行全面分析之后,确定单片机应用系统的总体方案,画出系统的硬件结构框图和应用程序结构框图。

1) 制定设计任务书

设计者首先应对系统的任务、控制对象、硬件资料和工作环境做详尽而周密的调查研究,明确各项设计任务。在此基础上对设计目标、系统功能、处理方案、控制精度、输入/输出速度、地址分配、存储容量、I/O 接口和出错处理等给出明确的定义,制定出完整的设计任务书。

2) 建立数学模型

设计者在制定好任务书后,要对测控对象的物理过程和计算任务进行全面分析,从中抽象出数学模型,真实客观地描述测控过程。

3) 总体方案设计

在设计任务书和数学模型的基础上,确定系统总体方案,划分硬件和软件的任务,完成系统结构设计。

2. 功能设计

1) 系统资源的配置

系统资源的配置包括芯片硬件资源的配置和 RAM 资源的分配。

(1) 芯片硬件资源的配置主要包括对端口引脚、中断源、定时器/计数器和其他功能部件(如串行口、A/D、PWM、比较器和看门狗等)进行合理配置与设计。

(2) RAM 资源的分配。片内 RAM 用来存放各种变量、标志、堆栈和数据处理中的临时结果等,片外 RAM 主要用来存放数据块。如果采用汇编语言编制程序,需要对 RAM 资源进行有效分配。但是,如果采用高级语言,如 C 语言编写程序,则该步骤可省略。

2) 系统软件结构分析

单片机应用系统的软件设计,首先应能满足系统的测试、控制要求,其次应考虑程序设计的具体方法和超低功耗设计的要求。一般为了便于编程和调试,应先进行软件结构设计。

软件结构设计是进行模块化编程的准备阶段,可以直接根据功能要求画出流程图,或对总体方案适当分块,然后再确定各块的功能,并画出相应的流程图。流程图是设计者对用户要求和生产工艺过程的表达,应该做到结构清晰、严谨,既便于编程,也便于阅读,还可用图

形和文字来对流程图进行描述和说明。

编写源程序有效的办法是以各模块之间连接关系最简为原则，明确各模块应完成的功能，划分程序模块，采用模块化程序设计。在编程过程中，应充分利用单片机指令系统功能强、寻址方式多的优点编制出层次清楚、运行速度快、所占内存单元少的源程序，并尽量引用成熟的子程序或模块，这样会给编程及调试都带来很多便利。

3）功能模块设计

（1）自检模块，通常安排在主程序中系统上电后执行，一般包括以下几方面。

① 程序代码自检。判断程序代码是否改变。

② 数据存储器自检。进行非破坏性读/写校验，判断是否正常。

③ I/O口状态自检。检查I/O口在待机状态下的状态是否正常。

④ 其他自检。检查A/D通道、D/A通道、显示器和蜂鸣器等，看是否工作正常。

（2）初始化模块，通常安排在主程序中系统上电后执行，一般包括以下几方面。

① 外部硬件初始化。对各种外部芯片设定明确的初始化状态。

② 功能部件初始化。对片内功能部件设定明确的初始状态。

③ 堆栈初始化。设置堆栈空间，初始化堆栈指针。

④ 变量初始化。为各种变量和指针设置初始值、默认值。

⑤ 其他初始化。数据区初始化、时钟初始化、软件标志初始化等。

（3）监控模块，其实质是保证系统在运行过程中的当前状态、各项操作和状态的变化是否符合设计要求，一般可安排在主程序中，也可安排在中断子程序中。监控模块的任务有：获取外部输入控制的信息，并作相应的解释，如常用的键盘操作信息，调度执行相应模块完成预定任务。遥控操作也可以合并到监控模块中进行解释执行。

（4）显示模块，通常可安排在主程序中，也可安排在中断子程序中，一般包括以下几方面。

① 显示输出集中处理：将系统所有的显示输出全部集中到本模块中。

② 显示数据的获取：通过查询系统的状态信息（状态编码和各种状态标志）判断出应该显示的数据，在预定的位置找到这些数据，并将其转换成显示所需要的格式。

③ 显示内容的刷新：当某显示内容发生变化时，应该定时刷新。

（5）信息采集模块，通常可安排在主程序中，也可安排在中断子程序中，一般包括数字信号的采集、模拟信号的采集、多路信号的采集以及随机信号的采样。其中，随机信号的采样一般是指由随机信号产生外部中断，在该中断子程序中进行采集。

（6）数据处理模块，通常可安排在主程序中，也可安排在中断子程序中，一般包括由数据的变化范围和分辨率确定的数据格式的选择、数据格式的转换和数据的处理过程。

（7）控制决策模块，通常可安排在主程序中，也可安排在中断子程序中，在信息采集模块和数据处理模块之后，信号输出之前，一般包括以下几方面。

① 控制决策模块的选择：可以根据控制对象的特性和系统控制指标的要求来选择。常用的算法有PID算法和模糊控制算法等。

② 控制决策模块的输出：用来对对象进行逻辑控制（通断控制、启停控制等）的决策，结果一般用软件标志来表示；用来对对象进行程度控制（如温度控制、流量控制等）的决策，结果应转换成D/A器件对应的整型数据。

(8) 信号输出模块，一般包括输出信号的缓冲、异步决策同步捆绑输出和按状态输出。

(9) 通信模块，一般包括以下几方面。

① 波特率的设置，与信道质量有关，由通信双方共同约定。

② 通信协议(结构)的设计，由通信内容来决定，一般包括地址码、帧长、命令码和数据校验位。

③ 通信缓冲区，其长度应该能够存放下最长帧。工作时和一个指针进行配合，完成一帧数据的收发。

④ 通信过程，如果采用查询模式，可一次接收或发送完一帧内容。为提高系统效率，最好采用中断模式，一次中断只接收或发送一个字节。

⑤ 通信命令的执行，最好在监控模块中执行。

3. 系统调试

单片机应用系统需要先进行调试，然后才能验证所设计的硬件和软件的正确性。调试时，应将硬件和软件分成几部分，逐一调试，各部分均调试通过后再进行联调。

1) 系统硬件调试

准备好调试所用的仪器，如万用表、逻辑笔、信号发生器、逻辑分析仪及示波器等，即可进入硬件调试过程。

(1) 静态调试。

静态调试是用户系统未工作前的硬件检查过程。硬件电路安装完毕后，检查焊接印制电路板的连线；使用万用表检查硬件的通断状态及电路值是否符合要求，重点检查电源有无短路现象；将系统电源加至给定电压并连接到系统板上，观察电源是否有异常；若通过整体检查且正常无误，则完成静态调试工作。

(2) 动态调试。

动态调试即联机仿真调试，指在调试中对系统样机的各种硬件故障进行排查。各元件内部存在的故障和部件之间连接的逻辑错误只能通过动态调试找出。把应用系统分成不同模块，进行模块调试。编制模块测试程序，将程序下载到相应模块中，运行测试程序。各模块电路调试正常后加入系统，若出现故障，及时协调各个电路的通信问题，使所有电路接入系统后各部分仍能正常运行。

2) 系统软件调试

软件调试的方法一般是：先独立调试，后联机调试；先单步调试，后运行调试。

(1) 先独立调试，后联机调试。

单片机应用系统中软件与硬件应相辅相成，完成工作要求。软件依附于硬件，应对各软件分组调试，将无关硬件的程序模块单独调试运行，相关硬件的程序模块仿真调试运行。各程序模块都独立调试完成后，可将应用系统、开发系统与主机连接起来进行系统联调。各程序在独立调试中，可排除内部的语法错误和逻辑错误，减少联机调试时的错误，提高联机调试的工作效率。

(2) 先单步调试，后运行调试。

调试过程中，找出程序与硬件电路故障的有效方法是采用单步运行方式调试。调试程序时，观察指令是否正常运算，硬件工作过程中的计算运行指令是否正常工作，及时找出故障并排除。为了提高调试速度，一般采用全速判点运行方式将错误定位在一个较小的范围内，然后再对错误的程序段采用单步运行方式找出错误位置，这样就可以提高调试的效率。单步调试成功后，再进行系统的连续不间断运行调试，从而找出单步运行中未发现的设计问题。

3）系统现场综合调试

单片机应用系统经硬件和软件调试后，还应在工作现场开展实时监控运行调试，对系统软件和硬件进行检查，测试其各项规定指标，以保证系统达到相关的设计要求。但是，在某些特殊工作环境中，单片机应用系统的运行会发生变化，在各种干扰较严重的情况下，单片机应用系统现场运行之前无法预测将要出现的问题，这时必须通过现场调试找出问题，并加以解决。

12.3.2 数字温度测试仪

1. 系统总体方案设计

数字温度测试仪的主要功能为检测并显示环境温度，当温度超过设定的警戒值时予以报警。系统性能指标如下。

① 测温范围：－50～110℃。

② 精度误差：0.1℃以内。

③ 温度报警设置：可设置温度的上下限报警值，超过最高温度值和低于最低温度值引起报警。

④ 该数字温度测试仪的实现主要包括以下几个关键环节：主控制器、温度检测部分、显示部分、电源、键盘接口和报警电路，如图 12-15 所示。

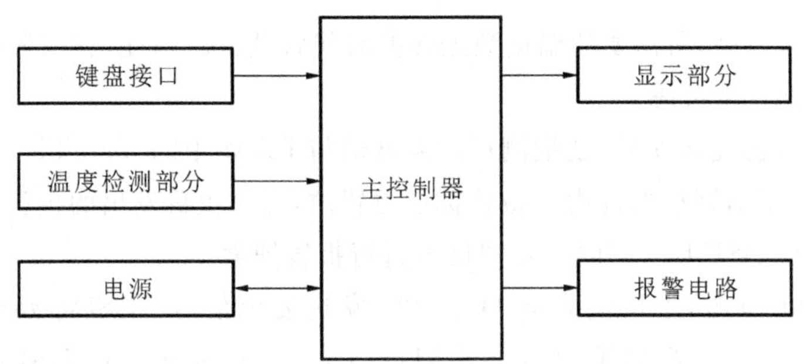

图 12-15　数字温度测试系统方框图

1）主控制器

MSP430 单片机具有多种型号，本系统可以采用 MSP430F4270 单片机为主控制器。MSP430F4270 具有供电电压低和体积小的特点，其中包括 32KB Flash，256 字节 RAM，32 个 I/O 口，56 段 LCD，SD16 位 ADC（具有内部参考电压），12 位 DAC，1 个 16 位 Timer_A（3 个捕获/比较寄存器），并具有电源检测功能，适合便携手持式产品的设计使用。其内置的 LCD 驱动模块可以直接驱动 LCD 段式液晶显示器的显示。

2）温度检测电路

本系统采用美国 DALLAS 半导体公司继 DS1820 之后最新推出的一种改进型智能温度传感芯片 DS18B20 作为检测元件，DS18B20 的测温范围为－55～＋125℃，精度为 9～12 位（与数据位数的设定有关），缺省值为 12 位。如果温度低于 0℃，需取反加 1，再乘以 0.

0625才能求出实际温度。DS18B20与单片机以串行方式通信。传输协议要求对DS18B20进行一次操作,包括复位、发一条ROM指令、发一条RAM指令三步。与传统的热敏电阻相比,它能够直接读出被测温度,并且可根据实际要求通过简单的编程实现9~12位的数值读数方式,可以分别在93.75 μs和750 μs内完成9位和12位的数字量。温度变换功率来源于数据总线,因而使用DS18B20温度芯片可使系统结构更加简单。

DS18B20温度传感器只有三个引脚,其中,引脚1和引脚3分别是GND和V_{DD},引脚2是DQ端,作为数据的输入/输出引脚。当给DS18B20加电后,单片机可以通过DQ写入命令,并可读出含有温度信息的数字量。DS18B20温度传感器的内部存储器包括一个高速暂存RAM和一个非易失性的可电擦除的E2PRAM。高速暂存RAM的结构为8字节的存储器,头2字节包含测得的温度信息,第3和第4字节是TH和TL的拷贝,是易失性的,每次上电复位时被刷新。而配置寄存器为高速暂存器中的第5个字节,它的内容用于确定温度值的数字转换分辨率,DS18B20工作时按此寄存器中的分辨率将温度转换为相应精度的数值,如表12-4所示。

表12-4 DS18B20分辨率的设置

R1	R2	分辨率设置/位	测温精度/℃	转换时间/s
0	0	9	0.5	93.75
0	1	10	0.25	187.5
1	0	11	0.125	0.375
1	1	12	0.0625	0.750

设定的分辨率越高,所需要的温度数据转换时间就越长。因此,在实际应用中要在分辨率和转换时间之间权衡考虑。

DS18B20完成温度转换后,就把测得的温度值与RAM中的TH、TL字节内容做比较。若T>TH或T<TL,则该器件内的报警标值位置位,并对主机发出的报警搜索命令做出响应。因此可用多只DS18B20同时测量温度并进行报警搜索。

在使用DS18B20时,主机应先向DS18B20发送复位信号,主机将数据线拉低并保持480~960 μs,然后再释放数据线,由上拉电阻拉高15~60 μs,最后由DS18B20发出低电平60~240 μs,这样就完成了复位操作。

在主机对DS18B20写数据时,应先将数据线拉低1 μs以上,再写入数据。待主机写入的数据变化15~60 μs后,DS18B20将对数据线采样,要求主机写入数据到DS18B20的保持时间应为60~120 μs。2次写数据操作的间隙应大于1 μs。

3)显示与报警电路

显示电路采用MSP430F4270单片机内置的LCD驱动模块驱动外部LCD段码显示。LCD的4种驱动方式中可选用4MUX方式,这样可以节省口线以备它用。

由于采用MSP430F4270内部集成的LCD显示驱动模块,故LCD显示非常简单,只需在软件中设置相应的控制寄存器,把显示代码送入相应的LCD缓存寄存器即可。

报警电路可采用简单的LED发光二极管报警,通过控制P口的输出电平,可实现上下限报警功能。

4）键盘接口

根据该系统功能，可以设置 4 个按键。键盘可以通过具有中断功能的 I/O 口直接和单片机连接，并通过 680kΩ 的上拉电阻和 3.3V 电源相连。利用该 I/O 口的中断功能，只有有键按下时，P1 口相应的中断标志位才置 1，并向 CPU 申请中断，这时 CPU 才会在中断子程序中对按键进行处理。

2. 系统功能设计

1）系统资源配置

MSP430F4270 内部有 32KB Flash 程序存储器，256 个 SRAM 和 32 个 I/O 口。可采用 C 语言编写程序，无须对 RAM 分配。I/O 口分配情况如下：

(1) P1 可用于键盘接口、DS18B20 的接口和上下限报警控制线；

(2) P5 口和 P2 口与 S 端口复用，作为 LCD 的段驱动接口。

2）系统软件结构分析与模块设计

系统主程序的主要功能如下：① 初始化堆栈、DS18B20、看门狗等；② 检测键盘键入温度上下限值；③ 温度的采集与处理；④ 温度的显示；⑤ 报警控制。

主程序流程图如图 12-16 所示。

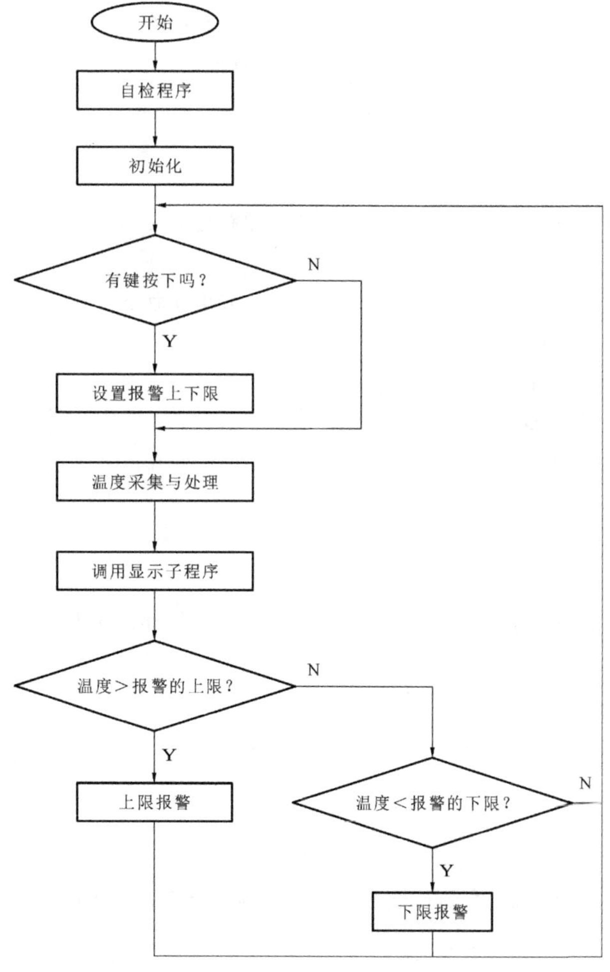

图 12-16　主程序流程图

3）部分子程序清单

系统程序主要包括主程序、数据处理子程序、显示子程序、键盘子程序等。本例中只给出了有关温度部分的程序。

```
//有关温度子程序
void Init_1820(void)
{
  //BEEP_IN;
  DS18B20_PORT_OUT &= ~ DQ;
//Open_Close_18b20(1);
}
int Read_Temp_1820(void)                           //读温度子程序
{
  unsigned char tempL,tempH;
  int temp;
  signed char data;
  ow_reset();
  write_byte(0xcc);                                 //跳过 ROM
  write_byte(0x44);                                 //开始转换
  delay(5);                                        //延迟
  _NOP();
  ow_reset();
  _NOP();
  write_byte(0xcc);                                 //跳过 ROM
  _NOP();
  write_byte(0xbe);                                 //发出读命令
  tempL= read_byte();
  tempH= read_byte();
  temp= tempH* 256+ tempL;
  temp= temp* 0.625;
  data= temp/10;
  return(temp);
}
void write_bit(char bitval)                              //写一位子程序
{
  DQ_OUTPUT;
  if (bitval= = 1) DQ_INPUT;
  delay(5);
  DQ_INPUT;
}
void write_byte(char val)                          //写一个字节子程序
{
  unsigned char i,temp;
```

```
    for (i= 0;i< 8;i+ + )
   {
   temp= val> > i;
   temp &= 0x01;
   write_bit(temp);
     }
    delay(5);
   }
   unsigned char read_bit(void)                      //读一位子程序
   {
     unsigned short int i;
     unsigned char h;
     DQ_OUTPUT;
     DQ_INPUT;
     for (i= 0;i< 1;i+ + )
     _NOP();
     _NOP();
     h= DS18B20_PORT_IN;
     h &= DQ;
     return (h);
   }
   unsigned char read_byte(void)                        //读一个字节子程序
   {
     unsigned char i;
     unsigned char value= 0;
     for(i= 0;i< 8;i+ + )
     {
   if (read_bit()! = 0) value |= 0x01< < i;
   delay(6);
     }
     return(value);
   }
```

12.3.3 可燃气体测试仪

1. 系统总体设计

可燃气体测试仪主要实现可燃气体 CH_4 浓度的检测与显示，当可燃气体浓度超过所规定的标准时，能够报警提示，并且将采集的信息传送给总系统监控平台。该测试仪实际上是一个典型的数据采集系统，其性能指标如下：

(1) 甲烷测量范围：0～100％(百分比浓度)；

(2) 甲烷测量分辨率：1％；

(3) 甲烷测量精度：0.2％；

(4) 响应时间：15s。

该测试仪可以由电源管理控制、数据采集、数据处理、信息存储、结果显示和报警控制等部分组成。数据采集的对象是甲烷气体的浓度，故选用甲烷传感器进行物理量的测量，同时选用温度传感器采集的现场温度对该测量值进行补偿。该测试仪的系统框图如图 12-17 所示。

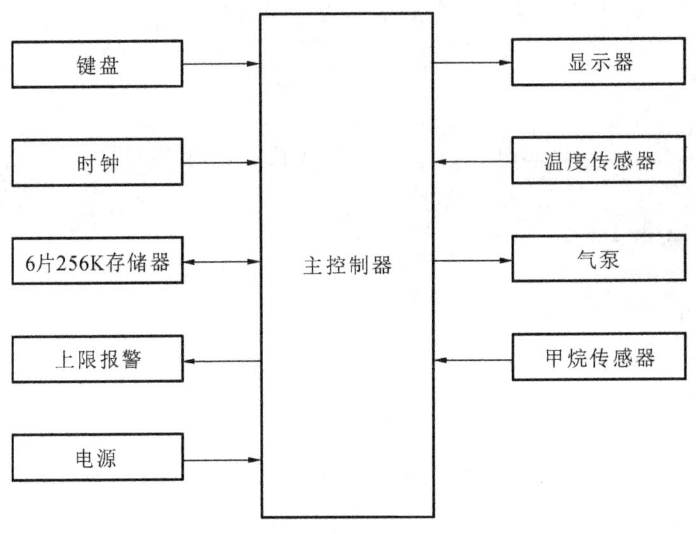

图 12-17 硬件结构框图

由气泵吸入的甲烷气体的浓度信息通过甲烷传感器进行采集，经过信号调理电路对微弱的传感信号进行调理放大，送到主控制器进行处理。主控制器主要实现将检测到的模拟量通过 A/D 转换模块转换为数字量，经过数字处理之后，送入液晶显示器进行显示、报警等一系列操作的控制。温度传感器主要完成对环境温度的检测，用于对甲烷气体浓度的补偿。显示部分可以完成甲烷气体浓度的显示、环境温度的显示以及时间的显示。键盘部分完成对一些功能的设置，如报警的上下限、时间的设置等。

2. 硬件系统设计

根据前述总体方案，系统主机采用 MSP430F149 单片机，甲烷传感器采用 JZY4-13 型矿用催化燃烧式传感器。温度的检测可采用常用的 DS18B20。因为不仅要显示当前的时间，而且还要显示当前的浓度，所以显示部分可采用点阵式液晶显示进行浓度显示。报警装置可以选用简单的蜂鸣器和发光二极管进行浓度超限声光报警。键盘部分可以设置 4 个按键，分别用作功能选择与确定，设置上行、下行显示和控制电源开关。

1）主控制器

本系统采用 TI 公司的 MSP430F149 单片机，其内部资源丰富，存储容量大，有 60KB+256B 的闪速存储器以及 2KB 的 RAM，共 64 个引脚，采用 QFP 封装。MSP430F149 单片机片内自带 12 位 A/D 转换器，转换精度高，噪声小，转换速度快，这样就可以避免增加额外的 A/D 转换芯片，即避免使用过多的 I/O 口，以达到降低成本、缩小体积的目的。单片机片内的 12 位 A/D 转换器在 2.5V 满量程状态下，最小分辨电压 $U=2.5\text{V}/4096=0.6\text{mV}$，若使用内部时钟，转化时间最大为 3.51 μs，而使用外部时钟，则转换时间=13×分频系数×外部时钟周期。单片机将 A/D 转换的数据经过数字滤波后，一方面送入存储器，另一方面送到液晶屏显示。

MSP430 单片机片内 A/D 基准有片内基准和片外基准两种选择。虽然选用片内基准就可以不外接基准，减小电路的复杂程度，但因为所需的转换精度较高，而片内基准的温度系数较大(100ppm/℃)，且大于 12 位 A/D 的分辨率，所以可以选用精度比较高的片外基准电压源 MC1403。它的输入电压 V_{IN} 在 4.5～40 V 之间，输出电压 $V_{OUT}=2.5$ V，最大温度系数为 40ppm/℃，典型值为 10ppm/℃，可达到设计要求。

甲烷气体的浓度经过传感器采集之后，通过信号调理转换为 0～2.5 V 的电压，可直接送入 MSP430F149 单片机的 A/D 输入通道 P6 口。MSP430F149 单片机的 A/D 转换模块将输入的模拟量转化为相应的数字量，通过采集到的温度信息，经补偿修正处理之后，可以控制液晶显示器显示浓度值。同时，单片机还采集时间信息，对当前浓度对应的时间信息进行同时显示，并可通过报警装置实现超浓度报警。

2) 传感器电路

本系统采用 JZY4-13 型矿用催化燃烧式传感器。该传感器由两个相同的铂丝电阻构成一端作测量用，另一端密封用作温度湿度补偿，电路采用桥式连接，有效地提高了测量的线性度。该型号传感器具有高精度、高线性度等特点，其输出经过仪器调理电路可产生 0～2.5 V的标准信号，可满足 MSP430 自带 12 位 ADC 的需要。外界气体浓度与输出电压之间基本呈线性关系，只需简单补偿，同时在气体标定时较好地解决了精度与量程之间的矛盾。

仪器调理电路部分可采用电源电压为 3.3 V 的 ICL27L2 和 ICL27L4 低功耗运放，以便能与整个系统的低功耗特性相匹配。桥式变送电路如图 12-18 所示。

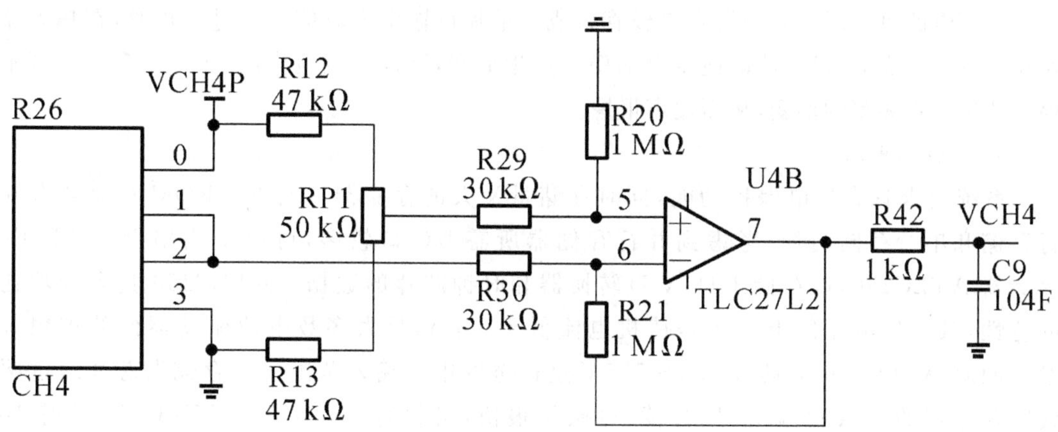

图 12-18　桥式变送电路

3) 温度检测电路

由于温度检测主要用于对测量结果进行修正，对于提高气体检测精度具有十分重要的意义，因此，可以选用具有功耗低、性能稳定、转换精度高、外接电路简单等优点的集成温度传感器 DS18B20 对现场温度进行检测。

4) 电源电路

MSP430 单片机的工作电压为 3.3 V，可以选用 TPS7333Q 电源管理芯片。它可为单片机、存储器、液晶显示器、气泵、传感器、时钟芯片等提供 3.3V 电压。

系统可设置成自动开/关机工作模式，目的是为了省电，当不需要连续测量时可采用自动开/关机工作模式。TPS7333Q 芯片有一个 EN 负使能端，当 V_{EN} 为 2.7～10V 时，

TPS7333Q处于备用状态,输出电压为0V,$I_{OUT}=0.01\ \mu A$;当V_{EN}小于0.5V时,TPS7333Q处于输出状态,输出电压为3.3V,最大输出电流为2A。

5)时钟电路

DS1302是美国Dallas公司推出的一种高性能、低功耗的实时时钟芯片。尽管使用软件方式也可以产生时钟,但是时钟芯片DS1302的使用可以降低单片机的负担,减少对单片机资源的过度侵占,同时也可以得到较为准确的时间。

单片机每完成一次气体检测都将读一次DS1302,并将所读时间与气体检测结果一同保存。当需要显示数据时,单片机将检测结果和对应时间传给显示器,通过显示器显示浓度及时间信息。

6)键盘接口

根据系统功能,可以设置4个按键,按键电路是通过判断单片机I/O口的输入电平,采用MSP430单片机I/O口的中断来实现的。可以通过键盘实现功能选择、报警浓度的上限设定等,也可以通过键盘完成当前时间的修改。当时间修改完成后,程序会自动将所设置的时间写入DS1302中,而DS1302会在写入时间的基础上正常计时。

7)显示与报警电路

显示电路可采用LCD12864-16A液晶显示器。该显示器是图形点阵式液晶显示器,它主要由行驱动器/列驱动器及128×64全点阵式液晶显示器组成,可显示4行,每行8个汉字。

报警电路可由蜂鸣器和发光二极管组成。单片机输出方波信号经过三极管,在蜂鸣器两端产生一个交流电压,从而使压电陶瓷片产生形变,这样反复地作用,压电陶瓷片也就不停地产生一定频率的形变,从而发声报警。

8)存储器电路

系统要求具有掉电保护功能,同时存储量又大的存储器。而E2PROM存储器有并行存储和串行存储两种,考虑到并行存储器所需I/O口较多,可以采用串行E2PROM存储器ATLC256,以存储来自A/D转换器和时钟芯片的数据。ATLC256具有低功耗的特性,其工作电流低于1 mA,待机电流低于1 μA,是大多数电池驱动器件的理想方案。同时ATLC256也具有2.5~5.5V这样宽的电压输入范围。该存储器芯片通过两线实现数据的输入和输出,执行读/写操作很快,可执行I^2C通信。ATLC256具有10万次可擦除的能力,当写入新的数据时,原来的数据会被自动覆盖,且掉电后数据仍在存储区内,不会丢失。它有每页可写64字节数据,且支持随机读和按序读片内地址上的数据的能力。

功能地址线上最多可以连8个存储器,这是通过每个芯片上的A2、A1、A0三位来确定访问每个芯片的地址。ATLC256有8个引脚,除了A2、A1、A0这三个用户可配置芯片地址的引脚外,还有接电源正负极的引脚。所有数据的输入及输出最重要的是靠WP、SDA、SCL三个引脚来执行读/写功能。只有当WP为低电平时,才可以往寄存器里写数据且保持数据有效,而且读操作不受影响。其读/写的范围为0000H~7FFFH。SDA是一个双向的引脚,通过它可以向存储器发送地址和数据,或者得到来自存储器的数据。SCL输入是用来同步数据进出存储器的,只有当SCL为低电平时才可以对正常的数据传输SDA进行改变。

单字节读操作过程：存储器收到地址后送出数据，然后停止操作，延时 10ms。

连续读操作过程：存储器在收到地址后，便会连续增加数据地址并将该地址所存数据送出，直到收到停止信号，然后停止操作，延时 10ms。

3. 系统功能设计

1）系统资源配置

MSP430F149 有 60KB+256B 的闪速存储器，以及 2KB 的 RAM，共有 48 个 I/O 口，可采用 C 语言编写程序，无须对 RAM 分配。I/O 口分配情况如下：① P1 口可以用于键盘接口和报警控制接口；② P2 口可用于功能扩展；③ P3 口可以作为液晶显示的数据总线；④ P4 口可以用于液晶控制接口和气泵启动控制接口；⑤ P5 口可以用于实时时钟接口、存储器扩展接口、温度采集芯片接口；⑥ P6 口与 A/D 转换模拟量输入口复用，可以用作甲烷浓度监测模拟量输入口。

2）系统软件结构分析与模块设计

系统主程序的主要功能包括：① 初始化堆栈、DS18B20、1302、看门狗等；② 检测键盘键入浓度上限值、时间设定值等；③ 浓度、温度的采集与浓度的处理；④ 浓度的显示；⑤ 报警控制。

图 12-19 所示为主流程图。

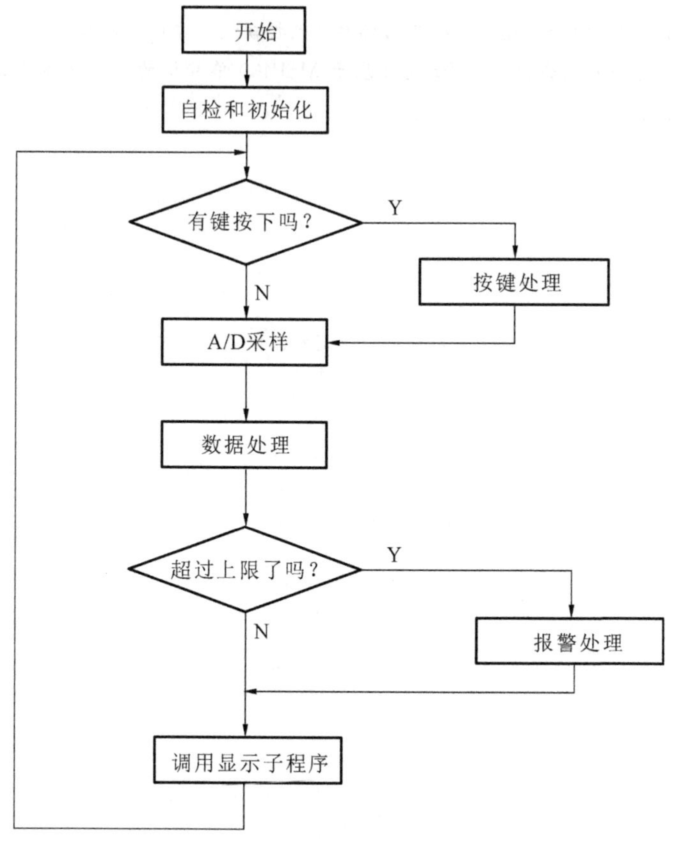

图 12-19　主流程图

本章小结

本章详细介绍了超低功耗单片机系统的设计原则、MSP430 系列单片机常用接口设计和 MSP430 系列单片机应用设计举例。通过本章的学习，读者可以进一步深入理解 MSP430 单片机的结构和片内外设，熟练掌握 MSP430 单片机的常用软件和相应硬件电路原理，以及超低功耗单片机系统的设计思想，为开发基于 MSP430 单片机的应用系统打好基础，做好准备。

思考题

1. 超低功耗单片机的设计基本原则有哪些？
2. 在低功耗系统设计时，时钟的选择对于系统功耗相当敏感，设计者需要注意哪几个方面的问题？
3. 常用的单片机键盘接口有哪几种形式？在键盘处理程序中为什么要消抖？如何消抖？
4. 液晶显示器有几种？各有什么特点？试设计 MSC-G12864DGEB-7N 全点阵式液晶显示与 MSP430F5529 接口电路图。
5. 实时时钟芯片有什么作用？试设计 DS1302 实时时钟芯片与 MSP430F5529 接口电路图。
6. 单片机应用系统设计内容与步骤包括哪些？为什么软件设计需要模块化？
7. 在系统功能设计中，初始化模块一般包括哪些？监控模块的作用是什么？
8. 以本章介绍的系统应用设计为例，试设计基于 MSP430 单片机的智能流量测试仪硬件结构方框图，并给予一定的说明。